普通高等教育"十一五"国家级规划教材
新编计算机类本科规划教材

计算机控制技术

（第2版）

朱玉玺　崔如春　邝小磊　编著

电子工业出版社
Publishing House of Electronics Industry
北京·BEIJING

内 容 简 介

本书是普通高等教育"十一五"国家级规划教材。本书着重介绍计算机控制系统的组成、基本控制算法及软、硬件系统在工业控制中的应用技术。全书共 9 章,主要内容以典型微型计算机(工控机和单片机)控制系统为例,介绍一般性控制系统的基本概念、原理和各组成部分,分别讲述输入/输出通道接口技术、顺序控制与数字程序控制、数字控制器的设计、模糊控制技术、多微处理器控制系统、控制技术中的计算机系统、计算机控制系统的设计等内容。

本书可作为高等院校计算机应用、自动化、电子工程、机电工程等专业计算机控制技术课程的教材,也可作为从事计算机控制系统设计工程技术人员的参考书。

图书在版编目(CIP)数据

计算机控制技术/朱玉玺,崔如春,邝小磊编著. —2 版.—北京:电子工业出版社,2010.1

新编计算机类本科规划教材

ISBN 978-7-121-10059-8

Ⅰ. 计… Ⅱ.①朱…②崔…③邝… Ⅲ. 计算机控制—高等学校—教材 Ⅳ. TP273

中国版本图书馆 CIP 数据核字(2009)第 227481 号

策划编辑:冉 哲
责任编辑:冉 哲
印 刷:北京市李史山胶印厂
装 订:
出版发行:电子工业出版社
　　　　　北京市海淀区万寿路 173 信箱　邮编　100036
开　本:787×1 092　1/16　印张:18.75　字数:476 千字
印　次:2010 年 1 月第 1 次印刷
印　数:4 000 册　定价:28.00 元

凡所购买电子工业出版社图书有缺损问题,请向购买书店调换。若书店售缺,请与本社发行部联系,联系及邮购电话:(010)88254888。

质量投诉请发邮件至 zlts@phei.com.cn,盗版侵权举报请发邮件至 dbqq@phei.com.cn。

服务热线:(010)88258888。

前　言

本书是普通高等教育"十一五"国家级规划教材。

在自动控制领域,计算机在计算、数据处理等方面获得了极大的成功,它承担着控制系统中控制器的角色,直接参与控制,从而形成了计算机控制系统。它的参与对控制系统的性能、系统的结构及控制理论等多方面都产生了极为深刻的影响。本书介绍计算机控制系统的组成、工作原理及其特点,并着重说明计算机参与控制后给控制理论及控制系统设计所带来的新问题。由于理论基础、实际需要和物质条件这 3 个因素,使计算机控制成为一门迅速发展的新兴学科。在没有特别说明的情况下,本书主要阐述以微型计算机为控制器的控制系统,讲解系统的组成、原理、控制过程、系统特性及相关新技术应用,将控制对象、传感器、通道及接口、数字控制器、系统软件和各种应用软件组织成一个有机的整体,形成完整的计算机控制系统,从而达到完整的"控制"目的。

本书主要特点是,对经典控制系统的基本控制算法、数学变换、控制参数整定等,采用适度引入,应用其定理、定义和结论的方法进行讲解;将输入/输出通道接口技术同相应的输入/输出设备及控制作为一个整体考虑,使读者容易接受控制系统中的模块化概念,使内容更具有连贯性和完整性;在模糊控制系统中,引入 FUZZY 理论,深度和广度适度,明确模糊理论在控制系统中的作用;在总线接口技术中,着重介绍当前应用于各种仪器设备上的 PCI接口总线和 USB 接口总线;针对多机控制系统在现代计算机控制系统中的发展趋势,对几种主导市场的现场总线技术进行介绍;介绍计算机控制系统的设计方法和步骤,选取了经典的实例,作为各种相关技术的综合应用。

本书在第一版的基础上,总结实际教学和实践经验,对绝大多数的章节进行了修改和增删。在第 5 章中增加了串级、前馈和解耦控制内容,增加了第 8 章,将原第 8 章改为第 9 章并做了相应的修改。本书着重于建立学生对计算机控制系统的整体概念,培养学生软件、硬件相结合的系统设计能力。对计算机及相近专业的学生,根据课程设置的需要,可选讲部分章节的内容。

本书的第 1 章、第 6 章、第 7 章由朱玉玺编写,第 2 章、第 3 章、第 4 章和第 8 章由崔如春编写,第 5 章、第 9 章由邝小磊编写。全书由朱玉玺统稿。在本书编写过程中,始终得到了电子工业出版社的支持,使本书得以顺利完成。

由于我们水平有限,加上时间仓促,书中一定会有一些错误,殷切希望得到广大读者和同仁的批评指正,以便使本书的质量得到进一步的提高。

编著者

2009 年 12 月

目　　录

第1章 绪 论

自从 20 世纪 70 年代初第一个微处理器问世以来，随着半导体技术的进步，计算机以惊人的速度向前发展。在短短的三十几年时间里，经过了 4 位机、8 位机、16 位机、32 位机 4 个大的发展阶段，目前，64 位机也已问世。就计算机种类而言，功能齐全的高性能计算机相继问世，而且还出现了许多小巧灵活的单片机，如 Intel 公司的 MCS-51 系列、Zilog 公司的 Z8 系列、Motorola 公司的 68HCXX 系列等。特别是近年来随着 16 位、32 位单片机的出现，更使计算机在工业控制领域取得了长足的进步。由 20 世纪 80 年代的 Z80 单板机到 20 世纪 90 年代初的单片机，由结构简单、可靠性高的 STD 总线工业控制机到具有更加强大功能的工业 PC，从简单的单机控制到复杂的集散型多机控制，无不反映了计算机在工业控制中的强大生命力。

今天，完全可以这样说，没有微处理器的仪器就不能称其为"仪器"，没有计算机的控制系统更谈不上现代工业控制系统。作为从事工业控制及智能化仪表研究、开发和使用的人员，不懂计算机在工业控制领域里的应用，很难胜任现代工业控制工作。

由于理论基础、实际需要和物质条件这 3 个因素，使计算机控制成为一门迅速发展的新兴学科。在没有特别说明的情况下，本书主要阐述以微型计算机为控制器的控制系统。

1.1　控制系统组成

由计算机完成部分或全部控制功能的控制系统，称为计算机控制系统。严格地讲，它是建立在计算机控制理论基础上的一种以计算机为手段的控制系统（见图 1-1）。

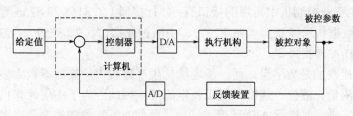

图 1-1　计算机控制系统

在该系统中，输入/输出计算机的信号均为二进制数字信号，因此需要进行数模（D/A）和模数（A/D）信号的转换。控制信号通过软件加工处理，充分利用计算机的运算、逻辑判断和记忆功能，改变控制算法只需要改编程序而不必改动硬件电路。

一般的计算机控制系统由计算机、I/O 接口电路、通用外部设备和工业生产对象等部分组成，其电路原理如图 1-2 所示。

在图 1-2 中，被测参数经传感器、变送器；转换成统一的标准电信号，再经多路开关分时送到 A/D 转换器进行模数转换，转换后的数字量通过 I/O 接口电路送入计算机，通常称为模拟量输入通道。在计算机内部，用软件对采集的数据进行处理和计算，然后经数字量输出通道输出。输出的数字量通过 D/A 转换器转换成模拟量，再经反多路开关与相应的执行机构相连，以便对被控对象进行控制。可以用表 1-1 来说明一般计算机控制系统的基本组成。

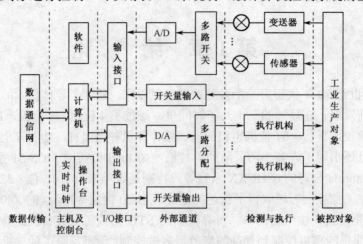

图 1-2　计算机控制系统电路原理

表 1-1　计算机控制系统的基本组成

计算机控制系统		
被控制对象	计算机	
	硬件	软件
生产过程 + 检测元件 + 执行机构（广义对象）	中央处理器 + 通用外部设备 + I/O 接口电路	系统软件和应用软件

1．计算机控制系统的硬件构成

1）I/O（Input/Output）接口电路

I/O 接口电路是主机与被控对象进行信息交换的纽带。主机通过 I/O 接口电路与外部设备进行数据交换。目前，绝大部分 I/O 接口电路都是可编程的，即它们的工作方式可由程序进行控制。目前，在工业控制机中常用的接口有：并行接口（如 8155 和 8255 等）、串行接口（如 8251 等）、直接数据传送控制器（如 8237）、中断控制接口（如 8259）、定时器/计数器（如 8253）和 A/D、D/A 转换接口。

由于计算机接收的是数字量，而一般连续化生产过程中的被测参数大多数都是模拟量，如温度、压力、流量、液位、速度、电压及电流等，因此，为了实现计算机控制，还必须把模拟量转换成数字量，即进行 A/D 转换。同样，外部执行机构的控制量也多为模拟量，所以计算机计算出控制量后，还必须把数字量变成模拟量，即进行 D/A 转换。

2）通用外部设备

通用外部设备主要是为了扩大主机的功能而设置的，它们用来显示、打印、存储及传送数据。目前已有许多种类的通用外部设备，例如：打印机、显示终端、数字化仪、数码相机、纸带读入机、卡片读入机、声光报警器、磁带录音机、磁盘驱动器、光盘驱动器及扫描仪等。它们就像计算机的眼、耳、鼻、舌、四肢一样，从各方面扩充了主机的功能。

3）中央处理器（CPU）

CPU 是整个控制系统的指挥中心，通过 I/O 接口电路及软件可向系统的各个部分发出各种命令，同时对被测参数进行巡回检测、数据处理、控制计算、报警处理及逻辑判断等。因此，CPU 是计算机控制系统的重要组成部分，CPU 的选用将直接影响系统的功能及接口电路设计等。最常用的 CPU 芯片有 Intel 80x86 及单片 Intel8051、8096 系列等。由于主控芯片种类繁多、功能各异，因此，主控芯片的选用和接口电路的设计有十分密切的联系。

2. 检测元件及执行机构

1）检测元件

在计算机控制系统中，为了对生产过程进行控制，首先必须对各种数据进行采集，如温度、压力、液位、成分等。因此，必须通过检测元件传感器，把非电量参数转换成电量参数，例如，热电偶可以把温度转换成毫伏级电压信号，压力变送器可以把压力变成电信号。这些信号经过变送器，转换成统一的标准信号（0～5V 或 4～20mA）后，再送入计算机。因此，检测元件精度的高低，直接影响计算机控制系统的精度。

2）执行机构

为了控制生产过程，还必须有执行机构，其作用就是控制各种参数的调节。例如，在温度控制系统中，根据温度的误差来控制进入加热炉的煤气（或油）量；在水位控制系统中，控制进入容器的水的流量。执行机构有电动、气动、液压传动等几种，也有的采用电动机、步进电机及晶闸管元件等进行控制，在后面章节中将详细介绍这些内容。

3. 主控制台

主控制台是人机对话的联系纽带。通过它，人们可以向计算机输入程序，修改内存的数据，显示被测参数及发出各种操作命令等。通常，主控制台由以下几个部分组成。

1）作用开关

作用开关有电源开关、数据和地址选择开关及操作方式（自动/手动）选择开关等。通过这些开关，人们可以对主机进行启动、停止、设置数据及修改控制方式等操作。作用开关可通过接口与主机相连。

2）功能键

设置功能键的目的，主要是要通过各种功能键向主机申请中断服务，如常用的复位键、启动键、打印键、显示键等。此外，面板上还有工作方式选择键，如连续工作方式或单步工作方式。这些功能键是以中断方式与主机进行联系的。

3）LED 数码管及 LCD 显示

它们用来显示被测参数及操作人员需要的内容。随着计算机控制技术的发展，LCD 显示的应用越来越普遍，它不但可以显示数据表格，而且能够显示被控系统的流程总图、柱状指示图、开关状态图、时序图、变量变化趋势图、调节回路指示图、表格式显示及报警等。

4）数字键

数字键用来送入数据或修改控制系统的参数。关于键盘及显示接口的设计将在后面章节中详细讲述。

4. 计算机控制系统的软件构成

对于控制系统而言，除上述几部分以外，软件也是必不可少的。所谓软件，是指能够完成各种功能的计算机程序总和，如操作、监控、管理、控制、计算和自诊断程序等。软件分为系统软件和应用软件两大部分（见表1-2）。它们是计算机控制系统的神经中枢。整个系统的动作都是在软件指挥下进行协调工作的。

表 1-2　计算机控制系统软件分类

软件	系统软件	操作系统	管理程序、磁盘操作系统程序	
		诊断系统	调节程序、诊断程序等	
		开发系统	程序设计语言（汇编语言、高级算法语言）	
			服务程序（装配程序、编译程序）	
			模拟主机系统（系统模拟、仿真、移植软件）	
			数据管理系统	
		信息处理	文字翻译、企业管理	
	应用软件	过程监视	上、下限检查及报警、巡回检测、操作面板服务、滤波及标度变换、判断程序、过程分析等	
		过程控制计算	控制算法程序	PID 算法、最优化控制、串级调节、系统辨识、比值调节、前馈调节、其他
			事故处理程序	
			信息管理程序	文件管理、输出、打印、显示
		公共服务	数码转换程序、格式编辑程序、函数运算程序、基本运算程序	

1）系统软件

系统软件是指专门用来使用和管理计算机的程序，它们包括各种语言的汇编、解释和编译软件（如 8051 汇编语言程序、C51、C96、PL/M、Turbo C、Borland C 等），监控管理程序，操作系统，调整程序及故障诊断程序等。

这些软件一般不需要用户自己设计。对用户来讲，它们仅仅是开发应用软件的工具。

2）应用软件

应用软件是面向生产过程的程序，如 A/D、D/A 转换程序，数据采样程序，数字滤波程序，标度变换程序，键盘处理、显示程序，过程控制程序等。

另外，有一些专门用于控制的应用软件，其功能强大，使用方便，组态灵活，可节省设计者大量时间，因而越来越受到用户的欢迎。

目前，计算机控制系统的软件设计已经成为计算机科学中一个独立的分支，而且发展得非常快，且正逐渐规范化、系统化。

1.2　计算机控制系统的分类

采用什么样的计算机控制系统与生产对象的复杂程度及控制要求有关。对象不同，要求不同，产生的控制方案及组成的控制系统也不同。在一般情况下，计算机控制系统可按系统的功能来分类，也可按控制规律来分类，例如，程序控制和顺序控制、PID（Proportional-Integral-Defferential）控制、最少节拍控制、复杂规律控制、智能控制等。本节主要介绍按系统功能不同划分的控制系统的类型。

1. 直接数字控制（Direct Digital Control，DDC）系统

（1）原理：用一台计算机对多个被控参数进行巡回检测，结果与设定值相比较，按 PID 规律或直接数字控制方法进行控制运算，然后输出到执行机构，对生产过程进行控制，使被控参数稳定在给定值上。其控制原理图如图 1-3 所示。

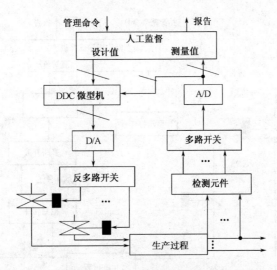

图 1-3　DDC 系统控制原理图

（2）特点：计算机直接参与控制，系统经计算机构成了闭环。而在操作指导控制系统中，通过人工或别的装置来进行控制，计算机与对象未形成闭环，给定值是预先设定好后送给或存入计算机内的，在控制过程中不变化。

（3）优点：一台计算机可以取代多个模拟调节器，它利用了计算机的分时能力。在不更换硬件的情况下，只要改变程序（或调用不同子程序）就可实现各种复杂的控制规律（如串级、前馈、解耦、大滞后补偿等）。

2. 操作指导控制系统

操作指导控制系统又称数据处理系统（Data Processing System，DPS）。

（1）原理：计算机的输出不直接用来控制生产对象，而只是对系统过程参数进行收集、加工处理，然后输出数据。操作人员根据这些数据进行必要的操作，其原理图如图 1-4 所示。

在这种系统中，每隔一定的时间，计算机进行一次采样，经 A/D 转换后送入计算机进行加工处理，然后再进行报警、打印或显示操作。操作人员根据此结果进行设定值的改变或必要的操作。

（2）特点：计算机不直接参与过程控制，而是由操作人员（或别的控制装置）根据测量结果来改变设定值或者进行必要的操作。由于计算机的结果可以帮助并指导人的操作，因此，把这种系统称为操作指导系统。

（3）优点：一台计算机可代替大量常规显示和记录仪表，从而对整个生产过程进行集中监视；对大量数据集中进行综合加工处理，可得到更精确的结果，对指导生产过程有利；在计算机控制系统设计的初始阶段，尚无法构成闭环系统，可用 DPS 来确定系统的数学模型、控制规律和调试控制程序（DPS 属于计算机控制系统中一种特殊的类型）。

3. 计算机监督控制（Supervisory Computer Control，SCC）系统

（1）原理：在 DDC 系统中，用计算机代替模拟调节器进行控制。而在 SCC 系统中，则由计算机按照描述生产过程的数学模型计算出最佳给定值后，送给模拟调节器或 DDC 计算机，并由模拟调节器或 DDC 计算机控制生产过程，使生产过程处于最优工作状态。

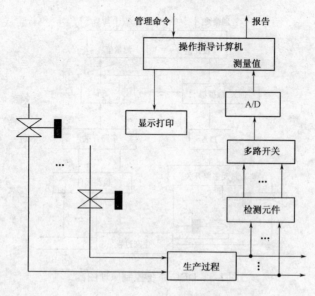

图 1-4 操作指导控制系统原理图

（2）特点：SCC 系统就其结构来讲有两种，一种是 SCC+模拟调节器控制系统，另一种是 SCC+DDC 控制系统。

① SCC+模拟调节器控制系统。在此系统中，SCC 对计算机的监督作用是收集检测信号及管理命令，然后，按照一定的数学模型进行计算，把给定值输出到模拟调节器中。此给定值在模拟调节器中与检测值进行比较，其"偏差值"经模拟调节器计算后输出到执行机构中，以达到调节生产过程的目的。而一般的模拟系统是不能改变给定值的。因此，在系统技术改造时，可充分利用原有的模拟调节器，同时又实现了最佳给定值控制，其原理图如图 1-5（a）所示。

② SCC+DDC 控制系统。其原理图如图 1-5（b）所示。该系统为两级计算机控制系统。一级为监督级 SCC，其作用与 SCC+模拟调节器控制系统中的 SCC 一样，用来计算最佳给定值；而 DDC 用来把给定值与测量值（数字量）进行比较，其偏差由 DDC 进行数字控制计算，然后经 D/A 转换器和反多路开关分别控制各个执行机构进行调节。与 SCC+模拟调节器控制系统相比，其控制规律可以改变，使用起来更加灵活，而且一台 DDC 可控制多个回路。该系统的特点是：给定值是计算得到的，以保证系统在最优工作状态下运行，因而又称其为设定值控制（Set Pint Control，SPC）系统。而在 DDC 中，设定值是预先给定的，不随参数或命令的改变而改变。

（3）优点：该系统能根据工作状态的变化来改变给定值，以实现最优控制。SCC+模拟调节器法适合于老企业技术改造，既用上了原来的模拟调节器，又通过计算机实现了最佳给定值控制。SCC 有故障时，可用 DDC 或模拟调节器工作；或者 DDC 有故障时，可用 SCC 代替，故可靠性好。

4. 分布式控制系统

分布式控制系统（Distributed Control System，DCS）也称集散控制系统。由于生产过程复杂，设备分布又很广，其中各工序和设备同时并行地工作，而且基本上都是独立的，系统比较复杂。然而，随着计算机价格的不断下降，人们越来越希望把原来使用中小型计算机的集中控制系统用分布式控制系统（DCS）来代替，这样就可以避免传输误差及系统的复杂化。在这种系统中，只有必要的信息才传送到上一级计算机或中央控制器中，而大部分时间都是各个计算机并行地工作。分布式控制系统由分散过程控制级直接数字控制级（DDC）、计算机监督控制级（SCC）和综合信息管理级（MIC）组成，如图1-6所示。

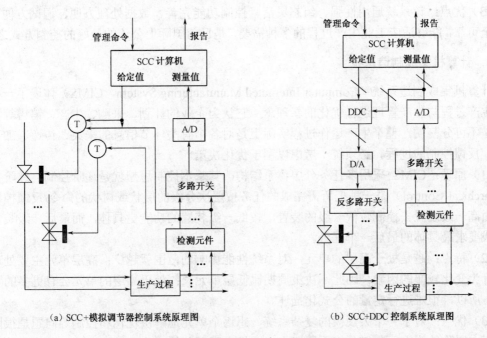

（a）SCC+模拟调节器控制系统原理图　　　　　　（b）SCC+DDC控制系统原理图

图1-5　计算机监督控制系统原理图

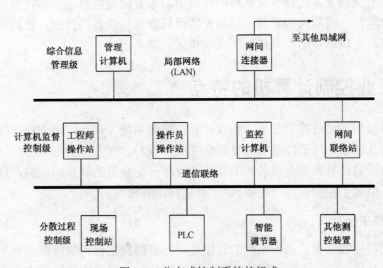

图1-6　分布式控制系统的组成

（1）原理：分散过程控制级是DCS的基础，用于直接控制生产过程。它由各工作站组成，每一个工作站分别完成数据采集、顺序控制或某一个被控制量的闭环控制等。分散过程控制级收集的数据供计算机监督控制级调用，各工作站接收计算机监督控制级发送的信息，并依此而工作。

（2）特点：分散过程控制级基本上属于直接数字控制级（DDC）系统的形式，但工作任务由各工作站来完成，因此，局部的故障不会影响整个系统的工作；计算机监督控制级的任务是对生产过程进行监视与操作，确定分散过程控制级最佳给定值，它能全面地反映各工作站的情况，本级的操作人员可以依此直接干预系统运行；综合信息管理级根据计算机监督控制级提供的信息，编制审核控制方案，制订最优控制策略。

（3）优点：该系统通用性强、组态灵活、控制功能完善、数据处理方便、调试方便、运行安全可靠，能够适应工业生产过程的多种需要，是目前国际上公认的最好的控制方式之一。

5. 计算机集成制造系统

计算机集成制造系统（Computer Integrated Manufacturing System，CIMS）体现了一种对企业生产过程与生产管理进行优化的新理念。它认为企业的计划、采购、生产、销售等各个环节是不可分割的，整个生产运作过程实际上是对各个有关环节信息的采集、传递、加工、协调、反馈控制的过程，必须统一考虑以利于优化决策。

（1）原理：CIMS 采用多任务分层体系结构，其基本控制思想就是递阶控制。递阶控制（Hierarchical Control）是一种把所需完成的任务按层次分级的层状或树状的命令/反馈控制方式。由高一级装置去控制较低一级的装置，较低一级装置的功能更具体，而最后一级装置就是完成要求最具体的最后一个任务。

（2）特点：越是处于高层的单元，对系统性能影响的范围就越广；高层单元主要处理系统中行为变化较慢的因素，因此，决策周期比低层单元长；处于高层的单元会有更多的不确定性，所以，很难进行定量的公式化描述。

（3）优点：对于一个大规模的复杂系统，想逐个单元地解决优化和控制等问题是很困难的，而在递阶结构中，各级分担不同工作，同级中又可并行工作，效率高；级间协调通信比各单元相互通信有效得多。在许多管理控制系统中，本身就是按照递阶形式组织的，采用递阶控制非常切合实际。通常大的系统，总是先实现低级具体设备的控制，然后随着要求的提高及系统的扩充，可以逐步增添高层控制决策单元。

1.3 工业控制计算机的特点

计算机可以被用来完成控制任务，构成计算机控制系统。那么，用于科学计算和用于控制的计算机有什么区别？用于控制的计算机有哪些特点？

任何一台可用的计算机都是由各种类型的硬件和一定数量的软件构成的，这是上述两类计算机的共性。但用于控制目的"控制机"，有它自己的特点。

1. 可靠性要求

对于生产过程控制来说，由于生产的连续性，计算机发生任何故障都将对生产过程产生严重的影响。这是早期的许多计算机控制项目不能很好地达到预期目标的主要原因之一。

现在，由于微处理器和计算机的可靠性比较高，且价格低廉，因此在关键部位可采用冗余措施（如双机并用，其中一台作为热备份用），以提高可靠性。采用分散型结构也是一种提高可靠性的措施，因为在分散型结构中，每一个微处理芯片只负责一个局部工作，缩小了故障影响的范围。

2. 实时控制

实时的意思就是"及时"，控制对象按一定的运动规律运行，计算机必须在运行过程中及时采集运行数据，进行各种计算，发出控制命令，并通过执行机构对该过程施加影响。

在生产过程中发生不正常情况时，应及时进行事故处理和报警。所以，计算机的运算和操作速度必须与它所控制过程的实际运行情况相适应，对该过程运行情况的微小变动要实时作出响应并进行控制。为了达到这一要求，一般要从硬件和软件两方面来保证。

硬件方面，配备实时时钟和优先级中断信息处理电路。软件方面，配备完善的时钟管理、中断处理等程序，以及实时操作系统。应保证在控制过程正常进行时，严格地按事先安排好的时间计划表进行操作；当控制过程有变化而请求中断时，应按优先级别尽快地及时响应。

3. 生产过程的连接

控制用计算机需要随时对生产过程的运行情况进行监视，并根据计算结果输出控制作用，对不正常的运行情况要起到发出警告信号或输出紧急处理的控制作用。为了使操作管理人员能了解和干预生产情况，计算机必须显示生产情况，输出打印报表。在有些情况下，计算机还必须通过远程通信线路发出对其他控制机的信息，也可以通过通信线路接收其他控制机送来的信息。所以，控制机与外部世界的联系是紧密的和频繁的。早期，人们为这一特点设计了专用的接口装置和通道设备，以便和生产过程相连接，以及实现人机通信。由于大规模集成电路的出现，接口装置和通道已经演变成专用的接口芯片，各个制造厂提供了各种用途的接口芯片，供用户选用。

4. 环境的适应性

数据处理或科学计算用的计算机可以安装在十分完善的环境中，有空气调节器保证机房具有适宜的温度和湿度，计算机不会受到外界振动的影响，有时还可以通入保护性气体，以达到防尘、防潮、防腐蚀和降温的目的。但是，控制用计算机必须安装在距离控制现场不远的地方，有的控制用计算机甚至被安装在插入式线路板上，直接装到被控制的装置或机器设备上。

一般来说，工业用控制计算机安装地点的环境温度可能很高，还会有腐蚀性气体、外界振动等不利条件，但控制用计算机应该能在这种条件下正常运行。在设计符合要求的计算机控制系统时，上述控制用计算机的特点是必须考虑的。

1.4 计算机控制系统的发展状况

计算机科学领域的各项成果都会推动计算机控制系统的发展。计算机本身由主机架式的庞大结构发展成小型机、微型机，可靠性得到提高，成本也降低很多，从而推动计算机控制系统的发展，并逐步取代常规的模拟控制装置。

随着计算机的出现，在一个计算机系统中只使用一个（或少数几个）CPU 的传统概念受到了冲击。微处理器的运算功能虽然不强，但它所具有的能力足以完成各项局部工作。在新的设计思想中，各个微处理器被用来完成局部的工作，形成独立的功能模块，再由其他微处理器进行各功能模块之间的协调统一工作。用这样的设计思想构成的计算机系统价格便宜，功能很强，工作可靠，维修方便。总之，具有优异的性能价格比。这就是分散型计算机系统的设计思想，它在设计计算机控制系统时也得到广泛应用。

在计算机控制系统的设计中，人们往往把各个功能单元的操作分散给不同的微处理器进行操作控制，这些微处理器称为卫星机。同时，把用于对计算机进行统一管理的计算机称为主计算机。主计算机用于协调各卫星机之间的工作，根据卫星机送来的数据实现生产过程监督控制功能，还要进行一定范围的（如全厂的）最优化计算和计划调度、库存管理等工作。各类计算机组合在一起的这种结构形式称为总体分散型系统。

随着计算机控制技术的发展，新的控制理论、新的控制方法、新的技术层出不穷。本节只从以下两个方面进行讨论。

1．成熟技术的使用

① 可编程序控制器（PLC）的出现，特别是具有 A/D、D/A 转换和 PID 调节等功能的 PLC 的出现，使得 PLC 的功能有了很大提高。它可以将顺序控制和过程控制结合起来，实现对生产过程的控制。

② 智能化调节器。它不仅可以接收 4～20mA 标准电流信号，还可实现异步串行通信接口的功能，实现主从式测控系统。

③ 新型的 DCS 和现场总线控制系统（Fieldbus Control System，FCS）。发展以位总线（bit bus）、现场总线（field bus）等先进网络通信技术为基础的 DCS 和 FCS 控制结构，并采用先进的控制策略，向低成本综合自动化系统的方向发展，实现计算机集成制造系统（CIMS）。

2．智能控制系统的应用

人工智能的出现和发展，促进了自动控制向更高的层次发展。智能控制是一种无须人为干预就能够自主地驱动智能机器实现其目标的过程，是用机器模拟人类智能的又一重要领域。

1）分级递阶智能控制

分级递阶智能控制系统是在学习控制系统的基础上，从工程控制论的角度出发，总结人工智能与自适应、自学习和自组织控制的关系之后而逐渐形成的，是根据分级管理系统中十分重要的"精度随智能提高而降低"的原理而分级分配的。这种分级递阶智能控制系统由组织级、协调级、执行级 3 级组成。

2）模糊控制

模糊控制是一种应用模糊集合理论的控制方法。模糊控制提供一种实现基于知识及语言描述的控制规律的机制。模糊控制提供了一种改进非线性控制器的替代方法，这种非线性控制器一般用于控制含有不确定性和难以用传统非线性控制理论处理的装置。

其典型的控制方案有 PID 模糊控制器，自组织、自校正、自学习模糊控制器，专家模糊控制器，以及神经模糊控制器等。

3）专家控制系统

工程控制论与专家系统的结合，形成了专家控制系统。专家控制系统和模糊控制系统的一个共同点是，二者都要建立人类经验和人类决策行为的模型。此外，二者都有知识库和推理机。因此，模糊逻辑控制器通常又称为模糊专家控制器。

4）学习控制系统

学习控制系统用机器来代替人类从事脑力劳动的学习功能，它是一个能在运行过程中逐步获得被控对象及环境的非预知信息，积累控制经验，并在一定的评价标准下进行评价、分类、决策和不断改善系统品质的自动控制系统。

现在，计算机控制系统及相关技术发展非常迅速，特别是以计算机为控制单元的控制系统，正在向更广泛和更深入的方向发展。一方面，控制规模越来越大，从单一过程、单一对象的局部控制发展到整个工厂、企业、社会、经济、国土利用、生态平衡等社会经济大系统工程，其应用范围遍及工业、农业、国防、教育、社会，经济等领域，并且正在逐步深入到人们的日常生活中。另一方面，控制系统更加复杂和精密，同时向智能化方向发展，并将引入自适应、自学习、自组织等更加高级的控制功能。

习题 1

1.1 根据使用特点和控制方法，计算机控制系统可以分成哪几类？

1.2 控制用计算机系统和一般的科学计算用计算机系统有何相同点和不同点？

1.3 计算机控制系统硬件由哪几个主要部分组成？各部分的作用是什么？

1.4 DPS、DDC 和 SCC 系统工作原理如何？它们之间有何区别和联系？

1.5 CIMS 与 DCS 相比有哪些特点？

1.6 未来控制系统的发展趋势是什么？

第 2 章　输入通道接口技术

输入通道是计算机控制系统的重要组成部分,它是控制计算机获取外部信息的主要途径。只有准确、快速地获取外部信息,控制计算机才能作出准确、快速的判断与控制。输入通道通常包括信号测量部分(如传感器、开关状态转换电路等)、信号调理电路(如信号放大电路等)、模拟多路开关、A/D 转换器以及输入控制接口等,根据实际需要,将它们有机地组合在一起,便构成了各种各样的计算机输入通道。本章以被测物理对象——温度、压力、流量等为例,介绍计算机控制系统对各种参数的采集与检测方法;介绍多路开关、A/D 转换原理,重点在于数据处理方法及其实际意义;键盘输入是大多数控制系统中人机交互的主要手段和技术,本章主要介绍键盘设计技术和应该注意的问题,以及行列式键盘、独立式按键的接口技术,特殊功能键的定义和处理方法;本章还介绍了触摸屏的种类、接口技术特点和实际应用中应注意的问题;本章最后部分介绍了开关量信号输入的技术和意义,以及多路开关量输入的接口、光电隔离大功率开关信号的输入技术等。

2.1　信号测量与传感器技术

计算机控制系统要对外部世界的各种变化作出反应,首先需要知道外部世界的存在。传感器就是计算机控制系统的"感触器官"。随着现代科技的发展,出现了各种各样的传感器。这些传感器能将需要测量的各种参数转换为电信号,电信号经调理、A/D 转换后变为数字信号,这样就方便计算机进行处理了。温度测量传感器、压力测量传感器、流量传感器是工业检测与控制中常用的传感器,本节将对这几种传感器的基本工作原理逐一进行介绍。

2.1.1　温度测量传感器

温度是一个重要的物理量,它是国际单位制(SI)7 个基本物理量之一。物体的许多性质和现象都与温度有关。温度的测量原理就是选择合适的物体作为温度敏感元件,其某一物理性质随温度改变而变化的特性为已知,通过温度敏感元件与被测对象的热交换,测量相关的物理量,即可确定被测对象的温度。温度测量方式有接触式和非接触式两大类。其分类方法参见表 2-1。

表 2-1　温度检测方法的分类

测温方式	类　别	原　理	典型仪表	测温范围
接触式测温	膨胀类	利用液体气体的热膨胀及物质的蒸气气压变化	玻璃液体温度计	−100℃～ 600℃
			压力式温度计	−100℃～ 500℃
		利用两种金属的热膨胀差	双金属温度计	− 80℃～ 600℃
	热电类	利用热电效应	热电偶	−200℃～ 1800℃
	电阻类	固体材料的电阻随温度变化而变化	铂热电阻	−260℃～ 850℃
			铜热电阻	−50℃～ 150℃
			热敏电阻	−50℃～ 300℃

测温方式	类　别	原　理	典型仪表	测温范围
	其他电学类	半导体器件的温度效应	集成温度传感器	−50℃～ 150℃
		晶体的固有频率随温度变化而变化	石英晶体温度计	−50℃～ 120℃
非接触式测温	光纤类	利用光纤的温度特性或作为传光介质	光纤温度传感器	−50℃～ 400℃
			光纤辐射温度计	200℃～ 4000℃
	辐射类	利用普朗克定律	光电高温计	800℃～ 3200℃
			辐射传感器	400℃～ 2000℃

下面以金属热电阻为例介绍温度传感器的特点。金属热电阻类传感器属于接触式温度测量传感器。测温的过程基于金属导体的电阻值随温度变化而变化的特性。其优点是：信号可以远传，灵敏度高，无须参比温度。金属热电阻还具有稳定性高、互换性好、准确度高的特点。其缺点是：需要电源激励，有自热现象，影响测量精度。工业金属热电阻有铂热电阻、铜热电阻、镍热电阻等。在此只对铂热电阻的工作原理进行介绍。

由于铂在氧化性介质中，甚至在高温下，其物理和化学性质都很稳定，因此铂是一种较为理想的热电材料。为了确保测温可靠，对铂的纯度有一定要求。通常，以 $W_{100} = R_{100}/R_0$ 来表示铂的纯度，其中 R_{100} 和 R_0 分别为铂热电阻在 100℃ 和 0℃ 时的电阻值。当 $W_{100} = 1.3850$，R_0 选用 10Ω 和 100Ω 两种阻值（分度号分别为 Pt10 和 Pt100）时，铂热电阻的平均电阻温度系数 α 为 0.00385/℃，温度测量范围为 −200℃～850℃，其电阻与温度的关系为：

当 $T \geqslant 0℃$ 时　　　　　　　　$R(T) = R_0(1+AT+BT^2)$

当 $T < 0℃$ 时　　　　　　　　$R(T) = R_0[1+AT+BT^2+CT^3(T-100)]$

式中，$A=3.9083 \times 10^{-3}℃^{-1}$，$B = -5.775 \times 10^{-7}℃^{-2}$，$C = -4.183 \times 10^{-12}℃^{-4}$。

铂热电阻的分类和特性及分度表见表 2-2、表 2-3。

表 2-2　铂热电阻的分类和特性

项　目	铂　热　电　阻	
分度号	Pt100	Pt10
R_0	100Ω	10Ω
α	0.00385/℃	
测温范围	−200℃～850℃	
允差	A 级:±(0.15℃+0.002|T|) B 级:±(0.30℃+0.005|T|)	

表 2-3　铂热电阻的分度表

T	Pt100	Pt10	T	Pt100	Pt10	T	Pt100	Pt10
−200℃	18.52	1.852	160℃	161.05	16.105	520℃	287.62	28.762
−180℃	27.10	2.710	180℃	168.48	16.848	540℃	294.21	29.421
−160℃	35.54	3.554	200℃	175.86	17.586	560℃	300.75	30.075
−140℃	43.88	4.388	220℃	183.19	18.319	580℃	307.25	30.725
−120℃	52.11	5.211	240℃	190.47	19.047	600℃	313.71	31.371
−100℃	60.26	6.026	260℃	197.71	19.771	620℃	320.12	32.012
−80℃	68.33	6.833	280℃	204.90	20.490	640℃	326.48	32.648
−60℃	76.33	7.633	300℃	212.05	21.205	660℃	332.79	33.279

T	Pt100	Pt10	T	Pt100	Pt10	T	Pt100	Pt10
−40℃	84.27	8.427	320℃	219.15	21.915	680℃	339.06	33.906
−20℃	92.16	9.216	340℃	226.21	22.621	700℃	345.28	34.528
0℃	100.00	10.000	360℃	233.21	23.321	720℃	351.46	35.146
20℃	107.79	10.779	380℃	240.18	24.018	740℃	357.59	35.759
40℃	115.54	11.554	400℃	247.09	24.709	760℃	363.67	36.367
60℃	123.24	12.324	420℃	253.96	25.396	780℃	369.71	36.971
80℃	130.90	13.090	440℃	260.78	26.078	800℃	375.70	37.570
100℃	138.51	13.851	460℃	267.56	26.756	820℃	381.65	38.165
120℃	146.07	14.607	480℃	274.29	27.429	840℃	387.55	38.775
140℃	153.58	15.358	500℃	280.98	28.098	860℃	390.48	39.048

热电阻结构分为普通型和铠装型两种。普通型热电阻主要由感温元件、内引线、绝缘套管、保护套管和接线盒等部分组成。感温元件是由细的铂丝绕在绝缘支架上构成的，为了使电阻体不产生电感，电阻丝采用无感绕法绕制。铠装热电阻用铠装电缆作为保护管—绝缘物—内引线的组件，前端与感温元件连接，外部焊接短保护管，组成铠装热电阻。铠装热电阻外径一般为 2~8mm。其特点是体积小，热响应快，耐振动和冲击性能好，除感温元件部分外，其他部分可以弯曲，适合于在复杂条件下安装。如图 2-1 所示为铠装铂热电阻的结构。

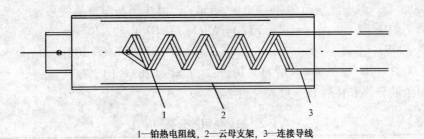

1—铂热电阻线，2—云母支架，3—连接导线

图 2-1　铠装铂热电阻的结构

2.1.2　压力测量传感器

压力是工业生产过程中重要的工艺参数。压力的单位是帕斯卡（Pa），也就是 1 牛顿（N）的力均匀垂直地作用在 1 平方米（m²）的平面上所产生的压力。压力传感器的结构形式多种多样，常见的有应变式、压阻式、电容式、压电式、振频式等，此外，还有光电式、光纤式、超声式压力传感器。下面以压电式压力传感器为例，介绍压力传感器的工作原理。

压电式压力传感器是利用压电材料的压电效应将被测压力转换为电信号的。它是动态压力检测中常用的传感器，不适合测量缓慢变化的压力和静态压力。由压电材料制成的压电元件在受到压力作用时将产生电荷，当外力去除后，电荷将消失。在弹性范围内，压电元件产生的电荷量与作用力之间呈线性关系，即

$$q = kSp$$

式中，q 为电荷量，k 为压电常数，S 为作用面积，p 为压力。

由上式可以看出，通过测量电荷量可知被测压力的大小。

图 2-2 为一种压电式压力传感器的结构示意图。压电元件夹于两个弹性膜片之间，压电

元件的一个侧面与膜片接触并接地，另一个侧面通过金属箔和引线将电量引出。被测压力均匀作用在膜片上，使压电元件受力而产生电荷。电荷量经放大可以转换为电压或电流输出，通过测量输出信号可得到相应的被测压力值。压电式压力传感器的压电元件材料多为压电陶瓷，也有用高分子材料或复合材料的合成膜的，适用于不同的传感器。电荷量的测量一般配用电荷放大器。可以更换压电元件以改变压力的测量范围，还可以用多个压电元件叠加的方法提高测量的灵敏度。

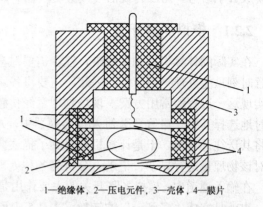

1—绝缘体，2—压电元件，3—壳体，4—膜片

图 2-2　压电式压力传感器的结构示意图

压电式压力传感器的特点：体积小，结构简单，工作可靠；频率响应高，不需外加电源；测量范围为 0～0.0007MPa 至 0～70MPa；测量精确度为 ±1%，±0.2%，±0.06% 等。但是其输出阻抗高，需要特殊信号传输导线；温度效应较大。

2.1.3　流量测量传感器

流体的流量是指在单位时间内流过某一个流通截面的流体的体积或者质量。流量检测方法可以分为体积流量检测和质量流量检测两种，前者测得流体的体积流量值，后者可以直接测得流体的质量流量值。测量流量的仪表称为流量计，流量计通常由一次装置和二次仪表组成。一次装置安装于流体管道的内部或外部，根据流体与之相互作用关系的物理定律产生一个与流量有确定关系的信号，这种一次装置称为流量传感器。

流量计的种类繁多，分别适合于不同的工作场合。按检测原理分类的典型流量计列于表 2-4 中。

表 2-4　流量计的分类

类　别		仪　表　名　称
体积流量计	容积式流量计	椭圆齿轮流量计、腰轮流量计、皮膜式流量计等
	差压式流量计	节流式流量计、匀速管流量计、弯管流量计、靶式流量计、浮子流量计
	速度式流量计	涡轮流量计、涡街流量计、电磁流量计、超声波流量计等
质量流量计	推导式质量流量计	体积流量经密度补偿或者温度、压力补偿求得质量流量等
	直接式质量流量计	科里奥利流量计、热式流量计、冲量式流量计

各种流量测量传感器（即一次装置）往往构建于其他类型传感器（如压力、电磁、超声等传感器）的基础之上，其构成原理、方法各不相同，具体请阅读相关的参考文献。

2.2　模拟信号输入通道接口

在计算机控制系统中，常需要检测各种物理量，如温度、压力、流量、物位、成分、位移、速度等。这些被测信号经传感器转换后变成电信号，但这些信号绝大多数是模拟信号，计算机不能直接进行处理。计算机只能接收数字信号，因此，必须将传感器输出的模拟信号转换成数字信号。A/D 转换器（模数转换器）就是完成这种功能的器件。

2.2.1 模拟多路开关

在实际的计算机控制系统中，往往需要对多路信号或者多种信号进行测量，而计算机在任意时刻只能处理一路信号，因此，需要将各路信号分时地送给计算机处理。如图 2-3 所示是实现这一过程的常用方案。现场物理量经传感器转换成模拟的电信号，再经模拟多路开关分时地选择其中一路信号送到 A/D 转换器中，A/D 转换器完成模拟信号到数字信号的转换，并将其送往计算机。于是计算机就得到了描述此刻对应物理量大小的数字量，据此计算机便可对该物理量进行显示、记录、分析等各种处理。

在输入通道中，模拟多路开关的主要作用是把多个输入模拟信号分时接通送入 A/D 转换器，也就是完成"多到一"的转换。表 2-5 中列出了几家公司的部分模拟多路开关芯片。

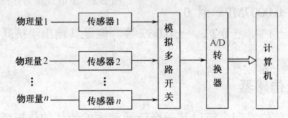

图 2-3 多路模拟信号检测框图

表 2-5 常用模拟多路开关芯片

公　司	型　号	通 道 数	种　类
CD 公司	CD4051	8 通道	双向
	CD4052	双 4 通道	双向
	CD4053	三重 2 通道	双向
	CD4067	16 通道	双向
	CD4097	双 8 通道	双向
AD 公司	AD7501	8 通道	单向
	AD7502	双 4 通道	单向
	AD7503	8 通道	单向
	AD7506	16 通道	单向
	ADG726	双 16 通道	单向
MAX 公司	MAX308	8 通道	双向
	MAX309	双 4 通道	双向
	MAX306	16 通道	双向
	MAX307	双 8 通道	双向

模拟多路开关的信号输入方式有两种：单端输入和双端输入（或称为差动输入）。例如，CD4051 是单端输入 8 通道多路开关，CD4052 是双 4 通道多路开关，CD4053 则是三重 2 通道多路开关，还有的能实现多路输入/多路输出的矩阵功能。

下面是半导体模拟多路开关的一些主要特点：

- 具有多种集成电路的封装形式（如 DIP、SMD 封装等），尺寸小，便于安排；
- 直接与 TTL（或 CMOS）电平相兼容；
- 可采用双极性输入；
- 转换速度快，通常其导通或关断时间在 1 微秒左右，有些产品已达到几十纳秒；
- 寿命长，无机械磨损；
- 接通电阻较低，一般小于 100 欧，有的可达几欧；
- 断开电阻高，通常达 10^9 欧以上。

模拟多路开关芯片的半导体类型有 TTL 电路、CMOS 和 HMOS 电路等。在实际应用中可根据需要选用。

1. 8 通道模拟多路开关 CD4051

CD4051 是单端输入 8 通道多路开关，它带有 3 个通道选择输入端 A、B、C 和一个控制输入端 INH，输入端 A、B、C 的信号用来控制选择 8 个通道之一被接通。INH=1，也就是 INH 端为高电平时（如接正电源 V_{DD}），所有通道均断开，禁止模拟信号输入；当 INH=0，即 INH 为低电平（如接地 V_{SS}）时，通道接通，允许模拟信号输入。表 2-6 为 CD4051 的真值表。输入信号 V_i 的范围是 $V_{DD} \sim V_{EE}$（负电源）。用户可以根据输入模拟信号的电压范围和数字控制信号的逻辑电平来选择 V_{DD}、V_{SS}、V_{EE} 的电压值。CD4051 允许 V_{DD} 与 V_{SS} 的电平差值范围为 $-0.5 \sim 15V$。如图 2-4 所示为 CD4051 的原理与引脚图。

表 2-6　CD4051 的真值表

输　入　状　态				接　通　通　道
INH	C	B	A	CD4501
0	0	0	0	0
0	0	0	1	1
0	0	1	0	2
0	0	1	1	3
0	1	0	0	4
0	1	0	1	5
0	1	1	0	6
0	1	1	1	7

2. CD4051 多路开关的扩展应用

在实际应用中，如果被测参数多于 8 路，那么，使用一个 CD4051 多路开关不能满足路数的要求，对此可将多个 CD4051 相连并进行扩展。例如，用两个 8 通道多路开关 CD4051 构成 16 通道多路开关，用两个 16 通道开关构成 32 通道多路开关等。如果还不够用，也可以用增加译码器的方法，组成通道更多的多路开关。下面举例介绍多路开关的扩展方法。

如图 2-5 所示为两个 CD4051 构成的 16 通道多路开关连接图。芯片 1 的多路开关接通工作时，芯片 2 的多路开关就全部断开；反之，芯片 2 的多路开关接通工作时，芯片 1 的多路开关就全部断开。所以，只要一根地址（或数据）线作为芯片 1 和芯片 2 允许控制端的选择信号，而两个芯片的通道选择输入端公用一组地址（或数据）线。

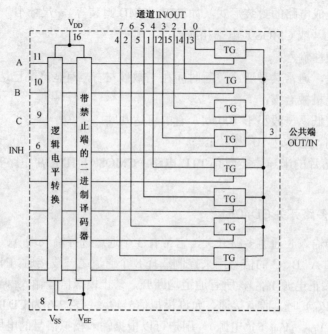

图 2-4　CD4051 的原理与引脚图

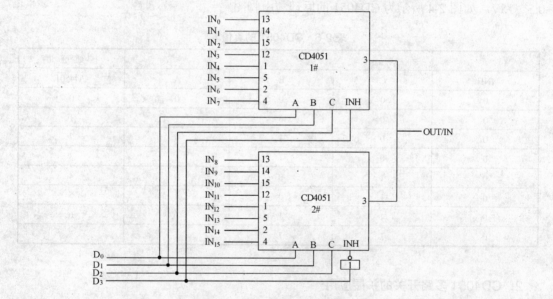

图 2-5　CD4051 的扩展电路

通过改变通道选择线 $D_3 \sim D_0$ 的状态，即可选通 $IN_0 \sim IN_{15}$ 这 16 个通道之一。D_3 用来控制芯片 1 和芯片 2 的 INH 输入端的电平。当 $D_3=0$ 时，使芯片 1 被选中，在此前提下，$D_2 \sim D_0$ 端的状态改变，只能选通 $IN_0 \sim IN_7$ 中的一个。当 $D_3=1$ 时，经反相器变为低电平，芯片 2 被选中，此时，根据 $D_2 \sim D_0$ 这 3 条线上的状态，可使 $IN_8 \sim IN_{15}$ 之中的相应通道接通。整个电路的真值表如表 2-7 所示。

表 2-7　16 通道选择真值表

输 入 状 态				选中通道号
D_3	D_2	D_1	D_0	IN_i
0	0	0	0	0
0	0	0	1	1
0	0	1	0	2
0	0	1	1	3
0	1	0	0	4
0	1	0	1	5
0	1	1	0	6
0	1	1	1	7
1	0	0	0	8
1	0	0	1	9
1	0	1	0	10
1	0	1	1	11
1	1	0	0	12
1	1	0	1	13
1	1	1	0	14
1	1	1	1	15

若需要的通道数更多，两个多路开关扩展仍不能达到系统要求，此时，可通过译码器控制 CD4051 的控制端 INH，把 4 个 CD4051 芯片组合起来，构成 32 通道或 16 通道差动输入系统。

3. 双 16 通道模拟多路开关 ADG726

ADG726 是双 16 通道输入模拟多路开关，它可以在单极性电源（+1.8～+5.5V）或双极性电源（−2.5～+2.5V）下工作。可以输入单极性信号或双极性（差动）信号，输入单极性信号时，两个 16 通道相互独立；输入双极性（差动）信号时，两个 16 通道组合使用，可以开关 16 通道双极性信号。开关导通电阻的典型值为 4Ω，开关的切换时间为 30ns，通道的频带宽度（−3dB）为 34MHz，通道之间的关断隔离度为−72 dB。图 2-6 所示为 ADG726 的逻辑框图，表 2-8 为 ADG726 的真值表。

表 2-8　ADG726 的真值表

A3	A2	A1	A0	$\overline{EN}$	$\overline{CSA}$	$\overline{CSB}$	$\overline{WR}$	开 关 状 态
X	X	X	X	X	1	1	↑	维持以前的开关条件
X	X	X	X	X	1	1	X	开关条件维持不变
X	X	X	X	1	0	0	0	不工作
0	0	0	0	0	0	0	0	S1A-DA，S1B-DB
0	0	0	1	0	0	0	0	S2A-DA，S2B-DB
0	0	1	0	0	0	0	0	S3A-DA，S3B-DB
0	0	1	1	0	0	0	0	S4A-DA，S4B-DB
0	1	0	0	0	0	0	0	S5A-DA，S5B-DB

A3	A2	A1	A0	$\overline{EN}$	$\overline{CSA}$	$\overline{CSB}$	$\overline{WR}$	开关状态
0	1	0	1	0	0	0	0	S6A-DA，S6B-DB
0	1	1	0	0	0	0	0	S7A-DA，S7B-DB
0	1	1	1	0	0	0	0	S8A-DA，S8B-DB
1	0	0	0	0	0	0	0	S9A-DA，S9B-DB
1	0	0	1	0	0	0	0	S10A-DA，S10B-DB
1	0	1	0	0	0	0	0	S11A-DA，S11B-DB
1	0	1	1	0	0	0	0	S12A-DA，S12B-DB
1	1	0	0	0	0	0	0	S13A-DA，S13B-DB
1	1	0	1	0	0	0	0	S14A-DA，S14B-DB
1	1	1	0	0	0	0	0	S15A-DA，S15B-DB
1	1	1	1	0	0	0	0	S16A-DA，S16B-DB

注：X 表示不关心。

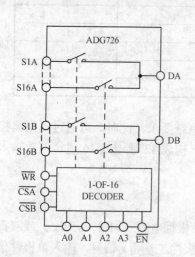

图 2-6 ADG726 的逻辑框图

S1A～S16A 为 A 组开关的 16 个输入端，DA 为其公共的输出端，$\overline{CSA}$ 为其选通控制端；S1B～S16B 为 B 组开关的 16 个输入端，DB 为其公共的输出端，$\overline{CSB}$ 为其选通控制端；A3～A0 为 16 通道的选择控制端，A、B 两组开关公用；ADG726 具有内部锁存器，当 $\overline{CSA}$ 或 $\overline{CSB}$ 端输入逻辑 0 时，输入到 $\overline{WR}$ 端的上升沿信号能将通道选择端 A3～A0 的输入状态锁存；$\overline{EN}$ 为芯片工作使能端，只有当输入到 $\overline{EN}$ 端逻辑电平为 0 时，芯片才能工作。

2.2.2 A/D 转换器

能将模拟信号转换成数字信号的器件，称为模数转换器，简称 A/D 转换器。A/D 转换器的种类很多，按位数来分有 8 位、10 位、12 位、16 位等几种。位数越高，其分辨率也越高，但价格也越贵。A/D 转换器就其结构而言，有单一的 A/D 转换器（如 ADC0801、AD673 等），有内含多路开关的 A/D 转换器（如 ADC0809、AD7581 均带有 8 通道多路开关），还有多功能的 A/D 转换器（如 AD363，其内部具有 16 通道多路开关、数据放大器、采样保持器及 12 位 A/D 转换器）等。另外，为了减小封装体积，降低成本，还有各种各样的串行 A/D 转换器，如 MAXl95、TLC0831、TLC0832 等。

1. 8 位 A/D 转换器 ADC0808/0809

ADC0808/0809 是 8 位逐次逼近型 A/D 转换器，芯片内还包含有 8 通道多路开关及与计算机兼容的控制逻辑。在 A/D 转换器内部含有一个高阻抗斩波稳定比较器，一个带有模拟开关树组的 256R 电阻分压器，以及一个逐次逼近型寄存器 SAR。8 通道多路模拟开关由地址锁存器和译码器控制，可以在 8 个输入通道中任意接通一个通道的模拟信号。其原理框图如图 2-7 所示。

这种器件无须进行零位和满量程调整。由于多路开关的地址输入部分能够进行锁存和译码，而且其三态 TTL 输出也可以锁存，所以它易于与微处理器做接口连接。

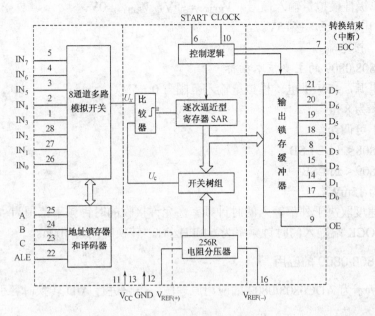

图 2-7　ADC0808/0809 原理框图

从图 2-7 可以看出，ADC0808/0809 由两部分组成。第一部分为输入通道多路模拟开关，其基本原理与 CD4051 类似，控制 A、B、C 和地址锁存允许端子 ALE，可使其中一个通道被选中。第二部分为一个逐次逼近型 A/D 转换器，它由比较器、控制逻辑、输出锁存缓冲器、逐次逼近型寄存器及开关树组和 256R 电阻分压器组成，由后两种电路（开关树组和 256R 电阻分压器）组成 D/A 转换器。控制逻辑用来控制逐次逼近型寄存器从高位到低位逐次取 "1"，然后将此数字量送到开关树组（8 位），以控制开关树组中的开关是否与参考电平相连。参考电平经 256R 电阻分压器输出一个模拟电压 U_c，U_c 与输入模拟量 U_x 在比较器中进行比较。当 $U_c > U_x$ 时，该位 $D_i = 0$；反之，当 $U_c \leq U_x$ 时，则 $D_i = 1$，且一直保持到比较结束。因此，$D_7 \sim D_0$ 共比较 8 次，逐次逼近型寄存器中的数字量，即与模拟量 U_x 所相当的数字量等值。此数字量送入输出锁存缓冲器中，并同时发出转换结束信号。

1）ADC0808/0809 的引脚功能

根据图 2-7，ADC0808/0809 的引脚功能如下。

- $IN_7 \sim IN_0$：8 个模拟量输入端。
- START：启动信号。当 START 为高电平时，A/D 转换开始。
- EOC：转换结束信号。当 A/D 转换结束后，发出一个正脉冲，表示 A/D 转换完毕。此信号可用做 A/D 转换是否结束的检测信号，或者向 CPU 申请中断的信号。
- OE：输出允许信号。高电平有效，当此信号被选中时，允许从 A/D 转换器的锁存器中读取数字量。
- CLOCK：实时时钟，可通过外接 RC 电路改变时钟频率。
- ALE：地址锁存允许，高电平有效。当 ALE 为高电平时，允许通道 A、B、C 被选中，并把该通道的模拟量接入 A/D 转换器。
- A、B、C：通道号选择端子。C 为最高位，A 为最低位。
- $D_7 \sim D_0$：数字量输出端。
- $V_{REF(+)}$、$V_{REF(-)}$：参考电压端子。用以提供片内 D/A 转换器权电阻的标准电平。对于一般单极性模拟量输入信号，$V_{REF(+)}=+5V$，$V_{REF(-)}=0V$。

- V_{CC}：电源端子，接+5V。
- GND：接地端。

2）ADC0808/0809 的主要技术指标

- 单一电源，+5V 供电，模拟量输入范围为 0～5V。
- 分辨率为 8 位。
- 最大不可调误差：

  ADC0808＜±1/2 LSB

  ADC0809＜±1 LSB

- 功耗为 15mW。
- 转换速度取决于外部输入的时钟频率，允许接收的时钟频率范围为 10～1280kHz。当 CLOCK 端输入的时钟频率为 640kHz 时，转换时间为 100μs。

2．ADC0808/0809 的应用

如图 2-8 所示为 ADC0808/0809 的应用原理图。当它进行 A/D 转换时各引脚的时序图如图 2-9 所示。

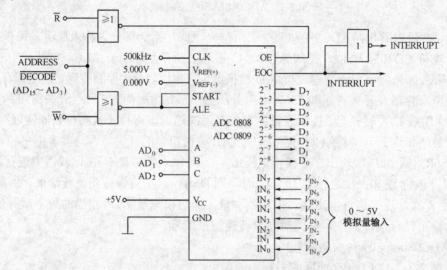

图 2-8　ADC0808/0809 的应用原理图

从图 2-9 可以看出，启动脉冲 START 和地址锁存允许脉冲 ALE 的上升沿将地址锁存，经译码模拟量 A、B、C 选择开关所指定的通道信号被送至 A/D 转换器。在 START 信号下降沿的作用下，逐次逼近过程开始，在时钟的控制下，一位一位地逼近。此时，转换结束信号 EOC 呈低电平状态。由于逐次逼近需要一定的过程，所以，在此期间，模拟输入值应维持不变，比较器需要一次一次地进行比较，直到转换结束。此时，若计算机发出一个允许命令（OE 呈高电平），则可读出数据。

3．A/D 转换器与微处理器的连接

无论哪一种型号的 A/D 转换器，不管其内部结构如何，当它与微处理器相连时，都会遇到许多实际的技术问题。例如，A/D 转换器与系统的连接、A/D 转换器的启动方式、模拟量输入通道的连接、参考电源如何提供、状态的检测与锁存及时钟信号的引入等。只有解决了

这些问题，才能使 A/D 转换器正常工作。

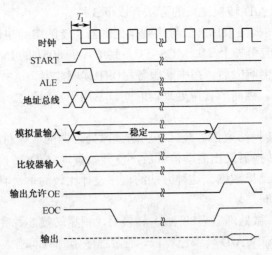

图 2-9 ADC0808/0809 进行 A/D 转换时各引脚时序图

1）模拟量输入通道的连接

A/D 转换器所要求接收的模拟量大都为 0～5V 的标准电压信号，但是有些 A/D 转换器的输入除单极性外，也可以是双极性的。有的 A/D 转换器可以直接接入传感器的信号，如 AD670。另外，在模拟量输入通道中，除单通道输入外，还有多通道输入方式。多通道输入可通过模拟多路开关实现。ADC0808/0809 就是带有多路开关的 A/D 转换器。

2）数字量输出引脚的连接

A/D 转换器数字量输出引脚和微处理器的连接方法与其内部结构有关。对于内部未含数据输出锁存器的 A/D 转换器，一般通过锁存器或 I/O 接口与微处理器相连。常用的接口及锁存器有 Intel 的 8155、8255、8243 及 74LS273、74LS373、8212 等。当 A/D 转换器内部含有数据输出锁存器时，可直接与微处理器相连。

3）A/D 转换器的启动方式

任何一个 A/D 转换器在开始转换前，都必须加一个启动信号，才能开始工作。芯片不同，要求的启动方式也不同。启动方式分脉冲启动和电平启动两种。

脉冲启动型芯片只要在启动转换输入引脚上加上要求的脉冲信号即可，如 ADC0809、AD574A 等均属于脉冲启动型芯片，通常可用微处理器的"写"信号 $\overline{\text{WR}}$ 或者地址译码器的输出信号，经过相应的逻辑电路进行控制。

电平启动转换就是在 A/D 转换器的启动引脚上加上要求的电平。一旦加上电平以后，A/D 转换即刻开始，而在转换过程中，必须保持这一电平，否则将停止转换。因此，在这种启动方式下，微处理器控制必须通过锁存器保持一段时间，一般可采用 D 触发器、锁存器或并行 I/O 接口等来实现。AD570、AD571、AD572 等都属于电平控制转换电路。不同的 A/D 转换器，要求启动信号的电平不一样，有的要求高电平启动，如 ADC0809、AD574；有的则要求低电平启动，如 ADC0801、ADC0802 和 AD670 等。

4）转换结束信号的处理方法

在 A/D 转换器中，当微处理器向 A/D 转换器发一个启动信号后，A/D 转换器开始转换，必须经过一段时间以后，A/D 转换才能结束。当转换结束时，A/D 转换器内的转换结束触发器置位，同时输出一个转换结束标志信号，通知微处理器，A/D 转换已经完成，可以读取数据。微处理器检查判断 A/D 转换结束的方法有以下 3 种。

① 中断方式。将转换结束标志信号接到微处理器系统的中断申请引脚（如 IRQ2）或允许中断的 I/O 接口的相应引脚上（如 MCS–51 系列单片机 8051 的 INT_0）。当转换结束时，即提出中断申请，微处理器响应后，在中断服务程序中读取数据。这种方法使 A/D 转换器与微处理器的工作同时进行，因而节省微处理器时间，常用于实时性要求比较强或多参数的数据采集系统。

② 查询方式。把转换结束信号经三态门送到微处理器的数据总线或 I/O 接口的某一位上。微处理器向 A/D 转换器发出启动信号后，便开始查询 A/D 转换是否结束，一旦查询到 A/D 转换结束，就读出结果数据。这种方法的程序设计比较简单，且实时性也比较强，不过占用较多的微处理器时间。

③ 软件延时方法。微处理器启动 A/D 转换后，根据转换芯片完成转换所需要的时间，调用一段延时程序（为确保 A/D 转换已完成，通常程序延时时间略大于 A/D 转换过程所需的时间）。延时程序执行完以后，A/D 转换也已完成，这时即可读出结果数据。这种方法无须检测 A/D 转换结束的硬件连线，但也占用了较多的微处理器时间。

5）参考电源的选择

在 A/D 转换器中，参考电源的作用是作为其内部 D/A 转换器的标准电源，它直接关系到 A/D 转换的精度，因而对该电源的要求比较高，一般要求由稳压电源供电。不同的 A/D 转换器，参考电源的提供方法也不一样。通常，8 位 A/D 转换器采用外电源供给，如 AD7574、ADC0809 等。但是对于精度要求比较高的 12 位 A/D 转换器，则常在 A/D 转换器内部设置有精密参考电源，如 AD574A、ADC80 等，而不必外加电源。

对于一些单、双极性模拟量均可接收的 A/D 转换器，参考电源往往有两个引脚：$V_{REF(+)}$ 和 $V_{REF(-)}$。根据模拟量输入信号极性的不同，这两个参考电源引脚的接法也不同。当模拟量信号为单极性时，$V_{REF(-)}$ 端接模拟地，$V_{REF(+)}$ 端接参考电源正极性端；当模拟量信号为双极性时，$V_{REF(+)}$ 和 $V_{REF(-)}$ 分别接至参考电源的正、负极性端。

6）时钟信号的连接

A/D 转换器时钟信号的频率决定了其转换速度。整个 A/D 转换过程都是在时钟作用下完成的。A/D 转换时钟的提供方法有两种，一种是由芯片内部提供的，另一种是由外部时钟提供的。外部时钟多由系统时钟分频后得到。

当 A/D 转换器设有内部时钟振荡器时，一般不需外加电路，如 AD574A，这样外围电路简单。

7）接地问题

为了减小逻辑电路部分开关脉冲对 A/D 转换精度的影响，A/D 转换器的接地问题需引起足够重视。在由 A/D 转换器组成的数据采集系统中，有许多的接地点，这些接地点可分为逻辑电路部分的公共地（数字地）和模拟电路部分的公共地（模拟地）。A/D 转换器提供了模拟地和数字地的独立接线端。在进行电路连接时，应将 A/D 转换器的模拟地和数字地分别与系统的模拟地和数字地相连。而在整个系统中，模拟地和数字地只在一点接通。

4．8 位 A/D 转换器控制程序设计

如图 2-10 所示为 ADC0809 与计算机的接口原理图。A/D 转换的结束信号 EOC 作为状态

信号，经三态门接入数据总线的 D_7 位。

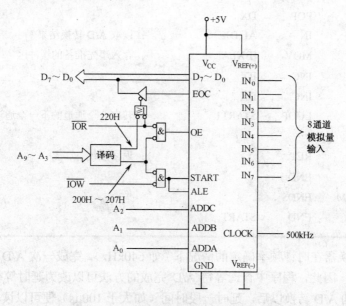

图 2-10　ADC0809 与计算机的接口原理图

计算机在启动 A/D 转换后，不断查询 D_7 位是否为 1，判断 A/D 转换是否结束。设控制启动 ADC0809 各输入通道 IN_0～IN_7 的端口地址为 200H～207H，读取 EOC 状态的地址为 220H。下面是对 8 个模拟通道的信号进行 A/D 转换的程序。

```
DATA        SEGMENT
COUNT       EQU     8
BUFFER      DB      COUNT   DUP（0）
DATA        ENDS
PROGNAM     SEGMENT
MAIN        PROC    FAR
ASSUME      CS:PROGNAM,DS:DATA
START:      PUSH    DS              ；为系统返回做准备
            SUB     AX,AX
            PUSH    AX
            MOV     AX,DATA         ；设置数据段
            MOV     DS,AX
            MOV     BX,OFFSET BUFFER
            MOV     CX,8
            MOV     DX,200H         ；送通道 IN₀ 的地址
START1:     OUT     DX,AL           ；启动 A/D 转换
            PUSH    DX
            MOV     DX,220H         ；送查询地址
START2:     IN      AL,DX
            TEST    AL,80H          ；检查 A/D 转换是否结束
```

```
                    JZ         START2              ；如果没有结束，则继续查询
                    POP        DX
                    IN         AL,DX               ；读取 A/D 转换结果
                    MOV        [BX],AL             ；存入事先准备的缓冲区
                    INC        BX
                    INC        DX
                    LOOP       START1              ；转向 8 个通道的下一个通道采样
                    ……
                    RET                            ；返回系统
        MAIN        ENDP
        PROGNAM     ENDS
                    END        START
```

    由于 A/D 转换器在时钟频率确定的情况下（如 640kHz），完成一次 A/D 转换的时间是确定的（如 100μs），因此，程序中查询等待 A/D 完成的方法可以改为延时等待 A/D 完成的方法。也就是在启动 A/D 转换以后，延时一段时间（如大于 100μs）便可以读取 A/D 转换的结果。这种方式不需要读取 A/D 转换状态的电路，从而可以简化硬件电路的设计。

    采用延时方法进行 A/D 转换的部分程序如下。

```
                    ……                           ；与查询程序相同
                    MOV        CX,8
                    MOV        DX,200H             ；送通道 IN0 的地址
        START1:     OUT        DX,AL               ；启动 A/D 转换
                    CALL       DELAY0              ；延时指定时间
                    IN         AL,DX               ；读取 A/D 转换结果
                    MOV        [BX],AL             ；存入事先准备的缓冲区
                    INC        BX
                    INC        DX
                    LOOP       START1              ；转向 8 个通道的下一个通道采样
                    ……                           ；与查询程序相同

        DELAY0      PROC       NEAR                ；延时子程序
                    ……
                    RET
        DELAY0      ENDP
        PROGNAM     ENDS
                    END        START
```

2.2.3 数据采集与处理方法

    在工业控制和工业测量中，经 A/D 转换器采样得到的数据，还需经过计算机加工处理后才能得到相应的准确结果。这个加工处理的过程可以包括数字滤波、标度变换等步骤。进行数字

滤波的目的是克服现场干扰，而标度变换则将采样得到的数据变换成人们习惯的直观结果。

1．数字滤波

在计算机工业控制系统中，通常被控对象所处的环境都比较恶劣，可能存在着各种各样的干扰源，如环境温度、电场、磁场等，而干扰的存在会导致 A/D 采样的数值偏离真实值。实践证明，现场多数干扰信号都是随机的。为了减小乃至消除叠加在采样数据中随机干扰信号值的影响，可以利用计算程序，对多次采样信号所得的数据进行加工处理（也就是数字滤波），以保证控制的精度和系统工作的可靠性。

采用数字（程序）滤波器，可以省略相应的硬件滤波电路（如 RC 滤波电路），从而简化硬件设计，降低成本，增加可靠性，确保测量精度。同时，电路上也不会存在硬件滤波器所带来的阻抗匹配问题。数字滤波器还可以多通道分时共享，从而进一步简化系统设计。数字滤波器参数调整方便，且具有良好的低频性能。数字滤波的方法有多种，可以根据不同的测量参数与工作环境进行选择。下面介绍几种常用的数字滤波算法。

1）程序判断滤波

在工业现场，由于大功率用电设备的启动或停止，会造成电流的尖峰干扰，因此会对现场各种参数的测量带来随机误差，对此可采用程序判断滤波的方法来克服。所谓程序判断滤波方法，就是根据实践经验，确定出相邻两次采样之间可能出现的最大偏差ΔE。如果采样得到的值超过ΔE，则表明该输入信号中存在较大的干扰信号，应予以剔除；如果采样得到的值小于偏差值ΔE，则本次采样值为正常值。根据滤波方法的不同，程序判断滤波可分为限幅滤波和限速滤波两种。

限幅滤波的方法是，把两次相邻的采样值相减，求出其差值（以绝对值表示），然后与两次采样允许的最大差值（由被控对象的实际情况决定）ΔE 进行比较。若小于或等于ΔE，则本次采样值有效；若大于ΔE，则取上次采样值作为本次采样值。因此，在这种方法中，ΔE的选取非常关键，ΔE 太大无法剔除各种干扰，ΔE 太小又有可能使正常值丢失，影响测量的实时性。ΔE通常可根据经验数据获得。这种方法主要用于变化比较缓慢的参数，如温度、湿度、物位等的测量。

限速滤波是对限幅滤波的一种折中，既考虑了采样的实时性，又照顾到采样值变化的连续性。其过程如下。

① 设按时间 t_1、t_2、t_3 的顺序采样 3 个点，得到的数值分别为 Y_1、Y_2、Y_3。

② 当$|Y_2-Y_1|\leqslant\Delta E$ 时，Y_2 有效，取值 Y_2。

③ 当$|Y_2-Y_1|>\Delta E$ 时，如果$|Y_3-Y_2|\leqslant\Delta E$，则 Y_3 有效，取值 Y_3；否则，取值$(Y_3+Y_2)/2$。

这种方法的缺点是，ΔE 的确定不太灵活，因为不能根据现场的情况不断更换新值，不能反映采样点数大于 3 时各采样值受干扰的情况。

2）中值滤波

中值滤波的方法是，取 N 为奇数，对某一参数连续采样 N 次，然后把 N 次采样的值从小到大或从大到小排列，再取其中间位置上的值作为本次采样值。中值滤波方法对于克服偶然因素引起的波动干扰，或者采样器本身不稳定所引起的脉动干扰较为有效。这种方法也跟限幅滤波和限速滤波一样，只适用于物理量变化相对比较缓慢的工作场合。

3）算术平均值滤波

算术平均值滤波的方法是，在一个时间段（采样周期）内，对被测物理量采样 N 次，得

到 N 个采样值 $Y_1, Y_2, Y_3, \cdots, Y_N$，求这 N 个数的平均值

$$\overline{Y} = (Y_1+Y_2+Y_3+\cdots+Y_N)/N$$

于是就将 $\overline{Y}$ 作为这个采样周期内的采样值。算术平均值滤波主要用于对压力、流量等周期脉动的参数采样值进行平滑加工，以使所测数据相对稳定。采样次数 N 取决于对参数平滑度和灵敏度的要求。随着采样值 N 的加大，平滑度将提高，灵敏度将降低。算术平均值滤波方法不适用于克服随机（脉冲性）干扰。

4）加权平均值滤波

算术平均值滤波中的 N 个采样值对滤波结果的影响因子是相同的，均为 $1/N$，也就是说，每个采样值的权重为 $1/N$。在实践中，有时为了提高滤波效果，将改变在一个采样周期内每一个采样值的权重，这种方法称为加权平均值滤波。设 N 个采样值为 $Y_1, Y_2, \cdots, Y_N$，则加权平均滤波值为

$$\overline{Y} = A_1Y_1+A_2Y_2+\cdots+A_NY_N$$

式中，$A_1, A_2, \cdots, A_N$ 为加权系数，均为常数，且应满足下式

$$A_1+A_2+\cdots+A_N=1$$

$A_1, A_2, \cdots, A_N$ 加权系数的大小代表各对应的采样值在平均值中所占比例的大小，数值的选取由具体情况而定。这种方法可根据需要突出信号的某一部分，抑制信号的另一部分。

5）滑动平均值滤波

滑动平均值滤波方法是，动态保留 N 个最近的采样数据，每采样一个新数据，便将保留时间最长的采样数据移走一个，随后按算术平均值滤波方法或加权平均值滤波方法计算出有效的采样值。这种方法与算术平均值滤波、加权平均值滤波相比，同样适用于具有脉动式干扰的场合，但减少了总的采样次数，可以提高采样速度，降低对计算机系统的要求。

滑动平均值滤波法对周期性干扰有良好的抑制作用，平滑度高，但灵敏度低；对偶然出现的脉冲性干扰的抑制作用差，很难消除由于脉冲干扰引起的采样值的误差。因此这种方法不适用于脉冲干扰比较严重的场合。

6）低通滤波

在工业控制系统中，大部分被测量的信号都是低频信号，如温度、流量、物位等，而脉冲干扰信号则属于高频信号。采用低通滤波方法，可以消除高频干扰对测量精度的影响。数字式低通滤波器可以参照 RC 低通滤波器实现。

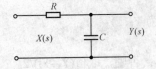

图 2-11 低通 RC 滤波器电路

图 2-11 所示为低通 RC 滤波器电路，其传递函数可写为

$$G(s) = \frac{Y(s)}{X(s)} = \frac{1}{\tau s + 1}$$

式中，$\tau = RC$ 为 RC 滤波器的时间常数。将上式离散后，可得差分方程

$$y(k) = (1-\alpha)y(k-1) + \alpha x(k) \tag{2-1}$$

式中，$x(k)$ 为第 k 次采样值，$y(k-1)$ 为第 $k-1$ 次滤波结果的输出值，$y(k)$ 为第 k 次滤波结果的输出值，$\alpha = 1-e^{-T/\tau}$ 为滤波平滑系数，其中 T 为采样周期，τ 为滤波环节的时间常数。

对于一个已经确定的采样系统而言，采样周期 T 是已知的，于是由 $\alpha = 1-e^{-T/\tau}$ 可得

$$\tau = \frac{T}{\ln(1-\alpha)^{-1}}$$

当 $\alpha \ll 1$ 时，$\ln(1-\alpha)^{-1} = \alpha$，因此可得

$$\tau \approx \frac{T}{\alpha} \qquad \text{或写为} \qquad \alpha \approx \frac{T}{\tau}$$

上式表明了采样周期 T、RC 滤波器的时间常数 τ 及相应的滤波平滑系数 α 三者之间的关系。当采样系统确定后，T 和 τ 也随之确定，于是 α 的值也就确定了。由式（2-1）进行迭代计算可求得采样值经低通数字滤波后的结果。

7）复合数字滤波

复合数字滤波（或称为多级数字滤波）就是将两种或两种以上的数字滤波方法联合起来使用，其目的是进一步提高滤波效果。例如，算术平均值滤波与加权平均值滤波能较好地消除脉动干扰，而中值滤波则能较好地消除随机脉冲干扰。如果将它们结合起来，就可用于既有脉动干扰又有脉冲干扰的环境。其方法为，首先把采样值按从小到大的顺序排列，再把最大值和最小值去掉，随后对余下的采样值求平均。对于低通滤波也可以采用两级或两级以上的方法，这样可以取得更加理想的结果。同样，还可以有其他的复合滤波方式，可以在实践中，根据现场工作环境进行选取。

2. 标度变换

在计算机控制系统中，各种现场参数（如温度、压力、物位等）信号都会通过信号调理电路或变送器转换成 A/D 转换器所能接收的统一范围的电压信号（如 0～5V），再经 A/D 转换器转换成二进制数字量（如 8 位二进制数）。为了显示、记录、打印和便于操作人员监控，必须把这些二进制表示的数字量转换成对应的实际数值和单位。这一转换过程就称为标度变换。标度变换可分为线性参数标度变换与非线性参数标度变换两种。

1）线性参数标度变换

当被测参数值与 A/D 采样值成线性关系时，采用线性参数标度变换方法，将 A/D 采样值变成测量结果，其一般转换公式为

$$R_x = (R_m - R_0)\frac{S_x - S_0}{S_m - S_0} + R_0 \tag{2-2}$$

式中，R_0 为一次测量仪表的下限值，R_m 为一次测量仪表的上限值，R_x 为实际测量值，S_0 为一次测量仪表下限值所对应的 A/D 采样值，S_m 为一次测量仪表上限值所对应的 A/D 采样值，S_x 为实际测量值所对应的 A/D 采样值。

例如，某温度测量仪表，其量程为 10℃～50℃，采用的是 8 位 A/D 转换器，在某次测量过程中，A/D 采样值经数字滤波后得到的数值为 7BH，则这次测量的温度值可以利用式（2-2）求得，其过程如下。

已知 $R_0 = 10℃$，$R_m = 50℃$，$S_0 = 0$，假设 R_m 对应 8 位 A/D 的最大值，也就是说，取 $S_m = $ 0FFH（255$_D$），$S_x = $ 7BH（123$_D$），将这些数值代入式（2-2），则求得测量结果为

$$R_x = (R_m - R_0)\frac{S_x - S_0}{S_m - S_0} + R_0$$

$$= (50 - 10) \times \frac{123 - 0}{255 - 0} + 10$$

$$\approx 29.3℃$$

2）非线性参数标度变换

有些参数的测量，对于 A/D 采样值，除了需要进行线性标度变换外，还需要经特定的公式计算才能得到测量结果。当特定的公式是非线性公式时，这样的计算过程被称为非线性参

数标度变换。例如，压差流量计是通过测装于管道内的节流装置上下游两边的压差来测流量的，其直接测量采样值为节流装置上下游两边的压力值，而需要的结果是流量值。因此，需要根据测得的压力值经过特定的公式计算（或查表）后，才能得到相应的流量值。对于压差式流量计，流量与压差值的关系式为

$$Q = K\sqrt{\Delta P} \tag{2-3}$$

式中，Q 为流量；K 为刻度系数，与流体的性质及节流装置的尺寸有关，测量环境确定时，其值为常数；ΔP 为节流装置上下游两边的压差。

根据式（2-3）测流量时，计算机处理程序应包含以下 3 个步骤：

① 对 A/D 采样值进行数字滤波；

② 利用式（2-2）对数字滤波后的数值进行线性参数标度变换，求得流量计节流装置两边的压差值；

③ 将求得的压差值代入式（2-3）计算，求得测量结果流量值。

2.3 键盘接口技术

在计算机控制系统中，通常都有人机对话功能，主要包括人对计算机控制系统的状态干预与参数设定，以及计算机控制系统向人报告运行状态与运行结果。而人对计算机控制系统的状态干预与参数设定大部分都是通过键盘来完成的。

2.3.1 独立式按键

独立式按键是指直接用输入端口线构成的单个按键电路，常用于需要少量几个按键的计算机控制系统。每个独立式按键单独占用一根输入端口线，各键的工作状态不会互相影响。如图 2-12 所示为具有 8 个独立式按键的硬件连线图。

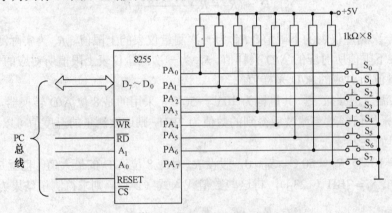

图 2-12　具有 8 个独立式按键的硬件连线图

设 8255 的端口 PA 初始化为输入，每个按键的状态可以通过 8255 的端口 PA 读入。当无键按下时，$PA_0 \sim PA_7$ 输入状态均为 1（高电平）；当有键按下时，则按键对应的端口线输入为 0（低电平）。例如，S_0 键按下，则对应的端口线 PA_0 输入为 0。由此可知，只要系统程序定时读取端口 PA 的状态，便可以知道有无键按下，并能判断出是哪个键按下，这样就可以进行相应的按键处理。

2.3.2 行列式键盘

行列式键盘（或者叫矩阵式键盘）常应用在按键数量比较多的系统之中。这种键盘由行线和列线组成，按键设置在行、列结构的交叉点上，行列线分别连在按键开关的两端。行线通过上拉电阻接至正电源，以使无键按下时行线处于高电平状态。行列式键盘可分为非编码键盘和编码键盘两大类。编码键盘内部设有键盘编码器，被按下键的键号由键盘编码器直接给出，同时具有防抖和解决重键的功能。非编码键盘通常采用软件的方法，逐行逐列检查键盘状态，当发现有键按下时，通过计算或查表的方式获取该键的键值。

行列式键盘与计算机的连接多采用 I/O 接口芯片，如 8155、8255 等。有时为了简单起见，也采用锁存器，如 74LS273、74LS244、74LS373 等。键盘处理程序的关键是如何识别按键键值。通常，计算机通过程序控制对键盘扫描，从而获取键值。根据计算机进行扫描的方法可分为定时扫描法和中断扫描法两种。

1. 定时扫描法

图 2-13 所示为采用 8255 端口构成的 4×8 矩阵键盘。图中，8255 的 PA 端口初始化为输出工作方式作为列线使用，PC 端口初始化为输入工作方式作为行线使用。在每一个行线与列线的交叉点处接一个按键，再给每个按键设定一个编号（键值）。可以根据需要，将一部分按键定义为功能键，另一部分按键定义为数字键。定时扫描法的工作过程如下。

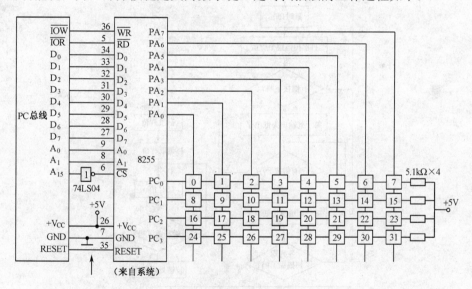

图 2-13 采用 8255 端口构成的 4×8 矩阵键盘

1）定时扫描键盘，判断是否有键按下

方法是使列输出线均为低电平，再定时从 PC 端口读入行值，监视有无键按下。如果读入 PC 端口（行值）的低 4 位值为 0FH，则说明没有键按下；如果读入值不为 0FH，则说明有键按下。

2）消除按键抖动

如果有键按下，则延时 10～20ms 后，再次从 PC 端口读入行值，如果此时仍有键按下，则确认键盘有键按下。

3）求按键键值

方法是对键盘逐列扫描，也就是逐列输出低电平。首先令 $PA_0 = 0$，然后读入行值，看其是否等于 0FH，若等于 0FH，则说明该列无键按下。再令 $PA_1 = 0$，如果行值不等于 0FH，说明该列有键按下，则求按键键值。例如，如果列输出值为 0FDH（也就是 $PA_1 = 0$），行输入值为 0EH，则所按键键值为 1；如果列输出值为 0FBH（也就是 $PA_2 = 0$），行输入值为 0DH，则所按键键值为 10。

4）等待按键释放

为保证按键每闭合一次，计算机只进行一次处理，程序需等待按键释放后，才进行下一按键的处理。

设 8255 的控制端口、PC 端口、PB 端口、PA 端口的地址分别为 803H、802H、801H、800H，PC 端口已初始化为输入，PA 端口已初始化为输出，则键盘扫描程序的流程图如图 2-14 所示。

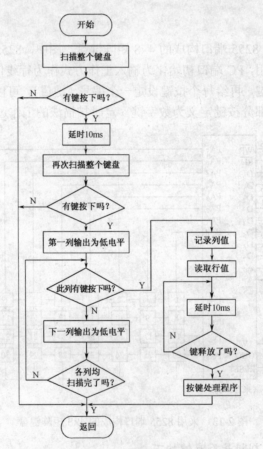

图 2-14　键盘扫描程序的流程图

根据图 2-14 流程图，采用 8086 汇编语言，写出示例程序如下。

```
        ......
KEY        PROC    NEAR
KEYSCAN:   CALL    KEYCHK      ; 检查键盘有无按键
           JNZ     KS0         ; 有键按下, 转 KS0
```

```
                RET
KS0:    CALL    DLY10MS     ; 延时，防按键抖动
        CALL    KEYCHK      ; 再次确认有无按键
        JNZ     KS1         ; 有键按下，转 KS1
        RET
KS1:    MOV     AH,0FEH     ; 对应第一列扫描值
        MOV     AL,AH
        MOV     DX,800H     ; 送 PA 端口地址
KS2:    OUT     DX,AL
        INC     DX
        INC     DX
        IN      AL,DX       ; 从 PC 端口读入行值
        AND     AL,0FH
        CMP     AL,0FH
        JNZ     KS3         ; 有键按下，转 KS3
        ROL     AH,1        ; 得到下一列扫描值
        MOV     AL,AH
        DEC     DX
        DEC     DX
        AND     AL,01H      ; 检查 8 列是否已扫描完成
        JNZ     KS2         ; 没有继续检查下一列
        RET
KS3:    MOV     BH,AL       ; 保存已读入按键的行值到 BH
KS4:    CALL    DLY10MS
        CALL    KEYCHK
        JNZ     KS4         ; 等待按键释放
        CALL    KEYP        ; 根据扫描所得按键的行、列值（分别
                            ; 存于 BH、AH 寄存器中）进行键盘处理
        RET
KEY     ENDP
KEYCHK  PROC    NEAR        ; 检查有无键按下子程序
        MOV     DX,800H     ; 送 PA 端口地址
        MOV     AL,00H      ; 列输出线全部为 0
        OUT     DX,AL
        MOV     DX,802H     ; 送 PC 端口地址
        IN      AL,DX       ; 从 PC 端口读入行值
        AND     AL,0FH
        CMP     AL,0FH
        RET
KEYCHK  ENDP
        ……
```

主程序通过定时调用键盘扫描程序 KEY，就可以监视有无按键操作。如果无键按下，则程序返回；如果有键按下，则读取按键的行值与列值，然后，调用按键处理子程序。

　　按键处理子程序的主要功能是，根据按键的行值与列值求得按键的键值，再根据键值转入对应按键的处理程序。按键处理的示例程序如下。

```
KEYP      PROC     NEAR              ; 按键功能处理
          MOV      BL,0
KP1:      INC      BL
          SHR      AH,1
          JC       KP1
          DEC      BL
          NOT      BH                ; 根据按下键的行值和列值计算出键值
          AND      BH,0FH
          DEC      BH
          MOV      AL,08H
          MUL      BH
          ADD      AL,BL             ; 得到按键值
          SHL      AL,1
          MOV      BX,AX
          JMP      KEYTAB[BX]        ; 根据按键转移值
KEYTAB:   JMP      SHORT KEY00       ; 按键转移表
          JMP      SHORT KEY01
          JMP      SHORT KEY02
          ……
          JMP      SHORT KEY29
          JMP      SHORT KEY30
          JMP      SHORT KEY31
KEY00:    ……                        ; 按键处理
          RET
KEY01:    ……
          RET
KEY02:    ……
          RET
          ……
KEY29:    ……
          RET
KEY30:    ……
          RET
KEY31:    ……
          RET
KEYP:     ENDP
```

每个按键都有一段处理程序与之相对应。如果按下的是数字键，则程序记录下数字值；如果按下的是功能键，则程序根据该键设定的功能，完成相对应的功能操作。

2. 中断扫描法

前述的定时扫描法，无论有无按键，都必须定时调用键盘扫描程序，这样将占去大量的CPU 时间。在 CPU 任务很重的情况下，为了节省 CPU 时间，键盘处理可以采用中断扫描法。

如图 2-15 所示为中断扫描法硬件原理图。所有的列线输出均为低电平，当没有键按下时，所有的行线上均为高电平，经 4 输入与非门后输出为低电平，再送到中断申请端 IRQ_2，这时不会产生中断。当有任意一键按下时，对应该键的行线变为低电平，使得 4 输入与非门的输出变为高电平，这时使 IRQ_2 产生正跳变，向 CPU 申请中断。CPU 响应中断后，再调用前述定时扫描法的键盘程序 KEY，就可以找到所按的键，并进行相应的处理。

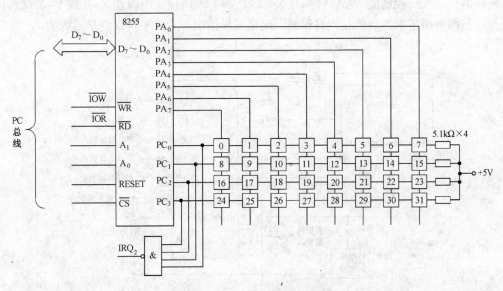

图 2-15 中断扫描法硬件原理图

中断扫描法与定时扫描法的不同之处在于，没有按键时，键盘程序不用执行，这样就节省了 CPU 的时间。当然，这是以增加硬件资源（4 输入与非门）和占用中断资源（IRQ_2）为前提的。

2.3.3 软键盘与触摸屏接口

所谓软键盘，就是以图形显示方式形成的图案键盘，而非物理键盘。在 PC 中，可以用鼠标操作软键盘。典型的软键盘如：Windows 操作系统"附件"中"计算器"的键盘等。利用触摸屏和 LCD（液晶显示）屏组合在一起，可构成各种各样的软键盘，用于各种功能的选择和字符的输入，其组态灵活，操作方便。这种类型的软键盘常用于各种数控设备、智能化测控仪表、手持设备、PDA（个人数字助理）中。通过触摸屏对软键盘进行操作，可以使操作简单、直观。触摸屏有多种类型，如红外线触摸屏、声表面波触摸屏、电容式触摸屏、电阻式触摸屏等，其中电阻式触摸屏是应用较多的类型之一。下面介绍电阻式触摸屏的接口电路及软键盘的工作原理。

1. 电阻式触摸屏的接口电路与坐标值

电阻式触摸屏有 4 线、5 线等多种类型，它们的工作原理基本相同。如图 2-16 所示为 4 线电阻式触摸屏与 ADS7846 的接口原理图。

ADS7846 芯片内含模拟电子开关和逐次逼近型 A/D 转换器。通过片内模拟电子开关的切换，将 X+（或 Y+）端接正电源（V_{CC}），X−（或 Y−）端接地（GND），将 Y+（或 X+）端和 Y−（或 X−）端以差动形式接到 A/D 转换器的输入端。用笔接触触摸屏的不同位置，由 Y+（或 X+）端输入到片内 A/D 转换器的电压值不同，输入电压经片内 A/D 转换后就得到笔触点的 Y（或 X）输出值，而该输出值与笔触点位置成近似线性关系。因此，由 ADS7846 的输出数值 X 和 Y（即坐标值）便能描述笔触点在触摸屏上的位置。从上述原理可以分析出，所得坐标值的精度将受几个因素的影响：触摸屏本身电阻材料的均匀性，ADS7846 模拟电子开关的内阻和 A/D 转换器自身的转换精度，A/D 转换时 X+（或 Y+）端所接正电源及 X−（或 Y−）端所接地的干扰。前两者所带来的误差是固有误差，而第三种情况产生的干扰误差是随机的。

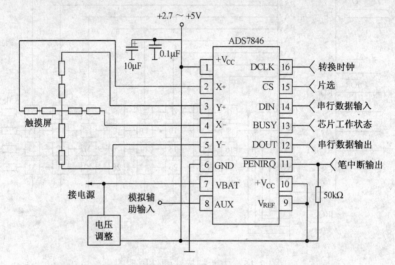

图 2-16　4 线电阻式触摸屏与 ADS7846 的接口原理图

2. 干扰误差的消除方法

为了尽可能减小干扰误差对点触精度的影响，必须对 ADS7846 的电源和接地采取一些抗干扰措施。一般来说，电池供电的便携式产品机内组件的功耗较低，其电源和地都比较干净，但机内往往存在几组电源，有时也用外接电源供电，因此应该仔细处理电源旁路和接地方法的问题。ADS7846 内的逐次逼近型 A/D 转换器对电源、参考电源、接地处的扰动及数字写入非常敏感，因此应在距离 ADS7846 电源引脚尽可能近的地方放置一个 0.1μF 的旁路电容，在 ADS7846 的电源与机内其他更高电压的电源之间放置一个 1～10μF 的电容。A/D 转换器的参考电源输入端（V_{REF}）也应加上一个 0.1μF 的旁路电容。ADS7846 的地可当做模拟地来处理，因此，要求接地处干净。或者可将 ADS7846 的地单独布一条线直接接到电源的输出地。电阻式触摸屏与 ADS7846 之间的连线应尽可能短且粗。

除了采取上述的硬件处理方法之外，还应该采取软件方法克服随机干扰。由于 ADS7846 的 A/D 转换时间最短可到 8μs，因此可对笔触点位置进行多次采样，再求采样值的算术平均。在触摸屏上书写时，笔是运动的，笔在每一点上经过的时间较短，因此对每点的采样次数应限制在一定范围内（如 10～20 次），这样才能取得较好的效果。

3. 坐标定位与坐标变换

触摸屏常和点阵式 LCD 屏叠加在一起配套使用。触摸屏的坐标原点、标度和 LCD 屏的坐标原点、标度不一样，且电阻式触摸屏的坐标零点通常不在有效点触区内，因此，通过 ADS7846 片内 A/D 转换器获得笔在触摸屏上的触点坐标后，还需经过坐标变换，才能得到笔触点在 LCD 屏上的位置坐标。由于电阻式触摸屏的电阻分布并不是理想的线性关系，经坐标变换计算所得 LCD 屏上的坐标会与笔触点实际位置存在一些偏差，偏差较大时就会出现"点不准"问题。而采用 4 点定位方法得到的坐标变换公式，可以最大限度地克服上述问题。

如图 2-17 所示为电阻式触摸屏与点阵式 LCD 屏重叠放置的 4 点定位图。设 LCD 屏的大小为 M（宽）× N（高）点，在 LCD 屏上，A、B、C、D 这 4 点都显示"+"。设 LCD 屏的左下角为坐标原点，这 4 点的坐标分别为（$M/4$, $3N/4$）、（$3M/4$, $3N/4$）、（$M/4$, $N/4$）、（$3M/4$, $N/4$）。用笔分别接触这 4 点，获得触摸屏对应 A、B、C、D 4 点的坐标值分别为（X_A, Y_A）、（X_B, Y_B）、（X_C, Y_C）、（X_D, Y_D），则可以计算出触摸屏的中心点坐标（X_0, Y_0）为

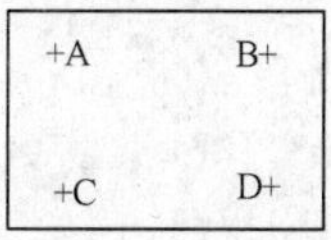

图 2-17　4 点定位图

$$X_0 = (X_A + X_B + X_C + X_D)/4$$
$$Y_0 = (Y_A + Y_B + Y_C + Y_D)/4$$

设 $\Delta X = (X_B - X_A + X_D - X_C)$，$\Delta Y = (Y_A - Y_C + Y_B - Y_D)$，设笔接触的任一点在触摸屏上的坐标为（$X_T$, Y_T），其所对应的显示屏上的坐标为（X, Y），则有

$$X = (X_T - X_0) \times M / \Delta X + M/2 \tag{2-4}$$
$$Y = (Y_T - Y_0) \times N / \Delta Y + N/2 \tag{2-5}$$

通过式（2-4）和式（2-5）就可以将笔在触摸屏上任一触点的坐标变换为相对应的 LCD 屏上的坐标，从而达到用笔点选 LCD 屏上所显示键盘的目的。

2.4　开关量信号输入接口

所谓开关量信号就是具有两种状态（如高电平、低电平）的信号，通常用"1"和"0"来表示。控制系统中一些设备的工作状态被转换成开关量信号表示，例如，继电器的接通用"1"表示、断开用"0"表示，电动机的启动用"1"表示、停止用"0"表示，阀门的打开用"1"表示、关闭用"0"表示等，这些设备的工作状态被转换成二进制数形式后，计算机系统就可以对其进行输入检测，从而实时掌握这些设备的工作状态。

2.4.1　多路开关量信号输入接口技术

在计算机控制系统中，当被检测的开关量信号路数很多时，需要扩充很多的输入接口，以便能将所有的开关量信号输入到计算机中。扩充输入接口的方法有多种，例如，可以采用可编程芯片 8255 扩充输入接口。每片 8255 有 3 个 8 位的 I/O 接口，通过编程将其全部初始化为输入工作方式，最多可以输入 24 路开关量信号，因此，根据输入开关量信号的路数就可以计算出所需 8255 芯片的数量。例如，某计算机控制系统有 64 路开关量信号要输入，根据计算，需要 3 片 8255 芯片。如图 2-18 所示为采用 8255 扩充 64 路输入接口的原理图。

当输入开关量路数不是很多时，也可以采用普通逻辑器件进行输入接口的扩充。如图 2-19

所示为采用 3 片 74LS244 扩充 24 路输入接口的方法。图中，74LS138 的译码输出作为芯片 74LS244 的输入选通信号，它们的地址分别为 100H、101H 和 102H。

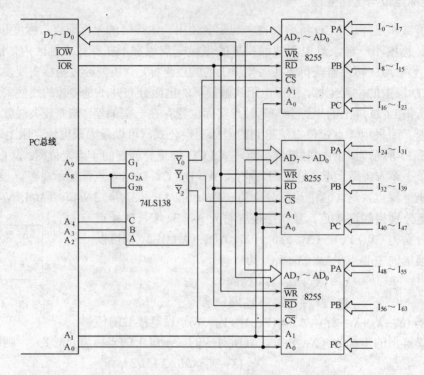

图 2-18　采用 8255 扩充 64 路输入接口的原理图

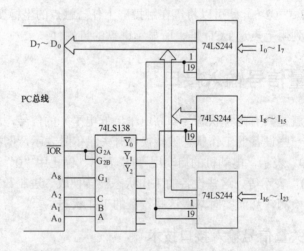

图 2-19　采用 74LS244 扩充 24 路输入接口的原理图

2.4.2　光电隔离与大功率输入接口技术

计算机系统内部的电信号为弱电信号，而控制系统中许多需要被检测或被控制的设备都是大功率设备，其产生的电信号多为强电信号，如果将这些设备的电信号直接连接到计算机系统中，就可能干扰计算机系统的正常工作，导致其出错或死机。因此，为了隔断外部设备强电信号对计算机系统的干扰，通常采用光电隔离技术，以隔断计算机系统与这类外部设备的电气连接，从而阻断外部强电信号对计算机系统电路的串扰，确保计算机系统的正常工作。

1．光电隔离技术

光电隔离器的种类很多，常用的有：发光二极管/光敏三极管、发光二极管/光敏复合晶体管、发光二极管/光敏电阻及发光二极管/光触发晶闸管等。如图 2-20 所示为发光二极管/光敏三极管类器件原理图。

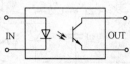

图 2-20　光电隔离器原理图

光电隔离器由 GaAs 红外发光二极管和光敏三极管组成。当发光二极管有正向电流流过时，就产生红外光，其光谱范围为 700～1000nm。光敏三极管接收到发光二极管产生的红外光以后导通。而当发光二极管上电流撤去时，发光二极管熄灭，于是三极管便截止。由于这种特性，开关信号可通过它传送。该器件是通过电—光—电转换来实现开关量的传送的，器件两端之间的电路没有电气连接，因而起到隔离作用。隔离电压范围与光电隔离器的结构形式有关，双列直插式塑料封装形式一般为 2500V 左右，陶瓷封装形式一般为 5000～10000V。不同型号的光电隔离器件，要求输入的电流也不同，一般为 10mA 左右。其输出电流的大小与普通的小功率三极管相当。

2．大功率输入接口

在计算机控制系统中，从现场送来的许多开关量信号是通过触点输入电路输入的。图 2-21 所示为从开关、继电器等触点输入开关量信号的硬件连线图，S 表示开关或继电器。

图 2-21 中，各种开关信号通过接口电路被转换成计算机所能接收的 TTL 信号，由于机械触点在接触时的抖动会引起电信号振荡，因此，在电路中加入了具有较大时间常数的电路来消除这种振荡。图 2-21（a）为采用积分电路消除开关抖动的方法，图 2-21（b）为采用 R-S 触发器消除开关多次反跳的方法。

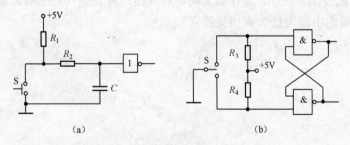

(a)　　　　　　　　　　　　(b)

图 2-21　开关信号输入硬件连线图

大功率的开关电路一般采用电压较高的直流电源，在输入开关状态信号时，可能对计算机控制系统带来干扰和破坏，因此，这种类型的开关信号还应经光电隔离后才能与计算机相连。如图 2-22 所示为大功率开关信号输入的硬件连线图，图中开关信号经光电隔离后才与计算机相连，这样能使计算机系统不会受到大功率电路部分带来的干扰和破坏，确保计算机系统的正常运行。

习题 2

2.1 什么是输入通道？它是由哪些部分组成的？

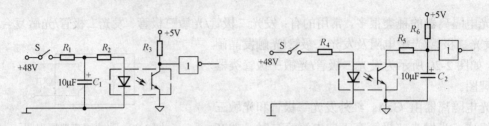

图 2-22 大功率开关信号输入的硬件连线图

2.2 简述在计算机控制系统中，现场参数的测量过程。

2.3 设某一个 12 位 A/D 转换器的输入电压范围为 0～+5V，求当输入的模拟量为下列电压值时，相对应的输出数字量。

（1）1V （2）1.5V （3）2V （4）2.5V （5）4V （6）5V

2.4 常用的数字滤波方法有哪几种？它们各自的优缺点是什么？

2.5 独立式按键与行列式键盘各有什么特点？

2.6 采用 8255 端口 C 与 PC 总线工业控制机接口，设计 4×4 矩阵键盘。要求：

（1）画出接口电路原理图；

（2）采用 8086 汇编语言编写键盘扫描与键码读取程序。

2.7 什么是软键盘？用笔点触触摸屏是如何点中所选功能的？它与普通键盘的主要差别是什么？

2.8 采用 74LS244、74LS138 与 PC 总线工业控制机接口，设计 32 路数字量（开关量）输入接口，画出接口电路原理图，编写数字量输入程序。

2.9 在计算机控制系统中，为什么大功率输入接口需要加入光电隔离器？而光电隔离器的输入端与输出端的电源为什么要相互独立？

第 3 章 输出通道接口技术

输出通道与输入通道相对应，是计算机控制系统的组成部分。输出通道是计算机功能的延伸，计算机控制系统的各种运算结果必须经由其输出执行。输出通道具有模拟信号输出和开关信号输出两种形式。模拟信号输出通道一般包括计算机控制接口、D/A 转换器、驱动电路、执行机构等几个部分；开关信号输出通道则要简单一些，一般包括驱动电路和执行机构两部分。

本章从讲述 D/A 转换的实际意义入手，介绍控制系统的输出通道和 D/A 转换原理，并讲述典型 D/A 转换电路的特点和输出方式。举例讲解 D/A 转换器与微处理器的接口及程序设计。LED 显示器作为控制系统的一种输出设备，主要介绍其基本结构和工作原理，动态、静态的接口技术及方式，硬件译码显示等。LCD 是一种利用液晶的扭曲—向列效应制成的新型显示器，是一种主导地位的显示器件，本章重点介绍其基本结构及工作原理、驱动方式、点阵式LCD 接口技术。在开关量输出接口技术中，分别介绍光电隔离、继电器输出、大功率输出接口技术。最后，在电动机控制接口技术中，介绍直流电动机的调速原理，以开环控制为例讲解脉冲宽度调速系统的设计。本章简单介绍交流电动机控制接口技术。最后，占用一定的篇幅介绍步进电机工作原理及其控制原理，从步进电机步数及速度的计算方法入手，讲述步进电机接口及程序设计。

3.1 模拟信号输出通道接口

模拟信号输出通道接口的主要功能是完成数字量到模拟量的转换（即 D/A 转换）。通过模拟信号输出通道接口，计算机输出数字量便能对被控对象进行连续控制。

3.1.1 D/A 转换器

D/A 转换器的输出有多种形式，许多 D/A 转换器输出的模拟信号是以电流形式体现的，也就是以输出电流的大小表示输出数字量的大小，如 DAC0832、AD7522 等。而电压输出型D/A 转换器又有单极性输出和双极性输出两种形式。根据输入的二进制位数来分，有 8 位、10 位、12 位、16 位等几种 D/A 转换器。另外，还有其他形式的 D/A 转换器，如串行 D/A 转换器（DA80），它能接收二进制数的串行输入，以及单片内含两个（AD7528）或者 4 个（AD7226）D/A 转换器的多路通道 D/A 转换器等。在实际应用中，应根据设计要求选取 D/A 转换器的位数与输出形式。

1. 8 位 D/A 转换器 DAC0832

DAC0832 是采用 CMOS 工艺制造的 8 位 D/A 转换器，其引脚图与原理框图如图 3-1 所示。DAC0832 主要由两个 8 位寄存器和一个 8 位 D/A 转换器组成，由于使用两个寄存器（输入数据锁存器和 DAC 寄存器），因此在一些应用中与微型计算机的硬件接口变得比较简单。

图 3-1 中，$\overline{LE1}$ 为锁存器命令。当 $\overline{LE1} = 1$ 时，8 位数据锁存器的输出随数据端口的变化

而变化；当 $\overline{LE1}=0$ 时，数据端口的数据被锁存在 8 位数据锁存器中，此时数据端口的变化不再影响 8 位数据锁存器。从图中可知，当 ILE＝1，$\overline{CS}=0$，$\overline{WR1}=0$ 时，$\overline{LE1}=1$，允许数据输入；当 $\overline{WR1}=1$ 时，$\overline{LE1}=0$，数据被锁存；当 $\overline{XFER}=0$，$\overline{WR2}=0$ 时，$\overline{LE2}=1$，允许 8 位数据锁存器的输出进入 8 位 D/A 转换器；而当 $\overline{LE2}=0$ 时，8 位 DAC 寄存器的内容被锁定，输出数据保持不变，并提供给 8 位 D/A 转换器。

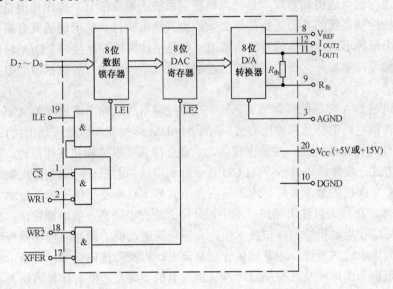

图 3-1 DAC0832 引脚与原理框图

DAC0832 各引脚的作用介绍如下。

- $\overline{CS}$：片选信号（低电平有效）。
- ILE：输入锁存允许信号（高电平有效）。
- $\overline{WR1}$：输入锁存器写选通信号（低电平有效）。
- $\overline{WR2}$：DAC 寄存器写选通信号（低电平有效）。
- $\overline{XFER}$：数据传送控制信号（低电平有效）。
- $D_7 \sim D_0$：输入数据端口。D_7 为最高有效位（MSB），D_0 为最低有效位（LSB）。
- I_{OUT1}：DAC 电流输出端 1。当输入的 8 位数字量全为 1 时，I_{OUT1} 为最大值；当输入的 8 位数字量全为 0 时，I_{OUT1} 为最小值。
- I_{OUT2}：DAC 电流输出端 2。I_{OUT2} 与 I_{OUT1} 的关系是 $I_{OUT1}+I_{OUT2}$ 等于常数，也就是说，I_{OUT2} 端输出信号的相位与 I_{OUT1} 端输出信号的相位相反，互为差动。采用单极性输出时，直接将 I_{OUT2} 端接地。
- R_{fb}：反馈信号输入线。
- V_{REF}：参考电源输入端。
- V_{CC}：数字电路电源端。
- AGND：模拟地。
- DGND：数字地。

模拟地即为模拟电路部分的公共地，数字地即为数字电路部分的公共地。在系统中，区分两种类型"地"的目的是减小数字电路部分对模拟电路部分的影响，以提高抗干扰的能力，保证 D/A 转换的精度。模拟地和数字地分别与相应的电路相连，但整个系统的两种"地"应在一点上连通，确保信号的电平关系一致。

2. DAC0832 输出接口与控制程序

如图 3-2 所示为 DAC0832 单极性输出时的接口原理图。

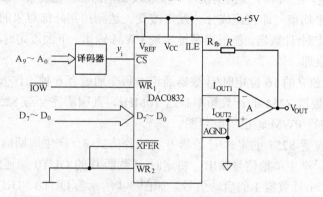

图 3-2　DAC0832 单极性输出时的接口原理图

在图 3-2 中，DAC0832 的数据输入端与计算机系统的数据总线相连。$\overline{\text{XFER}}$、$\overline{\text{WR}}_2$ 控制信号均接地，ILE 接高电平。当计算机执行指令

OUT DX,AL

时，则 $\overline{\text{CS}}$ 和 $\overline{\text{WR}}_1$ 两信号均为低电平，寄存器 AL 的内容出现在数据总线 $D_7 \sim D_0$ 上。这样，DAC0832 打开第一级输入锁存器，将输入数据锁存，即可完成 D/A 转换。

如图 3-2 所示电路为 8 位单极性电压输出，在对 R 选取一定电阻值的情况下。输入数字量与输出模拟量之间的对应关系如表 3-1 所示。

表 3-1　输入数字量与输出模拟量之间的对应关系

输入数字量（二进制数）	输出模拟量（电压）
1 1 1 1 1 1 1 1	$V_{\text{REF}} \times \dfrac{255}{256}$
1 0 0 0 0 0 0 1	$V_{\text{REF}} \times \dfrac{129}{256}$
1 0 0 0 0 0 0 0	$V_{\text{REF}} \times \dfrac{128}{256}$
0 1 1 1 1 1 1 1	$V_{\text{REF}} \times \dfrac{127}{256}$
0 0 0 0 0 0 0 0	$V_{\text{REF}} \times \dfrac{0}{256}$

根据图 3-2，控制 DAC0832 进行 D/A 转换的程序非常简单。假设对应 DAC0832 的端口地址为 200H，利用 DAC0832 输出锯齿波的程序段如下。

```
        ......
        MOV     AL,0H
        MOV     DX,200H        ；端口地址送 DX
LOOP:   OUT     DX,AL          ；送数字量并启动 D/A 转换
        INC     AL             ；调整输出数字量
        CALL    DELAY0         ；调用延时子程序
        JMP     LOOP
```

如果要改变输出锯齿波的周期，只需根据要求改变延时子程序 DELAY0 的延时时间即可。

3.1.2 PWM技术

PWM（Pulse Width Modulation）也就是脉冲宽度调制，最初在无线电技术中用于信号的调制。其工作原理是，在频率不变的情况下，通过改变输出脉冲的宽度（就是脉冲的占空比），从而使输出信号的平均值（即直流成分）发生改变，达到控制外部对象的目的。微型计算机或单片机通过控制定时/计数器，能很容易地实现PWM输出。下面以定时/计数器8253为例，介绍PWM的工作原理。

8253具有3个独立的16位定时/计数器通道，每个通道有6种工作方式，计数频率可高达2MHz（定时/计数器8254的计数频率高达10MHz，其引脚完全与8253兼容）。如图3-3所示为利用8253进行PWM输出的原理图。

在图3-3中，设置8253的定时/计数器0为工作方式3，产生周期信号输出；定时/计数器1为工作方式1，产生单拍信号输出；将定时/计数器0的OUT0端连到定时/计数器1的GATE1端，作为定时/计数器1的启动信号。如图3-4所示为OUT0、OUT1输出的波形。

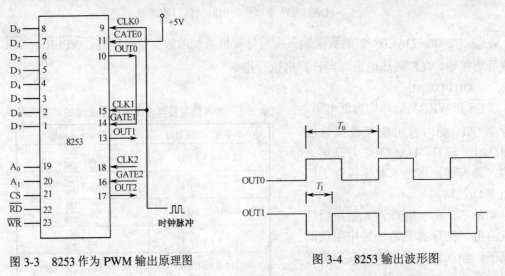

图3-3　8253作为PWM输出原理图　　　　图3-4　8253输出波形图

T_0为定时/计数器0的时钟计数周期，由事先设定的计数值决定。T_1为定时/计数器1的时钟计数时间，通过改变定时/计数器1的计数值即可改变OUT1输出信号的占空比，从而实现PWM输出。OUT1输出信号占空比D的计算方法如下

$$D = \frac{T_0 - T_1}{T_0}$$

设图3-3中的时钟脉冲频率为2MHz，如果要产生周期为1kHz，占空比为70%的方波，则针对8253的初始化程序如下。

```
MOV    AL,36H        ；设定时/计数器0为工作方式3
OUT    07H,AL
MOV    AL,72H        ；设定时/计数器1为工作方式1
OUT    07H,AL
MOV    AL,0D0H       ；设定时/计数器0计数值低8位
OUT    04H,AL
```

MOV	AL,07H	；设定时/计数器 0 计数值高 8 位
OUT	04H,AL	
MOV	AL,58H	；设定时/计数器 1 计数值低 8 位
OUT	05H,AL	
MOV	AL,02H	；设定时/计数器 1 计数值高 8 位
OUT	05H,AL	

在程序中，8253 的控制端口地址、定时/计数器 0 端口地址、定时/计数器 1 端口地址分别为 07H、04H、05H。

由图 3-4 可知，改变定时/计数器 0 的计数值，可以改变输出波形的频率；改变定时/计数器 1 的计数值，可以改变输出波形低电平的宽度。两者都会改变输出波形的占空比，实现 PWM 输出。

3.2 LED 显示器及其接口技术

LED（发光二极管）显示器件是计算机控制系统中的廉价输出设备，它由多个发光二极管组成，能显示许多种字符。由于制造材料不同，LED 可以发出红、黄、蓝、紫等各种单色光。一个 LED 正常发光时的工作电流大约为 10mA。下面介绍常用的 7 段 LED 显示器件。

如图 3-5 所示为 7 段 LED 显示器件的结构及外形图。7 段 LED 显示器件就是将 7 个（如果包括显示"点"的话，为 8 个）发光二极管按一定的方式组合在一起，如图 3-5（a）所示。根据显示块内部发光二极管的连接方式不同，7 段 LED 显示器件可分为共阴极［见图 3-5（b）］和共阳极［见图 3-5（c）］两种形式。

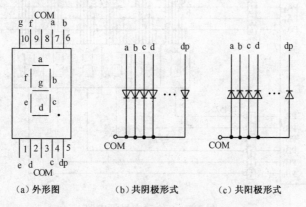

（a）外形图　　　　（b）共阴极形式　　　　（c）共阳极形式

图 3-5　7 段 LED 显示器件的结构及外形图

表 3-2 给出了 7 段 LED 显示器件所能显示的部分字符与 7 段控制显示代码的对应关系。在计算机控制系统中，控制 7 段 LED 显示器件显示的方法有两种：一种是动态显示，另一种是静态显示。

表 3-2　显示字符与 7 段控制显示代码的对应关系

显 示 字 符	控制显示代码（十六进制数）		显 示 字 符	控制显示代码（十六进制数）	
	共阴极	共阳极		共阴极	共阳极
0	3F	C0	A	77	88

显 示 字 符	控制显示代码（十六进制数）		显 示 字 符	控制显示代码（十六进制数）	
	共阴极	共阳极		共阴极	共阳极
1	06	F9	b	7C	83
2	5B	A4	C	39	C6
3	4F	B0	d	5E	A1
4	66	99	E	79	86
5	6D	92	F	71	8E
6	7D	82	H	76	89
7	07	F8	P	73	8C
8	7F	80	—	40	BF
9	6F	90	不显示	00	FF

3.2.1 动态 LED 显示器接口技术

动态显示，就是微处理器定时地对显示器件所显示的内容进行扫描。在这种方法中，各显示器件是分时工作的，任一时刻只有一个显示器件在显示，但由于人眼的视觉暂留现象，当扫描显示每一个器件达到一定的速度时，人看到的就是所有的器件都在显示。如图 3-6 所示为一种典型的 6 位动态显示电路。

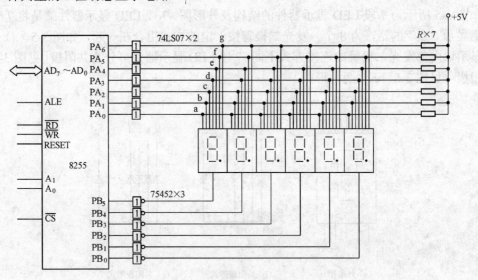

图 3-6　6 位动态显示电路

在图 3-6 中，用 8255 的 PA 端口输出显示码，PB 端口输出位选码。设显示缓冲区为 DISBUF，则完成对 8255 初始化后取出一位要显示的数（十六进制数），利用软件译码的方法求出待显示数对应的 7 段控制显示代码，然后由 PA 端口输出，并经过 74LS07 驱动器放大后送到各显示器的数据总线上。到底哪一位数码管显示，主要取决于位选码。只有位选信号 PB 端口对应的线经驱动器后变为低电平时，对应的位才会发光显示。将各位从左至右依次进行显示，每个数码管连续显示一段时间（如 1ms），显示完最后一位数后，再重复上述过程，这样，人眼看到的就是 6 位数"同时"显示。

图 3-6 中的 74LS07 为 6 位驱动器，它为 LED 提供一定的驱动电流。由于一片 74LS07 只有 6 个驱动器，故 7 段数码管需要两片 74LS07 进行驱动。8255 的 PB 端口经 75452 缓冲器/驱动器反相后，作为位选信号。一个 75452 内部包括两个缓冲器/驱动器，每个缓冲器/驱动器有两个输入端。驱动 6 位数码管显示就需要 3 片 75452。

根据图 3-6，写出动态扫描显示子程序。设 8255 端口 PA、PB 的地址分别为 800H、801H，并且 PA、PB 已初始化为输出方式，则子程序的流程图如图 3-7 所示。

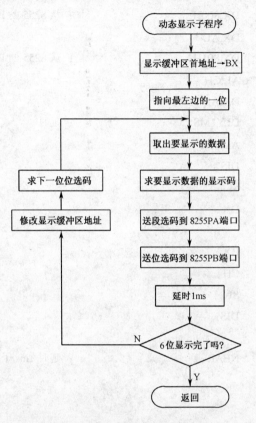

图 3-7　动态扫描显示子程序流程图

DATA	SEGMENT	
SEGTAB	DB 3FH,06H,5BH,4FH,66H	
	DB 6DH,7DH,07H,7FH,6FH	; 数字 0～9 的共阴极控制显示代码
DISBUF	DB 9,8,7,6,5,4	; 要显示的数
	......	
DATA	ENDS	

......

DISPLAY1	PROC	NEAR	; 动态显示子程序
	MOV	BX,OFFSET DISBUF	; 设定数据显示缓冲区地址指针
	MOV	CH,20H	; 从左边第一位开始显示
	MOV	SI,OFFSET　SEGTAB	; 设定显示代码存放区地址指针

```
            PUSH    DX
DIS1:       PUSH    SI
            MOV     AH,0
            MOV     AL,[BX]                 ;取要显示的数
            ADD     SI,AX
            MOV     AL,[SI]                 ;取对应的显示代码
            MOV     DX,800H                 ;从 8255 的 PA 端口输出字符显示代码
            OUT     DX,AL
            MOV     DX,801H                 ;从 8255 的 PB 端口输出位显示代码
            MOV     AL,CH
            OUT     DX,AL
            CALL    DLY1MS                  ;延时
            AND     AL,01H
            JZ      DIS2
            POP     SI
            PUSH    DX
            RET
DIS2:       INC     BX
            SHR     CH
            POP     SI
            JMP     DIS1
DISPLAY1 ENDP
DLY1MS   PROC    NEAR                       ;延时 1ms 子程序
            ……
            RET
DLY1MS   ENDP
            ……
```

3.2.2 静态 LED 显示器接口技术

所谓静态显示，就是当显示器件显示某个字符时，相应的显示段（发光二极管）恒定地导通或截止，直到显示另一个字符为止。这种显示方式显示某一个字符时，只需要微处理器送一次显示代码，因此占用机时少，而且显示稳定可靠。其缺点是，使用元器件相对较多，且线路比较复杂，相对而言成本较高。

如图 3-8 所示为 6 位静态显示电路原理图。图中，74LS244 为总线驱动器，6 位数字显示公用一组总线，每个 LED 显示器均与一个锁存器（如 74LS273）相连，用来锁存待显示数据的显示代码。被显示数据的显示代码从数据总线经 74LS244 传送到各锁存器的输入端，再由地址译码器 74LS138 选通指定的锁存器锁存。

总线驱动器 74LS244 由 $\overline{\text{IOW}}$ 和 A_9 控制，当执行输出指令使 $\overline{\text{IOW}}$ 和 A_9 同时为低电平时，

74LS244 打开，将数据总线上的数据传送到各个显示器对应的锁存器（74LS273）上。在如图 3-8 所示的电路中，从左到右各显示位的地址依次为 100H，101H，102H，103H，104H，105H。据此，可以编写出静态显示的子程序如下。

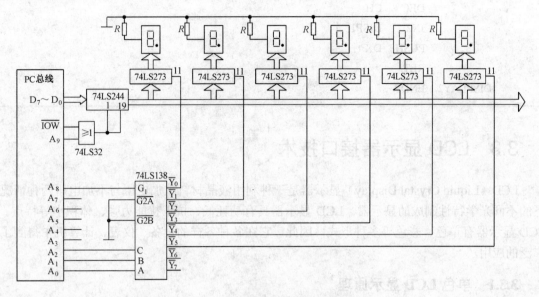

图 3-8　6 位静态显示电路原理图

DATA	SEGMENT		
SEGTAB	DB	3FH,06H,5BH,4FH,66H	
	DB	6DH,7DH,07H,7FH,6FH	；数字 0～9 的共阴极显示代码
DISBUF	DB	9,8,7,6,5,4	；要显示的数
	……		
DATA	ENDS		
	……		
DISPLAY2	PROC	NEAR	；静态显示子程序
	MOV	BX,OFFSET DISBUF	；设定数据显示缓冲区地址指针
	MOV	SI,OFFSET　　SEGTAB	；设定显示代码存放区地址指针
	PUSH	DX	
	MOV	DI,SI	
	MOV	CH,6	；送显示位数
	MOV	DX,100H	；左边第一位锁存器地址
	MOV	AH,0	
DISP1:	MOV	AL,[BX]	；取要显示的数
	ADD	SI,AX	
	MOV	AL,[SI]	；取对应的显示代码
	OUT	DX,AL	；送显示代码
	INC	DX	

```
            INC     BX

            MOV     SI,DI
            DEC     CH
            JNZ     DISP1
            PUSH    DX
            RET
DISPLAY2    ENDP
```

3.3 LCD 显示器接口技术

LCD（Liquid Crystal Display）显示器是一种利用液晶材料在加电压与不加电压两种情况下的不同光学特性制成的显示器。LCD 显示器具有功耗低、抗干扰能力强、体积小等特点。LCD 显示器有单色、彩色等多种形式，因此，它在各种各样的设备、仪表、计算机中得到了广泛的应用。

3.3.1 单色 LCD 显示原理

LCD 显示器本身并不发光，如果没有外界光线，将看不到 LCD 显示器显示的内容。因此，在许多的 LCD 显示装置上，都有背光光源。单色 TN（Twisted Nematic）型 LCD 显示器的基本结构如图 3-9 所示。

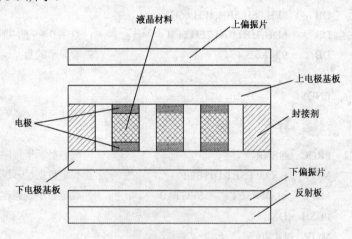

图 3-9 单色 TN-LCD 显示器的基本结构

液晶材料被封装在上、下两片导电玻璃电极基板之间。由于晶体的四壁效应，使其分子彼此正交，并呈水平方向排列于上、下电极之上，而其内部的液晶分子连续扭转过渡，从而使光的偏振方向产生 90°旋转。外部入射光线通过上偏振片后形成偏振光，该偏振光透过液晶材料后，便会旋转 90°，正好与下偏振片的方向一致，因此，光线能穿过下偏振片到达反射板，再由反射板反射按原路返回，从而使显示器件呈透明状态。若在上、下电极加上一定的电压后，在电场的作用下，电极部分的液晶分子转成垂直排列，因而失去旋光性，这时从上偏振片接收的偏振光可以直接通过，而被下偏振片吸收（无法到达反射面），液晶显示呈黑色。当去掉电压后，液晶分子又恢复其扭转结构。据此，可将电极做成各种形状，用于显示各种文字、符号和图形。

3.3.2 彩色 LCD 显示原理

目前最常用的彩色 LCD 显示器，如液晶电脑显示器、液晶电视机、液晶移动终端显示器等皆为 TFT-LCD 显示器。TFT（Thin Film Transistor）意即薄膜晶体管。TFT-LCD 的每个液晶像素点都是由集成在像素点后面的薄膜晶体管来驱动的，因而可以做到高速度、高亮度、高对比度地显示屏幕信息。TFT-LCD 属于有源矩阵类型液晶显示。

与单色 TN-LCD 不同的是，TFT-LCD 的显示采用"背透式"照射方式——显示时的光源路径不是像 TN-LCD 那样从上至下，而是从下向上。具体做法是，在液晶的背部设置专用的光源，光源照射时通过下偏光板向上透出。由于上下夹层的电极采用 FET（场效应晶体管）电极和公共电极，在 FET 电极导通时，液晶分子的排列会发生改变，可以通过遮光和透光来达到显示的目的。这有点像在每一个像素点之后安装一个类似百叶窗的开关，当"百叶窗"打开时光线可以透过来，而"百叶窗"关上后光线就无法透过来。根据三基色原理，显示屏上的每个像素需要 3 个类似"百叶窗"的基本组件构成，分别控制红、绿、蓝 3 种颜色。对应每一个像素有 3 个单色子像素。也就是说，如果一个 TFT 显示器最大支持 1280×1024 分辨率的话，那么至少需要 1280×3×1024 个子像素和晶体管。

由于 TFT-LCD 为每个像素配置了一个半导体开关器件。每个像素都可以通过点脉冲直接被控制，因此每个节点都相对独立，并可以进行连续控制。这样的设计方法不仅提高了显示屏的反应速度，同时也可以精确控制显示灰度，TFT-LCD 响应时间短到几十毫秒甚至几毫秒。因此它具有比 TN-LCD 更高的对比度和更丰富的色彩，荧屏更新频率也更快，故 TFT-LCD 俗称"真彩"液晶。

3.3.3 单色 LCD 器件的驱动方式

因为单色 LCD 器件的两个电极间不允许加恒定的直流电压，所以其驱动电路比较复杂。单色 LCD 显示器的驱动方式一般分两种：静态驱动方式和时分隔驱动方式。

1. 静态驱动方式

在采用静态驱动方式的单色 LCD 显示驱动电路中，显示器件只有一个背极，但每个字符段都有独立的引脚，采用异或门进行驱动，通过对异或门输入端电平的控制，使字符段显示或消隐。如图 3-10（a）所示为 1 位单色 LCD 数码显示电路图。

由图 3-10（a）可知，当某字段上两个电极的电压相位相同时，两极间的相对电压为 0，该字段不显示。当字段上两个电极的电压相位相反时，两个电极的相对电压为两倍幅值电压，字段呈黑色显示。a 字段驱动波形如图 3-10（b）所示。

可见，单色 LCD 的驱动与 LED 的驱动存在着较大的差异。对于 LED，只要在其两端加上恒定的电压，便可控制其亮、暗状态。而单色 LCD 必须采用交流驱动方式，以避免液晶材料在直流电压长时间的作用下产生电解，影响其使用寿命。常用的做法是在其公共电极（也称为背极）加上频率固定的方波信号，通过控制前极的电压来获得两极间所需的亮、暗电压差。静态驱动电路简单，且驱动电压幅值可变动范围较大，允许的工作温度范围较宽，因此，常用于显示字符不太多的场合。

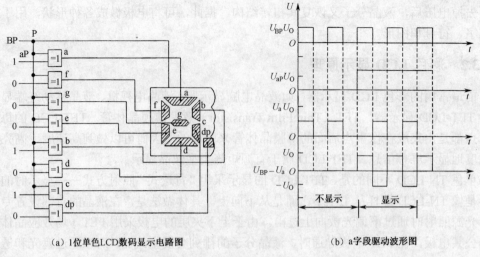

(a) 1位单色LCD数码显示电路图 (b) a字段驱动波形图

图 3-10 1 位单色 LCD 数码显示电路图及 a 字段驱动波形图

2．时分隔驱动方式

由于在直接驱动方式下，如果单色 LCD 显示器需要有 N 个字符段，则需要 $N+1$ 条引线，其驱动电路也要相应地具有 $N+1$ 条引线，因此，当显示字符较多时，驱动电路将会变得非常复杂。在这种情况下，一般采用时分隔驱动方式。

时分隔驱动方式通常采用电压平均化的方法，其占空比有 1/2，1/8，1/11，1/16，1/32，1/64 等几种，偏比有 1/2，1/3，1/4，1/5，1/7，1/9 等几种。

采用时分隔驱动方式时，字符段的消隐并不是把该段所对应电极间的电压降为零，而只是将电压的有效值降至导致液晶分子改变排列规则的门限电压之下，这就是偏压的概念。加大选通电压与非选通电压之间的差距，可提高单色 LCD 显示器的清晰度。通过恰当地设计各段组与公共极间的驱动电压波形，即可控制各段的显示与熄灭，并且保证段与极之间以交流电压进行驱动，以确保单色 LCD 显示器的正常显示。

此外，交流驱动电压的频率也应考虑。频率太低，会造成显示字符闪烁；但如果频率太高，会引起显示字符反差不匀，且增大单色 LCD 的功耗。

如图 3-11 所示为多位数码单色 LCD 显示器在时分隔驱动方式下的电极引线方式图。3 个公共电极 COM_1、COM_2、COM_3 分别与每位数码 LCD 显示器的 e、f 段，a、d、g 段，b、c、dp 段电极相连，S_1、S_2、S_3 是每位数码 LCD 显示器的单独电极，分别与 a、b、f 段，c、e、g 段，d、dp 段的另一个电极相连。

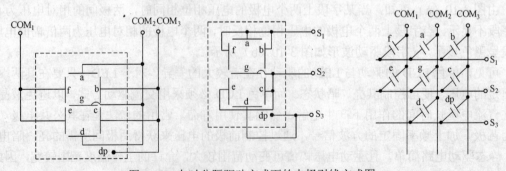

图 3-11 在时分隔驱动方式下的电极引线方式图

如图 3-12 所示为单色 LCD 显示器 1/3 偏压时的工作电压波形图。从图中的驱动波形可以看出：a、e 段上所加的驱动波形是峰值为 U_O 的选择状态，而 g 段上所加的驱动波形是峰值为 $1/3U_O$ 的非选择状态。前者显示，后者不显示。

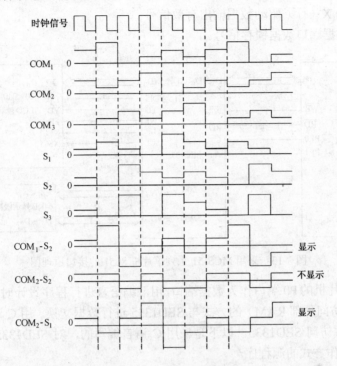

图 3-12　工作电压波形图

常用的显示驱动电路有 ICM7211 系列器件，这类器件将锁存、译码、驱动功能集中在一起，能接收 BCD 码控制 4 位 7 段的单色 LCD 显示，详细的应用请参考相关的芯片资料。

3.3.4　点阵式单色 LCD 显示器的接口

点阵式单色 LCD 显示器与数码位段式单色 LCD 显示器的显示原理基本相同。当数码位段式显示器的位段缩变为一个点，许多的点按一定的规则均匀地排列在一起时，便构成了点阵式单色 LCD 显示器。点阵式 LCD 显示器通常会把锁存、译码、驱动控制电路与 LCD 点阵集成在一起。现在，点阵式 LCD 显示器的应用越来越多，价格也越来越便宜。点阵式 LCD 显示器不但可以显示字符，而且可以显示各种图形及汉字。点阵式 LCD 显示器从显示颜色上分有单色和彩色两种。而其显示大小（如点数）规格种类很多。对于已经具有锁存、译码、驱动等控制电路的 LCD 显示器，可以方便地与专用的 LCD 控制器或者微处理器接口。下面以工业上常用的规格为 320×240 点阵的单色 LCD 显示器为例，介绍点阵式单色 LCD 显示器的接口方法。

如图 3-13 所示为采用 MCS-51 系列单片机 8051 的接口原理图。芯片 SED1335 为点阵式 LCD 显示控制器，它能控制多达 640×256 点阵的单色 LCD 显示器进行图形和字符显示，能寻址 64KB 显示缓冲区。

如图 3-13 中，LCD 单色显示器各端口的作用介绍如下：

- $D_3 \sim D_0$ 为显示数据端口；

- DP 为无显示电源关闭控制信号；
- YD 为 Y（列）驱动数据输出有效信号；
- FR 为帧控制信号；
- XECL 为 X（行）驱动数据输出有效信号；
- XSCL 数据端口数据锁存信号。

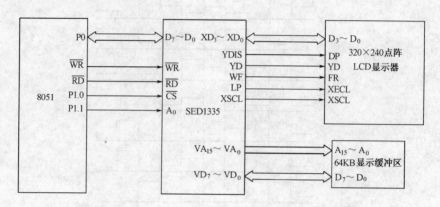

图 3-13 采用 MCS-51 系列单片机 8051 的接口原理图

采用 8051 单片机的 P0 端口作为数据端口，用汇编语言进行程序设计时，采用指令 MOVX A，@Ri（即间接访问外部 RAM）的方式与 SED1335 进行数据交换。用 C 语言进行程序设计时，则以指针方式访问 SED1335。以下是采用 C 语言编写的，对 SED1335 进行初始化，控制 LCD 显示器工作方式的源程序。

```
void lcdinit()
{
        char pdata *lcd;             //指针方式访问输入/输出端口
        unsigned int data i;
        P10 = 0;                     //SED1335 片选
        P11 = 1;                     //SED1335, A0 为 1, 输入命令字
//显示属性设置
        *lcd = 0x40;                 //系统控制命令字
        P11 = 0;                     //SED1335, A0 为 0, 输入数据
        *lcd = 0x30;                 //参数 1, 字符高为 8 像素, 单屏驱动
        *lcd = 0x87;                 //参数 2, 光标宽度 8
        *lcd = 0x7;                  //参数 3, 光标高度 8
        *lcd = 39;                   //参数 4, 每行需要的字节数–1, (320/8)–1=39
        *lcd = 66;                   //参数 5, 扫描频率
        *lcd = 239;                  //参数 6, 行数–1
        *lcd = 40;                   //参数 7, 每行需要的字节数低 8 位
        *lcd = 0;                    //参数 8, 每行需要的字节数高 8 位
//显示缓存地址设置
        P11 = 1;                     //SED1335, A0 为 1, 输入命令字
        *lcd = 0x44;                 //显示缓存地址设置命令字
```

```
    P11 = 0;                    //SED1335, A0 为 0, 输入数据
    *lcd = 0;                   //第一屏在缓冲区的起始地址低 8 位
    *lcd = 0;                   //第一屏在缓冲区的起始地址高 8 位
    *lcd = 240;                 //显示点阵行数
    *lcd = 0x80;                //第二屏在缓冲区的起始地址低 8 位
    *lcd = 0x25;                //第二屏在缓冲区的起始地址高 8 位
    *lcd = 240;                 //显示点阵行数
    *lcd = 0;                   //第三屏在缓冲区的起始地址低 8 位
    *lcd = 0x4b;                //第三屏在缓冲区的起始地址高 8 位
    //光标设置
    P11 = 1;                    //SED1335, A0 为 1, 输入命令字
    *lcd = 0x5d;
    P11 = 0;                    //SED1335, A0 为 0, 输入数据
    *lcd = 7;                   //宽 8
    *lcd = 0x87;                //高 8
    P11 = 1;                    //SED1335, A0 为 1, 输入命令字
    *lcd = 0x4c;                //光标右移
    //显示设置
    *lcd = 0x5b;                //显示方式设置命令字
    P11 = 0;                    //SED1335, A0 为 0, 输入数据
    *lcd = 0x1d;                //分 3 层显示, 3 层关系为 "或"
    P11 = 1;                    //SED1335, A0 为 1, 输入命令字
    *lcd = 0x5a;                //水平滚动命令字
    P11 = 0;                    //SED1335, A0 为 0, 输入数据
    *lcd = 0;                   //不滚动
    //显示及光标开关
    P11 = 1;                    //SED1335, A0 为 1, 输入命令字
    *lcd = 0x59;                //开显示
    P10 = 1                     //关 SED1335 片选
}
```

3.4 开关量输出接口技术

在计算机控制系统中，通过对被检测现场的参数采样、计算处理之后，一方面将测量结果输出显示；另一方面，为了达到自动控制的目的，还需要输出控制信息，以控制现场设备的动作。例如，根据测量结果控制电动调节阀的开度，控制电磁阀的开、关，控制电动机的启、停等。电动调节阀通常由 D/A 转换器输出控制，而后两者一般采用继电器或晶闸管控制。前者属于模拟量输出控制，后者属于开关量输出控制。

由于这类开关量的输出控制通常需要较大的功率，而计算机控制系统输出的开关量大都为 TTL（或 CMOS）电平，输出功率较小，一般不能直接用来驱动大功率的外部设备启动或

停止。另外，许多外部设备，如大功率直流电动机、接触器等，在开关过程中会产生很强的电磁干扰，影响整个系统的工作。针对这些情况，在计算机控制系统中，需要对这一类开关量的输出采取一些必要的措施。

3.4.1 输出接口光电隔离技术

在计算机控制系统中，输出开关量大部分都是 TTL 或者 CMOS 电平，输出电流较小，一般不能直接驱动发光二极管，所以通常会加驱动电路，如 7406、7407，或者加一级驱动三极管。为了保证输入端与输出端在电气上是隔离的，两端的电源也必须是独立的，如图 3-14 所示。

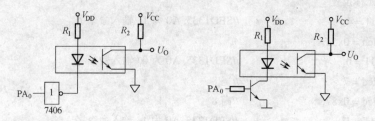

图 3-14　带光电隔离的输出接口

在图 3-14 中，当开关量输出端 PA_0 输出为高电平时，经反相驱动电路后变为低电平，使发光二极管有电流通过并发光，光线使光敏三极管导通，从而在集电极上产生输出电压 U_O，此电压便可用来控制外部电路。

3.4.2 继电器输出接口

1. 触点式继电器的控制

继电器是电气控制中常用的控制器件。继电器由线圈和触点（动合或动断）构成。当线圈通电时，由于磁场的作用，使开关触点闭合（或断开）；当线圈不通电时，开关触点断开（或闭合）。继电器的线圈通常可以用直流低电压控制，如直流 9V、12V、24V 等，而触点输出部分可以直接与市电（交流 220V）相连接。虽然继电器的控制线圈与开关触点在电路上不相连，具有一定的隔离作用，但在与计算机的输出接口相连时，通常还是采用光电隔离器进行隔离，常用的接口电路如图 3-15 所示。

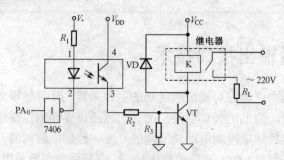

图 3-15　继电器接口电路

当开关量输出端 PA_0 输出为高电平时，经反相驱动器 7406 变为低电平，使发光二极管发光，从而使光敏三极管导通，同时使晶体管 VT 导通，因而使继电器 K 的线圈通电，继电器触点闭合，使交流 220V 电源接通。反之，当开关量输出端 PA_0 输出低电平时，继电器触点断开。在图 3-15 中，电阻 R_L 代表负载，二极管 VD 的作用是保护晶体管 VT。当继电器 K 吸合时，二极管 VD 截止，不影响电路的正常工作。继电器释放时，由于继电器线圈电感的存在，因此储存有电能，这时晶体管 VT 已经截止，所以会在线圈两端产生较高的感应电压。此电压的极性为上负下正，正端加在晶体管 VT 的集电极上。当感应电压与 V_{CC} 之和大于晶体管 VT 的集电极反向电压时，晶体管 VT 就会被击穿而遭损坏。加入二极管 VD 后，继电器线圈产生的感应电流由二极管 VD 流过，钳制住了晶体管 VT 集电极端的电压，因而使晶体管 VT 得到保护。

继电器的种类繁多，不同的继电器，其线圈所需的驱动电流的大小，以及带动负载的能力不同，实际选用时应考虑下列因素：

① 继电器额定工作电压（或电流）；

② 触点负荷；

③ 触点的数量或种类（动断或动通）；

④ 继电器的体积、封装形式、工作环境、触点吸合或释放时间等。

2. 固态继电器的输出接口

使用触点式继电器控制时，由于采用电磁吸合方式，在开关瞬间，触点容易产生电火花，从而引起干扰。在大功率、高压等场合，触点还容易氧化，因而影响整个系统的可靠性。固态继电器就能较好地克服这方面的问题。

固态继电器（Solid State Relay，SSR）用晶体管或晶闸管代替常规继电器的触点开关，再把光电隔离器作为前级构成一个整体。因此，固态继电器实际上是一种带光电隔离器的无触点开关。固态继电器有直流型和交流型之分。

由于固态继电器输入控制电流小，输出无触点，所以与电磁触点式继电器相比，具有体积小、重量轻、无机械噪声、无抖动和回跳、开关速度快、工作可靠等优点，因此，在计算机控制系统中得到了广泛的应用。

如图 3-16 所示为直流型 SSR 的电路原理图。

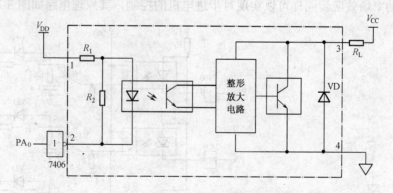

图 3-16　直流型 SSR 的电路原理图

从图 3-16 中可以看出，直流型 SSR 的输入级是一个光电隔离器，其输入驱动方法同光电隔离器一样。它的输出级为大功率晶体管，其输出工作电压可达 30～180V（5V 开始工作）。直流型 SSR 主要用于带动直流负载的场合，如直流电动机控制、直流步进电机控制和电磁阀的开启与关闭等。图 3-17 所示为采用直流型 SSR 控制三相步进电机的电路原理图。

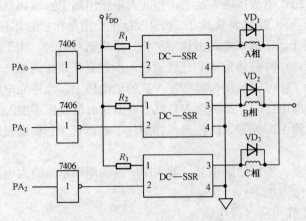

图 3-17　三相步进电机控制电路原理图

在图 3-17 中，步进电机的 A、B、C 三相，每相由一个直流型 SSR 控制，可分别由 8255 的端口 $PA_0 \sim PA_2$ 来控制。

3.4.3　大功率输出接口

在开关量输出控制中，除前边介绍的电磁触点式继电器和固态继电器以外，还可以用大功率场效应管和大功率晶闸管作为开关量输出控制元件。

由于场效应管输入阻抗高，关断漏电流小，响应速度快，而且与同样功率的继电器相比，具有体积较小、价格便宜等特点，因此在大功率开关量输出控制中常作为开关元件使用。

场效应管的种类很多，输出电流可为几毫安至几十安，耐压可为几十伏至几百伏，因此，可以适合多种应用场合。大功率场效应管的表示符号如图 3-18 所示，G 为控制栅极，D 为漏极，S 为源极。对于 NPN 型场效应管，当 G 为高电平时，源极与漏极导通，允许电流通过；否则场效应管关断。由于大功率场效应管本身没有隔离作用，故使用时为了防止高压对计算机系统的干扰和破坏，通常在它与计算机系统之间加一级光电隔离器。

利用大功率场效应管同样可以实现对步进电机的控制，其原理电路如图 3-19 所示。

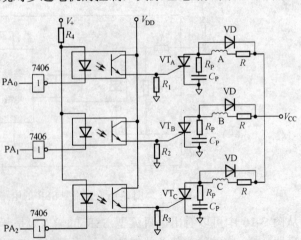

图 3-18　大功率场效应管的表示符号　　　图 3-19　采用大功率场效应管的步进电机控制电路原理图

在图 3-19 中，当某一控制输出端（如 PA₀）输出为高电平时，经反相驱动器 7406 变为低电平，使光电隔离器输出端光敏三极管饱和导通，从而使电阻 R_1 上端的输出为高电平（接近 V_{DD}），控制场效应管导通，使步进电机 A 相通电。反之，当 PA₀ 为低电平时，场效应管截止，A 相无电流通过。改变步进电机 A、B、C 三相的通电顺序，即可实现对步进电机的控制。

除场效应管在大功率输出中可作为开关元件使用外，晶闸管（Silicon Controlled Rectifier，SCR，也可称为可控硅）也常作为大功率输出中的开关元件使用，它具有体积小、效率高、寿命长等优点。在交直流电动机调速系统、调功系统及随动系统中被广泛应用。晶闸管有单向晶闸管和双向晶闸管两种，如图 3-20 所示为两种形式晶闸管的图形符号。关于晶闸管的详细工作原理，请参考有关的书籍，这里不再介绍。

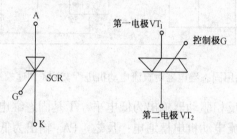

图 3-20　两种形式晶闸管的图形符号

3.5　电动机控制接口技术

电动机在工业生产中，机电一体化的产品、设备中广泛应用，下面以小功率直流电动机和步进电机为例，对电动机的工作原理和控制方法进行介绍。

3.5.1　小功率直流电动机调速原理及控制接口

1. 小功率直流电动机的调速原理

小功率直流电动机由定子和转子两部分组成。定子上装有一对磁极，直流电动机的转子称为电枢，在电枢表面上均匀分布的槽内嵌放着许多线圈，这些线圈按一定的规律连接起来，构成直流电动机的电枢绕组，绕组经换向器和电刷引出。

对于励磁式直流电动机，其转速 n 可以近似地表示为

$$n \approx \frac{U_a}{C_e \Phi}$$

式中，U_a 为电枢两端的电压，Φ 为励磁磁通，C_e 为电动机综合参数。从上式可以看出，直流电动机的转速控制方法可以分为两类：调节励磁磁通的励磁控制方法和调节电枢电压的电枢控制方法。由于励磁控制方法动态响应较差，所以这种方法用得很少。现在，在大多数应用场合都使用电枢控制方法。从上式可知，电动机的转速与电枢两端的电压 U_a 近似成线性关系。施加到电枢的电压越高，则电动机的转速越快；当 U_a 降为 0 时，电动机就会停止转动；当 U_a 为负时，电动机就会反转。因此，小功率直流电动机的调速可以通过改变电枢电压 U_a 来实现。

在对直流电动机电枢的控制和驱动中，有线性驱动方式和开关驱动方式两种。线性驱动

方式效率较低，一般只用于微小功率电动机的驱动。绝大多数直流电动机都采用开关驱动方式，也就是通过脉宽调制 PWM 来控制电动机的电枢电压，从而实现调速。

2．脉宽调制 PWM 调速方法

如图 3-21 所示为利用固态继电器对直流电动机进行 PWM 调速控制的原理图。

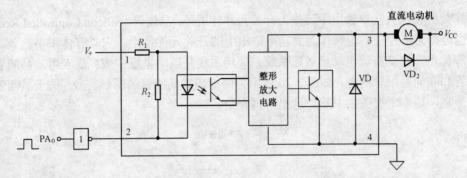

图 3-21　利用固态继电器对直流电动机进行 PWM 调速控制的原理图

当 PA_0 为高电平时，反相驱动器输出为低电平，于是固态继电器发光二极管发光，使光敏三极管导通，从而使直流电动机电枢通电；反之，PA_0 输出为低电平时，固态继电器的输出级为截止状态，因而电动机的电枢绕组没有电流流过。如图 3-22 所示为输入电压信号与电动机电枢电流、转速的对应关系图。

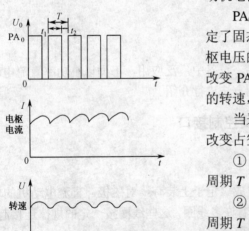

图 3-22　输入电压信号与电动机电枢电流、转速的对应关系图

PA_0 控制端输出信号高、低电平的维持时间，决定了固态继电器的通、断时间，也就决定了电动机电枢电压的平均值，从而决定了电动机的转速。因此，改变 PA_0 控制端输出信号的占空比就可以改变电动机的转速，这就是 PWM 调速原理。

当采用 PWM 调速时，占空比是一个重要的参数。改变占空比的方法有以下 3 种。

① 定宽调频法。保持 t_1 不变，改变 t_2，这样就使周期 T（频率）也随之改变。

② 调频调宽法。保持 t_2 不变，改变 t_1，这样就使周期 T（频率）也随之改变。

③ 定频调宽法。保持周期 T（或频率）不变，同时改变 t_1 和 t_2。

由于前两种方法在调速时改变了控制脉冲的周期(或频率)，当控制脉冲的频率与系统的频率接近时，将会引起振荡，因此这两种方法用得较少。目前，在直流电动机的控制中，主要使用定频调宽法。

3．脉宽调速 PWM 系统的设计

直流电动机 PWM 调速系统分为不可逆系统和可逆系统两种。不可逆系统是指电动机只能单向旋转，可逆系统是指电动机可以正、反两个方向旋转。如图 3-23 所示为可逆 PWM 调速系统的原理图。

在图 3-23 中，当开关 S_1、S_4 闭合时，电动机全速正转；当开关 S_2、S_3 闭合时，电动机全速反转；当 S_2、S_4（或者 S_1、S_3）闭合时，电动机绕组被短路，电动机处于刹车状态；如果 4 个开关全部断开，则电动机将自由滑行。如图 3-24 所示为实现这一过程的电路图。

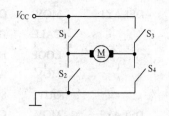

图 3-23　可逆 PWM 调速系统的原理图

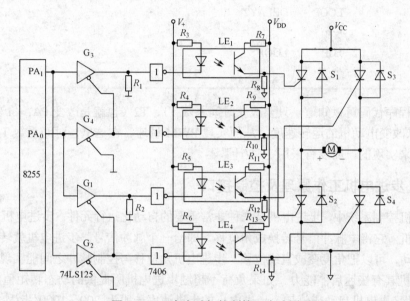

图 3-24　双向电动机控制接口电路图

在图 3-24 中，8255 的端口 PA_0、PA_1 经三态门 74LS125 和反相驱动器 7406 控制 4 个光电隔离器和 4 个大功率场效应开关管 $S_1 \sim S_4$。

当 $PA_0 = 0$，$PA_1 = 1$ 时，锁存器 74LS125 中三态门 G_2 被选通，光电隔离器 LE_4 输入级导通并发光，光敏三极管输出为高电平，因而大功率场效应开关管 S_4 导通。同理，74LS125 三态门 G_4 输出为 0，使得三态门 G_3 的控制端口为 0 电平，因此，三态门 G_3 被选通，使光电隔离器 LE_1 输入级发光并导通，因而使 S_1 导通。基于同样的分析可知，此时 S_2 和 S_3 是关断的。因此，电流正向流过直流电动机，电动机正转。根据上面的分析方法，还可以分析出，当 $PA_0 = 1$，$PA_1 = 0$ 时，S_2 和 S_3 导通，S_1 和 S_4 关断，电流反向流过直流电动机，电动机反转；当 $PA_0 = 1$，$PA_1 = 1$ 时，S_2 和 S_4 导通，S_1 和 S_3 关断，直流电动机刹车；当 $PA_0 = 0$，$PA_1 = 0$ 时，$S_1 \sim S_4$ 全部关断，电动机自由滑行。

为了实现对直流电动机的 PWM 调速，在确定了电动机的运转方向以后，通过脉宽调制控制电动机的通电与滑行时间（也就是改变占空比），即可达到对直流电动机调速的目的。下面是以直流电动机正转为例，实现 PWM 调速的一段程序代码。

设 8255 的 PA 端口地址为 80H，并且已初始化为输出方式。

```
        ……
LOOP:       MOV     AL,02H      ; PA0=0, PA1=1, 电动机正转
            OUT     80H,AL
```

```
DELAY1:     MOV     CX,T1       ; T1 为电动机正转时间系数
            CALL    DELAY0      ; DELAY0 为单位时间延时程序
            LOOP    DELAY1
            MOV     AL,00H      ; PA₀=0, PA₁=0, 电动机自由滑行
            OUT     80H,AL
DELAY2:     MOV     CX,T2       ; T2 为电动机自由滑行时间系数
            CALL    DELAY0
            LOOP    DELAY2
            ……
            JMP     LOOP
            ……
```

从这段程序代码可以知道，只要改变时间系数 T1、T2（也就是改变 $PA_1 = 1$ 输出的占空比），就可以改变电动机的运转速度，从而实现 PWM 调速。在这里，时间系数 T1、T2 是通过软件延时来实现的，而没有采用定时/计数器。

3.5.2 步进电机工作原理及控制接口

在计算机控制系统中，步进电机是一种非常重要的自动化执行元件。步进电机是纯粹的数字控制电动机，它将电脉冲信号转换成角位移，即给一个脉冲信号，步进电机就转一个角度。通过机械传动，可以把角度变成直线位移。步进电机角位移与控制脉冲之间能实现精确同步。

步进电机具有快速启停能力。如果负荷不超过步进电机所提供的动态转矩值，就能够在"一刹那"使步进电机启动或停转。步进电机的步进速率一般为 200～1000 步/秒，假设步进电机以逐渐加速到最高转速，然后再逐渐减速到 0 的方式工作，其步进速率变化 1～2 倍，仍然不会失掉一步。

步进电机的运转精度高。在没有齿轮传动的情况下，步距角（即每步所转过的角度）为 90°～0.36°。无论励磁式步进电机还是永磁式步进电机，前进 n 步（如逆时针转动一个角度）之后再后退 n 步（如顺时针转动一个角度），它们都能精确地返回到原来的位置。

由于步进电机具有快速启停、精确步进及直接接收数字信号控制的特点，因此，它在需要精确定位控制的场合中得到了广泛的应用。例如，绘图仪、打印机、光学仪器及数控加工设备等，都采用了步进电机来进行定位控制。

1. 步进电机的工作原理

步进电机的结构原理图如图 3-25 所示。

图 3-25 所示的结构为三相步进电机，电动机的定子上有 6 个等分的磁极 A，A′，B，B′，C，C′，相邻两个磁极间的夹角为 60°，相对的两个磁极组成一相（A—A′相，B—B′相，C—C′相）。当某一相绕组有电流通过时，该绕组相应的两个磁极立即形成 N 极和 S 极，每个磁极上各有 5 个

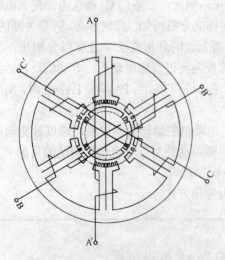

图 3-25 步进电机的结构原理图

均匀分布的矩形小齿。步进电机的转子上没有绕组,而是有 40 个矩形小齿均匀分布在圆周上,相邻两齿之间的夹角为 360°/40=9°。当某一绕组通电时,对应的磁极就会产生磁场,并与转子形成磁路。若此时定子的小齿与转子的小齿没有对齐,则在磁场的作用下,转子转动一定的角度,使转子齿和定子齿对齐。由此可见,错齿是促使步进电机旋转的根本原因。

在单三拍控制方式中,假如 A 相通电,B、C 两相都不通电,在磁场的作用下,使转子齿与 A 相的定子齿对齐。若以此作为初始状态,设与 A 相磁极中心对齐的转子齿为 0 号齿,因为 B 相磁极与 A 相磁极相差 120°,且 120°/9°=13.3 不为整数,所以,此时转子齿不能与 B 相定子齿对齐,只是 13 号小齿靠近 B 相磁极的中心线,与中心线相差 3°。如果此时突然变为 B 相通电,而 A、C 两相都不通电,则 B 相磁极迫使 13 号转子齿与之对齐,整个转子就转动 3°,此时,称步进电机走了一步。同理,如果按照 A→B→C→A 的顺序通电一周,则转子转动 9°。

2.步进电机的控制方法

采用计算机控制步进电机的典型原理框图如图 3-26 所示。

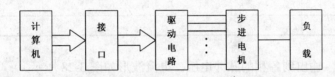

图 3-26　计算机控制步进电机的典型原理框图

计算机通过输出接口,按一定的规则输出脉冲控制信号,经驱动电路放大后,分别作用在步进电机的每一相上,步进电机就会按预定的方向和步进速度工作。关于详细的步进电机的工作原理,在与电动机有关的书籍中有详细介绍,这里不再赘述。下面主要介绍计算机控制步进电机的方法。

常用的步进电机有三相、四相、五相、六相这 4 种,其旋转方向与内部绕组的通电顺序有关,步进速度与输入到步进电机绕组的脉冲速度有关。下面以三相步进电机为例介绍其工作方式。

1)单三拍工作方式

三相步进电机具有 A、B、C 三相。如果换相方式为 A→B→C→A,则电流切换 3 次,即换相 3 次后,磁场就会旋转一周,同时转子转动一个齿距。对其中一相通电时,转子齿就会与该相的定子齿对齐。这种通电方式称为单三拍方式。所谓"单",是指每次都只对单相通电;所谓"三相",是指换相 3 次,磁场旋转一周,转子转动一个齿距。

在三相反应式步进电机中,若转子有 40 个齿,则齿距角为 9°,A、B、C 三相分别对应于步进电机中的 3 对磁极绕组。设 A 相磁极

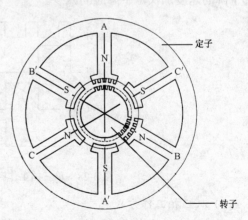

图 3-27　错齿情况

的中心线为 0°,并且与转子齿对齐;B 相磁极的齿与转子齿产生错位 3°,转子如果转动 3°,则可与 B 相磁极的齿对齐;C 相磁极的齿与转子齿产生错齿 6°,也就是说,这时转子需要正向转动 6°才能与 C 相磁极的齿对齐。错齿情况如图 3-27 所示。

为了使步进电机正向旋转，对于图 3-27 来说，就是顺时针步进，各相磁极的通电顺序如下：

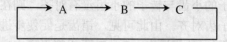

按这种方式工作时，各相磁极齿与转子之间的差角参见表 3-3。表中所给的差角表示从转子齿中心线顺时针到磁极齿中心的角度。从表中可以看出，从 A 相开始，转子转到与 B 相齿对齐时，转过 3°；再从 B 相转到与 C 相齿对齐时，转子又转过 3°；再从 C 相转到与 A 相齿对齐，转子也是转过 3°。可知，磁场按 A→B→C→A 顺序旋转过一周后，转子转过 9°，也就是一个步距角。

表 3-3　单三拍时的各相差角

	A 相差角	B 相差角	C 相差角
A 相通电	0°	3°	6°
B 相通电	6°	0°	3°
C 相通电	3°	6°	0°

单三拍工作时，输出到各相的脉冲电压、电流波形如图 3-28 所示。

在图 3-28 中，虚线表示磁极绕组中的电流波形，可见，磁极的驱动电压是方波，而电流并不是方波。这是因为受步进电机绕组电感的影响，当绕组通电时，电感阻止电流的快速变化；当绕组断电时，储存在绕组中的电能通过续流二极管放电。电流的上升时间取决于回路的时间常数。对步进电机而言，理想的情况是绕组中的电流也能像电压一样突变。这一点与其他电动机不同。因为这样能使绕组通电时迅速建立磁场，断电时不会干扰其他磁场。为了达到这一目的，有多种方法，在续流二极管回路中串联一个电阻是其中一种有效的方法。它可以在绕组断电时，通过续流二极管将储存在绕组中的电能消耗在电阻上，这样使得电流波形下降的速度加快，下降时间减少。

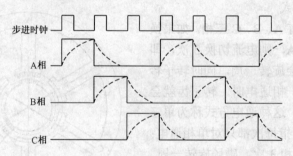

图 3-28　单三拍工作时各相的脉冲电压、电流波形

2）双三拍工作方式

在步进电机的步进控制中，如果每次都是两相通电，控制电流切换 3 次，磁场旋转一周，转子移动一个齿距位置，则称为双三拍工作方式。采用双三拍工作方式时，各相磁极的通电顺序和转换情况如下：

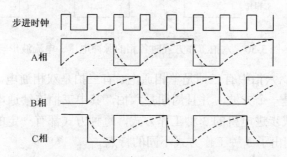

$$\longrightarrow AB \longrightarrow BC \longrightarrow CA$$

双三拍工作方式的步距角和单三拍一样，并且每两相之间形成的差角也一样。双三拍工作方式时各相的脉冲电压、电流波形如图 3-29 所示。

步进时钟

A相

B相

C相

图 3-29　双三拍工作方式时各相的脉冲电压、电流波形

在这种工作方式下，每一拍都有两相通电，而且每相都是每次连续通电两拍。所以在双三拍工作方式中，要求电源提供的功率比较大，而且对于一个磁极绕组来说，它的电流上升时间足够长，是单三拍的两倍，因此它的电流幅值也比较大，当然它产生的电磁转矩也比较大。由于每次是两相通电，因此转子齿不能与这两相的定子齿对齐，而处于该两相定子齿的中间位置。下面以 AB 相同时通电的情况来说明转子齿与定子齿的相对位置。对于一个三相反应式步进电机，当转子为 40 齿时，齿距角为 9°。当 A、B 两相同时通电时，转子齿不会与 A 相磁极齿对齐，也不会与 B 相磁极齿对齐，而只会停留在两者之间的中间位置上。转子齿和 A 相磁极齿正差角为 1.5°，和 B 磁极齿反差角为 1.5°。同理，当 BC 相通电时，则转子齿和 B 相磁极齿正差角为 1.5°，和 C 相磁极齿反差角为 1.5°。也就是说，在双三拍工作方式中，每一步都是不对齿的。

双三拍工作方式的特点是不容易失步，其原因是：双三拍工作时有两相同时通电，而两个激磁绕组中的电流幅值是不相同的，作用的方向也不同，从而相互间有干扰作用，这样就产生了一定的电磁阻尼作用。绕组中的电流越大，这种阻尼作用也越大。由于这种阻尼的作用，可以在一定程度上克服失步现象。

3）六拍工作方式

六拍工作方式就是把单三拍和双三拍结合起来的一种工作方式。采用六拍工作方式时，各相磁极的通电顺序和转换情况如下：

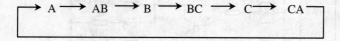

$$\longrightarrow A \longrightarrow AB \longrightarrow B \longrightarrow BC \longrightarrow C \longrightarrow CA$$

控制电压切换 6 次，磁场旋转一周，转子移动一个齿距。对于转子为 40 齿，齿距角为 9°的反应式步进电机而言，六拍工作方式中每一步转子齿移动 1.5°，也就是步距角为 1.5°。显然，六拍工作方式比单三拍或双三拍的步进精度高出一倍。

六拍工作方式时各相的脉冲电压、电流波形如图 3-30 所示。

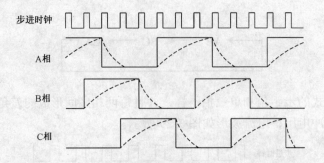

图 3-30　六拍工作方式时各相的脉冲电压、电流波形

从图 3-30 中可知，六拍中有三拍是单相通电，有三拍是双相通电。对于三相中的某一相来说，它的通电波形是一个方波，并且周期是六拍，其中三拍连续通电，三拍连续断电。

以上介绍了反应式步进电机的 3 种工作方式，每种方式都有一定的特点，相互之间有一定的区别。表 3-4 中列出了 3 种工作方式不同的特点。

表 3-4　步进电机 3 种工作方式的比较

工　作　方　式	单三拍工作方式	双三拍工作方式	六拍工作方式
步　进　周　期	T_W	T_W	T_W
每相通电时间	T_W	$2T_W$	$3T_W$
进　齿　周　期	$3T_W$	$3T_W$	$6T_W$
相　电　流	小	较大	最大
高　频　性　能	差	一般	好
转　　矩	差	一般	优
电　磁　阻　尼	差	较好	较好
振　　荡	多	少	极少
功　　耗	少	大	中

表 3-4 中所列项目都是在工作频率为 f_w（也就是步进周期为 $T_w=1/f_w$）时，3 种工作方式特点的比较。表中，进齿周期是指步进电机转动一个齿距所用的时间。总体来看，单三拍工作方式性能相对差一些，六拍工作方式最好，双三拍工作方式介于两者之间。

3．步进电机控制接口及程序设计

如图 3-31 所示为计算机控制三相步进电机的接口原理图。

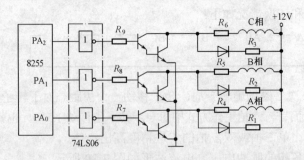

图 3-31　计算机控制三相步进电机的接口原理图

在图 3-31 中，三相控制输出接口采用 8255 的 $PA_0 \sim PA_2$，驱动器采用大功率复合晶体管（如达林顿管）。如果是控制大功率的步进电机，可以在每一相的大功率驱动电路（复合晶体管）之前加入一级光电隔离，以确保计算机系统不受步进电机的干扰，同时也可使计算机系统电路不会受到驱动电路故障的影响。如图 3-32 所示为加入光电隔离器后的步进电机控制接口原理图。

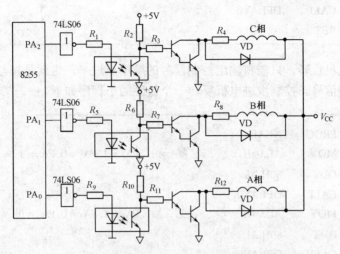

图 3-32　带光电隔离器的步进电机控制接口原理图

图 3-32 与图 3-31 的控制方法相同，下面以图 3-32 为例介绍步进电机的控制程序设计。在图 3-32 中，当 PA_0 输出为 1 时，大功率复合晶体管导通，A 相绕组通电。反之，当 PA_0 输出为 0 时，大功率复合晶体管截止，A 相绕组不通电。同理，端口 PA_1、PA_2 可以控制步进电机的 B 相绕组和 C 相绕组。如果端口 $PA_0 \sim PA_2$ 按前面介绍的工作方式输出波形，则步进电机就按指定的工作方式工作。下面是在三相六拍工作方式下，正向转动一个齿距和反向转动一个齿距的子程序。

设 8255 的 PA 端口地址为 80H，并且已初始化为输出工作方式。根据六拍工作方式的控制波形图（见图 3-30），控制步进电机正转一个齿距的子程序如下：

```
F_STEP    PROC    NEAR
          MOV     AL,01H      ；第一拍：PA₂ = 0, PA₁ = 0, PA₀ = 1
          OUT     80H,AL
          CALL    DELAY0
          MOV     AL,03H      ；第二拍：PA₂ = 0, PA₁ = 1, PA₀ = 1
          OUT     80H,AL
          CALL    DELAY0
          MOV     AL,02H      ；第三拍：PA₂ = 0, PA₁ = 1, PA₀ = 0
          OUT     80H,AL
          CALL    DELAY0
          MOV     AL,06H      ；第四拍：PA₂ = 1, PA₁ = 1, PA₀ = 0
          OUT     80H,AL
          CALL    DELAY0
```

```
        MOV     AL,04H      ; 第五拍：PA₂ = 1, PA₁ = 0, PA₀ = 0
        OUT     80H,AL
        CALL    DELAY0
        MOV     AL,05H      ; 第六拍：PA₂ = 1, PA₁ = 0, PA₀ = 1
        OUT     80H,AL
        CALL    DELAY0
        RET
```

要控制步进电机反转，只需将输出控制信号的顺序反过来，也就是按与正转控制信号相反的顺序输出控制信号。控制步进电机反转一个齿距的子程序如下。

```
B_STEP  PROC    NEAR
        MOV     AL,05H      ; 第一拍：PA₂ = 1, PA₁ = 0, PA₀ = 1
        OUT     80H,AL
        CALL    DELAY0
        MOV     AL,04H      ; 第二拍：PA₂ = 1, PA₁ = 0, PA₀ = 0
        OUT     80H,AL
        CALL    DELAY0
        MOV     AL,06H      ; 第三拍：PA₂ = 1, PA₁ = 1, PA₀ = 0
        OUT     80H,AL
        CALL    DELAY0
        MOV     AL,02H      ; 第四拍：PA₂ = 0, PA₁ = 1, PA₀ = 0
        OUT     80H,AL
        CALL    DELAY0
        MOV     AL,03H      ; 第五拍：PA₂ = 0, PA₁ = 1, PA₀ = 1
        OUT     80H,AL
        CALL    DELAY0
        MOV     AL,01H      ; 第六拍：PA₂ = 0, PA₁ = 0, PA₀ = 1
        OUT     80H,AL
        CALL    DELAY0
        RET
DELAY0  PROC    NEAR        ; 延时子程序
        ……
        RET
```

六拍工作方式的三相反应式步进电机，转动一个齿距包括 6 个步距。如果要使步进电机正转或者反转达到指定的位置，首先应计算出到达指定位置的齿距数 N，随后再调用上述子程序 N 次即可。

4. 步进电机的转速控制

步进电机的转速控制方法就是改变每一拍的持续时间。从上面正转一个齿距和反转一个齿距两个子程序中可以看出，只要改变延时子程序的延时时间就可以改变步进电机的转速。例如，要控制步进电机每秒转动 6 圈，则在上例子程序 B_STEP 中，DELAY0 延时子程序的延时时间应为

$$t = (1000\text{ms}/6)/(6×40)=0.694 \text{ ms}=694 \text{ μs}$$

上面的程序是以步进电机转速恒定为前提的。然而在实际中，步进电机从 A 点启动到达 B 点后停止，要经历升速、恒速、减速 3 个过程。如果启动时，一次将速度升到给定速度，由于启动频率超过极限启动频率，步进电机就会发生失步现象，因此而不能正常启动。如果到达终点时突然停下，由于惯性的作用，步进电机会发生过冲现象，因而造成定位精度降低。如果非常缓慢地启动、停止，步进电机虽不会产生失步和过冲现象，但会影响执行机构的工作效率。因此，对步进电机的加、减速有一定的要求，那就是保证在不失步和过冲的前提下，用最快的速度移动到指定的位置。

为了满足启动、停止时加、减速的要求，步进电机通常按加、减速曲线运行，如图 3-33 所示为两种加、减速运行曲线模型。加、减速曲线没有一个固定值，它与具体的步进电机、负载有关，一般根据经验和试验得到。

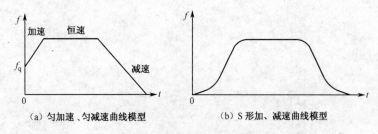

（a）匀加速、匀减速曲线模型　　　　（b）S 形加、减速曲线模型

图 3-33　步进电机加、减速曲线模型

加、减速曲线最简单的是匀加速、匀减速曲线，如图 3-33（a）所示，由于加、减速曲线是直线，因此容易编程实现。直线加速时，加速度是不变的，因此要求转矩也应该是不变的，但是由于步进电机的电磁转矩与转速是非线性关系，因而加速度与频率也应该是非线性关系。因此，实际上，当转速增加时，转矩会下降，如果按直线加速，则也有可能因转矩不足而产生失步现象。

因为电动机的电磁转矩与转速的关系近似成指数规律，所以采用指数加、减速曲线（或分段指数曲线 S 形）方式进行加、减速是最好的选择，它可以有效地克服步进电机在加、减速过程中的失步现象。如图 3-33（b）所示为 S 形加、减速曲线模型。

习题 3

3.1　什么是输出通道？它是由哪些部分组成的？

3.2　模拟量输出通道与开关量输出通道各有什么特点？

3.3　采用 DAC0832、运算放大器、CD4051 等元器件与 PC 总线工业控制机接口，设计 8 路模拟量输出系统。要求：

（1）画出接口电路原理图；

（2）编写 8 路模拟量输出程序。

3.4　动态 LED 显示与静态 LED 显示各有何特点。

3.5 采用 8255、共阴极 LED 数码管、7407、电阻等元器件与 PC 总线工业控制机接口，设计出 8 位的动态显示电路。要求：

（1）画出接口电路原理图；

（2）设备数码管从左到右分别显示 1、2、3、4、5、6、7、8，请编写显示程序。

3.6 三相步进电机有哪几种工作方式？分别说明每一种工作方式的特点。

3.7 试说明 PWM 调速系统的工作原理。

3.8 采用 8255 的 PA 端口作为三相步进电机的控制接口，要求：

（1）画出接口电路原理图；

（2）列出步进电机在三相单三拍、三相双三拍和三相六拍工作方式下的输出控制字表；

（3）采用 8086 汇编语言编写在三相单三拍工作方式下，正向旋转 100 步的控制程序。

第 4 章　顺序控制与数字程序控制

顺序控制与数字程序控制是自动控制领域的一个重要方面，均属于开环控制。顺序控制与数字程序控制在生产自动线控制、机床控制、运输机械控制等工业自动控制系统中有着广泛的应用。本章主要讲述顺序控制系统与数字程序控制系统的基本概念，顺序控制系统的组成、工作原理及其控制方法。对于平面加工系统中常用的数字程序控制算法——逐点比较插补法、数字积分器插补法均进行详细的介绍。其中，逐点比较插补法（包括直线插补法和圆弧插补法）是这些控制算法中的重点。最后，以 PC 作为控制机，以 8086 汇编语言的例子说明算法的编程实现过程。

4.1　顺序控制

顺序控制就是以预先规定好的时间或条件为依据，按预先规定好的动作次序顺序地完成工作的自动控制。简而言之，就是按时序或事序规定工作的自动控制。在工业生产中，许多生产工序，如运输、加工、检验、装配、包装等，都要求顺序控制。在一个复杂的大型计算机控制系统中，许多环节需要采用顺序控制的方法，例如，有些生产机械要求在现场输入信号（行程开关、按钮、光电开关、各种继电器等）作用下，根据一定的转换条件实现有顺序的开关动作；而有些生产机械则要求按一定的时间先后次序实现有顺序的开关动作。下面举例说明顺序控制的过程。

1. 钻孔动力头的顺序控制

某机械加工自动线中，一个钻孔动力头的工作步骤如下：

① 初始状态为钻孔动力头在原位，原位行程开关 S_0 受压闭合；

② 按下钻孔动力头启动按钮 A，此时电磁阀 D_1 通电动作，钻孔动力头快进；

③ 钻孔动力头接近工件时，碰上行程开关 S_1（闭合），电磁阀 D_2 通电动作（D_1 仍通电保持），钻孔动力头由快进转为工进；

④ 工进到位，碰上行程开关 S_2（闭合），开始延时（继续工进）；

⑤ 延时时间到，D_1、D_2 断电，D_3 通电，钻孔动力头快退；

⑥ 钻孔动力头退回到原位（行程开关 S_0 受压闭合），D_3 断电，钻孔动力头停止。

这样，钻孔动力头在完成了一个循环的加工动作后，回到起始状态，准备开始下一个循环的加工动作。钻孔动力头顺序加工的各个工作状态如图 4-1 所示。

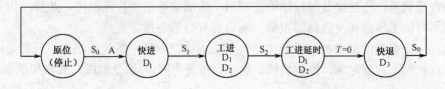

图 4-1　钻孔动力头顺序加工的各个工作状态

在一个循环的加工过程中，钻孔动力头经历快进、工进、工进延时、快退和停止 5 个工作状态，各个工作状态的顺序转换根据现场输入信号（按钮、行程开关、定时器的状态）而定。

2. 搬运机械手的顺序控制

图 4-2 为某机械设备搬运机械手的工艺流程图，搬运机械手执行的操作是将工件从左工作台搬到右工作台。设 S_1、S_2、S_3、S_4 分别为下行程开关、上行程开关、右行程开关、左行程开关，而 D_1、D_2、D_3、D_4、D_5 分别为控制下降、夹紧、上升、右移、左移的电磁阀。初始状态时，搬运机械手处在原位，行程开关 S_2、S_4 受压。搬运机械手的工作步骤如下：

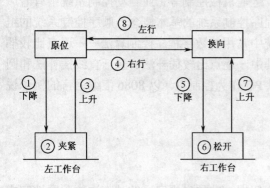

图 4-2　搬运机械手的工艺流程图

① 按下启动按钮 A，电磁阀 D_1 通电，搬运机械手开始下降，行程开关 S_1 受压后，电磁阀 D_1 断电停止下降；

② 电磁阀 D_2 通电，将工件夹紧，延时（确保工件可靠夹紧）；

③ 电磁阀 D_3 通电，搬运机械手上升，行程开关 S_2 受压，电磁阀 D_3 断电停止上升；

④ 电磁阀 D_4 通电，搬运机械手右移，行程开关 S_3 受压，电磁阀 D_4 断电停止右移；

⑤ 电磁阀 D_1 通电，搬运机械手下降，行程开关 S_1 受压，电磁阀 D_1 断电停止下降；

⑥ 电磁阀 D_2 断电，搬运机械手松开，放下工件，延时（确保工件可靠松开）；

⑦ 电磁阀 D_3 通电，搬运机械手上升，行程开关 S_2 受压，电磁阀 D_3 断电停止上升；

⑧ 电磁阀 D_5 通电，搬运机械手左移，行程开关 S_4 受压，电磁阀 D_5 断电停止左移，这时，搬运机械手已回到原位。

从上述两个例子可以总结出顺序控制系统的组成结构及特点如下。

① 顺序控制系统的输入和输出信号都是两个状态的开关信号。例如，行程开关受压或释放状态检测为二进制码输入，电磁阀通电或断电控制为二进制码输出等。因此，顺序控制系统应具有方便接收和输出开关信号的能力。

② 顺序控制系统必须有系统控制器，它是系统的核心部分。例如，在生产机械控制中，顺序动作的转换是根据现场信号的逻辑判断或时序判断来决定的。因此，顺序控制系统必须具有逻辑运算和逻辑记忆及时序产生和时序判断的功能，完成这些功能的部件称为系统控制器。

③ 为了确保每一动作可靠地被执行，顺序控制系统需要对执行机构或控制对象的实际状态进行检查或测量，将结果及时反馈给控制器，这就需要增加检测机构。此外，为了调整方便，实现实时的工作监视及故障的报警，还需要有显示与报警电路。

因此，一个典型的顺序控制系统由开关量输入接口电路、系统控制器、开关量输出接口电路、执行机构、控制对象、检测机构、显示与报警电路 7 部分组成，其结构框图如图 4-3 所示。

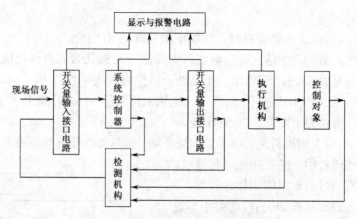

图 4-3　顺序控制系统组成结构框图

　　顺序控制系统的实现相对比较容易。通过选取适当的单片微机作为控制器，再扩充一些输入、输出接口电路就可以了。对于按事序工作的系统，控制器通过并行输入接口，从现场接收输入信号，然后按工艺要求对有关的输入信号进行"与"、"或"、"非"等基本逻辑运算与判断，然后将结果通过并行输出接口向执行机构发出开关控制信号，即可实现顺序控制。对于按时序工作的系统，由控制器产生必要的时序信号输出，再判断按工艺要求规定的时间间隔是否已到，判断结果通过输出接口电路输出并执行，从而实现顺序控制。

3. 顺序应用控制举例

　　下面以控制某种自动剪板机为例，介绍顺序控制系统的设计方法。

1）自动剪板机的工作原理

　　某自动剪板机工作原理图如图 4-4 所示。这种剪板机可按要求剪开大块的板料，并由送料小车运走并卸载。开始时，剪板机系统的压块及剪切刀的限位开关 S_2、S_3 和 S_4 均断开。行程开关 S_1 和光电接近开关 S_7 也处在断开状态。剪切刀、压块及送料机构均经由固态继电器 SSR1、SSR2、SSR3 进行控制。自动剪板机的工作步骤如下。

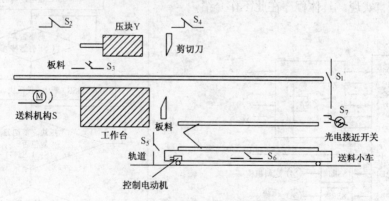

图 4-4　自动剪板机工作原理图

　① 读入状态开关 S_6 的状态，判断小车是否空载，如果空载，则开始工作。
　② 启动送料小车，当运行到指定的工位时，行程开关 S_5 闭合，小车停下。
　③ SSR1 通电，送料机构 S 启动，带动板料向右移动。
　④ 当板料碰到行程开关 S_1 时，停止送料，同时 SSR2 送电，压块 Y 下压，压块上限位

开关 S_2 闭合。

⑤ 当压块下压到位，压紧板料时，压块下限位开关 S_3 闭合。

⑥ SSR3 通电，剪切刀下落，此时剪切刀上限位开关 S_4 闭合，直到把板料剪断。当板料下落通过光电接近开关 S_7 时，S_7 输出一个脉冲，以作为板块计数之用。

⑦ 压块上移，压块下限位开关 S_3 断开，压块上移到位，压块上限位开关 S_2 断开。同时剪切刀上移复位，剪切刀上限位开关 S_4 断开。

⑧ 判断送料小车上的板料是否够数，如果不够，则从第③步开始重复执行，直到够数为止。此时，使驱动送料小车的控制电动机通电，送料小车右行，将切好的板料运到指定位置。

当送料小车上的板料被卸空后，送料小车返回到剪板机下，于是就进入下一循环工作。

2）自动剪板机的控制实现

图 4-5 为采用 MCS-51 系列单片机 8051 的自动剪板机控制电路原理框图。开关量输入接口电路采用光电隔离器。当控制开关（$S_1 \sim S_6$）闭合时，发光二极管导通发光，使光敏三极管饱和导通，从而输出低电平；而当控制开关断开时，发光二极管无电流流过，光敏三极管截止，输出低电平。输出控制电路采用固态继电器（SSR1 ~ SSR3）控制电动机的启停。而送料小车的控制电路为一个双向电动机控制电路（详细电路参见 3.5.1 节）。

根据工作步骤和控制电路就可以设计出相应的控制程序，图 4-6 为自动剪板机控制系统程序流程图。根据程序流程图可以用 MCS-51 汇编语言或 C51 语言实现，具体程序在此不作介绍。

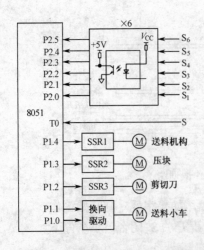

图 4-5　自动剪板机控制电路原理框图

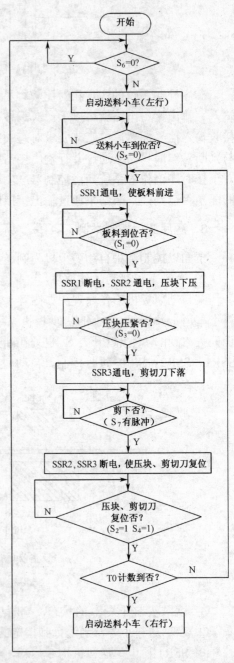

图 4-6　自动剪板机控制系统程序流程图

4.2 数字程序控制

数字程序控制就是计算机根据输入的指令和数据，控制生产机械（如各种机床）按规定的工作顺序、运动轨迹、运动距离和运动速度等规律自动地完成工作的自动控制。数字程序控制主要应用于机床的自动控制，如用于铣床、车床、加工中心、线切割机及焊接机、气割机等自动控制系统中。采用数字程序控制系统的机床叫做数字程序控制机床。数字程序控制机床能够加工形状复杂的零件，加工精度高，便于改变加工零件品种等。

数字程序控制系统一般由输入装置、输出装置、控制器和插补器4部分组成。其中，控制器和插补器的功能及部分输入/输出接口由计算机实现。数字程序控制的插补器用于完成插补计算。插补器实际上就是一个函数发生器，能按给定的基本数据产生一定的函数曲线，并以增量形式（如脉冲）向各坐标连续输出，以控制机床刀具按给定的图形运动。按插补器的功能不同可以分为平面的直线插补器、圆弧插补器和非圆二次曲线插补器，以及空间的直线插补器和圆弧插补器。因为大部分加工零件图形都可由直线和圆弧两种插补器得到，因此，在数控系统中，直线插补器和圆弧插补器应用最广。

插补器产生函数曲线的算法常采用逐点比较插补法（简称逐点比较法）和数字积分器插补法（简称数字积分器法）。另外，还有一些其他的算法，如时间分割插补法（简称时间分割法）和样条插补法等。

本节将主要介绍逐点比较插补法和数字积分器插补法的基本原理及直线插补器和圆弧插补器的程序实现方法。

4.2.1 逐点比较插补法

所谓逐点比较插补法，就是每走一步都要和给定轨迹上的坐标值进行一次比较，看该点在给定轨迹的上方或下方，或者在给定轨迹的里面或外面，从而决定下一步的进给方向。如果原来在给定轨迹的下方，下一步就向给定轨迹的上方走；如果原来在给定轨迹的里面，下一步就向给定轨迹的外面走。如此"走一步，看一看，比较一次"，再决定下一步走向，以便逼近给定轨迹，即形成"逐点比较"插补。

逐点比较法所形成的加工轨迹是阶梯折线，即它是以阶梯折线的形式来逼近直线或圆弧等曲线的，它与规定的加工直线或圆弧之间的最大误差为一个脉冲当量，因此只要把脉冲当量（每走一步的距离）取得足够小，就可以达到加工精度的要求。下面分别介绍逐点比较法直线和圆弧插补原理及插补计算的程序实现方法。

1. 逐点比较法直线插补

逐点比较法直线插补用于平面加工各种边界为直线的工件或者在平面上绘制直线段。

1）直线插补计算原理

（1）确定偏差计算公式

根据逐点比较法的原理，必须把每一个插值点（动点）的实际位置与给定轨迹的理想位置间的误差，即"偏差"，计算出来，然后根据偏差的正、负决定下一步的走向，来逼近给定轨迹。因此，偏差计算是逐点比较法关键的一步。下面以第一象限平面直线为例来推导其偏差计算公式。

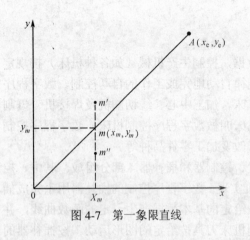

图 4-7 第一象限直线

假定加工如图 4-7 所示的直线 OA。设直线起点为坐标原点，直线终点 A 的坐标 (x_e, y_e) 是已知的，$m(x_m, y_m)$ 为加工点（动点）。若 m 在 OA 直线上，则根据相似三角形的关系可得

$$\frac{x_m}{y_m} = \frac{x_e}{y_e}$$

即

$$y_m x_e - x_m y_e = 0$$

现定义直线插补的偏差判别计算公式如下

$$F_m = y_m x_e - x_m y_e \tag{4-1}$$

若 $F_m = 0$，表明 m 点在 OA 直线上；

若 $F_m > 0$，表明 m 点在 OA 直线上方；

若 $F_m < 0$，表明 m 点在 OA 直线下方。

逐点比较法直线插补的原理是：从第一象限直线的起点（即坐标原点）出发，当 $F_m \geq 0$ 时，沿 $+x$ 轴方向走一步；当 $F_m < 0$ 时，沿 $+y$ 轴方向走一步。当 x 方向和 y 方向所走的步数与终点坐标 (x_e, y_e) 相等时，说明已走到终点，于是发出终点到的信号，同时停止插补。

对于直线插补，根据式（4-1）进行偏差计算，要作两次乘法，一次减法，计算量较大，因此，希望使计算进一步简化。

对于第一象限而言，设加工点正处于 m 点。当 $F_m \geq 0$ 时，表明 m 点在 OA 上或者在 OA 的上方，应沿 $+x$ 方向进给一步，则走一步后新的坐标值为

$$x_{m+1} = x_m + 1$$
$$y_{m+1} = y_m$$

该点的偏差为

$$
\begin{aligned}
F_{m+1} &= y_{m+1} x_e - x_{m+1} y_e \\
&= y_m x_e - (x_m + 1) y_e \\
&= y_m x_e - x_m y_e - y_e = F_m - y_e
\end{aligned} \tag{4-2}
$$

若 $F_m < 0$ 时，表明 m 点在 OA 的下方，应沿 $+y$ 方向进给一步，走一步后新的坐标值为

$$x_{m+1} = x_m$$
$$y_{m+1} = y_m + 1$$

该点的偏差为

$$
\begin{aligned}
F_{m+1} &= y_{m+1} x_e - x_{m+1} y_e \\
&= (y_m + 1) x_e - x_m y_e \\
&= y_m x_e - x_m y_e + x_e = F_m + x_e
\end{aligned} \tag{4-3}
$$

式（4-2）和式（4-3）是简化后的偏差计算公式，在这两个公式中只有加、减运算，只要将前一点的偏差值与等于常数的终点坐标值 x_e、y_e 相加或相减，即可得到新坐标点的偏差值。加工的起点是坐标原点，起点的偏差是已知的，即 $F_0 = 0$，这样，随着加工点前进，新加工点的偏差 F_{m+1} 都可以由前一点偏差 F_m 与终点坐标相加或相减得到。这样，就省去了乘法运算，因而使直线插补算法更加简单。

（2）确定终点判断方法

逐点比较法的终点判断有多种方法，下面介绍其中两种。

第一种方法是，设置 x、y 两个减法计数器，在加工开始前，在 x、y 计数器中分别存入

终点坐标值 x_e、y_e。在 x 坐标（或 y 坐标）进给一步时，就在 x 计数器（或 y 计数器）中减 1。当这两个计数器中的数都减到 0 时，说明已到达终点。

第二种方法是，设置一个终点计数器 E，在加工开始前，在 E 计数器中存入 x 和 y 两个坐标方向进给的总步数。x 或 y 坐标进给一步，终点计数器 E 减 1。若 $E-1=0$，则达到终点。

（3）插补计算的步骤

插补计算时，每走一步，都要进行以下 4 个步骤（又称 4 个节拍）的逻辑运算和/或算术运算。

① 偏差判别：即判别偏差 $F \geqslant 0$ 或 $F < 0$。这是逻辑运算，根据逻辑运算结果决定进行何种运算及何种进给。

② 坐标进给：根据所在象限及偏差符号，决定沿哪个坐标轴以及沿正向还是沿负向进给，这也是逻辑运算。

③ 偏差计算：进给一步后，计算新的加工点对规定图形的偏差，作为下一次偏差判别的依据。这是算术运算。

④ 终点判断：进给一步后，终点计数器减 1。判断是否到达终点，到达终点则停止运算，未到达终点则返回到第一步。如此不断循环，直到到达终点为止。

2）直线插补计算举例

加工第一象限直线 OA，设起点为坐标原点，终点坐标为 $x_e=6$，$y_e=4$，要求进行插补计算并作出走步轨迹图。

计算过程参见表 4-1。表中的终点判断采用前述的第二种方法，即设置一个终点计数器，存入 x 和 y 两个坐标进给的总步数 E。每进给一步，$E-1$。若 $E=0$，则到达终点。

表 4-1　直线插补计算过程

步　数	偏差判别	坐标进给	偏差计算	终点判断
起点			$F_0=0$	$E=10$
1	$F_0=0$	$+x$	$F_1=F_0-y_e=0-4=-4$	$E=10-1=9$
2	$F_1<0$	$+y$	$F_2=F_1+x_e=-4+6=2$	$E=9-1=8$
3	$F_2>0$	$+x$	$F_3=F_2-y_e=-2$	$E=7$
4	$F_3<0$	$+y$	$F_4=F_3+x_e=4$	$E=6$
5	$F_4>0$	$+x$	$F_5=F_4-y_e=0$	$E=5$
6	$F_5=0$	$+x$	$F_6=F_5-y_e=-4$	$E=4$
7	$F_6<0$	$+y$	$F_7=F_6+x_e=2$	$E=3$
8	$F_7>0$	$+x$	$F_8=F_7-y_e=-2$	$E=2$
9	$F_8<0$	$+y$	$F_9=F_8+x_e=4$	$E=1$
10	$F_9>0$	$+x$	$F_{10}=F_9-y_e=0$	$E=0$

直线插补走步轨迹如图 4-8 所示。

3）4 个象限直线插补计算公式

不同象限直线插补的偏差符号和进给方向如图 4-9 所示。由图可知，第二象限的直线 OA_2，其终点坐标为 $(-x_e, y_e)$，在第一象限有一条和它对称于 y 轴的直线 OA_1，其终点坐标为 (x_e, y_e)。当从 O 点出发，按第一象限直线 OA_1 进行插补时，若把沿 x 轴正向进给改为负向进给，这时实际插补所得的就是第二象限直线 OA_2，也就是说，第二象限直线 OA_2 插补时的偏差公式与第一象限直线 OA_1 的偏差计算公式相同，差别在于 x 轴的进给反向。同理，如果插补第三象限终点为（$-x_e$，$-y_e$）的直线，只要插补终点值为（x_e，y_e）的第一象限的直线，而将输出的进给脉冲由$+x$变为$-x$，$+y$变为$-y$方向即可，其余的类推就可以了。所有 4 个象限的偏差计算公式和进给方向列于表 4-2 中。表中，4 个象限直线的终点坐标值均取数字的绝对值。

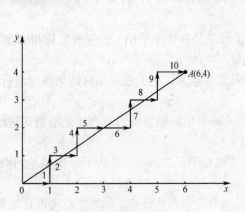

图 4-8　直线插补走步轨迹图

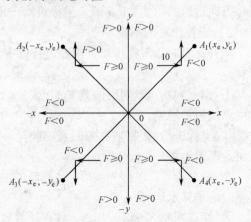

图 4-9　4 个象限直线插补的偏差符号和进给方向

表 4-2　4 个象限直线的偏差计算公式及进给方向表

$F \geqslant 0$			$F < 0$		
直线坐标象限	进给方向	偏差计算	直线坐标象限	进给方向	偏差计算
L_1、L_4	$+x$	$F_{m+1}=F_m-y_e$	L_1、L_2	$+y$	$F_{m+1}=F_m+x_e$
L_2、L_3	$-x$		L_3、L_4	$-y$	

4）直线插补计算的编程实现

由前面所述可知，逐点比较法直线插补计算只是一些加、减运算和逻辑运算，计算相对比较简单，因而采用微型计算机或单片机来完成这些运算是十分容易的。下面以插补第一象限直线为例，介绍实现插补器的程序流程图及程序设计。

（1）数据的存储单元分配及初始值

在内存中开辟 4 个单元 XX、YY、JJ、MM 分别用于存放终点值 x_e、终点值 y_e、总步数 E、加工点偏差值 F_m。其中，XX、YY 的内容 x_e、y_e 在加工开始时由加工指令装入设定，装入后在加工过程中保持不变。JJ 的内容也是在加工开始时由加工指令提供的，在加工过程中作减 1 修改，直到 (JJ) = 0，表示加工结束。MM 的内容在加工开始时被初始化为零，在加工过程中依据偏差计算结果的改变而变化。

（2）程序流程图

第一象限直线插补计算程序流程图如图 4-10 所示。从流程图中可明显看出插补计算的 4 个节拍。偏差判别、偏差计算及终点判断是逻辑运算和算术运算，容易编写程序，而坐标进给通常都是给步进电机发走步脉冲，通过步进电机（或再经液压放大）带动机床工作台或刀具移动。

（3）实现源程序

下面是根据程序流程图（见图 4-10），采用 8086 汇编语言编制的逐点比较法第一象限直线插补计算程序。程序中，STEPX、STEPY 分别是 $+x$、$+y$ 走步子程序。调用 STEPX 一次，可以使 x 轴步进电机正向走一步；而调用 STEPY 一次，可以使 y 轴步进电机正向走一步。

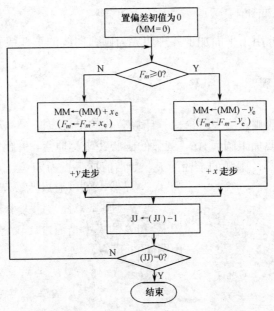

置偏差初值为0
(MM=0)

$F_m \geqslant 0?$

N — MM←(MM)+x_e
(F_m←F_m+x_e)

Y — MM←(MM)-y_e
(F_m←F_m-y_e)

+y 走步

+x 走步

JJ←(JJ)-1

(JJ)=0?

N

Y

结束

图 4-10　第一象限直线插补计算程序流程图

MYDATA	SEGMENT		
MM	DB	?	
JJ	DB	?	
XX	DB	?	
YY	DB	?	
MYDATA	ENDS		

......

	MOV	MM,00H	; 偏差初值置为 0
L1:	MOV	AL,MM	
	TEST	AL,80H	; 偏差是否大于 0
	JNZ	L2	; 不大于，则计算 x
	MOV	BL,YY	
	SUB	MM,BL	; (MM)←(MM)-y_e
	CALL	STEPX	; +x 走步
	JMP	L3	
L2:	MOV	BL,XX	
	ADD	MM,BL	; (MM)←(MM)+x_e
	CALL	STEPY	; +y 走步
L3:	MOV	AL,JJ	
	DEC	AL	
	MOV	JJ,AL	; (JJ)←(JJ)-1
	JNZ	L1	; 是否到终点？没有，则继续
	RET		

......

2. 逐点比较法圆弧插补

逐点比较法圆弧插补用于平面加工各种边界为圆弧曲线的工件或者在平面上绘制圆弧曲线。

1）圆弧插补计算原理

（1）偏差计算公式

下面以第一象限逆圆弧为例来讨论偏差计算公式的推导方法。

如图 4-11 所示，设要加工圆弧 AB，圆弧的圆心在坐标原点，并已知圆弧的起点为 A（x_0, y_0），终点 为 B（x_e, y_e），圆弧的半径为 R。令当前加工点为 m（x_m, y_m），它与圆心的距离为 R_m。显然，可以通过比较 R_m（加工点到圆心的距离）和 R（圆弧半径）的大小来反映加工偏差。而比较 R_m 和 R 的大小是通过比较它们的平方值来实现的。

由图 4-11 可知

$$R_m^2 = x_m^2 + y_m^2$$
$$R^2 = x_0^2 + y_0^2$$

现定义圆弧插补的偏差判别计算公式如下

$$F_m = R_m^2 - R^2 = x_m^2 + y_m^2 - R^2 \tag{4-4}$$

若 $F_m = 0$，表明加工点 m 在圆弧上；

若 $F_m > 0$，表明加工点 m 在圆弧外；

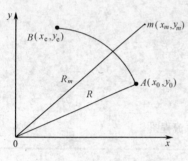

图 4-11　第一象限逆圆弧

若 $F_m < 0$，表明加工点 m 在圆弧内。

由此可以得出第一象限圆弧逐点比较插补的方法如下：

若 $F_m \geq 0$，为了逼近圆弧，下一步向 $-x$ 轴方向进给一步并算出新的偏差；

若 $F_m < 0$，为了逼近圆弧，下一步向 $+y$ 轴方向进给一步并算出新的偏差。

照此方法，一步步地计算，一步步地进给，并在到达终点后停止计算和进给，就可以插补出如图 4-11 所示的第一象限逆圆弧 AB。

利用式（4-4）作插补运算需要进行平方值的计算，计算量较大，下面推导简化的偏差计算递推公式。

设当前加工点正处于 m（x_m, y_m）点，其偏差判别式为

$$F_m = x_m^2 + y_m^2 - R^2$$

若 $F_m \geq 0$，应沿 $-x$ 轴方向进给一步，到 $m+1$ 点，其坐标值为

$$x_{m+1} = x_m - 1$$
$$y_{m+1} = y_m$$

新加工点的偏差为

$$
\begin{aligned}
F_{m+1} &= x_{m+1}^2 + y_{m+1}^2 - R^2 \\
&= (x_m - 1)^2 + y_m^2 - R^2 \\
&= F_m - 2x_m + 1
\end{aligned} \tag{4-5}
$$

若 $F_m < 0$，应沿 $+y$ 轴方向进给一步，到 $m+1$ 点，其坐标值为

$$x_{m+1} = x_m$$
$$y_{m+1} = y_m + 1$$

新加工点的偏差为

$$F_{m+1} = x_{m+1}^2 + y_{m+1}^2 - R^2$$
$$= x_m^2 + (y_m + 1)^2 - R^2 \qquad (4\text{-}6)$$
$$= F_m + 2y_m + 1$$

由式（4-5）和式（4-6）可知，只要知道前一点的偏差，就可求出新的一点的偏差。公式中只有乘 2 运算，避免了平方计算，使计算大大得到简化。因为加工是从圆弧的起点开始的，起点的偏差 $F_0 = 0$，所以新加工点的偏差总可以根据前一点的偏差数据计算出来。

（2）终点判断方法

圆弧插补的终点判断方法和直线插补相同，可将 x、y 轴走步步数的总和 E 存入一个计数器中。每走一步，从 E 中减 1。当 $E=0$ 时，说明已经到达终点，于是发出终点到的信号。

（3）插补计算过程

圆弧插补计算过程和直线插补计算过程基本相同，也分为偏差判别、坐标进给、偏差计算和终点判断 4 个节拍。但是偏差计算公式不同，分别为式（4-5）和式（4-6），而且在偏差计算的同时还要进行加工点瞬时坐标（动点坐标）值的计算，以便为下一点的偏差计算做好准备。例如，对于第一象限逆圆弧来说，坐标值计算公式为

$$x_{m+1} = x_m - 1$$
$$y_{m+1} = y_m + 1$$

2）圆弧插补计算举例

设加工第一象限逆圆弧 AB，已知起点 A 的坐标为 $x_0 = 4$，$y_0 = 0$，终点 B 的坐标为 $x_e = 0$，$y_e = 4$。试进行插补计算并作出走步轨迹图。

计算过程如表 4-3 所示。根据表 4-3 可作出走步轨迹图如图 4-12 所示。

表 4-3　圆弧插补计算过程

步　序	偏差判别	坐标进给方向	偏差及坐标计算		终点判断
			偏差计算	坐标计算	
起点			$F_0 = 0$	$x_0 = 4$，$y_0 = 0$	$E = 4 + 4 = 8$
1	$F_0 = 0$	$-x$	$F_1 = F_0 - 2x_0 + 1$ $= 0 - 2 \times 4 + 1 = -7$	$x_1 = 4 - 1 = 3$ $y_1 = 0$	$E = 8 - 1 = 7$
2	$F_1 < 0$	$+y$	$F_2 = F_1 + 2y_1 + 1$ $= -7 + 2 \times 0 + 1 = -6$	$x_2 = 3$ $y_2 = y_1 + 1 = 1$	$E = 7 - 1 = 6$
3	$F_2 < 0$	$+y$	$F_3 = F_2 + 2y_2 + 1$ $= -6 + 2 \times 1 + 1 = -3$	$x_3 = 3$ $y_3 = y_2 + 1 = 2$	$E = 6 - 1 = 5$
4	$F_3 < 0$	$+y$	$F_4 = F_3 + 2y_3 + 1 = 2$	$x_4 = 3$　$y_4 = 3$	$E = 5 - 1 = 4$
5	$F_4 > 0$	$-x$	$F_5 = F_4 - 2x_4 + 1 = -3$	$x_5 = 2$　$y_5 = 3$	$E = 4 - 1 = 3$
6	$F_5 < 0$	$+y$	$F_6 = F_5 + 2y_5 + 1 = 4$	$x_6 = 2$　$y_6 = 4$	$E = 3 - 1 = 2$
7	$F_6 > 0$	$-x$	$F_7 = F_6 - 2x_6 + 1 = 1$	$x_7 = 1$　$y_7 = 4$	$E = 2 - 1 = 1$
8	$F_7 > 0$	$-x$	$F_8 = F_7 - 2x_7 + 1 = 0$	$x_8 = 0$　$y_8 = 4$	$E = 1 - 1 = 0$

3）4 个象限的圆弧插补

前面以第一象限中的逆圆弧为例推导出偏差计算公式，通过对偏差值的计算，由偏差值的符号来确定进给方向。其他 3 个象限中的逆圆弧、顺圆弧的偏差计算公式可通过与第一象限中的逆圆弧、顺圆弧相比较得到。

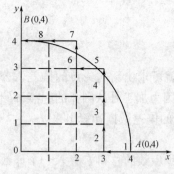

图 4-12 圆弧插补走步轨迹图

（1）第一象限顺圆弧的插补计算

设加工点现处于 m（x_m, y_m）点。由于是在第一象限中顺圆弧插补，若偏差 $F_m \geq 0$，则沿 $-y$ 轴方向进给一步，到 $m+1$ 点，新加工点坐标为（x_m, y_m-1），可求出新的偏差为

$$F_{m+1} = F_m - 2y_m + 1 \qquad (4-7)$$

若偏差 $F_m < 0$，则沿 $+x$ 轴方向进给一步，到 $m+1$ 点，新加工点坐标为（x_m+1, y_m），同样，可求出新的偏差为

$$F_{m+1} = F_m + 2x_m + 1 \qquad (4-8)$$

（2）4 个象限的圆弧插补

式（4-5）、式（4-6）、式（4-7）和式（4-8）分别给出了第一象限逆圆弧、顺圆弧的插补计算公式，这样便可以第一象限的逆圆弧、顺圆弧为基准来推导其他 3 个象限的逆圆弧、顺圆弧插补计算公式。在下面叙述过程中，分别以符号 SR_1、SR_2、SR_3、SR_4 表示第一象限至第四象限的顺圆弧，以符号 NR_1、NR_2、NR_3、NR_4 表示第一象限至第四象限的逆圆弧。

以第二象限顺圆弧 SR_2 为例，与 SR_2 相对应的是第一象限逆圆弧 NR_1。这两个圆弧相对于 y 轴对称，起点坐标相对应，如图 4-13 所示。从图中可知，从各自起点插补出来的轨迹相对于 y 轴对称，即 y 方向的进给相同，x 方向的进给反向。插补计算完全按第一象限逆圆弧偏差公式进行，所不同的是，将 x 轴的进给方向由负向变为正向，这样走出的轨迹就是第二象限的顺圆弧 SR_2。当然，这时圆弧的起点坐标要取其数字的绝对值。也就是说，在这种情况下，图 4-13 中起点坐标（$-x_0$, y_0）在送入机器进行偏差计算时，应取为（x_0, y_0）。

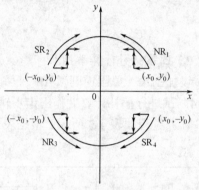

图 4-13　4 个象限圆弧插补的对称关系

从图 4-13 还可以看出，当按第一象限逆圆弧 NR_1 插补时，若将 y 坐标的进给方向反向，则走出的就是第四象限顺圆弧 SR_4；若将 x 坐标和 y 坐标的进给方向同时反向，走出的就是第三象限逆圆弧 NR_3。由上述分析可知：NR_1、SR_2、NR_3 和 SR_4 的偏差计算公式相同，只是进给方向不同，所以都可以归结到 NR_1 的插补计算。按上述方法可知，NR_2、SR_3、NR_4 的偏差计算公式与 SR_1 相同，所不同的也只是进给方向。

所有 4 个象限，8 种圆弧插补时的偏差计算公式和坐标进给方向列于表 4-4 中。

表 4-4　8 种圆弧插补时的偏差计算公式和坐标进给方向

偏差符号 $F_m \geq 0$				偏差符号 $F_m < 0$			
圆弧坐标及方向	进给方向	偏差计算	坐标计算	圆弧坐标及方向	进给方向	偏差计算	坐标计算
SR_1、NR_2	$-y$	$F_{m+1} = F_m - 2y_m + 1$	$x_{m-1} = x_m$	SR_1、NR_4	$+x$	$F_{m+1} = F_m + 2x_m + 1$	$x_{m-1} = x_m + 1$
SR_3、NR_4	$+y$		$y_{m-1} = y_m - 1$	SR_3、NR_2	$-x$		$y_{m-1} = y_m$
NR_1、SR_4	$-x$	$F_{m+1} = F_m - 2x_m + 1$	$x_{m-1} = x_m - 1$	NR_1、SR_2	$+y$	$F_{m-1} = F_m + 2y_m + 1$	$x_{m-1} = x_m$
NR_3、SR_2	$+x$		$y_{m-1} = y_m$	NR_3、SR_4	$-y$		$y_{m-1} = y_m + 1$

4）圆弧插补计算的程序实现

（1）起始数据及存放

在计算机的内存中，开辟 8 个内存单元，分别为 X0、Y0、E、FM、RNS、XM、YM 和 ZF，分别用来存放起点的 x 坐标 x_0、起点的 y 坐标 y_0、总步数 E、加工点偏差 F_m、圆弧种类 RNS、当前加工点 x 坐标 x_m、当前加工点 y 坐标 y_m 和走步方向标志。在这里，走步的总步数为 $E=|x_e-x_0|+|y_e-y_0|$。RNS 的取值为 1、2、3、4 和 5、6、7、8，分别代表圆弧类型 SR_1、SR_2、SR_3、SR_4 和 NR_1、NR_2、NR_3、NR_4。RNS 值可由需要插补圆弧的起点和终点坐标的正、负符号来确定。F_m 的初值为 0。x_m 和 y_m 的初值为 x_0 和 y_0。ZF 取值为 1、2、3、4，分别表示 $+x$、$-x$、$+y$、$-y$ 四个走步方向。

（2）圆弧插补计算的程序流程

在确定了各数据的存放单元后，根据表 4-4 画出程序流程图，如图 4-14 所示。流程图按照插补计算的 5 个步骤，即偏差判别、坐标进给、偏差计算、坐标计算和终点判断，来实现插补计算程序。

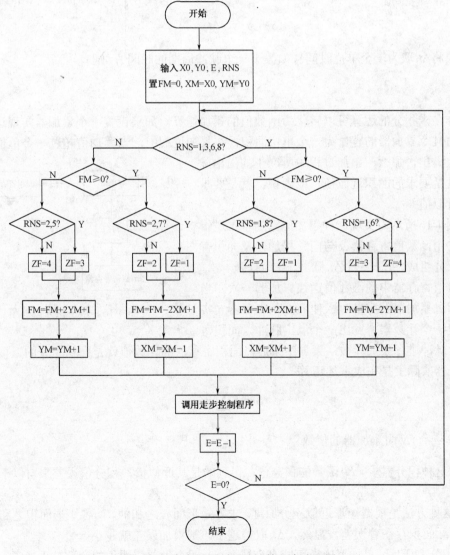

图 4-14　各象限圆弧插补计算程序流程图

4.2.2 数字积分器插补法

数字积分器插补法是在数字积分器基础上建立的一种插补法。下面先介绍数字积分器的工作原理，然后介绍应用数字积分器原理构成的直线插补计算法和圆弧插补计算法。

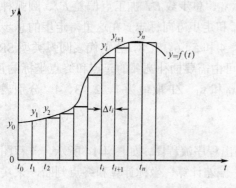

图 4-15 函数 $y=f(t)$ 曲线

1. 数字积分器的工作原理

设有一个函数 $y=f(t)$，曲线如图 4-15 所示，要求出曲线下面 $t_0 \sim t_n$ 区间的面积，一般应用如下的积分公式

$$S = \int_{t_0}^{t_n} y\mathrm{d}t \tag{4-9}$$

若将 Δt_i 取得足够小，曲线下面的面积可以近似地看成许多小长方形面积之和，即

$$S = \sum_{i=0}^{n-1} y_i \cdot \Delta t_i \tag{4-10}$$

如果将 Δt_i 取为一个单位时间（如等于一个脉冲周期的时间），则有

$$S = \sum_{i=0}^{n-1} y_i \tag{4-11}$$

这样，求积分的运算可以转化为函数值的累加运算。如果设置一个累加器实现这种相加运算，而且令累加器的容量为一个单位面积，在累加过程中，当累加值超过一个单位面积时就会产生溢出，那么，累加过程中所产生的溢出脉冲总数就是要求的面积近似值，或者说，就是要求的积分近似值。

如图 4-16 所示为实现这种累加运算的基本逻辑框图。它由函数值寄存器、与门、累加器及面积寄存器等部分组成。每来一个 Δt_i 脉冲，与门打开一次，便将函数值寄存器中的函数值送往累加器一次。当累加和超过累加器的容量时，便向面积寄存器（实际上它是一个计数器）发出一个溢出脉冲，面积寄存器对此脉冲进行累加计数，累加结束后，面积寄存器的计数值就是面积积分的近似值。因此，积分器实际上是完成下述运算

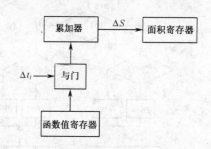

图 4-16 数字积分器框图

$$S = K \sum_{i=0}^{n-1} y_i \tag{4-12}$$

式中，$K = \dfrac{1}{2^N}$，N 为累加器的位数。

利用这种积分器求一个函数的积分值，得到的是其近似值，积分值误差来自以下两个方面。

① 这种方法是根据矩形近似积分原理，求各矩形面积之和的。而各矩形面积之和与曲线所围的实际面积存在着误差。显然，Δt_i 取得越小，则累加误差就越小。

② 积分完成后，累加器内还可能有余数存在，即小于单位面积的余数被丢掉了，这是积

分器本身造成的固有误差。

2．数字积分器法直线插补

采用数字积分器法可以对直线进行插补，下面介绍其实现方法。

1）直线插补原理

设在 x、y 平面中有一直线 OA，其起点为坐标原点 O，终点 A 的坐标为 (x_e, y_e)，则该直线的方程可以写为

$$y = \frac{y_e}{x_e} x \qquad (4\text{-}13)$$

对 x 求微分得

$$\frac{\mathrm{d}y}{\mathrm{d}x} = \frac{y_e}{x_e} \qquad (4\text{-}14)$$

$$\frac{\mathrm{d}y}{\mathrm{d}t} \bigg/ \frac{\mathrm{d}x}{\mathrm{d}t} = \frac{y_e}{x_e} \qquad (4\text{-}15)$$

根据式（4-15），将 x、y 化为对时间 t 的参量方程

$$\begin{cases} \dfrac{\mathrm{d}x}{\mathrm{d}t} = Kx_e \\[2mm] \dfrac{\mathrm{d}y}{\mathrm{d}t} = Ky_e \end{cases} \qquad (4\text{-}16)$$

式中，K 为比例系数。

由式（4-16）可得 x、y 对 t 的参量方程式为

$$\begin{cases} x = \displaystyle\int Kx_e \mathrm{d}t = F_1(t) \\[2mm] y = \displaystyle\int Ky_e \mathrm{d}t = F_2(t) \end{cases} \qquad (4\text{-}17)$$

数字积分器法就是求式（4-17）在 $0 \sim A$ 区间的定积分。显然，此积分值应等于由 0 到 A 的坐标增量。由于积分是从坐标原点开始的，因此坐标增量实际上就是终点坐标，即

$$\begin{cases} \displaystyle\int_{t_0}^{t_n} Kx_e \mathrm{d}t = F_1(t_n) - F_1(t_0) = x_e - 0 = x_e \\[3mm] \displaystyle\int_{t_0}^{t_n} Ky_e \mathrm{d}t = F_1(t_n) - F_1(t_0) = y_e - 0 = y_e \end{cases} \qquad (4\text{-}18)$$

式中，t_0 对应于起点时间，取 $t_0 = 0$；t_n 对应于终点 A 的时间。

若将上述积分式用累加求和式来表示，则有

$$\begin{cases} \displaystyle\int_{t_0}^{t_n} Kx_e \mathrm{d}t = x_e = \sum_{i=0}^{n-1} Kx_e \Delta t_i \\[4mm] \displaystyle\int_{t_0}^{t_n} Ky_e \mathrm{d}t = y_e = \sum_{i=0}^{n-1} Ky_e \Delta t_i \end{cases} \qquad (4\text{-}19)$$

式（4-19）表明，若积分用一个累加器来进行，而累加器的溢出脉冲由计数器计数，则积分完成后计数器中所存的数就是终点坐标。

按照式（4-19），可用两个累加器来完成平面直线的插补计算，它们分别对终点坐标值 x_e 或 y_e 进行累加，累加器每溢出一个脉冲，就表明相应的坐标值变化了一个脉冲当量。若将累加器的溢出脉冲送到机床进给部分的执行机构，每当累加器溢出一个脉冲，就在相应的坐标

方向进给一步，则机床进给运动的轨迹就是接近于 OA 的一条直线。当积分到达终点时，x 轴和 y 轴所走的总步数就正好等于各轴的终点坐标 x_e 和 y_e。

取 $\Delta t = 1$，则式（4-19）可写成

$$
\begin{cases}
x_e = Kx_e \sum_{i=0}^{n-1} 1 = Kx_e n \\
y_e = Ky_e \sum_{i=0}^{n-1} 1 = Ky_e n
\end{cases}
\tag{4-20}
$$

由此可见，比例系数 K 和累加次数 n 之间有如下的关系

$$Kn = 1 \quad 即 \quad n = \frac{1}{K}$$

K 的数值与累加器的容量有关，它的值应为

$$K = \frac{1}{2^N}$$

式中，N 为累加器的位数。故累加次数

$$n = 2^N$$

上述关系表明，若累加器的位数为 N，则整个插补过程要进行 2^N 次累加才能到达直线的终点。

为了保证每次累加最多只溢出一个脉冲，累加器的位数应与 x_e、y_e 寄存器的位数相同，其位长 N 取决于最大加工尺寸和精度。

当寄存器和累加器的位数多而加工较短的直线时，就会出现累加很多次才能溢出一个脉冲的情况，这样进给速度就会很慢，影响生产效率。为此，可在编程时将 x_e、y_e 同时放大 2^m 倍或改变寄存器的容量，即改变溢出脉冲的位置来提高进给速度。但必须注意的是，这时终点判断必须进行相应的调整，否则，积分完成后，溢出脉冲总数就不等于终点坐标了。当 x_e、y_e 放大 2^m 倍或者将计数器产生溢出脉冲的位置右移 m 位时，累加次数应减少为 $n \times \frac{1}{2^m} = 2^N \times \frac{1}{2^m} = 2^{N-m}$。

综上所述，可以归纳出用数字积分器构成平面直线插补器的特点如下。

① 需要用两套数字积分器构成平面直线插补器。两个函数值寄存器中分别存放的被积函数（直线的终点坐标值 x_e、y_e）在插补过程中保持不变。

② 每个累加器对被积函数累加 2^N 次后，其溢出脉冲的总数等于终点坐标值。

③ 累加器中溢出脉冲的快慢与被积函数大小成正比，而与寄存器位数（N）的 2^N 成反比。

④ 如果把符号与数字分开，取数据的绝对值作为被积函数，而符号作为进给方向控制信号处理，便可对所有不同象限的直线进行插补。

由平面直线插补器的特点可知，只要增加一套数字积分器，用来进行 z 轴方向的插补运算，就可以实现空间直线的插补。这说明数字积分法插补有很好的灵活性，易于实现多坐标空间直线插补。

2）数字积分器法直线插补计算举例

设要加工一条直线 OA，起点 O 为坐标原点，终点 A 的坐标为 $x_e=8$，$y_e=10$，累加器和寄存器的位数都为 4 位（$N=4$），其最大容量为 $2^4=16$。根据数字积分器法进行插补计算，并作出脉冲分配图及走步轨迹图。

插补计算过程如表 4-5 所示。根据表 4-5 即可作出脉冲分配图及走步轨迹图，如图 4-17 所示。

表 4-5　数字积分器法直线插补计算过程

累加次数	x 数字积分器			y 数字积分器		
	x 函数值寄存器	累加器 $\sum x$	x 累加器溢出脉冲 S_x	y 函数值寄存器	累加器 $\sum y$	y 累加器溢出脉冲 S_y
0	8	0	0	10	0	0
1	8	$0+8=8$	0	10	$0+10=10$	0
2	8	$16-16=0$	1	10	$20-16=4$	1
3	8	$0+8=8$	0	10	$4+10=14$	0
4	8	$16-16=0$	1	10	$24-16=8$	1
5	8	$0+8=8$	0	10	$18-16=2$	1
6	8	$16-16=0$	1	10	$2+10=12$	0
7	8	$0+8=8$	0	10	$22-16=6$	1
8	8	$16-16=0$	1	10	$16-16=0$	1
9	8	$0+8=8$	0	10	$0+10=10$	0
10	8	$16-16=0$	1	10	$20-16=4$	1
11	8	$0+8=8$	0	10	$4+10=14$	0
12	8	$16-16=0$	1	10	$24-16=8$	1
13	8	$0+8=8$	0	10	$18-16=2$	1
14	8	$16-16=0$	1	10	$2+10=12$	0
15	8	$0+8=8$	0	10	$22-16=6$	1
16	8	$16-16=0$	1	10	$16-16=0$	1

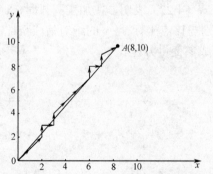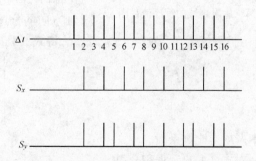

图 4-17　数字积分器法直线插补脉冲分配及走步轨迹

下面设定 XX 为 x 轴终点坐标值存放单元（以单字节为例），YY 为 y 轴终点坐标值存放单元（以单字节为例）。

若选定 CPU 的内部工作寄存器 AH、BH 分别作为 x、y 累加器，那么，$N=8$，累加次数为 $2^N=2^8=256=100H$。

采用数字积分器法插补第一象限直线的程序流程图如图 4-18 所示。

3. 数字积分器法圆弧插补

前面讨论了数字积分器法直线插补算法，下面讨论数字积分器法圆弧插补算法。以第一象限逆圆弧为例来讨论圆弧插补原理。

1）数字积分器法圆弧插补原理

如图 4-19 所示，AB 为第一象限逆圆弧，以坐标原点为圆心，R 为半径，则圆的方程式为

$$x^2 + y^2 = R^2 \qquad (4-21)$$

对式（4-21）两边求导得

$$2x\frac{dx}{dt} + 2y\frac{dy}{dt} = 0$$

因此有

$$\frac{dy}{dt} \Big/ \frac{dx}{dt} = -\frac{x}{y} \qquad (4-22)$$

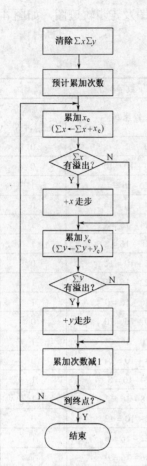

图 4-18　数字积分器法插补第一象限直线的程序流程图

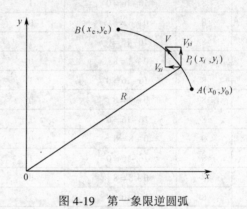

图 4-19　第一象限逆圆弧

式中，$\dfrac{dy}{dt} = V_y$，$\dfrac{dx}{dt} = V_x$ 为圆上动点 P_i（x_i, y_i）在 x、y 方向的瞬时速度分量。式（4-22）表明，在加工圆弧时，x 轴与 y 轴方向的分速度分别与该点坐标 x、y 的绝对值成反比。

将式（4-22）写成参变量方程式

$$\begin{cases} \dfrac{dx}{dt} = Ky_i \\[2mm] \dfrac{dy}{dt} = Kx_i \end{cases} \qquad (4-23)$$

式中，K 为比例系数。

对式（4-23）求积分得

$$\begin{cases} x = K\displaystyle\int y_i dt = F_1(t) \\[2mm] y = K\displaystyle\int x_i dt = F_2(t) \end{cases} \qquad (4-24)$$

求式（4-24）在 $A\sim B$ 区间的定积分，其积分值应等于由 A 到 B 的坐标增量，即

$$\begin{cases} K\displaystyle\int_{t_0}^{t_n} y_i dt = F_1(t_n) - F_1(t_0) = x_e - x_0 \\[2mm] -K\displaystyle\int_{t_0}^{t_n} x_i dt = F_2(t_n) - F_2(t_0) = y_e - y_0 \end{cases} \qquad (4-25)$$

式中，t_0 对应于起点 A 的时间，取 $t_0 = 0$；t_n 对应于到达终点 B 的时间。

将上述积分用累加代替来进行近似计算，则有

$$\begin{cases} K\displaystyle\int_{t_0}^{t_n} y_i\mathrm{d}t = x_e - x_0 \approx K\sum_{i=0}^{n-1} y_i\Delta t_i \\ -K\displaystyle\int_{t_0}^{t_n} x_i\mathrm{d}t = y_e - y_0 \approx -K\sum_{i=0}^{n-1} x_i\Delta t_i \end{cases} \tag{4-26}$$

式（4-26）表明，若积分器用一个累加器来代替，而累加器的溢出脉冲用计数器计数，则积分完成后，计数器中所存的数就是由 A 到 B 的坐标增量值 x_e-x_0 和 y_e-y_0。

比较式（4-20）和式（4-26）可以看出，圆弧插补和直线插补相似，也可用两套数字积分器来完成。圆弧插补积分器与直线插补积分器相比较，有以下 3 点不同。

① x 轴的坐标值（x_i）累加产生的溢出脉冲作为 y 轴的进给脉冲，而 y 轴的坐标值（y_i）累加产生的溢出脉冲作为 x 轴的进给脉冲。

② x、y 寄存器初始时分别存入圆弧的起点坐标 y_0 和 x_0。在插补过程中，它们随加工点的位置移动进行"+1"修正或"-1"修正，即 x、y 寄存器是变化的。

③ x、y 两个坐标不一定同时到达终点，故两个坐标方向均需进行终点判断。终点判断条件分别为

$$x_{end} = |x_e-x_0|$$

$$y_{end} = |y_e-y_0|$$

只有当两个坐标都到达终点时，才停止插补计算。

数字积分器法圆弧插补计算过程对于不同象限、圆弧的不同走向都是相同的。因为对于不同象限里的顺圆弧或逆圆弧，其累加方法是相同的，只是溢出脉冲的进给方向不同，以及被积函数 x_i、y_i 需进行"+1"修正或"-1"修正的不同而已。各个象限圆弧插补坐标修正及进给方向情况列于表 4-6 中。

表 4-6　各个象限圆弧插补坐标修正及进给方向

圆弧走向	顺　圆　弧				逆　圆　弧			
所 在 象 限	1	2	3	4	1	2	3	4
y_i 修正	减	加	减	加	加	减	加	减
x_i 修正	加	减	加	减	减	加	减	加
y 轴进给方向	$-y$	$+y$	$+y$	$-y$	$+y$	$-y$	$-y$	$+y$
x 轴进给方向	$+x$	$+x$	$-x$	$-x$	$-x$	$-x$	$+x$	$+x$

2）数字积分器法圆弧插补计算举例

设加工第一象限逆圆弧，起点 A 的坐标为 $x_0 = 6$，$y_0 = 0$，终点 B 的坐标为 $x_e = 0$，$y_e=6$，累加器为 3 位，采用数字积分法进行圆弧插补计算，并作出走步轨迹图。

插补计算过程如表 4-7 所示，走步轨迹图如图 4-20 所示。

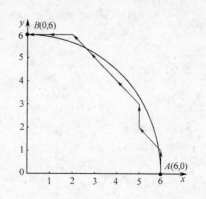

图 4-20　第一象限逆圆弧插补走步轨迹图

表 4-7　数字积分器法圆弧插补计算过程

累加次数	x 数字积分器			y 数字积分器		
	x 函数值寄存器	累加器 Σx	x 累加器溢出脉冲 S_x	y 函数值寄存器	累加器 Σy	y 累加器溢出脉冲 S_y
0	0	7	0	6	7	0
1	0	7	0	6	13–8 = 5	1
2	1	8–8 = 0	1	6	11–8 = 3	1
3	2	2	0	5	8–8 = 0	1
4	3	5	0	5	5	0
5	3	8–8 = 0	1	5	10–8 = 2	1
6	4	4	0	4	6	0
7	4	8–8 = 0	1	4	10–8 = 2	1
8	5	5	0	3	5	0
9	5	10–8 = 2	1	3	8–8 = 0	1
10	6	8–8 = 0	1	2	2	0
11	6	6	0	1	3	0
12	6	12–8 = 4	1	1	4	0
13	6	10–8 = 2	1	0	4	0

　　由表 4-7 可知，x 函数寄存器初始存入圆弧起点坐标值 y_0，y 函数寄存器初始存入圆弧起点坐标值 x_0。在插补过程中，当累加器 Σy 累加 x 轴坐标值而产生一个溢出脉冲时，y 轴方向进给一步，x 函数值寄存器所存放的加工点的 y 坐标值就 "+1"；当累加器 Σx 累加 y 轴坐标值而产生一个溢出脉冲时，x 轴方向进给一步，y 函数值寄存器所存放的加工点的 x 坐标值就 "–1"。Σx 和 Σy 的初始值应清零，但当坐标值较小时，由于需要累加多次才能使 Σx 或 Σy 产生溢出，因而得到一个溢出脉冲。为加快插补过程，开始时可将 Σx 和 Σy 置成满数。例如，3 位累加器初始值可置为 7。

3）数字积分器法圆弧插补计算的程序实现

　　按逆向圆弧插补计算原理，可画出实现逆圆弧插补计算的程序流程图如图 4-21 所示。

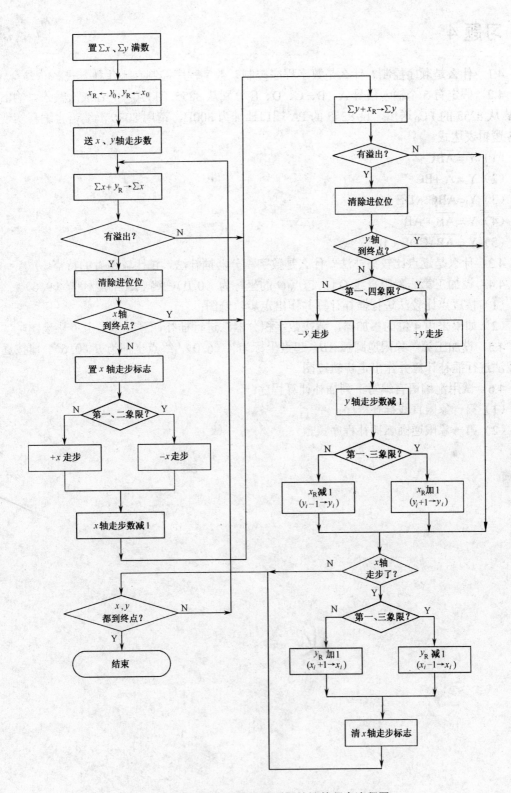

图 4-21 数字积分器法逆圆弧插补计算程序流程图

习题 4

4.1 什么是顺序控制？什么是数字程序控制？数字程序控制有哪几种方式？

4.2 假定有 5 个输入信号 A、B、C、D、E 分别从 8255 的 $PA_0 \sim PA_4$ 依次输入。输出信号 Y 从 8255 的 PC_0 送出，设 8255 的 PA 端口地址为 300H，请用 8086 汇编语言编程实现下列各逻辑表达式。

（1）$Y = \overline{A}BC$

（2）$Y = \overline{A} + BC$

（3）$Y = ABC + DE$

（4）$Y = \overline{AB} + AB$

（5）$Y = \overline{AB + CDE} + BC$

4.3 什么是逐点比较插补法？什么是数字积分器插补法？试比较两者的特点。

4.4 设加工第一象限直线 OA，起点 O 的坐标为 $(0,0)$，终点 A 的坐标为 $(9,6)$。

（1）按逐点比较法进行插补计算并作出走步轨迹图；

（2）如果采用 4 位的累加器，请按数字积分器法进行插补计算并作出走步轨迹图。

4.5 设加工第一象限逆圆弧 AB，起点坐标为 $A(6,0)$，终点坐标为 $B(0,6)$。请按逐点比较法进行插补计算并作出走步轨迹图。

4.6 试用汇编语言编写下列插补计算程序：

（1）第一象限直线插补程序；

（2）第一象限逆圆弧插补程序。

第 5 章　数字控制器的设计

本章主要介绍计算机控制系统的控制核心——数字控制器的设计方法。首先从信号与系统的最基本概念入手，介绍计算机控制系统的理论基础，引出分析离散系统的数学工具 Z 变换与 Z 传递函数，着重分析数字控制器的典型设计方法，最后给出控制算法在计算机上的实现方法。要求学生具备一定的自动控制理论与设计的知识和计算机仿真软件的应用知识。由于大多数学生对连续系统的分析与设计方法比较熟悉，因此在学习时应采用对比的学习方式，即将连续系统的概念延续扩展到离散系统中，同时又抓住采样的概念及 Z 传递函数在采样系统中的作用，结合数字控制器的几种设计方法，完成数字控制器从概念到设计的全过程。结合例题介绍各种控制算法的应用及注意的问题，力求使学生掌握好算法在计算机上的实现过程，对于设计出来的控制器都用 Simulink 软件给出仿真的曲线图，使读者能直观地观察到设计结果，并对结果进行分析。

本章还介绍了离散系统的数学模型、Z 变换、离散系统传递函数的求法，对于经典 PID 控制主要介绍 PID 算法的离散形式、PID 算法数字控制器的改进、PID 算法数字控制器的参数整定。对数字控制器的直接设计方法部分，主要介绍最少拍无差系统、最少拍无纹波系统、纯滞后系统等。最后介绍控制算法在计算机上的实现方法。

5.1　计算机控制系统的理论基础

计算机控制系统是以数字计算机作为控制器的自动控制系统。在系统的构成原理上，计算机控制系统与以往的连续控制系统并没有根本的改变，但由于计算机硬件的构成特点，使得其在信号的获取、存储、传输，数据运算，控制量的输出等方面都与模拟控制器有着极大的区别。因此，对于计算机控制系统的分析与设计，不能简单地将连续控制系统的方法推广，而应基于一些专门的理论加以研究。本节将介绍计算机控制系统的理论基础。

5.1.1　控制系统中信号的基本形式与控制系统的基本结构

1. 信号的基本形式

信号是信息的携带者，在控制系统中，它是传送数据的时间变量，而信息则是数据中所包含的意义，它并不随载荷的物理设备形式的改变而改变。控制系统中信号的基本形式分为 5 种类型，如图 5-1 所示。

1）连续信号

连续信号是指时间上连续的、幅值上连续的信号。由于连续信号是基于时间轴的信号，故通常称为连续时间信号，如：烘箱的温度信号。

2）离散信号

离散信号是指分开的和可以区分的数据表示。离散信号本身是与时间无关的，但将离散信号的概念引入控制过程中后，由于所有控制的进程皆是基于时间轴的，因此称为离散时间信号。离散时间信号描述为时间上不连续（或断续）的、幅值上连续的信号，如信号发生器发出的脉冲信号。

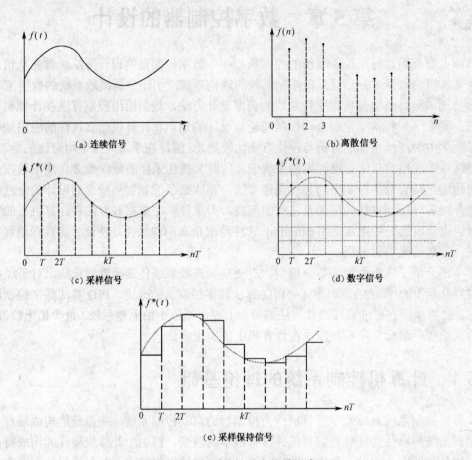

图 5-1　控制系统的基本信号形式

3）采样信号

以一定的时间间隔取得某一个连续变量值的过程，或者将连续时间信号转换成时间离散的脉冲序列的过程，称为采样过程。这些脉冲序列即为采样信号。它是时间上离散、幅值上连续的信号，如：每分钟取得的烘箱温度信号。

采样过程可以用一个采样开关来实现，其过程如图 5-2 所示。采样开关的闭合时间为 τ，其波形如图 5-2（b）所示，是单位脉冲序列。设以周期时间间隔 T 对连续信号 $f(t)$ 进行采样，得到采样信号 $f^*(t)$。在采样开关闭合的时间内有 $f^*(t)=f(t)$，其余时间为 $f^*(t)=0$，得到一系列宽度为 τ、幅值变化的脉冲。当 $\tau \to 0$ 时，成为理想开关，其采样信号为理想脉冲序列。

在实际过程中，理想采样开关是不存在的，但通常 $\tau \ll T$，即与采样周期相比，采样开关的闭合时间可以认为是瞬间。故以理想开关替代实际开关是可行的，可以简化数学运算。

有些信号本身就是离散时间信号，而连续时间信号的采样信号在形式上与离散时间信号相同。在不至于引起混乱的情况下，有时并不强调二者的区别。

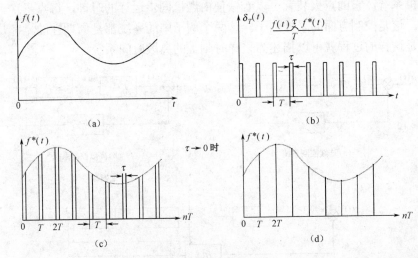

图 5-2 采样过程示意图

4）数字信号

数字信号是指以有限个数位来表示一个连续变化的物理量的信号。它是时间上连续、幅值上量化的信号，如：二进制信号"001"、"101"。所谓量化，是将一个连续区间分成很多不重叠的子区间，并将每个子区间的值用一个预定精度的数近似地表示的过程。简言之，将连续信号转换为数字信号的过程称为量化。在对连续信号进行量化时，必定会产生量化误差，且量化误差的大小依赖于数字位数。

5）采样保持信号

采样信号在时间上是离散的，在控制过程中无法工作。为此，需要将一个采样点的采样信号连续地保持到下一个采样时刻，以形成时间连续信号给系统。保持特性有零阶保持、一阶保持、二阶保持等，而以零阶保持最为常用，它是通过采样点作的一条水平线，形成时间连续的阶梯形模拟信号。在计算机控制系统中，将连续信号经采样器得到采样保持信号，再经 A/D 转换器转换为数字信号并保持，然后送入计算机存储、运算、传输。由于计算机的硬件组成主要是数字电路，各单元电路之间由缓冲器或锁存器分隔，因此，信号的保持是容易实现的。实际上，计算机工作的信号是时间连续的数字信号。

2．控制系统的基本结构

控制系统按其所包含的信号形式可分为 4 种类型。典型结构图如图 5-3 所示。

1）连续控制系统

该系统中各处均为连续信号。例如，模拟控制器电加热丝烘箱恒温控制系统。

2）离散控制系统

该系统中各处均为离散信号。例如，在经济系统中，统计过程常常与日期紧密相连。尽管任何时候都可以进行业务处理，但有关重要变量的信息都是按一定的时间，如每日、每周、每月或每年等，进行统计处理的。

3）采样控制系统

该系统中既包含有连续信号又包含有离散信号。一般，采样控制系统由连续的被控对象，以及离散的控制器、采样器和采样保持器等几个环节组成。例如，雷达探测系统，当雷达天线转动起来时，天线每转一周就自然获得有关距离和方位的信息，这是检测方面的采样例子。

又如，内燃机系统，它的点火装置可以看做使内燃机同步运行的时钟，每点一次火就产生一个转矩脉冲，这是控制方面的采样例子。这两个例子中的系统都是周期性的，都是以脉冲式运作的，于是这样的过程就可以描述为采样时刻上的离散时间系统。

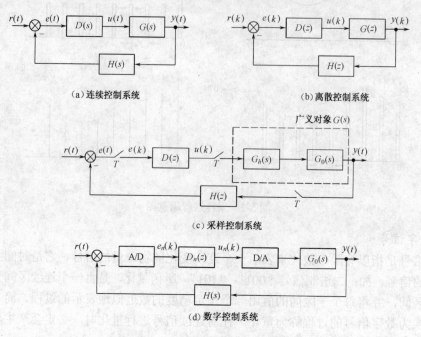

图 5-3　控制系统的典型结构图

4）数字控制系统

该系统中一处或几处的信号具有数字代码的形式。一般，数字控制系统是由连续的被控对象、数字控制器、采样器和采样保持器、A/D 转换器、D/A 转换器等几个环节组成的。通常，A/D、D/A 器件含有采样保持特性。计算机是典型的数字控制器，故计算机系统是典型的数字控制系统。例如，数字控制器电加热丝烘箱恒温控制系统采用计算机执行控制算法，输出控制规律以使烘箱的温度达到恒定。

一个典型的计算机控制系统中既包含有连续时间信号，也包含有采样信号，同时还包含有数字信号。严格地说，数字环节是时变非线性环节，要对它进行严格的分析是很困难的。虽然数字控制系统与采样控制系统在结构和元件上存在着一定的差别，但从分析的角度看，这两种类型系统的分析方法是相同的。计算机系统若不考虑量化效应即为采样控制系统。如果将连续的控制对象与保持器一起作为广义对象进行离散化，那么采样控制系统即简化为离散控制系统。因此，计算机控制系统的理论基础主要包括离散时间系统理论、采样系统理论和数字系统理论。计算机控制系统的设计与分析常先从离散控制系统开始。从图 5-3 的结构还可看出，几种系统最主要的区别是控制器的信号形式，在控制系统的构成原理方面并没有根本性的改变，其控制原理都是基于反馈控制原理的。

离散时间系统理论的数学工具是差分方程和 Z 变换，这与微分方程和拉普拉斯变换在分析连续时间系统中的地位是一样的。因此，连续系统的许多分析方法仍是可以借鉴的。

5.1.2　连续系统的数学描述

利用数学模型对系统进行数学描述。所谓数学模型，就是根据对研究对象所观察到的现象及其实践经验，归结成一套反映数量关系的数学公式和具体算法，用以描述对象的运动规律。这套公式和算法称为数学模型。简言之，系统的数学模型就是描述系统输入/输出变量及内部各变量之间动态关系的数学表达式。连续系统的数学模型一般包括微分方程、传递函数及结构图（方块图）。

从数学角度，一个连续系统可以看成将输入 $u(t)$ 映射为输出 $y(t)$ 的唯一性变换或运算，如图 5-4 所示。

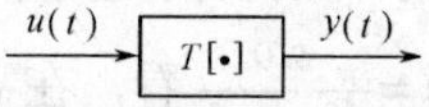

$$u(t) \rightarrow \boxed{T[\cdot]} \rightarrow y(t)$$

图 5-4　连续系统的输入/输出关系时域表示

时域系统可表示为

$$y(t) = T[u(t)] \tag{5-1}$$

式中，T 为系统的数学模型。

1. 拉普拉斯变换（简称拉氏变换）

规定：$f(t)$ 为时间 t 的函数，且当 $t<0$ 时，$f(t)=0$；

s 为复变量，$s=\sigma+j\omega$，σ 和 ω 均为实数；

L 为运算符号，放在某量之前，表示该量用拉氏积分 $\int_0^\infty e^{-st}dt$ 进行变换；

$F(s)$ 为 $f(t)$ 的拉氏变换。

若线性积分 $\int_0^\infty f(t)e^{-st}dt$ 存在，则 $f(t)$ 的拉氏变换被定义为

$$L[f(t)] = F(s) = \int_0^\infty e^{-st}dt[f(t)] = \int_0^\infty f(t)e^{-st}dt \tag{5-2}$$

假如函数在每个有限区间上是分段连续的，并且当 t 趋于无穷大时函数是指数级的，那么拉氏积分必然收敛。换言之，函数的拉氏变换是存在的。

拉氏变换表见附录 A。

下面介绍几个基本的拉氏变换性质。

1）线性性质

设 $F_1(s)=L[f_1(t)]$，$F_2(s)=L[f_2(t)]$，a 和 b 为常数，则

$$L[af_1(t)+bf_2(t)] = aL[f_1(t)]+bL[f_2(t)] = aF_1(s)+bF_2(s)$$

2）位移性质

（1）时域位移性质

设 $f(t-\tau)$ 为时间 t 的函数，且当 $0<t<\tau$ 时，$f(t-\tau)=0$，则

$$L[f(t-\tau)] = \int_0^\infty f(t-\tau)e^{-st}dt = e^{-\tau s}F(s) \tag{5-3}$$

（2）复域位移性质

$$L[f(t)e^{-\alpha t}] = \int_0^\infty f(t-\tau)e^{-\alpha s}e^{-st}dt = F(s+\alpha) \tag{5-4}$$

3）初值定理

当 $s\to\infty$ 时，$sF(s)$ 的极限存在，则

$$f(0) = \lim_{t\to 0}f(t) = \lim_{s\to\infty}sF(s)$$

4）终值定理

当 $t \to \infty$ 时，$f(t)$ 的极限存在，且除在原点处唯一的极点外，$sF(s)$ 在包含 $j\omega$ 轴的右半 s 平面内是解析的，则

$$f(\infty) = \lim_{t \to \infty} f(t) = \lim_{s \to 0} sF(s)$$

终值定理可用于求控制系统的稳态误差。

特别注意：设定终值定理的应用条件的目的是为了保证连续函数有终值存在。例如，正弦函数 $\sin \omega t$ 不存在终值，而从 $sF(s) = \dfrac{s\omega}{s^2 + \omega^2}$ 看，在 $s = \pm j\omega$ 处有极点，不满足条件。若直接代入公式，将得到

$$f(\infty) = \lim_{s \to 0} sF(s) = \frac{s\omega}{s^2 + \omega^2} = 0$$

终值为 0 是错误结果。

5）微分定理

$$L\left[\frac{\mathrm{d}^n f(t)}{\mathrm{d}t^n}\right] = s^n F(s) - s^{n-1} f(0) - s^{n-2} f'(0) - \cdots - f^{(n-1)}(0)$$

式中，$f(0), f'(0), \cdots, f^{(n-1)}(0)$ 为函数 $f(t)$ 及其各阶导数在 $t = 0$ 时的值。

6）积分定理

$$L[\int \cdots \int f(t)\mathrm{d}t^n] = \frac{1}{s^n} F(s) + \frac{1}{s^n} f^{-1}(0) + \cdots + \frac{1}{s} f^{(-n)}(0)$$

式中，$f^{(-1)}(0), f^{(-2)}(0), \cdots, f^{(-n)}(0)$ 为各重积分在 $t = 0$ 时的值。

2．拉普拉斯反变换

根据 $F(s)$ 求原函数 $f(t)$ 的过程称为求拉普拉斯反变换（简称拉氏反变换），记为

$$f(t) = L^{-1}[F(s)] = \frac{1}{2\pi j} \int_{\sigma - j\infty}^{\sigma + j\infty} F(s)\mathrm{e}^{st}\mathrm{d}s \tag{5-5}$$

这是复变函数的积分，直接计算很困难。通常将 $F(s)$ 按部分分式展开法分解成一些简单的有理分式函数之和，然后由拉氏变换表查出对应的反变换函数 $f(t)$。

3．微分方程描述

对 SISO 系统，微分方程的一般式为

$$y^{(n)}(t) + a_{n-1} y^{(n-1)}(t) + \cdots + a_1 \dot{y}(t) + a_0 y(t) \\ = b_m u^{(m)}(t) + b_{m-1} u^{(m-1)}(t) + \cdots + b_1 \dot{u}(t) + b_0 u(t) \tag{5-6}$$

初始条件为 $\quad y^{(n-1)}(0) = y_{n-1}, \cdots, \dot{y}(0) = y_1, y(0) = y_0$

式中，$a_i(i = 0,1,\cdots,n-1)$，$b_j(j = 0,1,\cdots,m-1)$ 为系数。从实际物理系统中能量不可能为超前无穷大的角度出发，要求 $m \leqslant n$。

4．传递函数描述

对微分方程两边进行拉氏变换，当初始值为零时，有

$$s^n Y(s) + a_{n-1} s^{n-1} Y(s) + \cdots + a_1 s Y(s) + a_0 Y(s) \\ = b_m s^m U(s) + b_{m-1} s^{m-1} U(s) + \cdots + b_1 s U(s) + b_0 U(s) \tag{5-7}$$

传递函数定义为系统在初始值为零时的输出拉氏变换与输入拉氏变换之比，即

$$G(s) = \frac{Y(s)}{U(s)} = \frac{b_m s^m + b_{m-1}s^{m-1} + \cdots + b_1 s + b_0}{s^n + a_{n-1}s^n + \cdots + a_1 s + a_0} \qquad (5\text{-}8)$$

5. 方块图描述

通过拉氏变换，将时域问题转换到复域中考虑，可将微分运算转换为代数运算，并有一一对应的变换表可查，是一种较为简便的工程数学法。连续系统输入/输出关系方块图表示如图 5-5 所示。

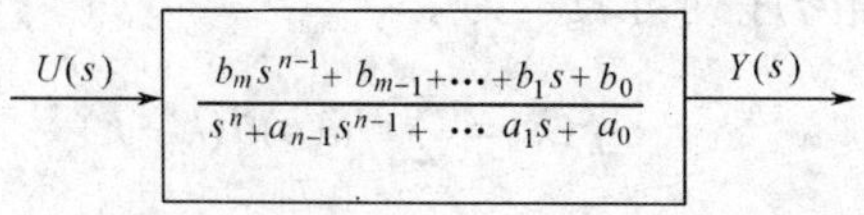

$$U(s) \longrightarrow \boxed{\frac{b_m s^{n-1} + b_{m-1} + \cdots + b_1 s + b_0}{s^n + a_{n-1}s^{n-1} + \cdots \; a_1 s + a_0}} \longrightarrow Y(s)$$

图 5-5　连续系统输入/输出关系方块图表示

5.1.3　离散系统的数学描述

1. 离散时间信号与采样信号的表示

离散信号是用时间离散的数值序列来表示的。其表示方法有图示法、表格法、数学公式法等多种。自变量 n 表示顺序，序列中的第 n 个数值记做 $f(n)$，信号序列的集合记做 $f(k)$。

1）图示法

在 $f(n) \sim n$ 平面上标出离散的点。一个任意离散信号序列的例子如图 5-6 所示。

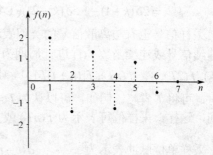

图 5-6　任意离散信号序列图示法

2）表格法

以表格形式给出序号与对应数值之间的关系式，见表 5-1。

表 5-1　离散信号的表格表示法

n	1	2	3	4	5	6	7
$f(n)$	2	–1.5	1.4	–1.4	0.9	–0.8	0

3）数学公式法

以数学公式形式给出，一般有以下 3 种形式。

① 直接写出离散点的值时，有通式

$$f(k) = \{f(n)\}, \; -\infty < n < \infty$$

式中，n 为整数，$\{\cdot\}$ 表示集合。

例如　　　　$f(k) = \{f(1) \; f(2) \; f(3) \; f(4) \; \cdots\} = \{2 \; -1.5 \; 1.4 \; -1.4 \; 0.9 \; \cdots\}$

② 定义离散单位脉冲为

$$\delta(k) = \begin{cases} 1, & k = 0 \\ 0, & k \neq 0 \end{cases}$$

单位脉冲 $\delta(k)$ 在离散系统中所起的作用与单位脉冲函数 $\delta(t)$ 在连续系统中所起的作用

相同。

从位移不变性得到单位脉冲位移 n 后的脉冲为

$$\delta(k-n) = \begin{cases} 1, & k=n \\ 0, & k \neq n \end{cases}$$

整个单位脉冲序列为

$$\delta_n(k) = \sum_{n=-\infty}^{\infty} \delta(k-n)$$

③ 序列中的第 n 个数值也可以表示成幅值 $f(n)$ 与单位脉冲的位移脉冲之积，即 $f(n)\delta(k-n)$，故任意离散信号序列可表示为

$$f(k) = \sum_{n=-\infty}^{\infty} f(n)\delta(k-n) \tag{5-9}$$

这是各单位脉冲位移序列的幅度加权和。这种表示法对离散系统分析很有用处。图 5-6 所示的离散信号序列表示为

$$f(k) = f(1)\delta(k-1) + f(2)\delta(k-2) + f(3)\delta(k-3) + f(4)\delta(k-4) + f(5)\delta(k-5) +$$
$$\quad\quad f(6)\delta(k-6) + f(7)\delta(k-7)$$
$$\quad = 2\delta(k-1) - 1.5\delta(k-2) + 1.4\delta(k-3) - 1.4\delta(k-4) + 0.9\delta(k-5) - 0.8\delta(k-6)$$

采样信号也有与离散信号的类似表示。在采样系统中，通常是基于时间 t 来工作的。若对连续信号或连续函数 $f(t)$ 进行周期为 T 的采样，则得到采样信号 $f^*(t)$，各采样点的值为 $f(T), f(2T), \cdots, f(nT), f[(n+1)T] \cdots$，其中，$nT$ 为采样时刻。当认为采样周期为一个单位时间时，可将 T 省略。例如，可以认为 $T=1\text{s}$ 是一个单位时间，也可认为 $T=0.01\text{s}$ 是一个单位时间，这样，采样值可表示为 $f(nT)$ 或 $f(n)$ 或 f_n。

采样单位脉冲表示为 $\quad\quad \delta(t-nT) = \begin{cases} 1, & t=nT \\ 0, & t \neq nT \end{cases} \quad (n=0, 1, 2 \cdots)$

单位脉冲序列为 $\quad\quad \delta_T(t) = \sum_{n=-\infty}^{\infty} \delta(t-nT) \tag{5-10}$

由图 5-2 可见，连续信号与采样信号可分别看做采样开关的输入/输出信号，并注意理想采样环节的数学模型为式（5-10），则对连续信号的采样信号，用"*"表示为

$$f^*(t) = f(t)\delta_T(t) = f(t)\sum_{n=-\infty}^{\infty} \delta(t-nT) = \sum_{n=-\infty}^{\infty} f(nT)\delta(t-nT) \tag{5-11}$$

式（5-11）中的时间可正可负，具有双边性。考虑到实际控制系统只工作在 $t \geq 0$ 时的情况，即当 $t<0$ 时，$f(t)=0$，具有单边性，故式（5-11）改为

$$f^*(t) = \sum_{n=0}^{\infty} f(nT)\delta(t-nT) \tag{5-12}$$

可见，采样信号与离散信号在表示形式上是类似的。有时为了简便起见，也将采样信号序列写做 $f(nT)$，$n=0, 1, 2 \cdots$，而省略其后的 δ 函数。

2. 差分与差商

一阶差分为相邻两个采样值的差。若取采样的本次值 $f(kT)$ 与前一次值之差，则称为 $f(kT)$ 的后向差分。它是基于现在值与过去值的。

$$\nabla f(kT) = f(kT) - f[(k-1)T], \quad k=0, 1, \cdots, n$$

二阶差分就是对一阶差分再取一次差分。

$$\nabla^2 f(kT) = \nabla[\nabla f(kT)] = \nabla f(kT) - \nabla f[(k-1)T]$$
$$= [f(kT) - f[(k-1)T] - \{f[(k-1)T] - f[(k-2)T]\}$$
$$= f(kT) - 2f[(k-1)T] + f[(k-2)T]$$

可见，二阶后向差分用了 3 个采样点的值，位移量最高为 2。

其余类推， $f(kT)$ 的 n 阶后向差分由 $(n+1)$ 个采样点的值完整表达，位移量最高为 n。

$$\nabla^n f(kT) = f(kT) + \alpha_1 f[(k-1)T] + \cdots + \alpha_{n-1} f[(k-n+1)T] + \alpha_n f[(k-n)T]$$

式中， $\alpha_i (i = 1, 2, \cdots, n)$ 为系数， $k = 0, 1, \cdots, n$。

由分析可见，差分在离散系统中的地位与微分在连续系统中的地位相同。当两个采样点无限接近（即 $T \to 0$）时，差分就变成了微分。

一阶差商为一阶差分除以采样周期的商，如图 5-7 所示。

$$f'(kT) = \frac{f(kT) - f[(k-1)T]}{T}$$

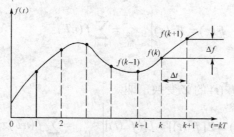

图 5-7　一阶差分与一阶差商的关系

同理，二阶差商为一阶差商的差商，即

$$f''(kT) = \frac{f'(kT) - f'[(k-1)T]}{T} = \frac{f(kT) - 2f[(k-1)T] + f[(k-2)T]}{T^2}$$

同样，差商在离散系统中的地位与导数在连续系统中的地位相同。当两个采样点无限接近时，差商就变成了导数。

如前所述，可令采样周期为一个单位时间，即 $T = 1\,\text{s}$，这样，差分与差商在形式上是相同的。在不至于引起混乱的情况下，有时并不强调二者的区别。

3. 差分方程与离散系统的响应

联系未知函数的差分和自变量的方程称为差分方程。在连续系统的微分方程描述式（5-6）中，将各阶微分用各阶差分代替，得到对应的离散系统的 n 阶差分方程。

$$y[(k-n)T] + \alpha_{n-1} y[(k-n+1)T] + \cdots + \alpha_1 y[(k-1)T] + \alpha_0 y(kT)$$
$$= \beta_m u[(k-m)T] + \beta_{m-1} u[(k-m+1)T] + \cdots + \beta_1 u[(k-1)T] + \beta_0 u(kT) \tag{5-13}$$

初始条件为 　　　　　　　　　$y(-T)$, $y(-2T)$, $\cdots$, $y(-nT)$

式中， $\alpha_i (i = 0, 1, \cdots, n-1)$, $\beta_j (j = 0, 1, \cdots, m-1)$ 为系数。

可见，与连续系统相似，一个离散系统可以看成是将输入 $u(kT)$ 映射为输出 $y^*(t)$ 的唯一性变换或运算，即

$$y^*(t) = T[u(kT)]$$

5.1.4 Z变换

1. Z变换的定义

前面已介绍过，连续函数的拉氏变换是用拉氏积分进行变换得到的。对采样函数

$$f^*(t) = \sum_{n=0}^{\infty} f(nT)\delta(t - nT) \tag{5-14}$$

同样可运用拉氏积分对离散的采样点进行拉氏变换，并令拉氏变换为 $F^*(s)$。注意，累加和的积分等于积分的累加和，则

$$F^*(s) = \sum_{n=0}^{\infty} f(nT)e^{-nTs} = \sum_{n=0}^{\infty} f(nT)(e^{Ts})^{-n} \tag{5-15}$$

为简化运算，令

$$z = e^{Ts}$$

解得

$$s = \frac{1}{T}\ln z$$

令

$$F(z) = F^*(s)\bigg|_{s=\frac{1}{T}\ln z} = \sum_{n=0}^{\infty} f(nT)z^{-n} \tag{5-16}$$

这是关于变量 z 的幂级数。

定义 $F(z)$ 为采样函数 $f^*(t)$ 的 Z 变换，即

$$F(z) = Z[f^*(t)] = L[(f^*(t)]\bigg|_{s=\frac{1}{T}\ln z} = \sum_{n=0}^{\infty} f(nT)z^{-n} \tag{5-17}$$

Z 变换表见附录 A。

关于 Z 变换的几点说明如下。

① 式（5-17）是关于 z 的幂级数。级数可能收敛，也可能发散。只有级数收敛时，才称为采样函数的 Z 变换。

② Z 变换的物理意义表现在延迟性上。将级数展开得

$$F(z) = \sum_{n=0}^{\infty} f(nT)z^{-n} = f(0)z^0 + f(T)z^{-1} + \cdots + f(nT)z^{-n} + \cdots$$

若将 z^{-1} 看做移位算子，n 为位移量，$f(nT)$ 为幅度，则 $F(z)$ 是单位位移序列的幅度加权和。这在 z 域上很容易表现出来。

③ Z 变换的实质是拉氏变换。由于采样函数是连续函数中的特定点，故 Z 变换也可看做是拉氏变换的一种特例。

④ 连续函数不存在 Z 变换。Z 变换只对采样点有意义，采样函数与 Z 变换是一一对应的（即单值的，唯一确定的）。由于一个确定的采样函数可对应无穷多个连续函数，因此如果试图通过 Z 反变换求连续函数，将得到无穷多个解。

例如，单位脉冲序列 $\delta_T(t) = \sum_{n=-\infty}^{\infty} \delta(t - nT)$ 的拉氏变换为 $1/(1-e^{-Ts})$，Z 变换为 $1/(1-z^{-1})$；单位阶跃函数 $u(t) = 1(t)$ 的拉氏变换为 $1/s$，Z 变换为 $1/(1-z^{-1})$。它们的 Z 变换式相同，但对应的连续函数却不相同。

但在采样系统中，仅考虑连续函数采样点的值，因此默认 $f(t)$ 的 Z 变换与 $f^*(t)$ 的 Z 变

换有相同的结果。为书写简便起见，有时也写做 $Z[f^*(t)] = Z[f(t)]$。

2. Z 变换的几个基本性质

1）线性性质

设 $F_1(z) = Z[f_1^*(t)]$，$F_2(z) = Z[f_2^*(t)]$，a 和 b 为常数，则

$$Z[af_1^*(t) + bf_2^*(t)] = aZ[f_1^*(t)] + bZ[f_2^*(t)] = aF_1(z) + bF_2(z)$$

2）位移性质

（1）实数位移性质

设 $f(t)$ 为时间 t 的函数，且

$$F(z) = Z[f(t)]$$

滞后性质：$\quad Z[f^*(t - nT)] = \sum_{n=0}^{\infty} f[(k-n)T]z^{-n} = z^{-n}[F(z) - \sum_{k=1}^{n} f(-kT)z^k]$

若 $t < 0$ 时，$f(t) = 0$，即 $f(-kT) = 0$，则有

$$Z[f^*(t - nT)] = z^{-n}F(z)$$

超前性质：$\quad Z[f^*(t + nT)] = \sum_{n=0}^{\infty} f[(k+n)T]z^{-n} = z^n[F(z) - \sum_{k=0}^{n-1} f(kT)z^{-k}]$

若对于 $k = 0, 1, 2, \cdots, n-1$，$f(kT) = 0$，则有

$$Z[f^*(t + nT)] = z^n F(z)$$

（2）复数位移性质

$$Z[f^*(t)\mathrm{e}^{\pm at}] = \sum_{n=0}^{\infty} f(nT)\mathrm{e}^{\pm anT}z^{-n} = \sum_{n=0}^{\infty} f(nT)(z\mathrm{e}^{\mp aT})^{-n} = F(z\mathrm{e}^{\mp aT})$$

或 $$Z[F(s \pm a)] = F(z\mathrm{e}^{\mp aT})$$

3）初值定理

当 $z \to \infty$ 时，$F(z)$ 的极限存在，则

$$f(0) = \lim_{z \to \infty} f^*(t) = \lim_{z \to \infty} f(nT) = \lim_{z \to \infty} F(z)$$

4）终值定理

若 $F(z)$ 在单位圆外无极点，在单位圆上无重极点和共轭极点，则

$$f(\infty) = \lim_{t \to \infty} f^*(t) = \lim_{n \to \infty} f(nT) = \lim_{z \to 1}(1 - z^{-1})F(z) = \lim_{z \to 1}(z - 1)F(z)$$

特别强调，设定终值定理应用条件的目的是为了保证采样函数有终值存在。若不满足终值定理的应用条件而直接代入公式计算，会得到错误的结果。

例如，余弦波采样函数 $f(nT) = \cos\omega nT$，它不存在终值。其 Z 变换为

$$F(z) = \frac{z(z - \cos\omega T)}{z^2 - 2z\cos\omega T + 1}$$

共轭极点 $$z_{1,2} = \cos\omega T \pm \mathrm{j}\sqrt{1 - \cos^2\omega T}$$

共轭极点落在单位圆上，不满足终值定理的应用条件。若直接代入公式，将得到

$$f(\infty) = \lim_{z \to 1}(z - 1)F(z) = \lim_{z \to 1}(z - 1)\frac{z(z - \cos\omega T)}{z^2 - 2z\cos\omega T + 1} = 0$$

终值为 0 是错误结果。

应用初值定理或终值定理可在 z 域中求得采样函数的初值或终值而不需要返回时域中。

5）复域微分定理

设函数 $f^*(t)$ 的 Z 变换为 $F(z)$，则

$$Z[t^* f^*(t)] = -Tz \frac{\mathrm{d}}{\mathrm{d}z} F(z)$$

这表明，在时域中乘以 t，意味着在离散频域中对 z 的微分。

6）复域积分定理

设函数 $f^*(t)$ 的 Z 变换为 $F(z)$，则

$$Z\left[\frac{f^*(t)}{t^*}\right] = \int_z^\infty \frac{F(z)}{Tz} \mathrm{d}z + \lim_{t \to \infty} \frac{f(t)}{t}$$

这表明，在时域中除以 t，意味着在离散频域中对 z 的积分。

7）实数卷积定理

设函数 $f_1^*(t)$、$f_2^*(t)$ 的 Z 变换分别为 $F_1(z)$、$F_2(z)$，且 $t<0$ 时，$f_1(t) = f_2(t) = 0$，则

$$Z\left[\sum_{n=0}^\infty f_1(nT) f_2^*(t-nT)\right] = Z\left[\sum_{n=0}^\infty f_2(nT) f_1^*(t-nT)\right] \tag{5-18}$$
$$= F_1(z)F_2(z) = F_2(z)F_1(z)$$

这表明，两个离散函数的离散卷积和等于离散函数 Z 变换的乘积。对于 SISO 系统，Z 变换的乘积符合交换律。

【例 5-1】 试求下列连续函数的 Z 变换

$$g(t) = te^{-at}$$

解：先求单位斜坡函数 $g_1(t) = t$ 的 Z 变换为

$$G_1(z) = Z[g_1^*(t)] = \frac{Tz^{-1}}{(1-z^{-1})^2}$$

再由复数位移性质得

$$G(z) = Z[te^{-at}] = G_1(ze^{aT}) = \frac{T(ze^{aT})^{-1}}{[1-(ze^{aT})^{-1}]^2} = \frac{Te^{-aT}z^{-1}}{(1-e^{-aT}z^{-1})^2}$$

或者，先求指数函数 $g_1(t) = e^{-at}$ 的 Z 变换为

$$G_1(z) = \frac{1}{1-e^{-aT}z^{-1}}$$

再由复域微分定理得

$$G(z) = Z[tg_1(t)] = -Tz \frac{\mathrm{d}G_1(z)}{\mathrm{d}z} = -Tz \frac{-e^{-aT}z^{-2}}{(1-e^{-aT}z^{-1})^2} = \frac{Te^{-aT}z^{-1}}{(1-e^{-aT}z^{-1})^2}$$

两种方法的结果相同。

从时间滞后的角度来看，Z 变换的表达式通常写成关于 z^{-1} 升幂的形式。

【例 5-2】 已知连续函数由下列拉氏变换式给出，试求 Z 变换

$$G(s) = \frac{1}{s(s+10)}$$

解：用部分分式法将原式展开，得

$$G(s) = \frac{0.1}{s} - \frac{0.1}{s+10}$$

查附录 A 得 Z 变换为

$$G(z) = Z\left[\frac{0.1}{s} - \frac{0.1}{s+10}\right] = \frac{0.1z}{z-1} - \frac{0.1z}{z-e^{-10T}}$$

$$= \frac{0.1z(1-e^{-10T})}{(z-1)(z-e^{-10T})} = \frac{0.1(1-e^{-10T})z^{-1}}{(1-z^{-1})(1-e^{-10T}z^{-1})}$$

3. Z 反变换

根据 $F(z)$ 求采样函数 $f^*(t)$ 或离散函数 $f(nT)$ 的过程称为求 Z 反变换，记为

$$f^*(t) = Z^{-1}[F(z)]$$

Z 反变换得到一个离散序列。求 Z 反变换通常有 3 种方法：长除法、部分分式法和留数法。

1）长除法

长除法又称为幂级数展开法。它将 $F(z)$ 展开成如下的形式

$$F(z) = \sum_{n=0}^{\infty} f(nT)z^{-n} = f(0)z^0 + f(T)z^{-1} + \cdots + f(nT)z^{-n} + \cdots \qquad (5\text{-}19)$$

式中，以 z^{-1} 的升幂顺序排列，然后求出对应的 $f(nT)$ 值即可。

对于由两个有理多项式之比表示的 $F(z)$，有

$$F(z) = \frac{a_0 + a_1 z^{-1} + a_2 z^{-2} + \cdots + a_m z^{-m}}{b_0 + b_1 z^{-1} + b_2 z^{-2} + \cdots + b_n z^{-n}} \quad (m \leqslant n) \qquad (5\text{-}20)$$

式中，分子分母先分别排列成 z^{-1} 的升幂顺序，然后通过长除法得到其幂级数展开式。

【例 5-3】 求 $F(z) = \dfrac{z(1-e^{-1})}{(z-1)(z-e^{-1}) + z(1-e^{-1})} \cdot \dfrac{z}{z-1}$ 的 Z 反变换，写出前 5 项。

解：按要求整理原式得

$$F(z) = \frac{0.632z^2}{z^3 - 1.736z^2 + 1.104z - 0.368} = \frac{0.632z^{-1}}{1 - 1.736z^{-1} + 1.104z^{-2} - 0.368z^{-3}}$$

$$= 0.632z^{-1} + 1.097z^{-2} + 1.207z^{-3} + 1.117z^{-4} + 1.010z^{-5} + \cdots$$

则 Z 反变换为

$$f^*(t) = 0.632\delta(t-T) + 1.097\delta(t-2T) + 1.207\delta(t-3T) + 1.117\delta(t-4T) + 1.010\delta(t-5T) + \cdots$$

或写为

$$f(kT) = \{0.632 \quad 1.097 \quad 1.207 \quad 1.117 \quad 1.010 \cdots\}$$

如果手工进行长除法运算会很烦锁。事实上，可以利用 MATLAB 中的泰勒公式展开函数来完成。

设 f 是已经写成 z^{-1} 的有理式之比的符号函数，则 MATLAB 命令

    taylor(f, n)

表示对 f 在 0 点按泰勒级数展开，展开阶数为 $n-1$ 阶，其结果正好就是长除法的结果。

2）部分分式法

与连续系统的拉氏反变换中部分分式法相似，它将 $F(z)$ 展开成部分分式之和的形式，然后通过查表求出各部分分式的 Z 反变换。

设 $F(z)$ 为两个有理式之比，部分分式都是以极点展开的，因此将 $F(z)$ 的分母因式分解，判断共轭复根、重根和单根。设分母有一对共轭复根 $-\alpha \pm j\beta$、p 阶重根 $-\lambda_{11}$ 和 q 个单根 $-\lambda_1, -\lambda_2, \cdots, -\lambda_q$，则 $F(z)$ 的一般表达式为

$$F(z) = \frac{N(z)}{(z + \alpha + j\beta)(z + \alpha - j\beta)(z + \lambda_{11})^p (z + \lambda_1) \cdots (z + \lambda_q)} \qquad (5\text{-}21)$$

式中，$N(z)$ 为分子有理式。对式（5-21）按部分分式展开，得

$$F(z) = \frac{c_\alpha z + c_\beta}{(z + \alpha + j\beta)(z + \alpha - j\beta)} + \frac{c_{11}}{(z + \lambda_{11})^p} + \frac{c_{12}}{(z + \lambda_{11})^{p-1}} + \cdots + \frac{c_{1p}}{z + \lambda_{11}} +$$

$$\frac{c_1}{z + \lambda_1} + \cdots + \frac{c_q}{z + \lambda_q} \qquad (5\text{-}22)$$

式中，c_α，c_β，c_{11}，$\cdots$，c_{1p}，c_1，$\cdots$，c_q 为待定系数。

（1）求共轭复根的系数

式（5-22）两边同乘 $(z + \alpha + j\beta)(z + \alpha - j\beta)$，并将共轭复根中任一根 $z = -\alpha + j\beta$ 代入之，两边应相等，即

$$F(z)(z + \alpha + j\beta)(z + \alpha - j\beta)\Big|_{z = -\alpha + j\beta} = (c_\alpha z + c_\beta)\Big|_{z = -\alpha + j\beta}$$

因为 $z = -\alpha + j\beta$ 是复数，所以方程两边也是复数。令方程两边的实部与虚部分别相等，得到两个方程，可解出系数 c_α、c_β。

（2）求重根的系数

系数用通式表示如下

$$c_{1j} = \frac{1}{(j-1)!} \cdot \frac{d^{j-1}}{dz^{j-1}}[F(z)(z + \lambda_{11})^p]\Big|_{z = -\lambda_{11}} \qquad (j = 1, 2, \cdots, p) \qquad (5\text{-}23)$$

（3）求单根的系数

系数用通式表示如下

$$c_i = F(z)(z + \lambda_i)]\Big|_{z = -\lambda_i} \qquad (i = 1, 2, \cdots, q) \qquad (5\text{-}24)$$

由附录 A 可见，连续函数为有理式的 Z 变换皆含有因子 z，故先求 $\dfrac{F(z)}{z}$ 的部分分式，再将各项乘以 z，得到 $F(z)$ 的部分分式。

【例 5-4】 求 $F(z) = \dfrac{z^2}{z^3 - 4z^2 + 5z - 2}$ 的 Z 反变换。

解：令分母 $\qquad\qquad z^3 - 4z^2 + 5z - 2 = 0$

得二重根 $\lambda_{11} = 1$，$p = 2$；单根 $\lambda_1 = 2$，$q = 1$。

由此得 $\qquad \dfrac{F(z)}{z} = \dfrac{z}{(z-1)^2(z-2)} = \dfrac{c_{11}}{(z-1)^2} + \dfrac{c_{12}}{z-1} + \dfrac{c_1}{z-2}$

$$c_{11} = \frac{F(z)}{z}(z-1)^2\Big|_{z=1} = \frac{z}{(z-1)^2(z-2)}(z-1)^2\Big|_{z=1} = \frac{z}{z-2}\Big|_{z=1} = -1$$

$$c_{12} = \frac{d}{dz}\left[\frac{F(z)}{z}(z-1)^2\right]\Big|_{z=1} = \frac{d}{dz}\left(\frac{z}{z-2}\right)\Big|_{z=1} = \frac{-2}{(z-2)^2}\Big|_{z=1} = -2$$

$$c_1 = \frac{F(z)}{z}(z-2)\Big|_{z=2} = \frac{z}{(z-1)^2}\Big|_{z=2} = 2$$

故 $\qquad F(z) = \dfrac{z}{(z-1)^2(z-2)} = -\dfrac{z}{(z-1)^2} - \dfrac{2z}{z-1} + \dfrac{2z}{z-2}$

查附录 A 得 $\qquad f(nT) = -n - 2 + 2 \times 2^n = -2 - n + 2^{n+1}$ $(n \geqslant 0)$

这是离散函数的通式，各离散点的值为

$$f(0) = 0 , \quad f(T) = 1 , \quad f(2T) = 4 , \quad f(3T) = 11 , \quad f(4T) = 26 \cdots$$

也可以利用 MATLAB 的 residue 命令进行部分分式展开，命令格式为

$\qquad$ [r,p,k]=residue(num,den)

命令的具体含义请读者查阅有关书籍。

3）留数法

从部分分式法可知，当 $F(z)$ 包含有共轭复根或重根时，求系数的计算量较大。在这种情况下，用留数法是很方便的。

与连续函数的拉氏反变换表达式（5-5）类似，离散函数的 Z 反变换可表示为

$$f(nT) = Z^{-1}[F(z)] = \frac{1}{2\pi j} \oint_\Gamma F(z) z^{n-1} dz \tag{5-25}$$

式中，积分曲线 Γ 是包围原点的反时针封闭曲线，它包围 $F(z)z^{n-1}$ 的所有极点。

若 $F(z)$ 有 q 个单根，根据复变函数的留数定理，式（5-31）等效于

$$f(nT) = \sum_{i=1}^{q} \text{Res}[F(z) z^{n-1}]\Big|_{z=-\lambda_i} \tag{5-26}$$

式中，Res 表示留数。

式（5-26）表明，$f(nT)$ 等于 $F(z)z^{n-1}$ 在 $F(z)$ 的极点上的留数之和。

而 $\qquad \text{Res}[F(z) z^{n-1}]\Big|_{z=-\lambda_i} = (z + \lambda_i) F(z) z^{n-1}\Big|_{z=-\lambda_i}$

故 $\qquad f(nT) = \sum_{i=1}^{q} [(z + \lambda_i) F(z) z^{n-1}]\Big|_{z=-\lambda_i}$

若 $F(z)$ 有 p 重根 λ_{11}，则式（5-25）等效于

$$f(nT) = \frac{1}{(p-1)!} \frac{d^{p-1}}{dz^{p-1}}[(z + \lambda_{11}) F(z) z^{n-1}]\Big|_{z=-\lambda_{11}}$$

若 $F(z)$ 有 q 个单根、p 个重根，则

$$f(nT) = \frac{1}{(p-1)!} \cdot \frac{d^{p-1}}{dz^{p-1}}[(z + \lambda_{11}) F(z) z^{n-1}]\Big|_{z=-\lambda_{11}} + \sum_{i=1}^{q} [(z + \lambda_i) F(z) z^{n-1}]\Big|_{z=-\lambda_i}$$

【例 5-5】 用留数法重做例 5-4。

解：

$$f(nT) = \frac{1}{(2-1)!} \cdot \frac{d}{dz}\left[(z-1)^2 \frac{z^2}{(z-1)^2(z-2)} z^{n-1}\right]\Bigg|_{z=1} + (z-2) \frac{z^2}{(z-1)^2(z-2)} z^{n-1}\Bigg|_{z=2}$$

$$= \frac{d}{dz}\left(\frac{z^{n+1}}{z-2}\right)\Bigg|_{z=1} + 2^{n+1} = \frac{z^n(nz - 2n - 2)}{(z-2)^2}\Bigg|_{z=1} + 2^{n+1} = -2 - n + 2^{n+1} \qquad (n \geqslant 0)$$

结果与例 5-4 相同。

Z 反变换的这 3 种方法可根据实际情况分别选用。

4. 利用 Z 变换求解差分方程

其主要求解思想是：通过 Z 变换，将离散时域问题转换到 z 域中考虑，将差分运算转换为代数运算，然后通过 Z 反变换，得到离散解。

求解步骤是：先对差分方程进行 Z 变换，然后写出 $F(z)$ 的表达式，最后求 $F(z)$ 的 Z 反变换。

【例 5-6】 求差分方程

$$y(k-2)+1.5y(k-1)+0.5y(k)=0$$

的解。已知初始条件为 $y(-T)=-0.5$，$y(-2T)=0.75$。

解：差分方程为二阶齐次差分方程。

对方程两边进行 Z 变换，注意利用滞后位移性质，并注意初始条件，有

$$z^{-2}Y(z)+z^{-1}y(-T)+y(-2T)+1.5[z^{-1}Y(z)+y(-T)]+0.5Y(z)=0$$

整理得

$$Y(z)=-\frac{(z^{-1}+1.5)y(-T)+y(-2T)}{z^{-2}+1.5z^{-1}+0.5}$$

代入初始条件得

$$Y(z)=\frac{0.5z^{-1}}{z^{-2}+1.5z^{-1}+0.5}$$

变形为易于求反变换的形式

$$Y(z)=\frac{z}{z^2+3z+2}=\frac{z}{(z+1)(z+2)}=\frac{z}{z+1}-\frac{z}{z+2}$$

求 Z 反变换得

$$y(nT)=(-1)^n-(-2)^n \quad (n\geqslant 0)$$

5.1.5 离散系统的传递函数

离散时间系统的数学模型一般包括差分方程、脉冲传递函数和结构图。由于零阶保持器在离散系统中承担特殊的角色，因此先介绍零阶保持器的概念。

1. 零阶保持器的特性分析

由采样序列 $f^*(t)$ 复现原连续信号 $f(t)$ 的过程称为信号的复现，复现功能由保持器完成。

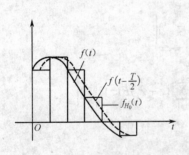

图 5-8　零阶保持器输入/输出特性

将采样信号用外推的方法，每个采样值 $f(kT)$（$k=0$, 1, 2 …）一直保持到下一个采样时刻之前，成为一条平行于 t 轴的水平线段，从而使采样信号变换为分段的阶梯形模拟信号 $f_{H_0}(t)$。由于水平线的导数为零，故称为零阶保持器。把阶梯信号各线段的中点光滑地连接起来，得到一条形状与原连续信号 $f(t)$ 基本一致但在时间上滞后 $T/2$ 的响应曲线，如图 5-8 所示。

为了分析零阶保持器对系统的影响，需推导其传递函数。每个阶梯块可视为宽度为 T 的脉冲信号，则零阶保持器的脉冲过渡函数为

$$h_0(t)=1(t)-1(t-T)$$

上式两边求拉氏变换，得传递函数为

$$H_0(s)=\frac{1-e^{-sT}}{s}$$

频率特性为

$$H_0(j\omega)=\frac{1-e^{-j\omega T}}{j\omega}$$

根据欧拉公式，以 $\cos(-\omega T)+j\sin(-\omega T)$ 代替 $e^{-j\omega T}$ 求出幅值和辐角，得

$$H_0(j\omega)=\frac{1-e^{-j\omega T}}{j\omega}=T\frac{\sin\frac{\omega T}{2}}{\frac{\omega T}{2}}e^{-j\frac{\omega T}{2}}$$

幅频特性为
$$|H_0(\mathrm{j}\omega)| = T\frac{\sin\frac{\omega T}{2}}{\frac{\omega T}{2}}$$

相频特性为
$$\varphi_0(\omega) = -\left(\frac{\omega T}{2} + m\pi\right) \quad m = 0,\ 1,\ 2\cdots$$

其频率特性如图 5-9 所示。

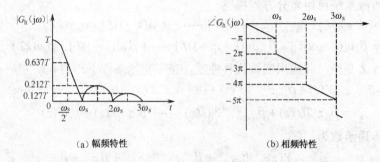

（a）幅频特性　　　　　　　　　　（b）相频特性

图 5-9　零阶保持器的频率特性

从图 5-9 可见，幅值为周期性的衰减，几个关键值如下（注意 $\omega_s T = 2\pi$）：

$$|H_0(0)| = \lim_{\omega\to\infty} T\cdot\frac{\sin\frac{\omega T}{2}}{\frac{\omega T}{2}} = T,\quad \varphi_0(0) = -\frac{\omega T}{2} = 0$$

$$|H_0(\infty)| = \lim_{\omega\to\infty}\frac{2\pi}{\omega_s}\cdot\frac{\sin\frac{\pi\omega}{\omega_s}}{\frac{\pi\omega}{\omega_s}} = 0$$

可见，零阶保持器具有低通滤波特性，并由于其周期性，截止频率不止一个，而是有无穷多个。因此零阶保持器除了允许采样信号 $f^*(t)$ 频谱的主频分量通过之外，还允许高频分量通过，只是高频分量的幅值随着频率的增高逐渐降低，这样，由零阶保持器恢复的信号 $f_{H_0}(t)$ 与原连续信号 $f(t)$ 就存在着误差，同时产生附加相移。提高采样频率是减小高频分量的影响及减小附加相移的有效办法。

当采样频率 $\omega_s = 100\omega_{max}$ 时，附加相移为

$$\varphi_0(\omega) = -\frac{\omega T}{2}\ （弧度） = -\frac{\omega}{2}\cdot\frac{2\pi}{\omega_s} = -\frac{\omega}{2}\cdot\frac{2\pi}{10\omega}\cdot\frac{360°}{2\pi} = -18°$$

可见，采样频率越高（采样周期越小），附加相移越小。

零阶保持器的 Z 传递函数为

$$H_0(z) = Z\left[\frac{1 - \mathrm{e}^{-sT}}{s}\right] = Z\left[\frac{1}{s} - \frac{\mathrm{e}^{-sT}}{s}\right] = 1$$

计算机的存储器、锁存器、缓冲器等都具有零阶保持功能，而 A/D 转换器是典型的采样零阶保持器。

2. 脉冲传递函数的定义

式（5-11）给出的时间响应，确切地说，应为一个等效环节的输入/输出关系，即

$$y^*(t) = \sum_{k=-\infty}^{\infty} u(kT)g^*(t - kT) \tag{5-27}$$

对式（5-27）两边进行 Z 变换，并应用实数卷积定理，得

$$Y(z) = U(z)G(z)$$

故 $$G(z) = \frac{Y(z)}{U(z)}$$

式中，$G(z)$ 是脉冲响应函数的 Z 变换，它等于输出的 Z 变换与输入的 Z 变换之比，因此也称为脉冲传递函数。

另外，对离散系统可用差分方程描述

$$y[(k-n)T] + \alpha_{n-1}y[(k-n+1)T] + \cdots + \alpha_1 y[(k-1)T] + \alpha_0 y(kT)$$
$$= \beta_m u[(k-m)T] + \beta_{m-1}u[(k-m+1)T] + \cdots + \beta_1 u[(k-1)T] + \beta_0 u(kT)$$

对上式两边进行 Z 变换，并应用实数位移性质，在零初始条件下，得

$$z^{-n}Y(z) + \alpha_{n-1}z^{-(n-1)}Y(z) + \cdots + \alpha_1 z^{-1}Y(z) + \alpha_0 Y(z)$$
$$= \beta_m z^{-m}U(z) + \beta_{m-1}z^{-(m-1)}U(z) + \cdots + \beta_1 z^{-1}U(z) + \beta_0 U(z)$$

定义脉冲传递函数为

$$G(z) = \frac{Y(z)}{U(z)} = \frac{\beta_m z^{-m} + \beta_{m-1}z^{-(m-1)} + \cdots + \beta_1 z^{-1} + \beta_0}{z^{-n} + \alpha_{n-1}z^{-(n-1)} + \cdots + \alpha_1 z^{-1} + \alpha_0} \tag{5-28}$$

从实际物理系统能量不可能为超前无穷大的角度出发，要求 $m \leqslant n$。这是因为，当 Z 变换为常数即 $F(z) = 1$ 时，其对应的时域函数为脉冲函数 $\delta(t)$，理想状态为能量无穷大，在实际系统中可用足够窄的脉冲来模拟；若 Z 变换为 z 的正次方，根据位移超前性质，时域将产生一个时间超前的能量无穷大的脉冲，这在实际系统中是不可能实现的。

若 $m = n$，则式（5-28）变为

$$G(z) = \frac{Y(z)}{U(z)} = \frac{\beta_m z^{-n} + \beta_{m-1}z^{-(n-1)} + \cdots + \beta_1 z^{-1} + \beta_0}{z^{-n} + \alpha_{n-1}z^{-(n-1)} + \cdots + \alpha_1 z^{-1} + \alpha_0}$$
$$= \beta_m + \frac{\beta'_{n-1}z^{-(n-1)} + \cdots + \beta'_1 z^{-1} + \beta'_0}{z^{-n} + \alpha_{n-1}z^{-(n-1)} + \cdots + \alpha_1 z^{-1} + \alpha_0} \tag{5-29}$$
$$= \beta_m + G'(z)$$

定义

$$G'(z) = \frac{\beta'_{n-1}z^{-(n-1)} + \cdots + \beta'_1 z^{-1} + \beta'_0}{z^{-n} + \alpha_{n-1}z^{-(n-1)} + \cdots + \alpha_1 z^{-1} + \alpha_0}$$

为脉冲传递函数的标准式，其特点是分子的关于 z^{-1} 的多项式次幂低于分母的关于 z^{-1} 的多项式次幂一次。若实际系统分子的次幂低于分母的次幂不止 1 次，则可令相应的系数为 0；例如，如果低于 2 次，则令 $\beta'_{n-1} = 0$；其余类推。但应注意，分子的系数 $\beta'_{n-1}, \cdots, \beta'_1, \beta'_0$ 不能全为 0。所以

$$Y(z) = \beta_m U(z) + G'(z)U(z)$$

表明有输入不通过系统的内部而直接作用到输出。这在控制系统中称为前馈控制作用。

3. 离散系统的传递函数

一个离散系统由多个环节构成。从系统的结构上看，有开环系统、闭环系统，以及包含连续被控对象、采样器、采样保持器的系统等。根据采样保持器所在的位置不同，求出各环节组合后等效的离散系统的脉冲传递函数表达式，以便运算求解、仿真画图。

许多系统，无论连续系统、采样系统还是数字系统，最后的输出大都是连续信号，系统中同时含有连续信号和离散信号。为了便于应用 Z 传递函数求解系统的输出响应，可在输出

虚设一个采样开关，使系统变为离散系统，如图 5-10（a）所示。

1）开环系统的 Z 传递函数

开环系统实际上是由各个环节串联而成的。对连续系统，串联环节的传递函数等于各环节传递函数的乘积。对串联环节间有同步采样开关的串联环节，情况与连续系统类似，如图 5-10（b）所示，图中 T 为采样周期。

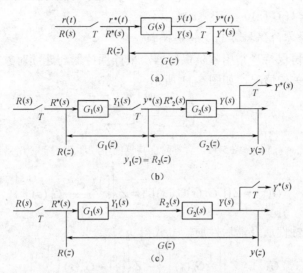

图 5-10 串联环节的 Z 传递函数

设　　　　　　$G_1(z) = Z[G_1^*(s)]$，　　　$G_2(z) = Z[G_2^*(s)]$

因为　　　　　$Y(z) = G_2(z)R_2(z)$，　　　$Y_1(z) = G_1(z)R(z)$

且　　　　　　$R_2(z) = Y_1(z)$

所以　　　　　$Y(z) = G_2(z)R_2(z) = G_2(z)G_1(z)R(z)$

即　　　　　　$G(z) = \dfrac{Y(z)}{R(z)} = G_2(z)G_1(z)$

这表明，当各串联环节间含有同步采样开关时，其等效 Z 传递函数等于各环节 Z 传递函数的乘积。注意，若采样开关不同步，则不相等。对 SISO 系统，各环节 Z 传递函数相乘的顺序可任意。

对串联环节间没有采样开关的串联环节，在一般情况下，两个连续环节乘积的 Z 变换不等于各连续环节 Z 变换的乘积，即

$$Z[G^*(s)] = Z\{[\,G_2(s)G_1(s)]^*\} \neq Z[G_2^*(s)]Z[G_1^*(s)]$$

只有当其中一个环节为纯滞后环节或增益环节时才相等。

令　　　　　　$G(z) = Z[G^*(s)] = Z\{[\,G_2(s)G_1(s)]^*\} = G_2G_1(z)$

则　　　　　　$Y(z) = G(z)R(z) = G_2G_1(z)R(z)$

这表明，当各串联环节间无采样开关时，其等效 Z 传递函数等于各环节传递函数乘积采样后的 Z 变换。

【例 5-7】　在图 5-10（b）、（c）中，设 $G_1(s) = \dfrac{1}{s}$，$G_2(s) = \dfrac{1}{s+10}$，分别求系统的开环 Z 传递函数。

解：对于图 5-10（b），有

$$G(z) = G_2(z)G_1(z) = \frac{z}{z-1} \cdot \frac{z}{z - e^{-10T}} = \frac{z^2}{(z-1)(z - e^{-10T})}$$

对于图 5-10（c），有

$$G(z) = G_2 G_1(z) = Z\left[\frac{1}{s(s+10)}\right] = \frac{0.1z(1 - e^{-10T})}{(z-1)(z - e^{-10T})}$$

很明显，$G_2(z)G_1(z) \neq G_2 G_1(z)$。

2）串联环节中含零阶保持器的 Z 传递函数

在信号采样之后再保持，常用零阶保持器，采样保持器与连续对象之间的关系等同于串联环节间没有采样开关的情况，如图 5-11 所示。

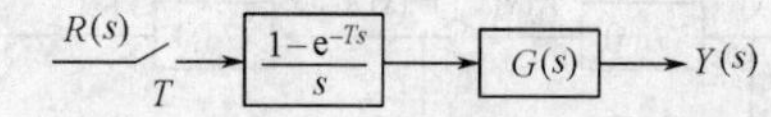

图 5-11　含零阶保持器的串联环节

因此有

$$G(z) = Z\{[\,G_h(s)G_0(s)]^*\} = Z\left\{\left[\frac{1 - e^{-Ts}}{s} G_0(s)\right]^*\right\}$$

利用 Z 变换的线性性质及滞后性质，上式得

$$
\begin{aligned}
G(z) &= Z\left\{\left[\frac{1}{s} G_0(s)\right]^*\right\} - Z\left\{\left[\frac{e^{-Ts}}{s} G_0(s)\right]^*\right\} \\
&= Z\left\{\left[\frac{1}{s} G_0(s)\right]^*\right\} - z^{-1} Z\left\{\left[\frac{1}{s} G_0(s)\right]^*\right\} \\
&= (1 - z^{-1}) Z\left\{\left[\frac{G_0(s)}{s}\right]^*\right\} = \frac{z-1}{z} Z\left\{\left[\frac{G_0(s)}{s}\right]^*\right\}
\end{aligned}
\tag{5-30}
$$

这里，连续的控制对象与保持器一起称为广义对象，这在离散控制系统或数字控制系统中常用到。接下来要考虑，广义对象与原对象的阶次是否相同，即零阶保持器的引入是否会增加或降低系统的阶次？先看例 5-8。

【例 5-8】　含有零阶保持器的开环系统如图 5-11 所示。已知被控对象的传递函数为

$$G_0(s) = \frac{100}{s(s+10)}$$

求开环系统的 Z 传递函数。

解：被控对象为二阶系统，有

$$\frac{G_0(s)}{s} = \frac{100}{s^2(s+10)} = \frac{10}{s^2} - \frac{1}{s} + \frac{1}{s+10}$$

求 Z 变换为

$$Z\left[\frac{G_0(s)}{s}\right] = \frac{10Tz}{(z-1)^2} - \frac{z}{z-1} + \frac{z}{z - e^{-10T}}$$

代入式（5-30）得

$$
\begin{aligned}
G(z) &= \frac{z-1}{z} \cdot \frac{z[(10T - 1 + e^{-10T})z + 1 - e^{-10T} - 10Te^{-10T}]}{(z-1)^2(z - e^{-10T})} \\
&= \frac{(10T - 1 + e^{-10T})z + 1 - e^{-10T} - 10Te^{-10T}}{(z-1)(z - e^{-10T})}
\end{aligned}
$$

由结果可见，原对象是两阶的，广义对象也是两阶的，零阶保持器没有改变系统的阶次。这由零阶保持器的 Z 传递函数为 1 可以得出结论。在 5.1.1 节中已讲过，如果将连续的控制对象与保持器一起作为广义对象进行离散化，那么采样控制系统即简化为离散控制系统。

【例 5-9】 在例 5-8 中，若被控对象的传递函数含有纯滞后环节

$$G_0(s) = \frac{100}{s(s+10)} e^{-\tau s}$$

求开环系统的 Z 传递函数。已知滞后时间 τ 为采样周期 T 的整数倍，即 $\tau = dT$。

解：将 $\tau = dT$ 代入 $G_0(s)$ 中，则由位移定理知

$$G(z) = Z\left[\frac{1-e^{-Ts}}{s} G_0(s)\right] = Z\left[\frac{1-e^{-Ts}}{s} G_0'(s) e^{-dTs}\right] \tag{5-31}$$

$$= z^{-d}(1-z^{-1}) Z\left[\frac{G_0'(s)}{s}\right]$$

式中，$G_0'(s)$ 为不含纯滞后环节的控制对象。广义对象 Z 变换后将产生 z^{-d} 的乘子。

若滞后时间不是采样周期的整数倍，使用普通的 Z 变换法将受到限制。此时要使用修正 Z 变换（或称为扩展 Z 变换）来求解。此部分内容已超出本书的范围，这里不进行讲解。

3）闭环系统 Z 传递函数

连续系统闭环传递函数的表达式是确定的，即

$$\Phi(s) = \frac{G_0(s)}{1+G_0(s)H(s)}$$

但在离散系统中，根据实际系统的需要，系统中可能有一个或多个采样开关，且设置的位置也不同，因此离散系统闭环 Z 传递函数的形式不是固定的，需根据实际系统的结构来推导。有时，增加或减少采样开关并不影响系统的结构，这与采样开关的设置有无实质意义有关。因此，采样系统的结构图可以等效和简化。如图 5-12 所示的 3 个图是等效的。

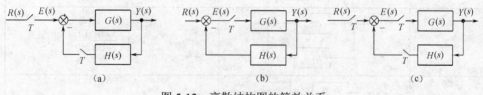

图 5-12 离散结构图的等效关系

下面介绍一种简单实用的离散系统闭环 Z 传递函数的求解方法。

【例 5-10】 已知 SISO 采样系统的结构图如图 5-13 所示。求 Z 传递函数 $\Phi(z) = Y(z)/R(z)$ 或 $Y(z)$ 的表达式。

求解的基本思想：以系统的输出量、采样开关的输入量为变量，系统的输入量、各传递函数为已知量，列写方程。其中，采样开关输入量为中间变量，消去中间变量，得到系统输出量与输入量之间的关系式。

① 确定方程数：方程数为有效采样开关的数量+输出量。本例中，4 个采样开关是同步的，T_1、T_4 可去掉，有效开关数为 2，则方程数为 2+1=3。

② 方程列写原则：将系统的输出量、采样开关的输入量写在方程的左边，右边为关于该变量的流程图

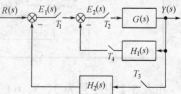

图 5-13 SISO 采样系统结构图

表达式。

$$\begin{cases} E_1(z) = R(z) - H_2(z)Y(z) & (1) \\ E_2(z) = E_1(z) - GH_1(z)E_2(z) & (2) \\ Y(z) = E_2(z)G(z) & (3) \end{cases}$$

注意，表达式中的信号必须取到采样开关之前的变量，有闭环时也是如此。因为有采样开关 T_3 存在，故方程（1）的右边是取至输出变量的；但方程（2）不能取至输出变量，必须取至采样开关 T_2 之前的变量。因此方程（2）不能写成

$$E_2(z) = E_1(z) - H_1(z)Y(z)$$

③ 不必先写拉氏变换式再求 Z 变换，直接写 Z 变换式即可。

④ 消去中间变量 $E_1(z)$、$E_2(z)$，解出 $Y(z)$ 与 $R(z)$ 的关系式

$$Y(z) = \frac{G(z)}{1 + GH_1(z) + G(z)H_2(z)} R(z)$$

或

$$\Phi(z) = \frac{Y(z)}{R(z)} = \frac{G(z)}{1 + GH_1(z) + G(z)H_2(z)}$$

表 5-2 列出了典型的闭环离散系统结构图及对应的输入/输出传递关系。

表 5-2　典型的闭环离散系统结构图及对应的输入/输出传递关系

序号	系统结构图	输入/输出传递关系
1	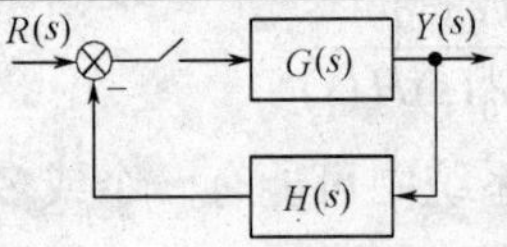	$Y(z) = \dfrac{G(z)}{1 + GH(z)} R(z)$
2	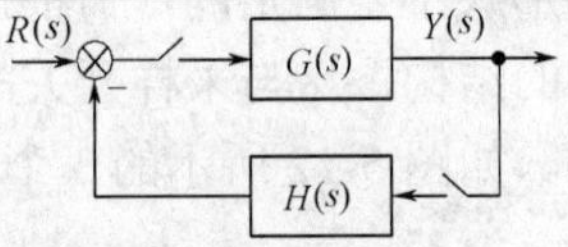	$Y(z) = \dfrac{G(z)}{1 + G(z)H(z)} R(z)$
3	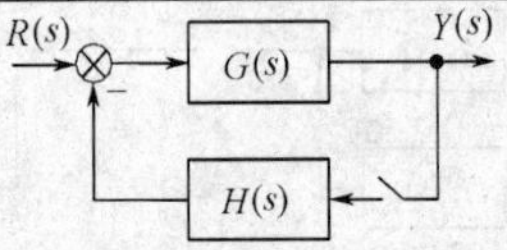	$Y(z) = \dfrac{RG(z)}{1 + GH(z)}$
4	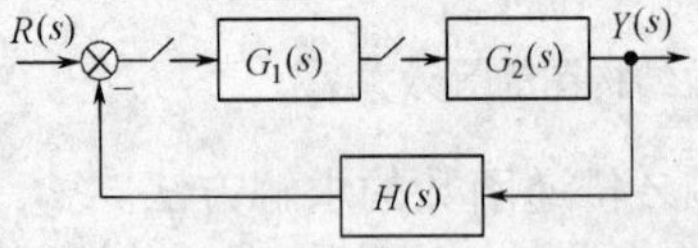	$Y(z) = \dfrac{G_1(z)G_2(z)}{1 + G_1(z)G_2H(z)} R(z)$
5	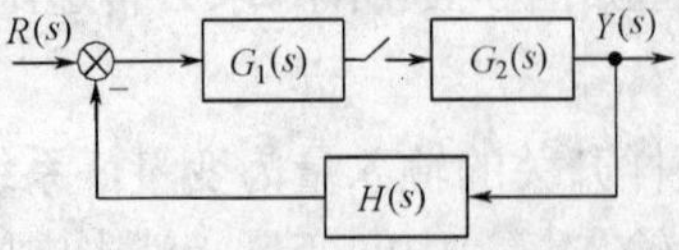	$Y(z) = \dfrac{RG_1(z)G_2(z)}{1 + G_1G_2H(z)}$
6	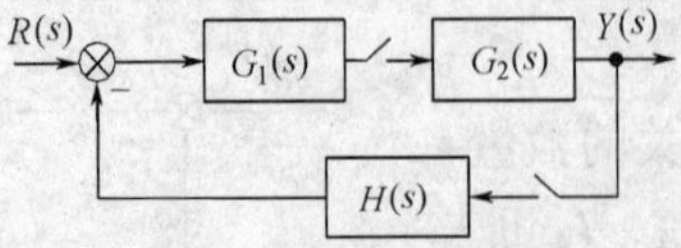	$Y(z) = \dfrac{RG_1(z)G_2(z)}{1 + G_1H(z)G_2(z)}$

在表 5-2 中序号为 3、5、6 的这 3 种结构图中，由于输入信号与系统之间没有采样开关，对 Z 变换而言输入信号不"独立"，因此不能求出输出对输入的 Z 传递函数，但可以写出输

出的闭环系统 Z 传递关系式。

【例 5-11】 用等效图法求例 5-10 系统的闭环 Z 传递函数。

解：查表 5-2 的第 1 个结构图，得内环等效 Z 传递函数为

$$G'(z) = \frac{G(z)}{1 + GH_1(z)}$$

进一步查表得

$$G(z) = \frac{\dfrac{G(z)}{1 + GH_1(z)}}{1 + \dfrac{G(z)}{1 + GH_1(z)} H_2(z)} = \frac{G(z)}{1 + GH_1(z) + G(z)H_2(z)}$$

4）在扰动作用下的闭环系统 Z 传递关系

扰动往往直接作用于被控对象上，其等效的结构图如图 5-14 所示，即扰动量作用于被控对象传递函数的输入端。在实际系统中很难或不可能加入采样开关，这样输出对扰动的闭环 Z 传递关系与表 5-2 中序号为 3、5、6 的这 3 种情况相似。

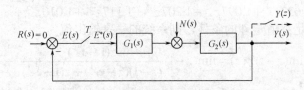

图 5-14　有扰动时的系统结构图

当考虑输出对扰动的传递关系时，可令输入信号为 0，则

$$Y(z) = \frac{G_2(z)N(z)}{1 + G_1(z)G_2(z)}$$

4. 数字系统的 Z 传递函数

前面已述，数字系统可以看成是控制器为数字式，回路中含有 A/D 转换器、D/A 转换器，系统中传输信号为数字信号的系统。量化过程是非线性过程，其动态分析甚为复杂，但当忽略量化误差时，量化过程就是线性环节，且放大倍数为 1。

对于 A/D 转换器，包含采样、保持、转换、保持的过程；对于 D/A 转换器，包含转换、保持的过程，因此两者可以用采样、零阶保持器来模拟。由分析可知，当忽略滞后时间时，零阶采样保持器是线性环节，放大倍数为 1。因此，对数字系统，当 A/D 转换器、D/A 转换器的采样、保持、转换时间相对于采样时间可以忽略时，可将其等效为传递函数为 1 的比例环节，而将环节输出信号的保持时间用零阶保持器代替。这样，整个数字系统的 Z 传递函数的求法就与离散系统的传递函数的求法相同。

5. 闭环系统的响应

根据系统的输入及闭环传递关系，求出输出的 Z 变换表达式，然后求 Z 反变换得到输出的离散时间响应。

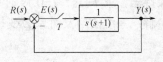

【例 5-12】 系统的结构图如图 5-15 所示，求：

① 系统的输入为单位阶跃信号 $r(t) = 1(t)$，$t \geq 0$，采样周期分别为 $T = 1\mathrm{s}$、$T = 0.1\mathrm{s}$ 时系统的响应，画出时间响应

图 5-15　例 5-12 的系统结构图

曲线；

② 输出的稳态值。

解：由系统结构图知

$$G_0(s) = \frac{1}{s(s+1)}$$

则

$$G(z) = Z[G_0(s)] = Z\left[\frac{1}{s(s+1)}\right] = Z\left[\frac{1}{s} - \frac{1}{s+1}\right]$$

$$= \frac{z}{z-1} - \frac{z}{z-e^{-T}} = \frac{z(1-e^{-T})}{(z-1)(z-e^{-T})}$$

当 $T = 1\text{s}$ 时，有

$$G(z) = \frac{0.632z}{(z-1)(z-0.368)}$$

$$Y(z) = \frac{G(z)}{1+G(z)}R(z) = \frac{z(1-e^{-T})}{(z-1)(z-e^{-T}) + z(1-e^{-T})} \cdot \frac{z}{z-1}$$

$$= \frac{z^2(1-e^{-T})}{z^3 - (2e^{-T}+1)z^2 + 3e^{-T}z - e^{-T}} = \frac{0.632z^2}{z^3 - 1.736z^2 + 1.104z - 0.368}$$

$$= 0.632z^{-1} + 1.097z^{-2} + 1.207z^{-3} + 1.117z^{-4} + 1.010z^{-5} + \cdots$$

经判断，$Y(z)$ 满足终值定理的条件，则系统的稳态输出值为

$$y(\infty) = \lim_{z \to 1}(z-1)Y(z) = \lim_{z \to 1}(z-1)\frac{z(1-e^{-1})}{(z-1)(z-e^{-1}) + z(1-e^{-1})} \cdot \frac{z}{z-1} = 1$$

利用 MATLAB 的 Simulink 对系统进行仿真，可方便地得到输出的响应曲线。

当 $T = 0.1\text{s}$ 时，有

$$G(z) = \frac{0.0950z}{(z-1)(z-0.905)}$$

$$Y(z) = \frac{G(z)}{1+G(z)} \cdot R(z) = \frac{0.0950z^2}{z^3 - 2.81z^2 + 2.715z - 0.905}$$

$$= \frac{0.0950z^{-1}}{1 - 2.81z^{-1} + 2.715z^{-2} - 0.905z^{-3}}$$

$$= 0.095z^{-1} + 0.267z^{-2} + 0.492z^{-3} + 0.743z^{-4} + 0.997z^{-5} + 1.226z^{-6} + \cdots$$

从仿真等效结构图图 5-16（a）、（c）可见，加了采样开关之后，系统等效为离散系统。图 5-16（b）、（d）中的横坐标单位为秒（s），不同的采样周期在相同时间内的采样次数是不一样的。

同样，系统的稳态输出值为

$$y(\infty) = \lim_{z \to 1}(z-1)Y(z) = \lim_{z \to 1}(z-1)\frac{z(1-e^{-0.1})}{(z-1)(z-e^{-0.1}) + z(1-e^{-0.1})} \cdot \frac{z}{z-1} = 1$$

从响应曲线可见，采样周期对系统的性能是有影响的。对本系统而言，较小的采样周期将表现出较大的振荡，但对系统的稳态性质没有影响。

【例 5-13】 系统的仿真等效结构图如图 5-17（a）所示，它在例 5-12 的基础上增加了零阶保持器。求 $T=1\text{s}$、$T=0.1\text{s}$ 时系统的响应，画出时间响应曲线。

解：系统的广义对象 Z 变换为

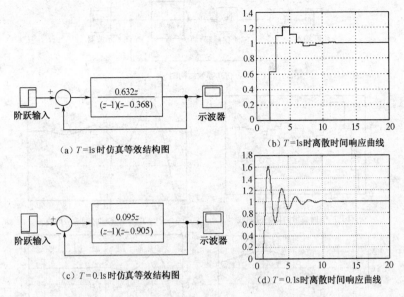

(a) $T=1$s时仿真等效结构图   (b) $T=1$s时离散时间响应曲线

(c) $T=0.1$s时仿真等效结构图   (d) $T=0.1$s时离散时间响应曲线

图 5-16   Simulink 仿真等效结构图及时间响应曲线

$$G(z) = \frac{z-1}{z} Z\left\{\left[\frac{G_0(s)}{s}\right]^*\right\} = \frac{z-1}{z} Z\left[\frac{1}{s^2(s+1)}\right] = \frac{z-1}{z} Z\left[\frac{1}{s^2} - \frac{1}{s} + \frac{1}{s+1}\right]$$

$$= \frac{z-1}{z}\left[\frac{Tz}{(z-1)^2} - \frac{z}{z-1} + \frac{z}{z-e^{-T}}\right] = \frac{(T-1+e^{-T})z + 1 - Te^{-T} - e^{-T}}{(z-1)(z-e^{-T})}$$

输出的 Z 变换式为

$$Y(z) = \frac{G(z)}{1+G(z)} R(z) = \frac{e^{-T}z + 1 - 2e^{-T}}{z^2 - z + 1 - e^{-T}} \cdot \frac{z}{z-1} = \frac{e^{-T}z^2 + (1-2e^{-T})z}{z^3 - 2z^2 + (2-e^{-T})z - 1 + e^{-T}}$$

当 $T=1$s 时，有

$$Y(z) = \frac{0.368z^2 + 0.264z}{z^3 - 2z^2 + 1.632z - 0.632} = \frac{0.368z^{-1} + 0.264z^{-2}}{1 - 2z^{-1} + 1.632z^{-2} - 0.632z^{-3}}$$

$$= 0.368z^{-1} + z^{-2} + 1.399z^{-3} + 1.399z^{-4} + 1.147z^{-5} + 0.895z^{-6} + \cdots$$

系统的稳态输出值为

$$y(\infty) = \lim_{z \to 1}(z-1)Y(z) = \lim_{z \to 1}(z-1)\frac{e^{-T}z + 1 - 2e^{-T}}{z^2 - z + 1 - e^{-T}} \cdot \frac{z}{z-1} = 1$$

同理，可求出 $T=0.1$s 时的输出表达式和稳态输出值 $y(\infty)=1$。

图 5-17 给出了 Simulink 的仿真结构图，以及 $T=0.1$s 和 $T=1$s 时的离散时间响应曲线和连续时间响应曲线。

比较图 5-17（c）和（e）可见，加了零阶保持器之后，较小的采样周期将使系统的输出曲线超调量减小，过渡过程加快。而当 $T\to0$ 时，就成为连续系统了。

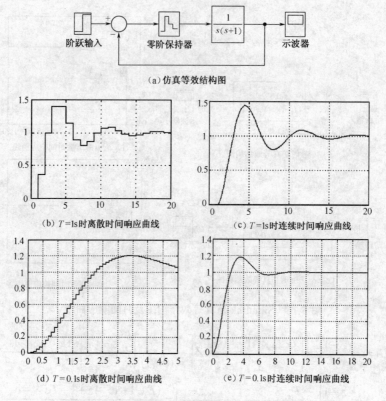

（a）仿真等效结构图

（b）$T=1$s时离散时间响应曲线

（c）$T=1$s时连续时间响应曲线

（d）$T=0.1$s时离散时间响应曲线

（e）$T=0.1$s时连续时间响应曲线

图 5-17　Simulink 仿真结构图及时间响应曲线

5.1.6　采样周期的选择

从数字控制系统的结构图图 5-3（d）可见，连续信号先经 A/D 转换器采样保持变为离散信号，而后再经 D/A 转换器恢复为连续信号，信号经过了两种形式的变换。在信号的变换过程中，存在着信息在采样过程中能否完整保存下来，而在输出时能否不失真地将其恢复出来的问题。香农采样定理从理论上解决了这个问题。

香农采样定理描述为：设连续信号 $f(t)$ 的频带为有限宽度，且最高角频率为 ω'_{max}（或最高频率为 f'_{max}），如果以采样角频率 ω_s 对 $f(t)$ 采样得到离散信号 $f^*(t)$，则连续信号 $f(t)$ 可以由 $f^*(t)$ 无失真地复现出来的条件是：$\omega_s \geqslant 2\omega'_{max}$ 或 $T_s \leqslant \dfrac{T'_{max}}{2} = \dfrac{1}{2f'_{max}}$。

香农采样定理说明了在连续信号的最高频率范围内，采样频率至少应为最高频率分量的 2 倍，或者一个周期至少采样 2 次，其离散信号就可以包含连续信号的全部信息。这里给出了采样周期的上限值 $T_{max} = \dfrac{T'_{max}}{2}$。完成恢复功能一般由保持器实现，根据精度要求选择零阶保持器、一阶保持器等。

采样定理给出了分析和设计采样控制系统的理论依据，但是，其直接在实际系统中应用却存在许多问题。其主要的原因是，各种被控对象的性质、给定值的变化频率、执行机构的类型等各具特色，控制系统的结构各异，要求的性能指标也各不相同，而最主要的问题是连续信号的最高角频率不易确定，因此要从理论上推导出各类系统采样周期的统一公式是很困难的。在实际操作中，根据控制系统的特性给出采样周期的经验公式，对系统进行仿真、调试，最后由系统实际运行检验确定。采样周期可从以下几个方面进行选择。

1. 采样周期的上下限

采样定理给出了采样周期的理论上限值。而在理论上，采样周期 T 越小，由离散信号复现连续信号的精度越高，当 $T \rightarrow 0$ 时，离散系统或数字系统就变为连续系统了。但是，在实际系统操作中，采样周期并非越小越好，而是有一个限度。应注意，设备输入/输出、计算机执行程序都需要耗费时间，因此，每次采样间隔不应小于设备输入/输出及计算机执行程序的时间，这是采样周期的下限值 T_{min}。故采样周期应满足

$$T_{min} \leqslant T \leqslant T_{max}$$

采样周期太小或太大，对系统都是不利的。若 T 太小，会增加计算机的计算负担，用于处理其他任务的时间会减少，不利于发挥计算机的效能，而且两次采样的间隔太短，偏差变化太小，使控制器的输出变化不大且调节过于频繁，会使某些执行机构不能及时响应。若 T 太大，调节间隔长，会使动态特性变差，而且干扰输入也得不到及时调节，使系统动态品质恶化，对某些系统，较大的采样周期将导致系统不稳定。因此，采样周期的选择要兼顾系统的动态性能指标、抗干扰能力、计算机的运算速度及给定值的速率、执行机构的动作快慢等因素综合考虑。

2. 以给定值的变化频率选择采样周期

若加到被控对象上的给定值变化频率越高，采样频率也应越高，以使给定值的改变得到迅速反映。

3. 以执行机构的类型选择采样周期

若执行机构动作惯性较大，则采样周期可相应大一些，否则可以小一些，但最小值应考虑执行机构的气隙。

4. 以被控参量的性质选择采样周期

当对被控对象的数学模型了解不多时，在工程实践中，一般可根据系统被控对象的惯性大小和加在该对象上的预期干扰程度及性质来选择采样周期。例如，对于温度控制系统，热惯性较大，反应较慢，调节不宜过于频繁，可以选择较大的采样周期；而对于诸如交直流调速系统、随动系统等要求动态响应较快、抗干扰较强的系统，则应选择较小的采样周期。表 5-3 列出了不同被控参数的采样周期经验参考值。当然，经验值只给出了一个参考范围，要在范围内甚至范围外多选择几组采样周期运行，观察记录输出响应曲线，反复修改，以使达到规定的性能指标。

表 5-3 采样周期经验参考值

被控量	流量	压力	液面	温度	位置	电流环	速度环
采样周期	1～5s	3～10s	6～8s	10～20s	10～50ms	1～5ms	5～20ms

5. 以复现信号误差选择采样周期

零阶保持器的复现信号误差为 $e_{ZOH} \leqslant T \cdot \max\limits_{t} |f'(t)|$

当信号为正弦信号时

$$e_{\text{ZOH}} = \frac{1}{2}\omega T \qquad\qquad (5\text{-}32)$$

设 N 为一个周期内的采样次数，则

$$N = \frac{\omega_s}{\omega}$$

因为

$$T = \frac{2\pi}{\omega_s}$$

所以

$$e_{\text{ZOH}} = \frac{\pi}{N}$$

可见，保持器的复现信号误差与采样次数或采样频率有关，N 越大，采样保持误差就越小。由香农采样定理知，应有 $N \geqslant 2$。表 5-4 列出不同采样频率的采样保持误差，可以根据期望的误差值来选择采样频率。

表 5-4　采样频率的采样保持误差

每周期采样次数 N	2	5	10	20	50	100	200	500
零阶保持误差	1.5	0.6	0.3	0.15	0.06	0.03	0.015	0.006

6. 以开环剪切频率 ω_c 选择采样周期

在随动系统中，若对象的数学模型已知，系统的性能指标也已转换为系统期望的开环频率特性，则可根据系统期望的开环频率特性的剪切频率 ω_c 来确定采样周期。剪切频率又称为截止频率、零分贝频率，它是开环对数幅频曲线为零分贝时，也即曲线与频率轴相交时的频率。可以近似地认为 ω_c 就是通过该系统的最高角频率分量，而高于 ω_c 的分量被系统的低通滤波器特性大大地衰减了。虽然香农采样定理给出采样频率至少应为最高频率分量的 2 倍，但考虑到 ω_c 是近似的最高频率分量，实践证明，选择采样频率为剪切频率的 10～15 倍可得到满意的效果，即

$$\omega_s = N_1\omega_c \qquad \text{或} \qquad f_s = N_1 f_c$$

亦即

$$T = \frac{2\pi}{N_1\omega_s} \qquad\qquad (5\text{-}33)$$

式中，$N_1 = 10\sim15$。

若对象的数学模型已知，系统期望的开环频率特性也已知，则控制器的设计实际上是校正环节的设计。可以先按线性连续系统的频率特性法对系统进行校正，画出被控对象及系统期望的开环频率特性曲线，从而得出校正环节的对数频率曲线，进而写出校正环节也即连续控制器的传递函数；然后，按式（5-33）计算出数字系统的采样周期，将连续控制器离散化，用计算机实现控制作用。用这种方法计算的采样周期，对系统动态品质指标可以得到较满意的结果。设计方法详见 5.2.1、5.2.2 节。

7. 以闭环振荡频率 ω_d 选择采样周期

在闭环控制系统中，阶跃响应常呈降幅周期振荡，典型的二阶振荡环节的带宽频率为 $\omega_d = \omega_n\sqrt{1-\xi^2}$（$\omega_n$ 是无阻尼固有振动角频率）。在工程上，常将 ω_d 作为输出信号的最高频率分量，则采样频率为

$$\omega_s = N_2\omega_d \qquad \text{或} \qquad T = \frac{2\pi}{N_2\omega_s} \tag{5-34}$$

式中，N_2 为每个振荡周期内的采样次数，通常取 $N_2 = 6 \sim 20$。

8. 以相角稳定裕量 γ 选择采样周期

实际上，ωT 表示的是指定频率处的相角，由零阶保持器引起的相角稳定裕量约减小 $\Delta\gamma = \dfrac{\omega_c T}{2}$。它与采样周期成正比，即采样周期越大，相角稳定裕量减小越多，系统的品质越差；若 T 太大，会使原来稳定的离散系统变为不稳定系统。若允许的相角稳定裕量减小 $5° \sim 15°$，则

$$\frac{\omega_c T}{2} = 5° \sim 15° = (5° \sim 15°)\frac{\pi}{180°} \quad \text{（弧度）}$$

故采样周期为

$$T = (0.17 \sim 0.5)\frac{1}{\omega_c} \tag{5-35}$$

9. 以被控对象的时间常数选择采样周期

设被控对象由多个环节组成，其传递函数为

$$G_0(s) = \frac{N(s)}{s^m(T_1s+1)(T_2s+1)\cdots[(s^2+\alpha_1^2)+\beta_1^2][(s^2+\alpha_2^2)+\beta_2^2]\cdots}$$

式中包含惯性环节及振荡环节，系统时域响应包含的分量为 e^{-t/T_1}，e^{-t/T_2}，$\cdots$，$\mathrm{e}^{-\alpha_1 t}\sin\beta_1 t$，$\mathrm{e}^{-\alpha_1 t}\sin\beta_2 t\cdots$，其中，$T_1$，$T_2$，$\cdots$，$\alpha_1$，$\alpha_2\cdots$表示系统的时间常数，$\beta_1$，$\beta_2\cdots$表示系统振荡环节的固有频率，其对应的振荡周期为 $\tau_1 = 2\pi/\beta_1$，$\tau_2 = 2\pi/\beta_2$，$\cdots$。由采样定理可知，采样周期的最大值应为环节中最小时间常数的 1/2，即

$$T_{\max} = \min\frac{1}{2}\left[T_1,\ T_2\cdots,\ \frac{1}{\alpha_1},\ \frac{1}{\alpha_2}\cdots,\ \tau_1,\ \tau_1\cdots\right]$$

而在实际工作中，选择采样周期为最大采样周期的 1/2，即

$$T = \frac{1}{2}T_{\max} = \min\frac{1}{4}\left[T_1,\ T_2\cdots,\ \frac{1}{\alpha_1},\ \frac{1}{\alpha_2}\cdots,\ \tau_1,\ \tau_1\cdots\right] \tag{5-36}$$

10. 以控制算法选择采样周期

传统的控制算法分为：比例（Proportion）控制、积分（Integral calculus）控制和微分（Differential calculus）控制。为了得到更好的控制效果，常将以上 3 种控制算法组合起来运用，常用的有 P、PI、PD、PID 控制。使用 PI 算法和 PID 算法在选择采样周期时存在明显的差异。

对 PI 控制器，采样周期与积分时间 T_I 有关，典型的经验公式为

$$\frac{T}{T_I} = 0.1 \sim 0.3 \tag{5-37}$$

对 PID 控制器，积分时间及微分时间 T_D 与采样周期的选择都有关，典型的经验公式为

$$\frac{N_3 T}{T_D} = 0.2 \sim 0.6 \tag{5-38}$$

式中，N_3 是微分增益系数，$N_3 = 3 \sim 20$，常取 $N_3 = 10$。

11. 以控制回路数选择采样周期

对于多回路控制系统，每个回路都有一定的程序计算量，计算机执行每个回路算法需要一定的时间，设 T_j 为第 j 回路控制程序执行的时间及输入/输出时间，则采样周期需不小于所有回路执行时间的总和，即

$$T \geqslant \sum_{j=1}^{n} T_j \tag{5-39}$$

以上从设计者关注的不同角度对采样周期的选择进行了归类诠释，所得的公式与所用的设计方法有关。应该说，当考虑某一方面因素，解决了某一方面的问题时，可能会影响其他的性能指标，这是以牺牲其他性能指标为代价的。用几种方法来计算采样周期，可能会得到彼此不同的范围值。因此，各因素要综合考虑，取折中方案。上面给出的计算公式仅为参考值，工程中还要依照经验来取值，并通过检验反复调整。最后选择的采样周期可能超出公式计算的范围，这是设计者要注意的。若单一的采样周期不能解决问题，采取多速率采样将是一个有效的解决方法。

5.2 数字控制器的 PID 设计方法

一个系统的运行，要求能够满足给定的性能指标，具有抗扰动能力和稳定性。一个对象，如加热炉或化学反应器，其本身的物理结构及工作过程是一定的，在给定信号作用时，对象的输出不一定能满足系统性能指标的要求，这时，就需要加入控制器。控制器与被控对象以某种结构形式构成系统，使整个系统的输出满足给定的性能指标。简单的系统结构有开环控制、单闭环控制等，复杂的系统结构有串级控制、前馈－反馈控制、前馈－串级控制、纯滞后补偿控制结构等。而控制器的控制规律有常规的 PID 控制、复杂的补偿控制、解耦控制以及智能化的模糊控制、神经网络控制等。控制规律以模拟器件实现的，就是模拟控制器，用于连续系统的控制；控制器以数字器件实现的，就是数字控制器，用于离散系统、采样系统、数字系统的控制。计算机是一种典型的数字控制器，对计算机控制器的设计实际上是求出实现各种控制规律的算法，编制相应的控制程序。数字控制器的设计方法主要有 PID 设计方法（间接设计方法）和直接设计方法两种。

5.2.1 PID 设计方法

典型的计算机控制系统结构如图 5-18 所示。其中，被控对象 $G_0(s)$ 是连续的，带有零阶保持器 $G_h(s)$，控制器 $D(z)$ 是数字的。设计目标是：设计出控制器的控制规律和控制算法，以使系统的单位阶跃响应满足给定的性能指标。

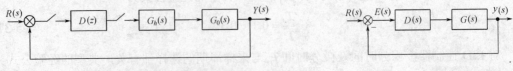

图 5-18　典型的计算机控制系统的结构图　　　　　　　图 5-19　连续系统结构图

当忽略回路中所有的采样器和零阶保持器时，系统的结构就如同连续系统的结构一样，如图 5-19 所示。这样，就可以先按照连续系统的各种设计方法设计出满足连续系统性能指标

的控制器 $D(s)$，然后通过离散化方法将 $D(s)$ 离散为数字控制器 $D(z)$。离散化需要用到采样周期，故采样周期的选择尤为重要。由于连续系统的控制规律多采用 PID 控制，因此，这种数字控制器的设计方法称为 PID 设计方法，又由于这种方法是通过连续系统等价得到的，因而也称为连续化设计方法或间接设计方法。设计流程如图 5-20 所示。

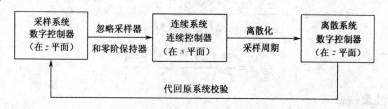

图 5-20　数字控制器的间接设计方法流程图

这种等价关系是有条件的。按连续系统设计方法设计数字控制系统的条件（或将离散系统看成连续系统的条件）为：

① 量化单位要足够小；

② 采样周期要足够短（如果采样频率 ω_s 远大于所设计系统的闭环带宽，那么保持器的影响可忽略）。

1. 连续系统的控制规律

在连续控制系统中，控制器 $D(s)$ 完成 PID 控制规律，称为 PID 控制器。PID 是一种线性控制器，用输出量 $y(t)$ 和给定量 $r(t)$ 之间的误差时间函数 $e(t) = r(t) - y(t)$ 的比例、积分、微分线性组合构成控制量 $u(t)$。PID 控制由于其具有控制结构简单、参数个数少且容易调整、不必求出被控对象的精确数学模型就可整定参数等特点，且控制技术十分成熟完善，在工业系统中应用极为广泛。

连续 PID 控制规律描述如下：

控制规律为

$$u(t) = K_P \left[e(t) + \frac{1}{T_I} \int_0^t e(t) \mathrm{d}t + T_D \frac{\mathrm{d}e(t)}{\mathrm{d}t} \right] \tag{5-40}$$

传递函数为

$$D(s) = \frac{U(s)}{E(s)} = K_P \left(1 + \frac{1}{T_I s} + T_D s \right) \tag{5-41}$$

式中，K_P 为比例增益，T_I 为积分时间常数，T_D 为微分时间常数。

各控制规律的作用如下。

① 比例：迅速反映误差，减小误差，但不能消除稳态误差。比例作用太强会引起系统的不稳定。

② 积分：积累误差，最终消除稳态误差。积分作用太强会使系统超调量加大，动态响应变迟缓。

③ 微分：超前控制，克服系统的惯性，加快动态响应速度，减小超调量，提高稳定性。微分作用太强易引起输出失真。

2. 离散化方法

将 $D(s)$ 离散化为 $D(z)$，得到数字 PID 算法。离散的方法很多，基本方法有双线性变换法和后向差分变换法。

1）双线性变换法（又称梯形积分法）

由 Z 变换的定义可知 $\qquad z = e^{sT}$

利用泰勒级数展开式，当 T 较小时，得

$$z = e^{sT} = \frac{e^{\frac{sT}{2}}}{e^{-\frac{sT}{2}}} = \frac{1 + \frac{sT}{2} + \frac{1}{2!} \cdot \left(\frac{sT}{2}\right)^2 + \cdots}{1 - \frac{sT}{2} + \frac{1}{2!} \cdot \left(\frac{sT}{2}\right)^2 + \cdots} \approx \frac{1 + \frac{sT}{2}}{1 - \frac{sT}{2}}$$

从而有

$$s = \frac{2}{T} \cdot \frac{1 - z^{-1}}{1 + z^{-1}} = \frac{2}{T} \cdot \frac{z-1}{z+1} \tag{5-42}$$

上式即为双线性变换公式。

于是

$$D(z) = D(s) \Big|_{s = \frac{2}{T} \frac{1-z^{-1}}{1+z^{-1}}} \tag{5-43}$$

图 5-21 双线性变换的几何意义

双线性变换法的几何意义是梯形法求积分，如图 5-21 所示。

设积分控制规律为 $\qquad u(t) = \int_0^t e(t)\mathrm{d}t$

两边进行拉氏变换得 $\qquad U(s) = \frac{1}{s} E(s)$

连续控制器为 $\qquad D(s) = \frac{U(s)}{E(s)} = \frac{1}{s}$

用梯形法求积分得

$$u(k) = u(k-1) + \frac{T}{2}[e(k) + e(k-1)]$$

两边进行 Z 变换得 $\qquad u(z) = z^{-1}u(z) + \frac{T}{2}E(z) + \frac{T}{2}z^{-1}E(z)$

故数字控制器为 $\qquad D(z) = \frac{U(z)}{E(z)} = \frac{T}{2} \cdot \frac{1+z^{-1}}{1-z^{-1}} = \frac{1}{\frac{2}{T} \cdot \frac{1-z^{-1}}{1+z^{-1}}} = D(s) \Big|_{s=\frac{2}{T}\frac{1-z^{-1}}{1+z^{-1}}} \tag{5-44}$

式（5-43）与式（5-44）的结果相同。

2）后向差分变换法

后向差分变换法的几何意义是数值微分。

设数值微分为 $\qquad u(t) = \frac{\mathrm{d}e(t)}{\mathrm{d}t}$

连续控制器为 $\qquad D(s) = \frac{U(s)}{E(s)} = s$

后向差分近似式为 $\qquad \frac{\mathrm{d}e(t)}{\mathrm{d}t} \approx \frac{e(k) - e(k-1)}{T} \tag{5-45}$

对上式两边进行 Z 变换得 $\qquad U(z) = \frac{1}{T}E(z) - \frac{1}{T}z^{-1}E(z)$

则数字控制器为 $\qquad D(z) = \frac{U(z)}{E(z)} = \frac{z-1}{Tz} = \frac{1-z^{-1}}{T} = D(s) \Big|_{s=\frac{1-z^{-1}}{T}} \tag{5-46}$

可得变换关系为

$$s = \frac{1-z^{-1}}{T} = \frac{z-1}{Tz}$$

可以看到，采样周期与离散化方法对离散化后的数字调节器 $D(z)$ 有很大影响。将各种离散化方法在不同采样频率下得到的数字调节器代入系统中，并对构成的闭环系统的性能进行实验比较，得出以下几个结论：

① 后向差分变换法会使 $D(z)$ 的频率特性发生畸变，但提高采样频率可以减小畸变；

② 双线性变换法最好，对频率压缩现象可以通过提高采样频率及采用频率预曲折的双线性变换方法改善；

③ 所有离散化方法采样周期的选择必须满足 $\omega_s \geqslant 10\omega_c$ 的条件，否则系统达不到较好的性能指标。

【例 5-14】 用双线性变换法、后向差分法离散下列连续函数

$$D(s) = \frac{1}{s^2 + 0.2s + 1}$$

设 $T=1$s。

解：① 双线性变换法

$$D(z) = \frac{1}{s^2 + 0.2s + 1}\bigg|_{s=\frac{2}{T}\frac{1-z^{-1}}{1+z^{-1}}} = \frac{0.185(1 + 2z^{-1} + z^{-2})}{1 - 1.111z^{-1} + 0.852z^{-2}} = \frac{U(z)}{E(z)}$$

等效差分方程为

$$u(k) = 1.111u(k-1) - 0.852u(k-2) + 0.185e(k) + 0.37e(k-1) + 0.185e(k-2)$$

② 后向差分法

$$D(z) = \frac{1}{s^2 + 0.2s + 1}\bigg|_{s=\frac{1-z^{-1}}{T}} = \frac{0.455}{1 - z^{-1} + 0.455z^{-2}} = \frac{U(z)}{E(z)}$$

等效差分方程为

$$u(k) = u(k-1) - 0.455u(k-2) + 0.455e(k)$$

3. 离散化控制器 $D(z)$ 的一般形式

将 $D(s)$ 离散为数字的 $D(z)$ 后，进一步整理可得一般形式为

$$D(z) = \frac{U(z)}{E(z)} = \frac{b_0 + b_1 z^{-1} + \cdots + b_{m-1}z^{-(m-1)} + b_m z^{-m}}{1 + a_1 z^{-1} + \cdots + a_{n-1}z^{-(n-1)} + a_n z^{-n}} \quad (m \leqslant n) \tag{5-47}$$

控制器的输出量为

$$U(z) = (-a_1 z^{-1} - a_2 z^{-2} - \cdots - a_n z^{-n})U(z) + (b_0 + b_1 z^{-1} + \cdots + b_m z^{-m})E(z)$$

求 Z 反变换，可得时域表示式为

$$u(k) = -a_1 u(k-1) - a_2 u(k-2) - \cdots - a_n u(k-n) + b_0 e(k) + b_1 e(k-1) + \cdots + b_m e(k-m)$$

这样，第 k 个采样时刻的控制量可由过去的控制量与当前误差值及过去误差值递推得到，可方便地用计算机编程实现。这也称为控制算法。

4. 校验

将设计好的数字控制器代回数字系统中求性能指标，画仿真图，检验系统是否满足设计要求。若不满足需要反复修改检验。

下面以一个例子来说明这种设计方法的过程。

【例 5-15】 已知某随动系统的传递函数为

$$G_0(s) = \frac{1}{s(s+2)}$$

要求系统的性能指标为：

① 斜坡输入 $r(t) = t$ 时，稳态误差 $e_{ss} = 0.1$；

② 阶跃响应为二阶最佳响应。

解：

步骤 1：设计连续控制器 $D(s)$。系统的性能指标可能以任何形式给出，故设计 $D(s)$ 没有统一的方法。将原系统变形为

$$G(s) = \frac{0.5}{s\left(\dfrac{1}{2}s+1\right)}$$

这是 I 型系统，放大系数为 0.5，阶跃输入误差为 0，速度输入误差为 $e_{ss} = \dfrac{1}{k}$。

由指标②知，系统期望的开环传递形式为

$$G'(s) = \frac{\omega_n^2}{s(s+2\xi\omega_n)} = \frac{\dfrac{\omega_n}{2\xi}}{s\left(\dfrac{1}{2\xi\omega_n}s+1\right)} = \frac{k}{s\left(\dfrac{1}{2\xi\omega_n}s+1\right)}$$

式中，ω_n 为无阻尼振荡频率，ξ 为阻尼系数，k 为前向通道放大系数。

由指标①知

$$e_{ss} = \frac{1}{k} = 0.1$$

故

$$k = \frac{\omega_n}{2\xi} = 10$$

对于二阶最佳响应，有 $\xi = 0.707$，故 $\omega_n = 14.14$，所以

$$G'(s) = \frac{10}{s\left(\dfrac{1}{20}s+1\right)}$$

从而得控制器

$$D(s) = \frac{G'(s)}{G_0(s)} = \frac{20\left(\dfrac{1}{2}s+1\right)}{\dfrac{1}{20}s+1}$$

这是一个超前—滞后环节。

步骤 2：选取采样周期。根据式（5-34）选取采样周期，得

$$T = \frac{1}{(6 \sim 20)} \times \frac{2\pi}{\omega_n\sqrt{1-\xi^2}} = \frac{1}{(6 \sim 10)} \times \frac{2\pi}{14.14 \times \sqrt{1-0.707^2}} = 0.03 \sim 0.11$$

初选 $T = 0.1\,\mathrm{s}$。

步骤 3：将 $D(s)$ 离散化为 $D(z)$。采用双线性变换法

$$D(z) = \left. \frac{20\left(\dfrac{1}{2}s+1\right)}{\dfrac{1}{20}s+1} \right|_{s=\frac{2}{T}\frac{1-z^{-1}}{1+z^{-1}}} = \frac{110z-90}{z}$$

由
$$D(z) = \frac{U(z)}{E(z)} = \frac{110z - 90}{z} = 110 - 90z^{-1}$$

写出控制器的输出表达式
$$u(k) = 110e(k) - 90e(k-1)$$

根据此递推式可编程求出各个时刻的控制量,对被控对象进行控制。

步骤4:检验。将 $D(z)$ 代入图 5-18 中,注意零阶保持器不能忽略,求出广义对象离散闭环系统的性能指标,与题目的要求相比较。

广义对象为
$$G(z) = \frac{z-1}{z} \cdot Z\left[\frac{G_0(s)}{s}\right] = \frac{z-1}{z}\left[\frac{1}{2}\frac{Tz}{(z-1)^2} - \frac{1}{4}\frac{z}{z-1} + \frac{1}{4}\frac{z}{z-e^{-2T}}\right]$$

输入 $r(t) = t$ 的 Z 变换为
$$R(z) = \frac{Tz}{(z-1)^2}$$

则斜坡输入时系统的稳态误差为
$$e_{ss}(\infty) = \lim_{z \to 1}(z-1)\frac{1}{1 + D(z)G_g(z)}R(z) = 0.1$$

可见,稳态误差可满足要求。画出离散控制器系统的阶跃响应及斜坡响应仿真波形图,如图 5-22 (a)、(b) 所示。可见,阶跃响应有振荡,不符合二阶最佳响应。其原因是忽略了零阶保持器的存在。零阶保持器所产生的附加相移将引起相角稳定裕量的减小,使系统的动态品质变差。一般减小采样周期可使动态过程得到改善。经过多次仿真检验,当 $T=0.02s$ 时的阶跃响应符合要求,如图 5-22 (c)、(d) 所示。应注意,这个采样周期已超出前面初定的 $0.03 \sim 0.11$ 的范围。因此,公式值仅是一个参考范围。

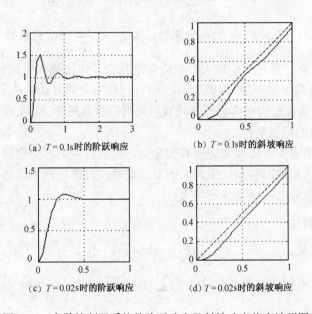

(a) $T=0.1s$时的阶跃响应   (b) $T=0.1s$时的斜坡响应

(c) $T=0.02s$时的阶跃响应   (d) $T=0.02s$时的斜坡响应

图 5-22 离散控制器系统的阶跃响应及斜坡响应仿真波形图

此时
$$D(z) = \frac{20\left(\frac{1}{2}s+1\right)}{\frac{1}{20}s+1}\bigg|_{s=\frac{2}{T}\frac{1-z^{-1}}{1+z^{-1}}} = \frac{170z - 163.333}{z - 0.6667}$$

稳态误差仍为 $e_{ss} = 0.1$。

5.2.2　PID 算法的离散形式

PID 控制在连续系统中得到了成熟应用，将式（5-40）离散化，得到对应的离散系统的数字 PID 算法。转换方法如下。

控制量　　　　　　　　　　　$u(t) \approx u(kT)$

比例→比例　　　　　　　　　$e(t) \approx e(kT)$

积分→求和　　　　　　$\int_0^t e(t)\mathrm{d}t \approx \sum_{i=0}^{k} Te(iT)$　　　　矩形面积

微分→差商　　　　　　$\dfrac{\mathrm{d}e(t)}{\mathrm{d}t} \approx \dfrac{e(k)-e(k-1)}{T}$　　　　后向差商

显然，转换精度与采样周期的选择密切相关。

1. 位置型控制算法

将上面的转换代入式（5-40）得

$$
\begin{aligned}
u(k) &= K_P \left[e(k) + \frac{T}{T_I}\sum_{i=0}^{k} e(i) + T_D \frac{e(k)-e(k-1)}{T} \right] \\
&= K_P e(k) + K_P \frac{T}{T_I}\sum_{i=0}^{k} e(i) + K_P \frac{T_D}{T}\left[e(k)-e(k-1) \right] \\
&= K_P e(k) + K_I \sum_{i=0}^{k} e(i) + K_D \left[e(k)-e(k-1) \right]
\end{aligned}
\tag{5-48}
$$

式中，K_P 为比例系数，$K_I = K_P \dfrac{T}{T_I}$ 为积分系数，$K_D = K_P \dfrac{T_D}{T}$ 为微分系数。

从式（5-48）可见，采样周期越大，积分作用越强，但微分作用越弱。并且，欲求第 k 个采样时刻的输出值必须知道历史 $e(0) \sim e(k)$ 的值，称为全量算法，也称为非递推形式，它表示了控制总量，对执行机构而言表示其位置，如阀门的总开度，故又称为位置型控制算法。

位置型控制算法的特点是：

① 与各次采样值有关，需要知道所有历史值，占用较多的存储空间；

② 需作误差值的累加，容易产生较大的累加误差，且容易产生累加饱和现象；

③ 控制量以全量输出，误动作影响大。

2. 增量型控制算法

求出每步的控制量　　　　　　$\Delta u(k) = u(k) - u(k-1)$

因为　　　　$u(k-1) = K_P e(k-1) + K_I \sum_{i=0}^{k-1} e(i) + K_D \left[e(k-1)-e(k-2) \right]$

所以增量型控制量为

$$
\begin{aligned}
\Delta u(k) &= u(k) - u(k-1) \\
&= K_P \left[e(k)-e(k-1) \right] + K_I e(k) + K_D \left[e(k)-2e(k-1)-e(k-2) \right] \\
&= q_0 e(k) + q_1 e(k-1) + q_2 e(k-2)
\end{aligned}
$$

式中，$q_0 = K_P \left(1 + \dfrac{T}{T_I} + \dfrac{T_D}{T} \right)$，$q_1 = -K_P \left(1 + \dfrac{2T_D}{T} \right)$，$q_2 = K_P \dfrac{T_D}{T}$。

在增量型控制算法中，只需要知道当前值及两个历史输入值就可求出当前的控制增量，如步进电机的步进量。步进电机可等效为积分环节，能保持以往的位置量，只要控制器给出一个位移增量，步进电机就可在原位置的基础上前进或后退一步。

增量型控制算法的特点是：

① 增量仅与最近几次采样值有关，累加误差小；

② 控制量以增量输出，仅影响本次的输出，误动作影响小，且不会产生积分饱和现象；

③ 易于实现手动到自动的无冲击切换。

进一步，可写出位置算法的递推式为

$$u(k) = u(k-1) + \Delta u(k) = u(k-1) + q_0 e(k) + q_1 e(k-1) + q_2 e(k-2) \tag{5-49}$$

采用这种递推式要求控制器必须具有保持功能，能够保持上一次的输出值。

综上所述，可以看到，非递推式与递推式、全量算法与增量算法虽然只是数学上的等效变换，但在物理系统上却代表了不同的实现方法，对不同的执行机构应选择不同的控制算法，这是工程实践中应十分注意的问题。另外，还要注意，离散 PID 算法并不是简单地用数字控制器去模仿连续 PID 规律，而是要充分结合与利用计算机的特点，实现更加复杂的逻辑运算、灵活多样的控制功能甚至智能化的控制方案。

5.2.3　PID 算法数字控制器的改进

在 PID 控制中，针对控制系统中存在的各种不利因素，对控制规律进行调整改进，以使系统的性能指标达到最佳。可分别从积分、微分两方面进行改进。

1. 积分项的改进

积分的作用是积累误差，最终消除稳态误差，但同时也引入了相位滞后，使系统的响应变慢。

1）积分分离法

问题的提出：偏差较大时，积分的滞后作用会影响系统的响应速度，引起较大的超调并加长过渡过程，尤其对时间常数较大、有时间滞后的被控对象，更加剧了振荡过程。

改进方案：偏差较大时，取消积分作用，进行快速控制；偏差较小时，投入积分作用，消除静差。

算法描述：引入分离系数 k_i，且

$$k_i = \begin{cases} 1, & \text{当 } |e(k)| > \beta \text{ 时，采用PD控制} \\ 0, & \text{当 } |e(k)| \leqslant \beta \text{ 时，采用PID控制} \end{cases}$$

位置型控制量

$$u(k) = K_P \left\{ e(k) + k_i \frac{T}{T_I} \sum_{i=0}^{k} e(i) + \frac{T_D}{T} [e(k) - e(k-1)] \right\}$$

增量型控制量

$$\Delta u(k) = K_P [e(k) - e(k-1)] + k_i K_I e(k) + K_D [e(k) - 2e(k-1) - e(k-2)]$$

积分分离阈值 β 需根据实际对象的特性及系统的性能指标确定。通过观察阶跃响应的仿真曲线来判断控制效果将是一个直接的方法。积分分离 PID 控制结构图如图 5-23 所示。

2）抗积分饱和法

问题的提出：对于数字控制系统，由于存储器或 D/A 转换器位数的限制，其输出的控制量有最小值和最大值的限制。例如，0～5V 的电压控制量用 8 位字长的 D/A 转换器进行转换时，其最小值 00H，最大值为 FFH，分别对应调节阀的全关或全开位置。当偏差较大或积分时间较长时，控制器计算出的控制量有可能超出 0～5V 的范围，但 D/A 转换器的输出已达极限值，不可能更小或更大，也就是说，调节阀不可能有进一步的调节作用。这就是积分饱和现象。系统进入饱和区后，饱和越深，退饱和的时间越长，易引起较大的超调量。

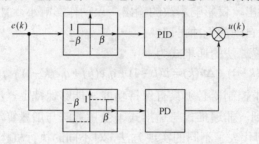

图 5-23　积分分离 PID 控制结构图

改进方案：对输出进行限幅，同时切除积分作用。最大幅值为 $|E_m|$。

算法描述：当 $u(k)<$ 00H 时，取 $u(k) =$ 00H　　（最小值）

当 $u(k)>$ FFH 时，取 $u(k) =$ FFH　　（最大值）

抗积分饱和 PID 控制结构图如图 5-24 所示。

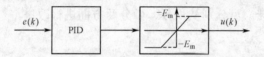

图 5-24　抗积分饱和 PID 控制结构图

3）梯形积分法

问题的提出：原积分项以矩形面积求和近似，精度不够，应提高积分项的运算精度。

改进方案：将矩形积分改为梯形积分，即

$$\int_0^t e(t)\mathrm{d}t \approx \sum_{i=0}^{k} \frac{e(i)+e(i-1)}{2}T$$

4）消除积分不灵敏区法

问题的提出：在定点运算或 A/D 转换中，小于量化误差 ε 的值将作为 0 处理。较短的字长将有较大的量化误差。从增量算法的积分项 $\Delta u(k) = K_I e(k) = K_P \dfrac{T}{T_I} e(k)$ 可见，当采样周期较小、积分时间较长时，容易出现积分增量小于量化误差的情况，从而丢失数据，使积分作用消失。这称为积分不灵敏区。

【例 5-16】　设温度量程为 0℃～1500℃，定点运算及 A/D 转换长度为 8 位，$K_P = 1$，$T_I = 10\,\mathrm{s}$，$T = 1\,\mathrm{s}$。问积分不灵敏区为多少？

解：若采用截尾量化误差，则截尾量化误差为

$$\varepsilon = \frac{1500℃}{2^8-1} \approx 5.88℃$$

这是积分不灵敏区。

当积分控制增量 $\Delta u(k) = K_{\mathrm{P}} \dfrac{T}{T_{\mathrm{I}}} e(k) < \varepsilon \approx 5.88℃$ 时，计算机就作为 0 处理，使 $\Delta u(k) = 0$，此时对应温度的偏差为 $e(k) < 58.8℃$，即当温度偏差小于 58.8℃ 时，计算机会认为没有偏差而使积分作用消失，系统最终会存在残差。

改进方案如下。

① 增加 A/D 转换的位数，提高转换精度，减小不灵敏区，例如，当位数增加到 12 位时，$\varepsilon = 1500℃/(2^{12} - 1) \approx 0.37℃$。

② 将小于量化误差的各次积分项累加起来 $S_{\mathrm{I}} = \displaystyle\sum_{i=1}^{n} \Delta u_{\mathrm{I}}(i)$，当累加值 $S_{\mathrm{I}} > \varepsilon$ 时，输出 $\Delta u(k) = S_{\mathrm{I}}$，同时将累加器清零，为下一次累加做准备。

2．微分项的改进

微分的作用是按变化趋势超前控制，加快动态响应速度，减小超调量，但同时也对高频干扰敏感，使系统受噪声的影响。数字 PID 控制器微分作用的分析如下。

由式（5-48）可知位置型控制量的微分作用为

$$u_{\mathrm{D}}(k) = \frac{T_{\mathrm{D}}}{T}[e(k) - e(k-1)]$$

上式两边求 Z 变换得

$$U_{\mathrm{D}}(z) = \frac{T_{\mathrm{D}}}{T} E(z)(1 - z^{-1})$$

当控制器的输入信号为单位阶跃信号时，即

$$E(z) = \frac{1}{1 - z^{-1}}$$

微分作用为

$$U_{\mathrm{D}}(z) = \frac{T_{\mathrm{D}}}{T} \frac{1}{1 - z^{-1}}(1 - z^{-1}) = \frac{T_{\mathrm{D}}}{T}$$

其时间序列为

$$u_{\mathrm{D}}(0) = \frac{T_{\mathrm{D}}}{T}, \ u_{\mathrm{D}}(1) = u_{\mathrm{D}}(2) = \cdots = 0$$

上式表明数字微分器的作用仅持续一个采样周期，且由于 $T_{\mathrm{D}} \gg T$，微分作用是很强的。由此带来的问题是：一个采样周期的控制时间对执行机构来说太短，且实际的微分作用被控制器输出的限幅作用所限，不足以使机构产生期望的动作；微分作用仅在第一个周期起作用，不能按照偏差变化的趋势在整个调节过程起作用，不足以克服惯性；很强的微分对高频干扰起到加剧作用。为此应对微分项进行改进。

1）不完全微分 PID 控制算法

问题的提出：对于高频扰动的生产过程，微分作用响应过于灵敏，容易引起控制过程振荡；另外，执行机构在短时间内达不到应有的开度，会使输出失真。

改进方案：在标准 PID 输出后串联一阶惯性环节，构成不完全微分 PID 控制，如图 5-25 所示。

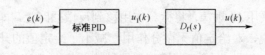

图 5-25　不完全微分结构图

一阶惯性环节传递函数为
$$D_f(s) = \frac{1}{T_f s + 1}$$

标准 PID 传递函数为
$$D(s) = \frac{U(s)}{E(s)} = K_P\left(1 + \frac{1}{T_I s} + T_D s\right)$$

则 PID 输出为
$$U(s) = D_f(s)U_1(s) = \frac{1}{T_f s + 1}K_P\left(1 + \frac{1}{T_I s} + T_D s\right)E(s) \qquad (5\text{-}50)$$

式中，微分作用为
$$U_D(s) = \frac{1}{T_f s + 1}T_D s E(s)$$

求拉氏反变换为
$$T_f\frac{du_D(t)}{dt} + U_D(t) = T_D\frac{de(t)}{dt}$$

用后向差商离散化得
$$T_f\frac{U_D(k) - U_D(k-1)}{T} + U_D(k) = T_D\frac{e(k) - e(k-1)}{T}$$

整理得
$$U_D(k) = \frac{T_f}{T + T_f}U_D(k-1) + \frac{T_D}{T + T_f}[e(k) - e(k-1)]$$

对于阶跃输入有
$$e(k) = 0,\ k < 0\ ;\ e(k) = 1,\ k \geqslant 0$$

则控制的时间序列为
$$u_D(0) = \frac{T_D}{T + T_f}$$

$$u_D(1) = \frac{T_f T_D}{(T + T_f)^2}$$

$$u_D(2) = \frac{T_f^2 T_D}{(T + T_f)^3}$$

……

可见，各采样周期的微分输出不为零，贯穿整个调节过程；以阶梯形状递减，与连续的微分调节作用十分相似，其值可通过惯性环节的时间常数 T_f 调整；第一个采样周期的

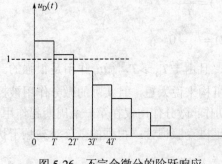

图 5-26 不完全微分的阶跃响应

$u_D(0) = \dfrac{T_D}{T + T_f} \ll \dfrac{T_D}{T}$，不易使输出超限；同时，惯性环节也是一阶低通滤波器，可使误差信号中的高频干扰受到抑制。不完全微分的阶跃响应如图 5-26 所示。

根据式（5-49）和式（5-50）得到不完全微分 PID 控制算法的递推公式为

$$u(k) = \frac{T_f}{T_f + T}u(k-1) + \frac{T}{T_f + T}\left\{K_P e(k) + K_I\sum_{i=0}^{k}e(i) + K_D[e(k) - e(k-1)]\right\}$$

2）微分先行 PID 控制算法

问题的提出：突加的给定值（升或降）会给系统带来冲击，引起超调量过大，执行机构动作剧烈。

改进方案：调节器采用 PI 规律，将微分作用移到反馈回路上，即只对被控量微分，不对输入偏差微分，也就是说，对给定值无微分作用，减小了给定值的升降对系统的直接影响。

常规 PID 控制系统与微分先行 PID 控制系统结构图如图 5-27 所示。

常规 PID 控制系统的闭环传递函数为

$$\frac{Y(s)}{R(s)} = \frac{G_{c1}(s)G_{c2}(s)G_0(s)}{1+G_{c1}(s)G_{c2}(s)G_0(s)} \qquad (5\text{-}51)$$

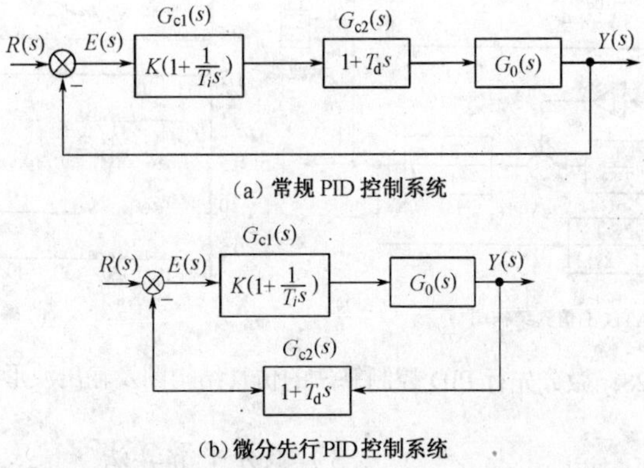

（a）常规 PID 控制系统

（b）微分先行 PID 控制系统

图 5-27　常规 PID 控制系统与微分先行 PID 控制系统结构图

微分先行 PID 控制系统的闭环传递函数为

$$\frac{Y(s)}{R(s)} = \frac{G_{c1}(s)G_0(s)}{1+G_{c1}(s)G_{c2}(s)G_0(s)} \qquad (5\text{-}52)$$

比较式（5-51）与式（5-52）可知，两个系统的分母（特征多项式）相同，表明两个系统过渡过程的动态稳定性是相同的，但式（5-52）的分子比式（5-51）的分子少了一项 $G_{c2}(s) = 1+T_d s$，即少了一个闭环零点。由反馈控制原理可知，闭环零点将引起系统的动态波动。少一个闭环零点可改善动态品质，故微分先行 PID 控制的动态特性要优于常规 PID 控制的动态特性。也可从图 5-27（b）定性分析，PI 控制器对被控量的偏差及偏差的变化速度进行控制，加强了微分作用，使得动态品质得以改善。

利用不完全微分 PID 的结论，微分先行项可设置为

$$G_{c2}(s) = \frac{1+T_d s}{1+rT_d s}$$

式中，r 为微分增益系数，调整 r 的大小可改变微分的施加量。

【例 5-17】　设被控对象为

$$G_0(s) = \frac{54}{s^2+18s+1}$$

输入信号是脉宽为 20s、周期为 50s 的脉冲信号（以此模拟给定值的频繁升降）。根据性能指标设计 PID 调节器为

$$D(s) = 0.5\left(1+\frac{1}{3.5s}+2s\right)$$

现将微分作用移到反馈回路上，并取微分增益系数为 r=0.5。

微分先行 PID 控制算法的仿真结构图及输出波形图如图 5-28 所示。图 5-28（b）中的曲线 1 为标准 PID 控制的响应波形，曲线 2 为微分先行 PID 控制的响应波形，由比较可知，微分先行 PID 的控制质量无论在快速性方面还是在抑制超调量方面都要优于标准 PID 控制。对该控制规律进行离散化，得到离散控制系统。

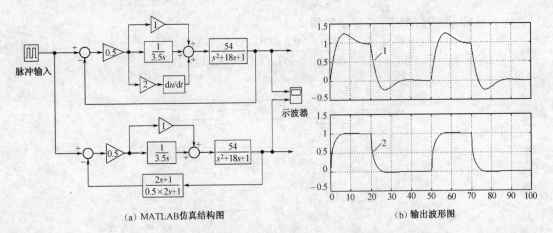

(a) MATLAB仿真结构图　　　　　　　(b) 输出波形图

图 5-28　微分先行 PID 控制算法的仿真结构图及输出波形图

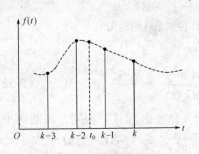

图 5-29　微分平滑原理图

3）微分平滑算法

问题的提出：微分运算对高频干扰十分敏感。当用后向差商对微分运算进行离散化时，若输入 $e(t)$ 或 $e(t-1)$ 受到了干扰，由于采样周期相对较小，经差商运算后就会将干扰信号放大，控制信号失真。

改进的方案：采用微分平滑原理，如图 5-29 所示。

以 $t_0 = k - 1.5T$ 为中心点，并设该时刻的输入值为 $e(t_0)$，取邻近 4 个采样点的微分平均值作为微分控制器的输出，即

$$u(k) = \frac{T_d}{4}\left[\frac{e(k) - e(t_0)}{1.5T} + \frac{e(k-1) - e(t_0)}{0.5T} + \frac{e(t_0) - e(k-2)}{0.5T} + \frac{e(t_0) - e(k-3)}{1.5T}\right]$$

$$= \frac{T_d}{6T}[e(k) + 3e(k-1) - 3e(k-2) - e(k-3)]$$

$$= \frac{T_d}{6T}e(k) + \frac{T_d}{2T}e(k-1) - \frac{T_d}{2T}e(k-2) - \frac{T_d}{6T}e(k-3)$$

从上式可见，若其中某个采样点的值受到干扰，对总输出的影响将减小，起到微分平滑的作用。

3. 时间最优 PID 控制算法

问题的提出：在积分分离 PID 控制器中，虽然设计的主要目的是，当偏差较大时取消积分作用，进行快速控制；当偏差较小时，投入积分作用，消除静差。但当系统的偏差逐步减小时，控制器的比例部分也在逐步减少，微分部分则由于误差信号逐渐趋于平缓也在逐渐减少，这样，PID 控制总的控制量在下降，系统的运动速度减慢，过渡过程较长。这对于控制时间要求高的系统显然不符合要求。

解决方法：利用庞特里亚金最小值原理。该最小值原理提出了一种当控制向量的集合为有界闭集时求解极值的方法，就是最短时间控制（或时间最优控制）问题。具体地说，就是在有界的控制量 $u(t) \leq 1$ 控制下，使状态变量从一个初始状态转移到另一个状态所经历的时间

最短。在工程上，为了控制简单，只取 $u(t)=+1$ 或 $u(t)=-1$ 两个值，这样，系统的控制量只有两种情况，按照一定的规则一次一次地切换下去，使状态以最短时间接近目标值。这种切换控制称为棒—棒控制，或开关控制。开关控制虽然可实现快速控制，但却难以保证足够高的定位精度，因此在精度要求的范围内可用 PID 控制。作为类比，可将棒—棒控制看做粗调，而将 PID 控制看做微调。对于高精度的快速伺服系统采用棒—棒控制与数字 PID 控制相结合的方法是一个很有效的方法。其控制结构图如图 5-30 所示。

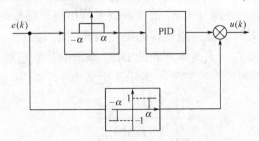

图 5-30　棒—棒控制与数字 PID 控制相结合

控制算法为　　$|e(k)|=|r(k)-y(k)| \begin{cases} >\alpha，棒—棒控制，提高快速性 \\ \leqslant \alpha，PID控制，提高精度 \end{cases}$

4．带死区的 PID 控制算法

问题的提出：在有些生产过程中，不希望执行机构动作过于频繁，以防止由于频繁动作引起振荡。

解决方案：设置控制死区，在死区内控制器无动作。

控制算法为　　$P(k)=\begin{cases} e(k)，当 |r(k)-y(k)|=|e(k)|>\varepsilon \\ 0，\quad 当 |r(k)-y(k)|=|e(k)|\leqslant \varepsilon \end{cases}$

控制结构图如图 5-31 所示。

5.2.4　PID 算法数字控制器的参数整定

工程技术人员对模拟 PID 调节器参数的整定比较熟悉，整定方法也比较成熟。数字 PID 调节器与模拟 PID 调节器都是控制同一个对象，两种

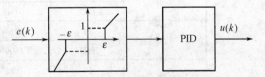

图 5-31　带死区的 PID 控制结构图

调节器之间只差一个因素，就是采样周期。如果采样周期相对于对象的纯滞后时间或时间常数而言要小得多，那么两种调节器实际是一样的。这样，完全可以把模拟 PID 调节器的成熟的整定方法移植过来，用于数字 PID 调节器参数的整定。两者的区别是，数字 PID 调节器除了要确定 K_P、T_I、T_D 之外，还要确定采样周期 T。不过，由于在进行调节器参数整定工作时，T 值早在系统设计时就已经确定，在此不必再做选择工作，取相同的值即可。万一这样做有困难，在这里另行选择也是允许的，只是应该比预计的采样周期要小，通常为对象纯滞后的1/10 左右。

如果已经知道了被控对象的动态参数，那么，要整定 PID 调节器的参数是一件较为容易的事。但困难的是，不知道对象的动态参数，因此许多成熟的整定计算方法都不能用。本节将介绍几种在不知道对象参数的情况下常用的 PID 调节器参数整定方法。很容易想到，这些方法必定是粗糙的、简易的、经验的，得出的整定参数值必须在实际运行中修正，直到满意为止。

1. 扩充临界比例度法

这是模拟调节器最常用的一种方法。通常，称比例系数 K_P 的倒数 δ 为比例度。在数字调节器中，整定步骤如下。

（1）确定一个 DDC（直接数字控制）的采样周期 T。

（2）令 DDC 为纯比例 K_P 控制。使 K_P 置于较小位置（或比例度较大位置），$T_I = \infty$，$T_D = 0$，使系统成为闭环工作。然后逐渐加大 K_P 值，直到系统出现等幅振荡。记下此时的比例增益，称为临界比例增益 K_K，此时的振荡周期称为临界振荡周期 T_K。

（3）按照得到的 K_K 和 T_K，人为地判断此 DDC 系统的控制质量与模拟调节器系统的控制质量相比是否接近。接近程度用控制度 φ 表示，定义为

$$\varphi = \frac{[\int_0^\infty e^2(t)\ \mathrm{d}t]_{\text{DDC}}}{[\int_0^\infty e^2(t)\ \mathrm{d}t]_{\text{ANA}}}$$

这里用误差平方积分来表示系统的控制质量，DDC 和 ANA 分别表示数字调节器和模拟调节器。显然，因为采样周期不是无限小的，它必定会影响系统质量，所以，上式的分子必大于分母，控制度必大于 1。如果控制度接近 1，则说明 DDC 系统质量很好；其离开 1 越大，则系统质量越差。上式的控制度定义只有概念上的意义，缺乏可操作性。这一步按照 K_K 和 T_K，选择一个合适的控制度，再通过查表 5-5 求出 K_P、T_I、T_D。

表 5-5　比例度法 PID 参数整定表

控 制 度	控 制 规 律	T/T_K	K_P/K_K	T_I/T_K	T_D/T_K
1.05	PI	0.03	0.53	0.88	—
	PID	0.014	0.63	0.49	0.14
1.20	PI	0.05	0.49	0.91	—
	PID	0.043	0.47	0.47	0.16
1.50	PI	0.14	0.42	0.99	—
	PID	0.09	0.34	0.43	0.20
2.00	PI	0.22	0.36	1.05	—
	PID	0.16	0.27	0.40	0.22
模拟调节器	PI	—	0.57	0.83	—
	PID	—	0.70	0.50	0.13

如何按照 K_K 和 T_K 来选择合适的控制度呢？现给出几条原则如下。

① 关于 PI。若 K_K 较大，则说明与 K_P 串联连接的对象放大系数 K 较小。这就允许选择较大的 K_P 值，相当于选择控制度小些；否则，如果选择大的控制度，因为对应的 K_P 值较小，$K_P K$ 也较小，将导致静态误差加大，动作迟钝，速度变慢。若 K_K 较小，则说明与 K_P 串联连接的对象放大系数 K 较大，这时应选择较小的 K_P 值，相当于选择控制度大些；否则，系统放大系数更大，会导致不稳定。

② 若 T_K 较大，则说明对象及其连接部件构成的系统动作缓慢，调节时间较长，积分（滞后）作用较弱，这时应选择较小的 T_I 值，以便加强积分作用，加快动作速度，改善稳态品质，这相当于选择小的控制度。若 T_K 较小，则说明原系统已有较强的积分作用，动作速度已足够，

这时 T_I 的选值应较大些，即选择大的控制度；否则，若再减小 T_I，将使积分作用再加强，而导致系统不稳定。

③ 关于 PID。T_D 只要取值适当就可以改善系统的动态特性，例如，使动作加速，超调减小，调节时间缩短等。表 5-5 考虑了适当取值。K_K 与 T_D 对动态特性的作用趋向相同。K_K 大时，T_D 宜取小值；或反之，T_K 小时，T_D 可取大值。按此来选择控制度。

根据上述 3 条原则，控制度可以如此选择：

- 若 K_K 和 T_K 均较大，可选择较小的控制度；
- 若 K_K 和 T_K 均较小，可选择较大的控制度；
- 若 K_K 和 T_K 不大又不小，可取控制度的中间值；
- 若 K_K 和 T_K 一大一小，按上面原则再看有无其他要求，可取适当的控制度。

（4）按求得的参数值加到 DDC 系统中运行，观察运行效果。改变控制度或改变某个参数，直到控制质量满意为止。

本方法存在的问题是，在被控对象上做实验时，要令闭环系统达到临界稳定状态，即产生稳定的振荡，而且为了得到正确的读数，要重复试验多次。这对某些生产过程是不允许的，对系统设备的工作和寿命都是不利的。

2. 扩充响应曲线法

本方法类似于模拟调节器参数整定方法中的响应曲线法，数字调节器也有扩充响应曲线法。应用本法时，认为对象具有滞后自平衡特性（即滞后环节加一阶惯性环节 $\dfrac{K}{T_0 s + 1} e^{-\tau s}$，多数工业对象具有如此模型），然后在该对象上做实验，测出对象的纯滞后时间 τ 和时间常数 T_0，其余步骤与扩充临界比例度法相似。表 5-6 给出了响应曲线法 PID 参数整定表。

表 5-6　响应曲线法 PID 参数整定表

控制度	控制规律	T/τ	$K_P/(T_0/\tau)$	T_I/τ	T_D/τ
1.05	PI	0.10	0.84	3.40	—
	PID	0.05	1.15	2.00	0.45
1.20	PI	0.20	0.78	3.60	—
	PID	0.16	1.00	1.90	0.55
1.50	PI	0.50	0.68	3.90	—
	PID	0.34	0.85	1.62	0.65
2.00	PI	0.80	0.57	4.20	—
	PID	0.60	0.60	1.50	0.82
模拟调节器	PI	—	0.90	3.30	—
	PID	—	1.20	2.00	0.40

一个对象的纯滞后大小是相对于对象的惯性而言的，常以比值 T_0/τ 表示。τ 的大小对系统性能影响很大。当 τ 变大时，系统的稳定性能变坏；当 τ 达到某一临界值时，系统成为不稳定的。而放大系数和积分作用对系统的影响与此相似，即放大系数变大和积分作用变强都会使系统稳定性变坏。此外，微分的作用与积分相反，T_D 越大，系统越趋稳定。这样，完全可以按 τ 的大小来选择控制度。其原则如下：

① 若 T_0/τ 较小，即 τ 较大，宜选择较大的控制度，即对应于较小的 K_P 和较大的积分时间 T_I；

② 若 T_0/τ 较大，即 τ 较小，宜选择较小的控制度；

③ 若 τ 较小，T_D 不必选大，宜选择较小的控制度，若 τ 较大，T_D 可取大些，宜选择较大的控制度。

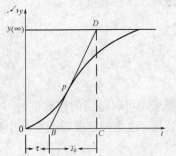

图 5-32 被控对象阶跃响应特性曲线

本方法只要求取得对象两个参数 T_0 和 τ 的数据。如果把对象的阶跃响应特性测出来，这两个参数便可求得。令调节器不接入系统，用手动操作。先使对象输出值稳定于给定值附近，再开始测试。改变手动值，输入一个阶跃作用值 x_0（其大小为稳态值的 5%～15%），用记录仪表记录下整个输出量的变化过程曲线，如图 5-32 所示。

在最大斜率处作切线，由图可求得

$$\tau = \overline{OB}, \quad T_0 = \overline{BC}, \quad K = \frac{y(\infty) - y(0)}{x_0}$$

本法在对被控对象做实验时，所加的阶跃信号偏离正常的稳定值并不太大，故对生产过程的影响较小。

3. PID 参数归一法

顾名思义，这是将 PID 参数归结为一个参数的方法。微分时间 T_D 在一定范围内取值可以改善系统的动态性能，超出此范围时，系统动态性能反而变坏。同样，积分时间 T_I 的取值也是有一定范围的，T_I 过小时（积分过强），稳定性变差；过大时，稳态误差大。经过大量的研究工作，得到了如下的 T、T_I、T_D 与 T_K 之间的关系

$$T \approx 0.1T_K, \quad T_I \approx 0.5T_K, \quad T_D \approx 0.125T_K$$

式中，T_K 为纯比例控制时的临界振荡周期。如果将这组关系代入 PID 算式中，问题将大为简化。重写 PID 的增量型算式为

$$\Delta u(k) = u(k) - u(k-1) = q_0 e(k) + q_1 e(k-1) + q_2 e(k-2)$$

式中，$q_0 = K_P\left(1 + \dfrac{T}{T_I} + \dfrac{T_D}{T}\right)$, $q_1 = -K_P\left(1 + \dfrac{2T_D}{T}\right)$, $q_2 = K_P\dfrac{T_D}{T}$。

将 3 个参数代入，得差分方程

$$\Delta u(k) = K_P[2.45e(k) - 3.5e(k-1) + 1.25e(k-2)]$$

这样，4 个参数便简化为只有一个参数。整定一个参数的方法很多，其简化了在线调整参数的操作。参数归一法特别适用于一台终端机控制多个控制回路的 PID 参数整定的场合，例如，当直接数字控制（DDC）系统的控制回路有数十个甚至数百个之多时特别有用。

4. PID 参数试凑法

如果对象特性参数完全不知，或者对象参数全部已知但要用系统仿真方法来整定 PID 的 3 个参数，可以采用参数试凑法。

1）对象特性参数完全不知

将调节器接入，构成闭环系统。在系统输出处设置监测仪表，观察系统输出响应。令 $T_I=\infty$，$T_D = 0$，首先整定比例部分。将 K_P 逐点由小变大，并反复改变 K_P 值，同时观察相应点的输出

值，直到得到过渡时间短、超调量小的响应曲线为止。再观察稳态误差是否在允许范围内，若均属满意，可确定 K_P 值，整定结束，说明此系统只需比例调节即可。如果超调量虽满意但稳态误差过大，还必须加入积分调节。

将初步确定的 K_P 值减小为原来的 80% 左右，令 T_I 逐点由大变小，并反复改变 K_P、T_I 值，同时观察相应点的输出值，直到得到过渡时间短、超调量小、稳态误差在允许范围内的响应曲线。若已满意，可确定 K_P、T_I 值，整定结束，说明此系统为比例积分调节。如果稳态误差满意，但快速性不好，过渡时间过长，可加入微分环节。

令 T_D 由 0 逐点变大，但最大不要超过 $(0.15\sim0.2)\,T_I$，并反复改变 K_P、T_I 和 T_D 值，同时观察相应点的输出值，直到得到过渡时间短、超调量小、稳态误差在允许范围内的响应曲线为止。若已满意，可确定 K_P、T_I 和 T_D 值，整定结束，说明此系统为比例积分微分调节。

2）用闭环系统仿真法

确定整定参数，选好仿真软件，编制闭环系统仿真程序。将已知的对象参数输入程序中，即可开始用试凑法整定参数。其方法与步骤同上面的一样，区别是用仿真曲线来观察响应，而不用监测仪表。

5.3 数字控制器的直接设计方法

离散系统数字控制器 PID 设计方法，是基于连续系统 PID 控制器的设计，然后用计算机进行数字模拟的一种方法。这种方法不改变被控对象的连续性，可以充分利用连续系统中成熟完善的 PID 控制规律，对系统进行调节，以使其达到给定的性能指标及精度范围。但是，这种连续化设计方法通常要求采样周期足够短，以使由采样保持器引起的相位滞后的影响足够小，这对于某些系统来说是有困难的；另外，PID 算法固定，可调节的参数简单，对一些性能指标要求较高的系统可能无能为力。因此，必须从对象的特性出发，将被控对象以离散模型表示，直接基于采样系统理论，对离散系统进行分析与综合，寻求改善系统性能指标的各种控制规律，以保证设计出的数字控制器满足系统稳定性、准确性、快速性的要求。这种设计方法称为直接设计方法，设计过程中不做任何的假设和近似，没有试图忽略零阶保持器的存在，因而比连续化设计方法具有更高的精度。直接法设计方法流程图如图 5-33 所示。

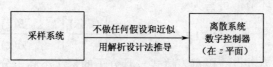

图 5-33 数字控制器的直接设计方法流程图

一个控制系统，应按物理可实现性、稳定性、准确性、快速性等指标进行设计。

① 物理可实现性是指设计的控制器必须在物理上是可实现的。

② 稳定性是指系统在外界扰动下偏离原来的平衡状态，在扰动消失后，系统自身有能力恢复到原来平衡状态的特性。如果系统对有界输入 u 所引起的响应 y 是有界的或收敛的，则系统为输出稳定的。如果控制器的输出量是无界的，则输出一定是无界的，即不稳定的。因此，所设计的控制器的输出必须是收敛的。

③ 准确性是指系统对稳态误差的要求，要求稳态误差为零或在某个精度范围内。若稳态误差为零，则称为无差系统。

④ 快速性是指系统输出跟踪输入信号的调节时间的要求，要求调节时间尽可能短。当误差达到指定稳态误差精度时，称为调节过程结束。对离散系统，调节是按每个采样周期实施的，一个采样周期称为 1 拍。若调节时间为有限拍，且拍数或步数是最少的，则称为最少拍系统。最少拍控制实际上就是时间最优控制。

5.3.1 最少拍无差系统

计算机控制系统的结构图如图 5-34 所示。图中，$G_0(s)$ 为广义对象的传递函数，$G(z)$ 为广义对象的 Z 传递函数，$D(z)$ 为数字控制器，$E(z)$ 为误差的 Z 传递函数，$\Phi(z)$ 为闭环系统的 Z 传递函数，$R(z)$、$Y(z)$ 分别为输入、输出的 Z 传递函数。

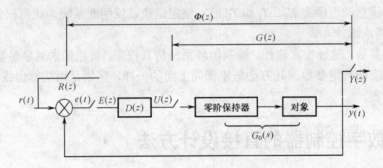

图 5-34　计算机控制系统的结构图

在控制系统中，给定值的突变或扰动的突现，会使响应偏离期望值，出现偏差。当偏差存在时，总希望系统在有限个采样周期内进入稳态（即误差达到恒定），且在采样点的误差为零。最少拍无差随动系统的设计目的就是在典型输入下，设计一个数字控制规律 $D(z)$，使闭环系统响应在最少个采样周期内，采样点的输出能准确跟踪输入信号，稳态误差为零。但应注意，对任意两个采样点之间的过程不做此要求。下面通过解析设计法对系统进行分析。

广义对象 Z 传递函数为

$$G(z) = (1 - z^{-1})Z\left[\frac{G_0(s)}{s}\right]$$

若被控对象包含纯滞后环节，可写为

$$G(z) = z^{-d}(1 - z^{-1})Z\left[\frac{G_0'(s)}{s}\right] = z^{-d}\frac{B(z)}{A(z)} \tag{5-53}$$

式中，$B(z)$、$A(z)$ 分别为零点、极点表达式，且分子的幂次不高于分母的幂次。

闭环系统的 Z 传递函数为

$$\Phi(z) = \frac{D(z)G(z)}{1 + D(z)G(z)} \tag{5-54}$$

误差 Z 传递函数为

$$\Phi_e(z) = \frac{E(z)}{R(z)} = \frac{R(z) - Y(z)}{R(z)} = 1 - \Phi(z) = \frac{1}{1 + D(z)G(z)} \tag{5-55}$$

设根据输出响应性能指标及其他约束条件已经确定了 $\Phi(z)$，则可以由式（5-54）唯一地求出数字控制器的解析表达式为

$$D(z) = \frac{1}{G(z)} \cdot \frac{\Phi(z)}{1 - \Phi(z)} \tag{5-56}$$

或者由式（5-55）求出

$$D(z) = \frac{1}{G(z)} \cdot \frac{1 - \Phi_e(z)}{\Phi_e(z)} \tag{5-57}$$

或者写为

$$D(z) = \frac{1}{G(z)} \cdot \frac{\Phi(z)}{1 - \Phi(z)} = \frac{\Phi(z)}{G(z)\Phi_e(z)} \tag{5-58}$$

因此，根据 $D(z)$ 可求出控制算法 $u(k)$ 的递推计算公式，从而求出输出的脉冲序列 $y(k)$。从式（5-56）可见，当被控对象确定之后，$G(z)$ 是一定的，则 $D(z)$ 的求取主要取决于 $\Phi(z)$ 的特性，$\Phi(z)$ 的选择需根据稳定性、准确性、快速性等指标进行设计。下面分析 $\Phi(z)$ 的确定原则。

1. 由 $D(z)$ 的物理可实现性确定 $\Phi(z)$

将式（5-56）写为分子分母关于 z^{-1} 有理多项式次幂相除的形式，即

$$D(z) = \frac{U(z)}{E(z)} = \frac{\beta_m z^{-m} + \beta_{m-1} z^{-(m-1)} + \cdots + \beta_1 z^{-1} + \beta_0}{z^{-n} + \alpha_{n-1} z^{-(n-1)} + \cdots + \alpha_1 z^{-1} + \alpha_0}$$

Z 传递函数物理可实现的条件是分子的关于 z^{-1} 的幂次不高于分母的关于 z^{-1} 的幂次，而且当使用有限幅度的控制信号时，$D(z)$ 的物理可实现条件是 $m < n$，这样，$D(z)$ 的幂级数展开式中将不会出现 z 的正幂次项 z^d（其中 $d \geqslant 0$），即 $D(z)$ 展开式的最低幂次项为 z^{-1}。由式（5-56）可知，$\Phi(z)$ 幂级数展开式的最低幂次与 $D(z)$ 和 $G(z)$ 之积的幂级数展开式的最低幂次相同，设 $G(z)$ 的最低幂次也为 z^{-1}，则闭环脉冲传递函数应具有如下形式

$$\Phi(z) = \Phi_1 z^{-1} + \Phi_2 z^{-2} + \cdots + \Phi_N z^{-N} + \cdots \tag{5-59}$$

式中，$\Phi_1, \Phi_2, \cdots, \Phi_N, \cdots$ 是输出响应采样时刻的值，N 是拍数。

若被控对象包含纯滞后环节，则 $G(z)$ 必包含 z^{-d} 的因子，这样，在式（5-56）中，$1/G(z)$ 将产生 z^d 因子。为了抵消超前环节 z^d 的作用，必须使 $\Phi(z)$ 包含滞后环节 z^{-d}，从而使 $D(z)$ 的幂级数展开式中不会出现 z 的正幂次项。换言之，若被控对象含有纯滞后环节 e^{-dTs}，则闭环传递函数也应至少含有纯滞后环节 z^{-d}，形如

$$\Phi(z) = \Phi'(z) z^{-d} \tag{5-60}$$

式中，$\Phi'(z)$ 是传递函数的标准式，不含纯滞后环节。

2. 由系统的准确性确定 $\Phi(z)$

根据系统在采样点对稳态误差的要求来确定 $\Phi(z)$。由误差 Z 传递函数式（5-55）得

$$E(z) = \Phi_e(z)R(z) = [1 - \Phi(z)]R(z)$$

可见，误差的大小与输入信号有关。典型输入函数有单位阶跃输入函数、单位斜坡输入函数和单位加速度输入函数。

单位阶跃输入时 $\quad r(t) = 1(t),\ R(z) = \dfrac{z}{z-1} = \dfrac{1}{1 - z^{-1}}$

单位斜坡输入时 $\quad r(t) = t,\ R(z) = \dfrac{Tz}{(z-1)^2} = \dfrac{Tz^{-1}}{(1 - z^{-1})^2}$

单位加速度输入时 $\qquad r(t)=\dfrac{1}{2}t^2,\quad R(z)=\dfrac{T^2z(z+1)}{2(z-1)^3}=\dfrac{T^2(z^{-1}+z^{-2})}{2(1-z^{-1})^3}$

综合 3 种输入，用通式表示为 $\qquad r(t)=\dfrac{t^{q-1}}{(q-1)!}$

其 Z 变换为 $\qquad\qquad\qquad\qquad R(z)=\dfrac{C(z)}{(1-z^{-1})^q}$

式中，$C(z)$ 是不包含 $(1-z^{-1})$ 因子的关于 z^{-1} 的多项式，阶次为 $q-1$。

根据 Z 变换的终值定理，系统的稳态误差为

$$e(\infty)=\lim_{z\to1}(1-z^{-1})E(z)=\lim_{z\to1}(1-z^{-1})R(z)\varPhi_e(z)$$

$$=\lim_{z\to1}(1-z^{-1})\dfrac{C(z)}{(1-z^{-1})^q}\varPhi_e(z)$$

因为 $C(z)$ 不包含 $(1-z^{-1})$ 因子，欲使 $e(\infty)=0$，$\varPhi_e(z)$ 必须至少包含一个 $(1-z^{-1})^q$ 因子。

令 $\qquad\qquad\qquad\qquad \varPhi_e(z)=1-\varPhi(z)=(1-z^{-1})^q F(z)$

从而有 $\qquad\qquad\qquad \varPhi(z)=1-\varPhi_e(z)=1-(1-z^{-1})^q F(z)$ $\qquad$（5-61）

比较式（5-60）与式（5-61）可知，$F(z)$ 的首项必为 1。

令 $\qquad\qquad\qquad\qquad F(z)=1+f_1z^{-1}+f_2z^{-2}+\cdots+f_pz^{-p}+\cdots$

则误差为

$$E(z)=R(z)\varPhi_e(z)=\dfrac{C(z)}{(1-z^{-1})^q}(1-z^{-1})^q F(z)=C(z)F(z)$$

$$=e(0)z^0+e(T)z^{-1}+e(2T)z^{-2}+\cdots+[e(q+p-1)T]z^{-(q+p-1)}+\cdots$$

$$=\sum_{n=0}^{\infty}e(nT)z^{-n}$$

式中，$e(0),\ e(T),\ e(2T),\ \cdots,\ e(kT),\ \cdots,\ e(q+p-1)$ 为各个采样瞬间的系统误差。根据系统对稳态误差的精度要求来确定 $\varPhi(z)$。

3. 由系统的快速性确定 $\varPhi(z)$

系统的快速性是指系统对误差达到恒定时所需时间的要求。由于 $C(z)$ 的项数为 q，$F(z)$ 的项数为 p，故系统经过 $(q+p)$ 个采样周期（拍）之后，稳态误差为 0。欲使 $E(z)$ 尽快为 0，应使表达式中的项数最少，即拍数最少，因此选 $p=0$。此时 $F(z)=1$，则误差最少拍为 $N_{\min}=q$，此时系统称为最少拍控制系统。

最少拍控制闭环传递函数为 $\qquad\qquad \varPhi(z)=1-(1-z^{-1})^q$

最少拍控制误差传递函数为 $\qquad\qquad \varPhi_e(z)=(1-z^{-1})^q$

最少拍控制器为 $\qquad D(z)=\dfrac{1}{G(z)}\cdot\dfrac{\varPhi(z)}{\varPhi_e(z)}=\dfrac{1-(1-z^{-1})^q}{G(z)(1-z^{-1})^q}$ $\qquad$（5-62）

从式（5-62）可知，控制器的表达式与输入信号有关，某种控制算法针对指定的输入信号。下面分析在典型输入下的最少拍控制系统的特性。

1）单位阶跃输入（$q=1$）

闭环传递函数为 $\qquad \varPhi(z)=1-(1-z^{-1})^1=z^{-1}$

误差为 $\qquad E(z) = R(z)\Phi_e(z) = \dfrac{1}{1-z^{-1}}(1-z^{-1}) = 1 \cdot z^0 + 0 \cdot z^{-1} + 0 \cdot z^{-2} + \cdots$

输出为 $\qquad Y(z) = R(z)\Phi(z) = \dfrac{1}{1-z^{-1}}z^{-1} = z^{-1} + z^{-2} + z^{-3} + \cdots$

可见，只需 1 拍（一个采样周期），输出就能跟踪输入，在采样点处的稳态误差为 0。

2）单位速度输入（$q=2$）

闭环传递函数为 $\qquad \Phi(z) = 1 - (1-z^{-1})^2 = 2z^{-1} - z^{-2}$

误差为 $\qquad E(z) = R(z)\Phi_e(z) = \dfrac{Tz^{-1}}{(1-z^{-1})^2}(1 - 2z^{-1} + z^{-2}) = Tz^{-1} = 0 \cdot z^0 + Tz^{-1} + 0 \cdot z^{-1} + \cdots$

输出为 $\qquad Y(z) = R(z)\Phi(z) = \dfrac{Tz^{-1}}{(1-z^{-1})^2}(2z^{-1} - z^{-2}) = T(2z^{-2} + 3z^{-3} + 4z^{-4} + \cdots)$

可见，只需 2 拍，输出就能跟踪输入，在采样点处的稳态误差为 0。

3）单位加速度输入（$q=3$）

闭环脉冲传递函数为 $\qquad \Phi(z) = 1 - (1-z^{-1})^3 = 3z^{-1} - 3z^{-2} + z^{-3}$

误差为 $\qquad E(z) = R(z)\Phi_e(z) = 0 \cdot z^0 + \dfrac{1}{2}T^2 z^{-1} + \dfrac{1}{2}T^2 z^{-2} + 0 \cdot z^{-3} + \cdots$

输出为 $\qquad Y(z) = R(z)\Phi(z) = \dfrac{T^2}{2}[3z^{-2} + 9z^{-3} + 16z^{-4} + \cdots]$

可见，只需 3 拍，输出就能跟踪输入，在采样点处的稳态误差为 0。

典型输入的最少拍控制系统见表 5-7。

表 5-7　典型输入的最少拍控制系统

输入函数 $r(t)$ 或 $r(nT)$	输入函数 Z 变换 $R(z)$	误差传递函数 $\Phi_e(z)$	闭环传递函数 $\Phi(z)$	最少拍控制器 $D(z)$	调节时间 t_s
$1(t)$ 或 $1(nT)$	$\dfrac{1}{1-z^{-1}}$	$1-z^{-1}$	z^{-1}	$\dfrac{z^{-1}}{G(z)(1-z^{-1})}$	T
t 或 nT	$\dfrac{Tz^{-1}}{(1-z^{-1})^2}$	$(1-z^{-1})^2$	$2z^{-1} - z^{-2}$	$\dfrac{2z^{-1} - z^{-2}}{G(z)(1-z^{-1})^2}$	$2T$
$\dfrac{1}{2}t^2$ 或 $\dfrac{1}{2}(nT)^2$	$\dfrac{T^2(1+z^{-1})}{2(1-z^{-1})^3}$	$(1-z^{-1})^3$	$3z^{-1} - 3z^{-2} + z^{-3}$	$\dfrac{3z^{-1} - 3z^{-2} + z^{-3}}{G(z)(1-z^{-1})^3}$	$3T$

【例 5-18】　系统结构如图 5-34 所示。设被控对象的传递函数为

$$G_0(s) = \frac{2}{s(0.5s+1)}$$

采样周期为 $T=0.5\text{s}$，试设计在单位速度输入 $r(t) = t$ 时的最少拍无差数字控制器，并画出误差曲线、控制曲线和输出响应曲线。

解：广义对象为

$$G(z) = Z\left[G_h(s)G_0(s)\right] = Z\left[\frac{1-\mathrm{e}^{-Ts}}{s}G_0(s)\right] = (1-z^{-1})Z\left[\frac{G_0(s)}{s}\right]$$

$$= (1-z^{-1})Z\left[\frac{2}{s^2(0.5s+1)}\right] = (1-z^{-1})Z\left[\frac{2}{s^2} - \frac{1}{s} + \frac{1}{s+1}\right]$$

$$= (1-z^{-1})\left[\frac{2Tz^{-1}}{(1-z^{-1})^2} - \frac{1}{1-z^{-1}} + \frac{1}{1-e^{-2T}z^{-1}}\right]$$

当 $T=0.5\text{s}$ 时，$\qquad G(z) = \dfrac{0.368z^{-1}(1+0.718z^{-1})}{(1-z^{-1})(1-0.368z^{-1})}$

在输入 $r(t)=t$ 时，$\qquad q=2$，$u(nT)=[0 \ 1T \ 2T \ 3T \ 4T \cdots]$

最少拍系统数字调节器为

$$D(z) = \frac{1}{G(z)} \cdot \frac{\Phi(z)}{1-\Phi(z)} = \frac{1-(1-z^{-1})^q}{G(z)(1-z^{-1})^q} = \frac{5.435(1-0.5z^{-1})(1-0.368z^{-1})}{(1-z^{-1})(1+0.718z^{-1})}$$

误差为 $\qquad\qquad E(z) = R(z)[1-\Phi(z)] = Tz^{-1} = 0.5z^{-1}$

输出为 $\qquad\qquad y(z) = R(z)\Phi(z) = \dfrac{Tz^{-1}}{(1-z^{-1})^2}(2z^{-1}-z^{-2}) = T(2z^{-2}+3z^{-3}+4z^{-4}+5z^{-5}+\cdots)$

$y(t)$ 在各个采样时刻的值为 $y(nT)$，具体是

$$y(0)=y(T)=0 \ ; \quad y(2T)=2T=1 \ ; \quad y(3T)=3T=1.5 \ ; \quad y(4T)=4T=2$$

$$\cdots\cdots$$

可见，经过 2 拍之后，在采样点处，输出量完全等于输入量 $y(nT)=r(nT)$。

采用 Simulink 的仿真波形图如图 5-35 所示。

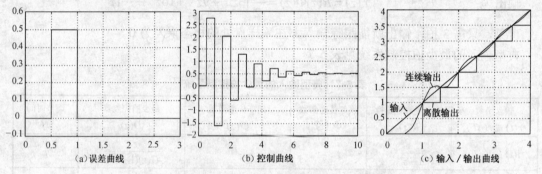

    （a）误差曲线   （b）控制曲线   （c）输入／输出曲线

图 5-35　采用 Simulink 的仿真波形图

从控制曲线可见，控制量逐渐减少，最终趋近于 0；误差为 2 拍，2 拍后误差为 0；输出响应曲线在采样点处的稳态误差为 0，但在两个采样点之间的误差不为 0。响应曲线经过采样点围绕着期望曲线波动，称为纹波，相应地，这种系统称为最少拍有纹波系统。纹波有可能是振荡的，将引起系统不稳定，对系统的工作是有害的。分析其原因是，在最少拍无差控制算法中，只考虑了采样点的误差特性，而对两个采样点之间的过程未做要求。要消除纹波，必须对控制算法进行改进。

若将输入改为阶跃函数，但已按斜坡输入设计的控制规律不变，此时输出为

$$y(z) = R(z)\Phi(z) = \frac{1}{1-z^{-1}}(2z^{-1}-z^{-2}) = 2z^{-1}+z^{-2}+z^{-3}+z^{-4}+\cdots$$

可见，对离散输出而言，在 $k=1$ 时，$y(T)=2$，超调达到 100%；在 $k \geqslant 2$ 时，输出能完全跟踪输入。波形图如图 5-36（a）所示。

若此时将输入改为单位加速度函数，输入信号为

$$r(nT) = T^2[0.5 \ 2 \ 4.5 \ 8 \ \cdots] \qquad\qquad\qquad (5-63)$$

输入信号 Z 变换为 $\qquad R(z) = T^2(0.5z^{-1}+2z^{-2}+4.5z^{-3}+8z^{-4}+\cdots) \qquad\qquad (5-64)$

此时输出为

$$Y(z) = R(z)\Phi(z) = \frac{T^2 z^{-1}(1+z^{-1})}{2(1-z^{-1})^3}(2z^{-1}-z^{-2}) \tag{5-65}$$

$$= T^2(z^{-2} + 3.5z^{-3} + 7z^{-4} + 11.5z^{-5} + \cdots)$$

可见，在 $k \geqslant 2$ 时系统趋于稳定，但输出对输入总存在静差。

将式（5-65）减去式（5-64）后得到输出对输入的静差为

$$e(\infty) = \lim_{z \to 1}(1-z^{-1})[Y(z) - R(z)] = -\frac{T^2}{2}$$

结果表明，在采样点处输出的稳态值比输入的稳态值低 $T^2/2$。波形图如图 5-36（b）所示。

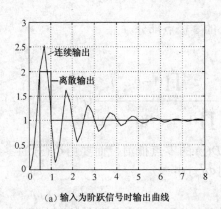
（a）输入为阶跃信号时输出曲线

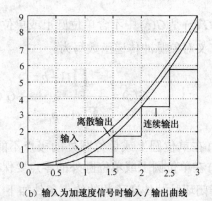
（b）输入为加速度信号时输入／输出曲线

图 5-36　输入信号改变时仿真波形图

以上的分析说明，最少拍误差控制器对输入的适应性差，一种典型的最少拍闭环脉冲传递函数只适应一种特定的输入，而不能适应各种输入。

4. 由系统的稳定性确定 $\Phi(z)$

前面关于控制器的设计中对被控对象未做具体的限制。实际上，只有当广义对象 $G(z)$ 是稳定的且不含纯滞后环节时才能按上面的方法设计，否则，应对数字调节器的设计原则做相应的限制。

① 当 $G(z)$ 含有不稳定极点，即极点落在 z 平面单位圆上和单位圆外时，从闭环 Z 传递函数的表达式（5-54）可见，$D(z)$ 与 $G(z)$ 总是成对出现的，那么，能否用 $D(z)$ 的零点抵消 $G(z)$ 的不稳定极点以实现闭环系统的稳定性呢？理论上，若零极点完全抵消，是可以的。但是在实际系统中，由于系统内部参数产生漂移及系统外部干扰的加入使环节的零极点发生变化，使得这种抵消往往不能实现，从而引起闭环系统不稳定。将式（5-55）代入式（5-54）得到闭环 Z 传递函数的另一个表达式为

$$\Phi(z) = D(z)G(z)\Phi_e(z) \tag{5-66}$$

可见，应该用误差 Z 传递函数 $\Phi_e(z)$ 的零点来抵消 $G(z)$ 的不稳定极点。因为 $\Phi_e(z)$ 含有单位圆上或单位圆外的零点并不影响自身的稳定性，且 $\Phi_e(z)$ 是闭环传递函数，其零点不容易漂移。

② 在式（5-53）中令 $d=0$，代入式（5-58）中，得

$$D(z) = \frac{1}{\dfrac{B(z)}{A(s)}} \cdot \frac{\Phi(z)}{\Phi_e(z)} = \frac{A(z)}{B(s)} \cdot \frac{\Phi(z)}{\Phi_e(z)} \tag{5-67}$$

可见，$G(z)$ 的零点成了 $D(z)$ 的极点。若 $G(z)$ 存在单位圆上或单位圆外的零点，$D(z)$ 将具有单位圆上或单位圆外的极点，这样，控制器的控制序列是不收敛的。在不收敛的控制量的作用下，被控量也不是收敛的，即不稳定的。为了抵消不稳定极点的影响，不能用 $\Phi_e(z)$ 中的极点来抵消，而应该使闭环 $\Phi(z)$ 的零点包含 $G(z)$ 的单位圆上或单位圆外的全部零点。同样，因为 $\Phi(z)$ 含有单位圆上或单位圆外的零点并不影响自身的稳定性，且 $\Phi(z)$ 是闭环传递函数，所以其零点不容易漂移。具体设计方法如下。

设 $G(z)$ 含有：

① u 个在 z 平面的单位圆上或单位圆外的零点 $b_1, b_2, \cdots, b_u$；

② v 个在 z 平面的单位圆上或单位圆外的极点 $a_1, a_2, \cdots, a_v$，而其中有 j 个极点在单位圆上；

③ $G'(z)$ 是 $G(z)$ 中不含单位圆上或单位圆外的零极点部分。

则广义对象脉冲传递函数写为

$$G(z) = \frac{z^{-d} \prod\limits_{i=1}^{u}(1 - b_i z^{-1})}{\prod\limits_{i=1}^{v}(1 - a_i z^{-1})} G'(z) = \frac{z^{-d} \prod\limits_{i=1}^{u}(1 - b_i z^{-1})}{\prod\limits_{i=1}^{v-j}(1 - a_i z^{-1})(1 - z^{-1})^{j}} G'(z) \tag{5-68}$$

$G(z)$ 在单位圆上或单位圆外的极点不能由 $D(z)$ 的零点抵消，而要由 $\Phi_e(z)$ 的零点来抵消；$G(z)$ 在单位圆上或单位圆外的零点要保留到 $\Phi(z)$ 中。

选择闭环脉冲传递函数的约束条件如下。

（1）在 $\Phi_e(z)$ 的零点中，必须包含 $G(z)$ 在 z 平面单位圆上或单位圆外的所有极点。

$$\Phi_e(z) = 1 - \Phi(z) = \left[\prod\limits_{i=1}^{v-j}(1 - a_i z^{-1}) \right](1 - z^{-1})^{j} F_1(z) \tag{5-69}$$

式中，$F_1(z)$ 是关于 z^{-1} 的多项式，且不包含 $G_0(z)$ 中的不稳定极点。为使 $\Phi_e(z)$ 能够实现，$F_1(z)$ 应具有如下形式

$$F_1(z) = 1 + f_{11}z^{-1} + f_{12}z^{-2} + \cdots + f_{1m}z^{-m}$$

根据 Z 变换的终值定理，系统的稳态误差为

$$e(\infty) = \lim_{z \to 1}(1 - z^{-1})E(z) = \lim_{z \to 0}(1 - z^{-1})R(z)\Phi_e(z)$$

$$= \lim_{z \to 0}(1 - z^{-1})\frac{C(z)}{(1 - z^{-1})^{q}}\Phi_e(z)$$

即 $\Phi_e(z)$ 必须至少含有 $(1 - z^{-1})^{q}$ 项。

① 若 $j \leqslant q$，则
$$\Phi_e(z) = \left[\prod\limits_{i=1}^{v-j}(1 - a_i z^{-1}) \right](1 - z^{-1})^{q} F_1(z)$$

$\Phi_e(z)$ 的阶数为 $v-j+q+m$。

② 若 $j > q$，则
$$\Phi_e(z) = \left[\prod\limits_{i=1}^{v-j}(1 - a_i z^{-1}) \right](1 - z^{-1})^{j} F_1(z)$$

$\Phi_e(z)$ 的阶数为 $v+m$。

（2）在 $\Phi(z)$ 的零点中，应包含 $G_0(z)$ 单位圆上或单位圆外的所有零点，并包含滞后环节 z^{-d}。

$$\Phi(z) = z^{-d} \left[\prod_{i=1}^{u} (1 - b_i z^{-1}) \right] F_2(z)$$

$\Phi(z)$ 的阶数为 $d+u+n$。式中，$F_2(z)$ 是关于 z^{-1} 的多项式，且不包含 $G(z)$ 中的不稳定零点。为使 $\Phi(z)$ 能够实现，$F_2(z)$ 应具有如下形式

$$F_2(z) = f_{21} z^{-1} + f_{22} z^{-2} + \cdots + f_{2n} z^{-n}$$

（3）$F_1(z)$ 和 $F_2(z)$ 阶数的确定。

确定原则：使 $\Phi_e(z)$ 与 $\Phi(z)$ 的阶数相等，且有最低幂次。

① 当 $j \leqslant q$ 时，有 $v-j+q+m = d+u+n$，则 $m=d+u$, $n=v-j+q$;

② 当 $j > q$ 时，有 $v+m = d+u+n$，则 $m=d+u$, $n=v$。

（4）$F_1(z)$ 和 $F_2(z)$ 中系数的确定。

由 $\Phi(z) = 1 - \Phi_e(z)$ 比较系数得到其中的参数，从而得最少拍控制器如下。

当 $j \leqslant q$ 时，有

$$
\begin{aligned}
D(z) &= \frac{\Phi(z)}{G(z)\Phi_e(z)} \\
&= \frac{z^{-d} \left[\prod_{i=1}^{u} (1 - b_i z^{-1}) \right] F_2(z)}{z^{-d} \dfrac{\prod_{i=1}^{u}(1-b_i z^{-1})}{\left[\prod_{i=1}^{v-j}(1-a_i z^{-1}) \right](1-z^{-1})^j} G'(z) \left[\prod_{i=1}^{v-j}(1-a_i z^{-1}) \right](1-z^{-1})^q F_1(z)} \\
&= \frac{F_2(z)}{G'(z)(1-z^{-1})^{q-j} F_1(z)}
\end{aligned}
\tag{5-70}
$$

当 $j > q$ 时，有

$$D(z) = \frac{\Phi(z)}{G(z)\Phi_e(z)} = \frac{F_2(z)}{G'(z) F_1(z)} \tag{5-71}$$

根据上述约束条件设计的最少拍控制系统，仍然只能保证在最少的几个采样周期后，系统在采样点的稳态误差为 0，而不能保证任意两个采样点之间的稳态误差为 0。这种系统称为有纹波控制系统。

【例 5-19】 在计算机控制系统中，已知被控对象的传递函数为

$$G_0(s) = \frac{10}{s(s+1)}$$

采样周期 $T=1\text{s}$。试设计在单位速度输入函数时的最少拍有纹波控制系统，并画出误差曲线、控制曲线和输出响应曲线。

解：广义对象的脉冲传递函数为

$$G(z) = Z \left[\frac{1-\mathrm{e}^{-Ts}}{s} \cdot \frac{10}{s(s+1)} \right] = (1-z^{-1}) Z \left[\frac{10}{s^2(s+1)} \right]$$

$$= 10(1-z^{-1}) \left[\frac{1}{s^2} - \frac{1}{s} + \frac{1}{s+1} \right] = 10(1-z^{-1}) \left[\frac{z^{-1}}{(1-z^{-1})^2} - \frac{1}{1-z^{-1}} + \frac{1}{1-\mathrm{e}^{-T}z^{-1}} \right]$$

当 $T=1\text{s}$ 时，有
$$G(z) = \frac{3.679 z^{-1} (1 + 0.718 z^{-1})}{(1-z^{-1})(1-0.3679 z^{-1})}$$

上式中，不含纯滞后环节，$d=0$；没有在单位圆上或单位圆外的零点，$u=0$；有一个在单位圆上或单位圆外的极点，$v=1$，一个极点在单位圆上，$j=1$；斜坡输入，$q=2$，且 $j<q$。故 $m=u+d=0$；$n=v-j+q=2$。

对单位速度输入信号，确定

$$\Phi_e(z)=1-\Phi(z)=\left[\prod_{i=1}^{v-j}(1-a_iz^{-1})\right](1-z^{-1})^q F_1(z)=(1-z^{-1})^2$$

$$\Phi(z)=z^{-d}\left[\prod_{i=1}^{u}(1-b_iz^{-1})\right]F_2(z)=f_{21}z^{-1}+f_{22}z^{-2}$$

有等式成立 $$(1-z^{-1})^2=1-f_{21}z^{-1}-f_{22}z^{-2}$$

解得 $$f_{21}=2 \ , \ f_{22}=-1$$

故 $$\Phi(z)=2z^{-1}-z^{-2}$$

$$\Phi_e(z)=(1-z^{-1})^2$$

$$D(z)=\frac{\Phi(z)}{G(z)\Phi_e(z)}=\frac{2z^{-1}-z^{-2}}{\dfrac{3.679z^{-1}(1+0.718z^{-1})}{(1-z^{-1})(1-0.3679z^{-1})}(1-z^{-1})^2}$$

$$=\frac{0.5434(1-0.5z^{-1})(1-0.3679z^{-1})}{(1-z^{-1})(1+0.718z^{-1})}$$

进一步求得误差为

$$E(z)=\Phi_e(z)R(z)=(1-z^{-1})^2\frac{Tz^{-1}}{(1-z^{-1})^2}=Tz^{-1}=z^{-1}$$

控制器输出为 $$U(z)=E(z)D(z)=z^{-1}\frac{0.5435(1-0.5z^{-1})(1-0.3679z^{-1})}{(1-z^{-1})(1+0.718z^{-1})}$$

$$=0.54z^{-1}-0.32z^{-2}+0.40z^{-3}-0.12z^{-4}+0.25z^{-5}+\cdots$$

输出响应为 $$Y(z)=R(z)\Phi(z)=\frac{Tz^{-1}}{(1-z^{-1})^2}(2z^{-1}-z^{-2})=2z^{-2}+3z^{-3}+4z^{-4}+\cdots$$

仿真波形图如图 5-37 所示。从输入/输出曲线可见，经过 2 拍后，输出能跟踪输入，但系统存在纹波。并且，当误差为 0 后，控制量仍在变化，当控制量变化较大时，纹波也较大；当控制量趋于平缓时，纹波也较小。

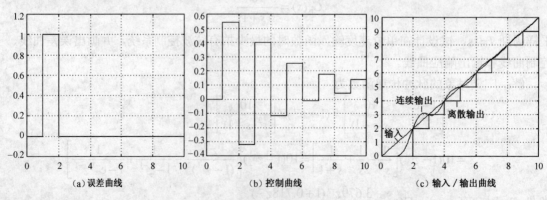

图 5-37　仿真波形图

【例 5-20】 设最少拍控制系统，被控对象的传递函数为

$$G_0(s) = \frac{10}{s(s+1)(0.1s+1)}$$

设采样周期 $T = 0.5\text{s}$，试设计单位阶跃输入的最少拍数字调节器。

解：广义对象的脉冲传递函数为

$$G(z) = (1-z^{-1})Z\left[\frac{10}{s^2(s+1)(0.1s+1)}\right] = (1-z^{-1})Z\left[\frac{10}{s^2} - \frac{1}{s} + \frac{100/9}{s+1} - \frac{1/9}{0.1s+1}\right]$$

$$= \frac{(1-z^{-1})}{9}\left[\frac{90Tz^{-1}}{(1-z^{-1})^2} - \frac{99}{1-z^{-1}} + \frac{100}{1-e^{-T}z^{-1}} - \frac{1}{1-e^{-10T}z^{-1}}\right]$$

当 $T = 0.5\text{s}$ 时，有

$$G(z) = \frac{0.7385z^{-1}(1+1.4815z^{-1})(1+0.05355z^{-1})}{(1-z^{-1})(1-0.6065z^{-1})(1-0.0067z^{-1})}$$

在 $G(z)$ 中不含纯滞后环节，$d=0$；包含一个单位圆外的零点，$b_1 = -1.4815$，$u=1$；包含一个在单位圆上或单位圆外的极点，$v=1$，一个极点在单位圆上，$j=1$；阶跃输入，$q=1$，且 $j=q$。故 $m = u+d = 1$；$n = v-j+q = 1$。

对单位阶跃输入信号，确定

$$\Phi_e(z) = 1 - \Phi(z) = \left[\prod_{i=1}^{v-j}(1-a_iz^{-1})\right](1-z^{-1})^q F_1(z)$$

$$= (1-z^{-1})(1+f_{11}z^{-1}) = 1 + (f_{11}-1)z^{-1} - f_{11}z^{-2}$$

$$\Phi(z) = z^{-d}\left[\prod_{i=1}^{u}(1-b_iz^{-1})\right]F_2(z) = (1-b_1z^{-1})f_{21}z^{-1} = f_{21}z^{-1} - b_1f_{21}z^{-2}$$

有等式成立

$$1 + (f_{11}-1)z^{-1} - f_{11}z^{-2} = 1 - f_{21}z^{-1} + b_1f_{21}z^{-2}$$

解得

$$f_{11} = 0.597 \text{ , } f_{21} = 0.403$$

故

$$\Phi(z) = 0.403z^{-1}(1+1.4815z^{-1})$$

$$\Phi_e(z) = (1-z^{-1})(1+0.597z^{-1})$$

$$D(z) = \frac{\Phi(z)}{G(z)\Phi_e(z)} = \frac{0.403z^{-1}(1+1.4815z^{-1})}{\dfrac{0.7385z^{-1}(1+1.4815z^{-1})(1+0.05355)}{(1-z^{-1})(1-0.6065z^{-1})(1-0.0067z^{-1})}(1-z^{-1})(1+0.597z^{-1})}$$

$$= \frac{0.5457(1-0.6065z^{-1})(1-0.0067z^{-1})}{(1-0.05355z^{-1})(1+0.597z^{-1})}$$

进一步求得误差为

$$E(z) = \Phi_e(z)R(z) = (1-z^{-1})(1+0.597z^{-1})\frac{1}{1-z^{-1}} = 1 + 0.597z^{-1}$$

控制器输出为

$$U(z) = E(z)D(z) = (1+0.597z^{-1})\frac{0.5435(1-0.6065z^{-1})(1-0.0067z^{-1})}{(1-0.05355z^{-1})(1+0.597z^{-1})}$$

$$= 0.5435z^{-1} - 0.3638z^{-2} + 0.02170z^{-3} - 0.00115z^{-4} + \cdots$$

输出响应为

$$Y(z) = R(z)\Phi(z) = \frac{1}{1-z^{-1}} \cdot 0.403z^{-1}(1+1.4185z^{-1}) = 0.403z^{-1} + z^{-2} + z^{-3} + \cdots$$

仿真波形图如图 5-38 所示。从误差曲线可见，经过 2 拍后，误差为 0；从输出曲线可见，

经过 2 拍后，输出可跟踪输入。如果仅从快速性角度设计，对单位阶跃输入信号的调节时间为 1 拍，但现在调节时间为 2 拍，这是为什么呢？其原因是，闭环传递函数增加了一个单位圆外的零点，所以系统的调节时间加长到 2 拍，也就是说，为了满足稳定性，给 $\Phi(z)$ 增加零点的代价是增加了系统消除偏差的时间。

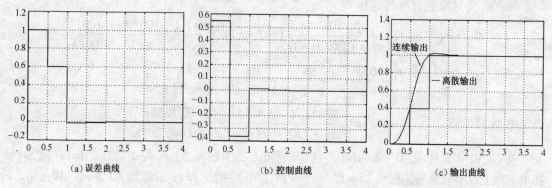

|(a) 误差曲线|(b) 控制曲线|(c) 输出曲线|

图 5-38 仿真波形图

5.3.2 最少拍无纹波系统

非采样点存在纹波的原因是，当偏差为 0 时，控制器输出序列 $u(k)$ 不为常值（或 0），而是振荡收敛的，使得输出产生周期振荡。如果使偏差为 0 时，控制器输出为常值，且使输出可完全跟踪输入，那么输出响应就不会在非采样点之间产生纹波了。例如，若输入为速度函数，则稳态时被控对象 $G(s)$ 的输出也应为速度函数，当 $G(s)$ 的输入为恒值而希望其输出是速度函数时，要求 $G(s)$ 必须至少含有一个积分环节。因此，可以得到设计最少拍无纹波控制器的约束条件。

1. 被控对象的必要条件

① 对阶跃输入，当 $t \geqslant nT$ 时，有 $y(t) =$ 常数；

② 对速度输入，当 $t \geqslant nT$ 时，有 $\dot{y}(t) =$ 常数，这样，$G(s)$ 中必须至少含有一个积分环节；

③ 对加速度输入，当 $t \geqslant nT$ 时，有 $\ddot{y}(t) =$ 常数，这样，$G(s)$ 中必须至少含有两个积分环节。

2. 确定 $\Phi(z)$ 的约束条件

控制信号的 Z 变换为

$$U(z) = \sum_{k=0}^{\infty} u(k) = u(0) + u(1)z^{-1} + \cdots + u(l)z^{-l} + u(l+1)z^{-(l+1)} + \cdots$$

如果要求系统经过 l 个周期后过渡过程结束，达到稳态，则必须使

$$u(l) = u(l+1) = u(l+2) = \cdots = 常数$$

设广义对象为

$$G(z) = z^{-d} \frac{B(z)}{A(z)}$$

由 $Y(z) = G(z)R(z)$ 得

$$U(z) = \frac{Y(z)}{G(z)} = \frac{\Phi(z)}{G(z)} R(z) = \frac{\Phi(z)}{z^{-d} B(z)} A(z)R(z) = \Phi_u(z)R(z)$$

式中，$\varPhi_u(z) = \dfrac{\varPhi(z)}{z^{-d}B(z)}A(z)$。要使稳态时控制信号 $u(k)$ 为常数，$\varPhi_u(z)$ 只能是关于 z^{-1} 的有限多项式。此时，$\varPhi(z)$ 应能整除 $z^{-d}B(z)$，因此 $\varPhi(z)$ 必须包含 $G(z)$ 的全部零点及滞后环节 z^{-d}。

令

$$\varPhi(z) = z^{-d}B(z)F_2(z) = z^{-d}\left[\prod_{i=1}^{w}(1-b_i z^{-1})\right]F_2(z)$$

式中，w 为 $G(z)$ 的零点数（包括单位圆内的、单位圆上的、单位圆外的零点），b_1，b_2，$\cdots$，b_w 为 $G(z)$ 的所有零点。

为使 $\varPhi(z)$ 能够实现，$F_2(z)$ 应具有如下形式

$$F_2(z) = f_{21}z^{-1} + f_{22}z^{-2} + \cdots + f_{2n}z^{-n}$$

由此可见，有纹波设计与无纹波设计的唯一区别是，有纹波设计时，$\varPhi(z)$ 包含 $G(z)$ 单位圆上或单位圆外的零点；而无纹波设计时，$\varPhi(z)$ 包含 $G(z)$ 的全部零点。

3. 最少拍无波纹控制器确定 $\varPhi(z)$ 的步骤

（1）被控对象 $G(z)$ 含有足够的积分环节以满足"必要条件"。

（2）满足有纹波系统的性能要求，按式（5-67）选择 $\varPhi_e(z)$，即无纹波系统与有纹波系统关于 $\varPhi_e(z)$ 的设计方法相同。

（3）满足无纹波系统 $\varPhi(z)$ 的约束条件，按式（5-66）选择 $\varPhi(z)$。

（4）$F_1(z)$ 和 $F_2(z)$ 阶数的确定。

确定原则为：使 $\varPhi_e(z)$ 与 $\varPhi(z)$ 的阶数相等，且有最低幂次。

① 当 $j \leqslant q$ 时，有 $v-j+q+m = d+w+n$，则 $m = d+w$，$n = v-j+q$；

② 当 $j > q$ 时，有 $v+m = d+w+n$，则 $m = d+w$，$n = v$。

4. 无纹波系统的调整时间

无纹波系统的调整时间要比按快速性设计的系统的调整时间增加若干拍，增加的拍数等于 $G(z)$ 在单位圆内的零点数。

【例 5-21】 以例 5-19 为基础，试设计在单位速度输入函数时的最少拍无纹波系统，并画出误差曲线、控制曲线和输出响应曲线。

解：被控对象传递函数中含有一个积分环节，满足在速度输入函数时被控对象传递函数中必须含有一个积分环节的必要条件。

广义对象的脉冲传递函数为

$$G(z) = \frac{3.679z^{-1}(1+0.718z^{-1})}{(1-z^{-1})(1-0.3679z^{-1})}$$

上式中不含纯滞后环节 $d=0$；有一个零点，$w=1$；有一个在单位圆上或单位圆外的极点，$v=1$，一个极点在单位圆上，$j=1$；斜坡输入，$q=2$，且 $j<q$。故 $m=w+d=1$；$n=v-j+q=2$。

对单位速度输入信号，确定

$$\begin{aligned}
\varPhi_e(z) &= 1-\varPhi(z) = \left[\prod_{i=1}^{v-j}(1-a_i z^{-1})\right](1-z^{-1})^q F_1(z)\\
&= (1-z^{-1})^2(1+f_{11}z^{-1})
\end{aligned}$$

$$\varPhi(z) = z^{-d}\left[\prod_{i=1}^{w}(1-b_i z^{-1})\right]F_2(z) = (1+b_1 z^{-1})(f_{21}z^{-1}+f_{22}z^{-2})$$

有等式成立 $(1-z^{-1})^2(1+f_{11}z^{-1})=1-(1+b_1z^{-1})(f_{21}z^{-1}+f_{22}z^{-2})$

解得 $f_{11}=0.592$ ， $f_{21}=1.408$ ， $f_{22}=-0.852$

故 $\Phi(z)=(1+0.718z^{-1})(1.4082z^{-1}-0.825z^{-2})$

$$\Phi_e(z)=(1-z^{-1})^2(1+0.592z^{-1})$$

控制器

$$D(z)=\frac{\Phi(z)}{G(z)\Phi_e(z)}=\frac{(1+0.718z^{-1})(1.4082z^{-1}-0.825z^{-2})}{\dfrac{3.679z^{-1}(1+0.718z^{-1})}{(1-z^{-1})(1-0.3679z^{-1})}\cdot(1-z^{-1})^2(1+0.592z^{-1})}$$

$$=\frac{0.3830(1-0.3679z^{-1})(1-0.5859z^{-1})}{(1-z^{-1})(1+0.592z^{-1})}$$

进一步求得误差为

$$E(z)=\Phi_e(z)R(z)=(1-z^{-1})^2(1+0.592z^{-1})\frac{Tz^{-1}}{(1-z^{-1})^2}$$

$$=Tz^{-1}(1+0.592z^{-1})=z^{-1}+0.592z^{-2}$$

控制器输出为

$$U(z)=E(z)D(z)=(z^{-1}+0.592z^{-2})\frac{0.3830(1-0.3679z^{-1})(1-0.5859z^{-1})}{(1-z^{-1})(1+0.592z^{-1})}$$

$$=0.38z^{-1}+0.02z^{-2}+0.09z^{-3}-0.09z^{-4}+0.09z^{-5}+\cdots$$

输出响应为

$$Y(z)=R(z)\Phi(z)=\frac{Tz^{-1}}{(1-z^{-1})^2}(1+0.718z^{-1})\times1.408z^{-1}(1-0.5859z^{-1})$$

$$=1.408z^{-2}+3z^{-3}+4z^{-4}+5z^{-5}+\cdots$$

仿真波形图如图 5-39 所示。从误差曲线可见，3 拍后误差为 0；从控制曲线可见，3 拍后控制量输出为恒定值；从输入/输出曲线可见，经过 3 拍，输出能跟踪输入，且系统不存在纹波。如果仅从快速性角度设计，对单位速度输入信号的调节时间为 2 拍，但现在调节时间为 3 拍，这是为什么呢？其原因是，闭环传递函数增加了一个零点，所以系统的调节时间加长到 3 拍，也就是说，为了消除纹波，给 $\Phi(z)$ 增加零点的代价是延长了系统消除偏差的时间。

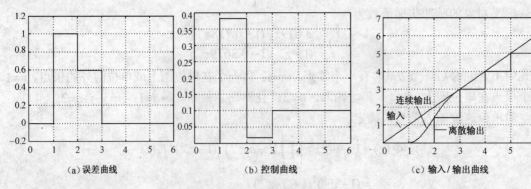

(a) 误差曲线　　　　　　　(b) 控制曲线　　　　　　　(c) 输入/输出曲线

图 5-39　仿真波形图

5.3.3 纯滞后系统

在工业生产中，大多数过程对象都具有较长的纯滞后时间。物料或能量传输需要时间，当这个传输时间不能忽略时，就以纯滞后时间表现在系统中。纯滞后是指系统的输出仅在时间轴上推移（或延迟）了一个时间，其余特性不变。纯滞后的加入将引起响应较大的超调量，降低系统的稳定性。当对象的纯滞后时间与对象的时间常数可比（比值不小于 0.5）时，采用常规的 PID 算法将难以获得较好的控制效果。一般对于纯滞后系统，人们更关心的是如何使超调量达到期望值，而对快速性未做太严格的要求。因此，最少拍随动系统的主要性能指标是调节时间，而纯滞后系统的主要性能指标是超调量。在过去的几十年中，人们提出了许多解决纯滞后系统问题的算法，其中具有代表性且有较好控制效果的算法有史密斯（Smith）预估算法和达林（Dahlin）算法。

1. 史密斯预估算法

1）史密斯预估补偿控制原理

带纯滞后环节的连续控制系统如图 5-40 所示。反馈信号含有滞后信息。

闭环传递函数为
$$\varPhi_1(s) = \frac{D(s)G_0'(s)\mathrm{e}^{-\tau s}}{1+D(s)G_0'(s)\mathrm{e}^{-\tau s}} \tag{5-72}$$

系统的闭环特征方程为
$$1+D(s)G_0'(s)\mathrm{e}^{-\tau s} = 0$$

可见，纯滞后的加入改变了原系统的特征方程，即改变了极点，影响了系统的性能。若 τ 足够大，可引起较大的相角滞后，造成系统的不稳定，增加系统控制的难度。

解决问题的思路是，预先估计滞后值的大小，给予补偿，使总的等效值不含滞后效应。具体做法是，引入史密斯预估补偿器 $G_s(s)$，与原被控对象并联，使其等效反馈信号中消除纯滞后的影响。补偿原理图如图 5-41 所示。

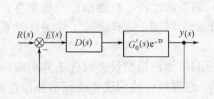

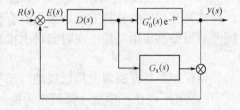

图 5-40 带纯滞后环节的连续控制系统　　图 5-41 史密斯预估补偿原理图

应满足关系式
$$G_0'(s)\mathrm{e}^{-\tau s} + G_s(s) = G_0'(s)$$

整理得补偿器的数学模型为
$$G_s(s) = G_0'(s)(1-\mathrm{e}^{-\tau s}) \tag{5-73}$$

可将图 5-41 等效变换为图 5-42，相当于对调节器 $D(s)$ 接一个反馈补偿环节。定义这个小闭环回路为预估补偿控制器，其传递函数为
$$D_1(s) = \frac{D(s)}{1+D(s)G_0'(s)(1-\mathrm{e}^{-\tau s})} \tag{5-74}$$

补偿后整个系统的闭环传递函数为
$$\varPhi(s) = \frac{D_1(s)G_0'(s)\mathrm{e}^{-\tau s}}{1+D_1(s)G_0(s)\mathrm{e}^{-\tau s}} = \frac{D(s)G_0'(s)}{1+D(s)G_0'(s)}\mathrm{e}^{-\tau s} \tag{5-75}$$

可见，对象的纯滞后环节从特征方程中消失了。

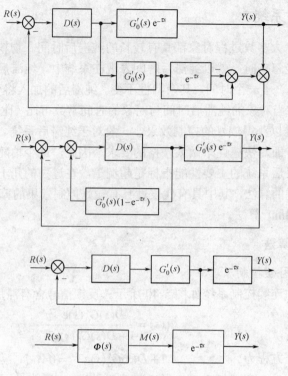

图 5-42　加入预估补偿器方块图的等效变换

当纯滞后为 0 时，对象 $G_0'(s)$ 构成的闭环传递函数为

$$\Phi_1(s) = \frac{D(s)G_0'(s)}{1 + D(s)G_0'(s)} \tag{5-76}$$

比较式（5-75）及式（5-76）可知，经过补偿后，对象的纯滞后环节等效到闭环控制回路之外，两式具有相同的特征方程，因而具有相同的过渡过程、性能指标及稳定性。不同之处是，纯滞后将控制作用与输出在时间轴上推移了一个时间，这样消除了纯滞后对系统性能的影响。

预估补偿控制虽然在原理上早已成功，但其控制规律在模拟仪表时代不易实现，阻碍了其在工程中的应用。现在可以用计算机作为控制器，通过软件的方法实现预估补偿控制规律。

2）史密斯预估补偿数字控制器

下面研究纯滞后补偿器的数字实现方法。包含滞后环节的系统结构图如图 5-43 所示。

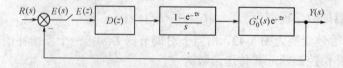

图 5-43　包含滞后环节的系统结构图

数字控制器的设计步骤如下。

① 求广义对象 Z 传递函数

$$G(z) = Z\left[\frac{1 - e^{-Ts}}{s} G_0'(s) e^{-\tau s}\right] = z^{-d}(1 - z^{-1})Z\left[\frac{G_0'(s)}{s}\right] = z^{-d}G'(z)$$

式中，$G'(z)$ 为广义对象中不含纯滞后环节的 Z 传递函数；$d = \tau / T$ 为滞后周期数，设为整数。

② 按不带纯滞后的被控对象的 $G'(z)$ 设计数字控制器 $D(z)$，并满足系统的性能要求。控制规律可以是 PID 控制、最少拍有纹波控制、最少拍无纹波控制等。

③ 加入纯滞后环节后，

预估补偿控制器为
$$D_1(z) = \frac{D(z)}{1 + D(z)G'(z)(1 - z^{-d})} \tag{5-77}$$

不含纯滞后的输出为
$$M(z) = \frac{D(z)G'(z)}{1 + D(z)G'(z)} U(z)$$

包含纯滞后的输出为
$$Y(z) = z^{-d} M(z)$$

可见，纯滞后环节在闭环回路之外，在中间输出上延迟几个周期。

【例 5-22】 给例 5-20 中被控对象增加纯滞后环节，变为
$$G_0(s) = \frac{10}{s(s+1)(0.1s+1)} e^{-\tau s}$$

试求史密斯预估补偿数字控制器，并画出误差曲线、控制曲线和输出响应曲线。

解：图 5-44 为系统的仿真结构图，其中图（a）为原系统结构图，图（b）为加入了滞后环节的结构图，图（c）为加入了预估补偿器的结构图。滞后周期数 $d = \tau / T = 1/0.5 = 2$。

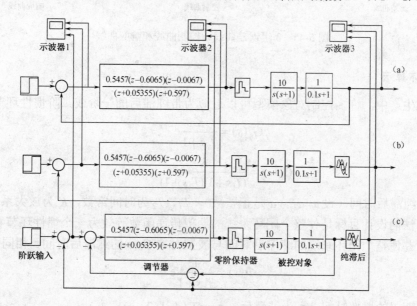

图 5-44　仿真结构图

下面对 3 组曲线进行比较说明。图 5-45（a）、（b）、（c）分别是纯滞后为零时的误差曲线、控制曲线和响应曲线。图 5-45（d）、（e）、（f）分别是加入纯滞后但控制规律不变时的误差曲线、控制曲线和响应曲线。从曲线可见，被控对象加入了纯滞后环节后，如果控制器不改变，仍使用原有的控制规律，则控制量是发散的，使得输出响应也是发散的，即纯滞后的加入使得系统的性能变坏。图 5-45（g）、（h）、（i）分别是加入了纯滞后且控制规律为史密斯预估补偿数字控制器时的误差曲线、控制曲线和响应曲线。从图（g）曲线可见，史密斯预估补偿控制规律使误差在 3 拍后为零，比图（a）延长了 2 拍；图（b）、（h）控制器的输出量是相同的，即得到了补偿；输出响应曲线的形状是相同的，只是图（i）比图（c）延迟了 2 拍，因此两

者具有相同的过渡过程、性能指标及稳定性。

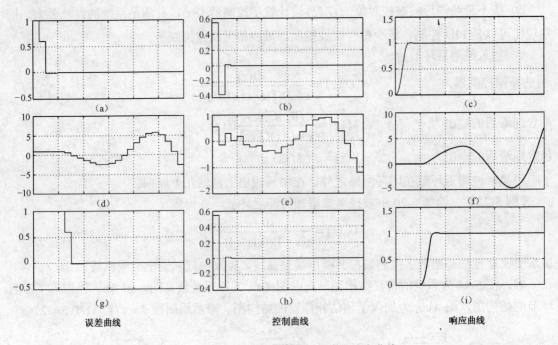

误差曲线　　　　　　　　　　控制曲线　　　　　　　　　　响应曲线

图 5-45　3 组误差曲线、控制曲线和响应曲线

2．达林算法

在工业生产中，许多控制对象模型可以近似为带纯滞后的一阶或二阶惯性环节，即

$$G_0(s) = \frac{K}{T_1 s + 1} e^{-\tau s}$$

或

$$G_0(s) = \frac{K}{(T_1 s + 1)(T_2 s + 1)} e^{-\tau s}$$

式中，τ 为纯滞后时间（设 $\tau = dT$，d 是正整数），T_1、T_2 为时间常数，K 为放大系数。

达林算法的设计目标是使整个闭环系统的期望传递函数等效为一个惯性环节和一个延迟环节串联，并使整个闭环系统的纯滞后时间与被控对象 $G_0(s)$ 的纯滞后时间 τ 相同，即

$$\Phi(s) = \frac{1}{T_\tau s + 1} e^{-\tau s} \tag{5-78}$$

式中，T_τ 为期望的惯性时间；τ 为纯滞后，$\tau = dT$（$d=1, 2, \cdots$）。

达林算法是一种极点配置方法，适用于广义对象含有滞后环节且要求等效系统没有超调量的系统（等效系统为一阶环节，没有超调量）。

数字控制器的设计步骤如下。

（1）对式（5-78）表示的闭环系统进行离散化，得到闭环系统的脉冲传递函数，它等效为零阶保持器与闭环系统的传递函数串联后的 Z 变换

$$\Phi(z) = \frac{Y(z)}{R(z)} = Z\left[\frac{1 - e^{-Ts}}{s} \cdot \frac{e^{-\tau s}}{T_\tau s + 1}\right] = \frac{(1 - e^{-T/T_\tau}) z^{-d-1}}{1 - e^{-T/T_\tau} z^{-1}}$$

（2）根据式（5-56）得调节器为

$$D(z) = \frac{1}{G(z)} \cdot \frac{\Phi(z)}{1-\Phi(z)} = \frac{1}{G(z)} \cdot \frac{(1-e^{-T/T_\tau})z^{-d-1}}{1-e^{-T/T_\tau}z^{-1}-(1-e^{-T/T_\tau})z^{-d-1}}$$

（3）代入被控对象的脉冲传递函数。

① 当被控对象为带纯滞后一阶惯性环节时，其广义脉冲传递函数为

$$G(z) = Z\left[\frac{1-e^{-Ts}}{s} \cdot \frac{Ke^{-\tau s}}{T_1 s+1}\right] = K\frac{(1-e^{-T/T_1})z^{-d-1}}{1-e^{-T/T_1}z^{-1}}$$

得调节器为

$$D(z) = \frac{(1-e^{-T/T_\tau})(1-e^{-T/T_1}z^{-1})}{K(1-e^{-T/T_1})[1-e^{-T/T_\tau}z^{-1}-(1-e^{-T/T_\tau})z^{-d-1}]} \tag{5-79}$$

② 当被控对象为带纯滞后二阶惯性环节时，其广义脉冲传递函数为

$$G(z) = Z\left[\frac{1-e^{-Ts}}{s} \cdot \frac{Ke^{-\tau s}}{(T_1 s+1)(T_2 s+1)}\right] = \frac{K(c_1+c_2 z^{-1})z^{-d-1}}{(1-e^{-T/T_1}z^{-1})(1-e^{-T/T_2}z^{-1})}$$

式中　　$c_1 = 1+\dfrac{1}{T_2-T_1}(T_2 e^{-T/T_1}-T_1 e^{-T/T_2})$，　$c_2 = e^{-T(1/T_1+1/T_2)}+\dfrac{1}{T_2-T_1}(T_2 e^{-T/T_1}-T_1 e^{-T/T_2})$

得调节器为

$$D(z) = \frac{(1-e^{-T/T_\tau})(1-e^{-T/T_1}z^{-1})(1-e^{-T/T_2}z^{-1})}{K(c_1+c_2 z^{-1})[1-e^{-T/T_\tau}z^{-1}-(1-e^{-T/T_\tau})z^{-d-1}]} \tag{5-80}$$

【例 5-23】　已知被控对象的传递函数为

$$G_0(s) = \frac{1}{4s+1}e^{-2s}$$

试求达林算法数字控制器，使系统的闭环系统的传递函数为

$$\Phi(s) = \frac{1}{2s+1}e^{-2s}$$

设采用周期为 $T=1\text{s}$。画出单位阶跃输入时的误差曲线、控制曲线、输出响应曲线及单位速度输入时的输出曲线。

解：　　　　　　　　　　　　$d = \tau/T = 2/1 = 2$

被控对象为一阶惯性环节，其脉冲传递函数为

$$G(z) = Z\left[\frac{1-e^{-Ts}}{s} \cdot \frac{e^{-2s}}{4s+1}\right] = \frac{(1-e^{-1/4})z^{-2-1}}{1-e^{-1/4}z^{-1}} = \frac{0.221z^{-3}}{1-0.779z^{-1}}$$

闭环脉冲传递函数为

$$\Phi(z) = Z\left[\frac{1-e^{-Ts}}{s} \cdot \frac{e^{-\tau s}}{T_\tau s+1}\right] = \frac{(1-e^{-1/2})z^{-2-1}}{1-e^{-1/2}z^{-1}} = \frac{0.393z^{-3}}{1-0.607z^{-1}}$$

数字调节器为

$$D(z) = \frac{(1-e^{-1/2})(1-e^{-1/4}z^{-1})}{(1-e^{-1/4})[1-e^{-1/2}z^{-1}-(1-e^{-1/2})z^{-2-1}]} = \frac{1.778(1-0.779z^{-1})}{(1-0.607z^{-1}-0.393z^{-3})}$$

系统的闭环结构图及等效结构图如图 5-46（a）、（b）所示。

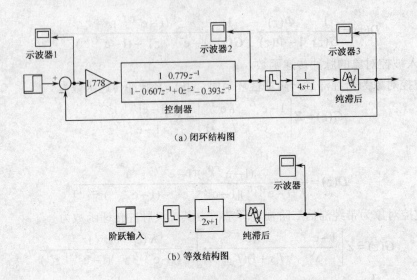

(a) 闭环结构图

(b) 等效结构图

图 5-46　系统的闭环结构图及等效结构图

当输入为单位阶跃信号时的 3 种仿真曲线分别如图 5-47（a）、（b）、（c）所示。

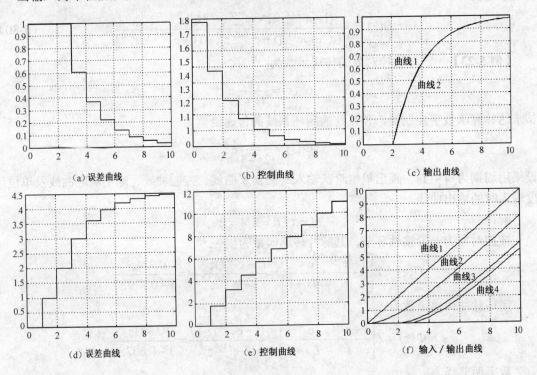

图 5-47　仿真波形图

由控制理论知，一阶环节跟踪阶跃信号为无差跟踪。从误差曲线图 5-47（a）可见，误差从 1 逐渐衰减到 0。从图（b）可见，控制量从一个初始的值逐渐减小并稳定。图（d）的两条曲线表示为：曲线 1 是闭环系统的输出，曲线 2 是等效系统的输出。可见，两条曲线重合，滞后时间为 2 拍，表明用达林算法设计的控制器可使整个闭环系统的期望传递函数等效为一个惯性环节和一个延迟环节串联，并使整个闭环系统的纯滞后时间与被控对象 $G_0(s)$ 的纯滞后时间 τ 相同。由于最终误差为 0，控制量为稳定值，故输出曲线对阶跃输入能完全跟踪，稳态值为 1，但滞后时间为 2 拍。

当输入信号为单位速度信号时的仿真曲线如图 5-47（d）、（e）、（f）所示。

由控制理论知，一阶环节跟踪速度信号为有差跟踪。从误差曲线图 5-47（d）可见，误差从 0 逐渐增加到一个稳定值。从图（e）可见，控制量从 0 值开始等速递增；图（f）的 4 条曲线分别表示为：曲线 1 是速度输入信号；曲线 2 是等效结构图中不含零阶保持器及滞后环节时的输出曲线，滞后时间为 0 拍；曲线 3 是等效结构图中不含零阶保持器，仅含滞后环节时的输出曲线，与曲线 2 相比有一纯滞后，滞后时间为 2 拍；曲线 4 是整个闭环系统的输出，与曲线 2 相比有一纯滞后，滞后时间为 2 拍，与曲线 3 相比有一纯滞后，滞后时间为 1 拍。由于最终误差存在且为常值，控制量为稳定值，故输出曲线对速度输入是有差跟踪。

为什么闭环系统的输出响应的滞后时间是 3 拍而不是 2 拍呢？这是因为有零阶保持器的存在，且采样周期为 1 拍，使得系统总的输出响应滞后时间增加了 1 拍。为什么阶跃输入时零阶保持器的存在不影响输出响应的滞后时间呢？因为单位阶跃信号与单位脉冲序列的 Z 变换是相同的，也就是说，对阶跃信号采样并以零阶保持，并不影响阶跃信号的特性，故零阶保持器采样周期的大小并不影响输出响应的波形。若将输入信号改为单位加速度，可以看到零阶保持器的采样周期将使系统总的输出响应滞后时间增加，读者可以自行验证。

史密斯预估算法和达林算法这两种关于带纯滞后环节系统的控制方法各有特点，其共同之处是都将对象的纯滞后保留到闭环脉冲传递函数中，以消除滞后环节对系统性能的影响。而这种变换的代价是使闭环系统的响应滞后一定的时间。

5.4 串级控制

有的生产过程，其被控系统的被控量受多个干扰因素影响，这时如果只考虑某一个干扰因素而构成单回路控制系统，势必不能满足系统的品质要求。如果再考虑另一个干扰因素而构成另一个单回路系统，由于被控量是共同的一个，这两个回路的控制器必定不是独立的，而是有一定联系。现在运用得比较成熟的控制方法是两个控制器串联。前级是主控制器，其输出作为后级副控制器的给定值；副控制器与副被控量构成内闭合环路，主控制器与主被控量构成外闭合环路。这种系统称为串级系统。

下面以一个燃油辊道窑的温度控制系统说明串级系统的应用。

1. 系统背景

燃油辊道窑是制造陶瓷产品的一种主要生产设备。辊道窑温度控制系统示意图和窑道烧成温度曲线如图 5-48 所示。窑长 48.2m，高 1.5m，宽 1.72m，主要用来烧制彩釉砖等产品。整个窑按温度分成 3 个区：预热区、烧成区和冷却区。关键的烧成区位于窑的中央，烧成温度为 1140℃。因为烧成时间短，所以要求温度在较小范围内波动。在烧成区，由 4 支热电偶测温，相应地在下面有 4 支喷枪将重油喷入燃烧炉膛。炉膛的温度称为炉温，炉温也用热电偶测量。炉温高低由喷枪喷出的燃油量而定，喷油量的多少主要取决于输油管上阀门开度的大小，此流量受到供油管压力波动的影响较大。炉与窑之间由隔火板隔开，燃烧炉膛将热量辐射到窑的烧成区，烧成区的温度称为窑温。窑温是通过控制喷油量来达到控温目的的。

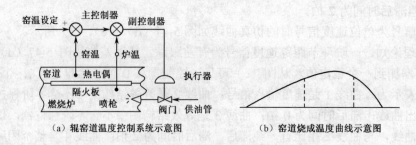

（a）辊窑道温度控制系统示意图   （b）窑道烧成温度曲线示意图

图 5-48 燃油辊道窑示例

隔火板的作用是使燃烧火焰不会直接作用在产品上，以保证产品质量。但是，这样会使炉与窑之间的温度传递时间变长，窑温的时间常数变得较大，放大倍数较小；另外，随着窑龄的增长，隔火板老化且堆积物增多，使隔火板的传热系数减小，炉子向窑道的传热效率降低，从而使窑温的时间常数进一步变大，放大倍数进一步变小。

2．系统特性分析

炉温的主要干扰是供油管压力波动，使喷油量发生变化。例如，供油管压力升高时，使喷油量增加，炉温升高，这温度偏差要等到该偏差变得相当大（因为放大系数小），并且要相当长时间（因为时间常数大）后，才能给窑温控制器以作用。窑温的主要干扰是窑顶和窑墙的散热、烟气带走热及其他耗热等，使窑温下降。两种干扰相比，前者是主要的。如果只选喷油流量作为控制量，窑温作为被控量而构成窑温单回路系统，很难达到控制目的，很难确保窑内烧成区的温度有足够精度和稳定，也缺乏控制的快速性。如果再选炉温作为另一个被控量，炉温小的偏差即可由炉温控制器通过关小阀门的开度，减少燃油量，达到消除主要干扰、快速控制的目的。至于窑温的干扰则由窑温控制器来消除。

串级控制就是把窑温作为主被控量，炉温作为副被控量。前级主控制器构成一个恒值控制系统，给定值由烧成曲线的温度值确定。主控制器的输出作为后级副控制器即炉温控制器输入的给定值。可见，副控制器构成一个随动系统。这就构成了两个控制器相串联的系统。串级控制系统的结构图如图 5-49 所示。图中，$D_1(t)$、$D_2(t)$ 为加于主对象、副对象上的干扰，T_1、T_2 为主环路、副环路的采样周期。因为内环路的抑制干扰能力比外环路强，将主扰动（重油流量波动）置于内环路中，可以减少主干扰对整体系统品质的影响。此外，从控制理论可知，一个负反馈闭合系统能减小原开环系统的等效时间常数，相当于提升了快速性，这也就是串级系统的一个显著优点。

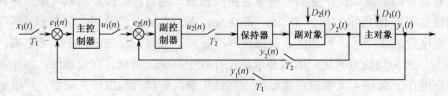

图 5-49 数字串级控制系统框图

对此，考虑副环路。设副控制器为 PI，副对象传递函数为惯性环节，保持器 $H(s)=1$。原开环传递函数为 $\dfrac{K_{P2}(1+T_{I2}s)K_2}{T_{I2}s(1+T_2s)}$，闭环后得传递函数为 $\dfrac{K_{P2}(1+T_{I2}s)K_2}{T_{I2}s(1+T_2s)+K_2K_{P2}(1+T_{I2}s)}$。此处

的 K_{P2}、K_2、T_{I2} 均为正值。以 $T_{I2}s$ 除分子、分母，再令 $k = \dfrac{K_2 K_{P2}(1+T_{I2}s)}{T_{I2}s}$，$k$ 中的分子分母均含 s，不管 s 取何值（相当于 t 从 0 开始积分至某些时刻），均能保证 $k>0$。可得 $\dfrac{K'}{T's+1}$，其中，$K' = \dfrac{k}{1+k}$，$T' = \dfrac{T_2}{1+k}$。可见，等效放大系数和时间常数均减小了，也就是副环路能使快速性提升。

通常，为了使副环路有更好的快速性，副控制器的控制规律只选比例控制。但这时放大系数不能过大，否则过渡时间变长，超调变大，环路振荡次数增多。因此可选"比例+积分"调节，只是积分作用不要过强。加入这样的积分环节，既可减少超调，改善稳态品质，又不过于损害快速性，会收到较好的效果。

主环路的控制规律宜采用 PID。利用 I 调节以提高控制精度，减少稳态误差；利用 D 调节以提升动作的快速性，提高灵敏度，减弱纯滞后的影响。

从上述燃油辊道窑的串级系统的分析可知，内、外环路的特性有相当大的差异。因此，这两个环路设计时的采样周期 T_1、T_2 可能不同。在图 5-49 中，$u_1(n)$ 对应于 T_1，$y_2(n)$ 对应于 T_2，两者要作比较运算。如果 $T_1 \neq T_2$，比较器根本无法运算。只有 $T_1 = KT_2$ 时，K 是正整数，比较运算才会有结果。为使两个环路运作时互不干扰，$K=1$ 是不可取的，通常取 $K \geqslant 3$。

3. 系统设计

基于串级控制系统的特点，两个环路的设计可以分开进行。多数采用由外而内的步骤。即先设计外环路，再设计内环路。现取副环路的副控制器为 PI 控制律，主环路的主控制器为 PID 控制律，并采用增量型 [参见 5.2.2 节的式（5-49）]。

（1）计算主环路的偏差 $e_1(n_1)$。

$$e_1(n_1) = x_1(n_1) - y_1(n_1)$$

式中，$x_1(n_1)$ 为主被调参数的给定值，即窑温给定值；$y_1(n_1)$ 为主被调参数，即窑温采样值。

（2）计算主环路控制器的增益输出 $\Delta u_1(n_1)$。

$$\Delta u_1(n_1) = q_0 e_1(n_1) + q_1 e_1(n_1-1) + q_2 e_1(n_1-2)$$

为了便于计算，上式也可写成

$$\Delta u_1(n_1) = q_0 e_1(n_1) + q_1 R(n_1-1), \quad R(n_1) = q_2 e_1(n_1-1) - q_1 e_1(n_1)$$

式中，$q_0 = K_{P1}\left(1 + \dfrac{T_1}{T_I} + \dfrac{T_D}{T_1}\right)$，$q_1 = -K_{P1}\left(1 + \dfrac{2T_D}{T_1}\right)$，$q_2 = K_{P1}\dfrac{T_D}{T_1}$。其中，$K_{P1}$ 为主控制器的比例增益，T_{D1} 为主控制器的微分时间常数，T_{I1} 为主控制器的积分时间常数。

初始值取 $R(0)=0$，$e_1(0)=0$。

（3）把主控制器的增益输出转换为位置输出，作为副环路的给定值。

$$u_1(n_1) = u_1(n_1-1) + \Delta u_1(n_1)$$

（4）计算副环路的偏差 $e_2(n_2)$。

$$e_2(n_1) = u_1(n_1) - y_2(n_2)$$

式中，$y_2(n_2)$ 为副被控参数，即炉温采样值。

（5）计算副控制器增益输出 $\Delta u_2(n_2)$。

$$\Delta u_2(n_2) = p_0 e_2(n_2) - p_1 e_2(n_2-1)$$

或

$$\Delta u_2(n_2) = p_0 e_2(n_2) - Q(n_2-1), \quad Q(n_2) = p_1 e_2(n_2)$$

式中，$p_0 = K_{P2}(1 + \dfrac{T_2}{T_{I2}})$，$p_1 = K_{P2}$。其中，$K_{P2}$为副控制器的比例增益；$T_{I2}$为副控制器的积分时间常数。

（6）选择采样周期。取$T_1 \geqslant 3T_2$。在主环路采样期间，副环路进行第（4）、（5）步的运算。此时，副环路的给定值不变，直至下一个主环路采样周期的到来。

4．参数整定

参数整定可以参阅本书第 5 章 5.2.4 节中介绍的适当的方法进行。主控制器和副控制器参数整定方法可以一样，也可以不一样。通常，为了使生产过程能持续运转，设计系统时除了自动操作外，还设计有手动操作。两个控制器的整定步骤如下。

（1）先整定副环路。将主控制器置于手动状态。此时副环路的给定值是恒定的，副环路能独立运作。由于副环路的时间常数已大为减小，加入的积分又不强，可不用考虑纯滞后的影响。

（2）再整定主环路。将副控制器改置于自动状态。因为副环路是一个随动系统，环内的时间常数与主被控对象的时间常数相比小得多，所以，可以将副环路近似看成是一个放大环节。这样，主环路就是一个一阶系统。

根据以上步骤编制程序以实现控制作用。

5.5 前馈控制

前面各节所述的反馈控制是基于这样的原理而建立的，即测量出被控量的变化值，与给定值相比较，得到两者的偏差，将偏差送入控制器进行某种控制规律的运算，得出其输出值对被控变量施加控制。可见，反馈控制是一种闭环控制，是在被控量偏离了给定值之后经过控制回路的各个环节（控制器、执行器、被控对象滞后等），才能对被控量产生控制动作。这种反馈控制方式对于系统干扰频繁、被控量快速变化、被控对象含有大时滞的场合，要得到预期理想的控制效果是困难的。

对一个控制系统来说，虽然外部干扰有多种，但并不是每一种干扰对系统的影响都是同样的。如果经过分析确知，只有一种或两种干扰是主要的，而且是可测的，同时它们与被控量（以给定值为代表）的关系也已掌握，那么，可以用这个关系来确定控制动作。由于此控制动作直接作用在被控变量上，因此是十分快速的，在被控量还没有偏离给定值之前，反馈控制还没有起作用之前，就产生控制动作。据此称为前馈控制。

前馈控制是一种开环控制。其优点是可以对某种特定干扰进行完全补偿、动作快捷。但缺点是对特定干扰不可能有精确的了解，因而不可能得到该干扰的精确数学模型。因此，往往出现补偿不足的情况，不是过补偿就是欠补偿。正因为如此，前馈控制不能单独使用，只能与反馈控制或串级控制联用。

如图 5-50 所示为前馈控制的典型框图。图中，$Y(s)$为被控量，$N(s)$为扰动量，$U(s)$为控制量，$G_n(s)$为被控量与扰动之间通道的传递函数，$D_n(s)$为前馈控制器传递函数，$G(s)$为被控对象通道传递函数。

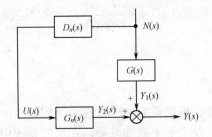

图 5-50　前馈控制的典型框图

由图 5-50 可知，$Y(s)=Y_1(s)+Y_2(s)=G_n(s)N(s)+G(s)D_n(s)N(s)=[G_n(s)+G(s)D_n(s)]N(s)$。

如果要完全补偿，必须有　　$G_n(s)+G(s)D_n(s)=0$

即

$$D_n(s)=-\frac{G_n(s)}{G(s)}$$

为了求得 $D_n(s)$，必须知道 $G_n(s)$ 和 $G(s)$。$G(s)$ 是被控对象传递函数，是设计者在设计时已掌握的，或其参数经试验或按经验取得。$G_n(s)$ 必须通过试验求得。因为涉及通道的动态特性，情况比较复杂，在一般情况下，可假定 $G_n(s)$ 为一阶惯性环节加纯滞后环节。

设　　　　　$G_n(s)=\dfrac{K_1}{T_1 s+1}\mathrm{e}^{-\tau_1 s}$，　　　　$G(s)=\dfrac{K_2}{T_2 s+1}\mathrm{e}^{-\tau_2 s}$

则　　　　　　$D_n(s)=-\dfrac{K_1}{K_2}\dfrac{T_2 s+1}{T_1 s+1}\mathrm{e}^{-(\tau_1-\tau_2)s}$

如果 $\tau_1=\tau_2$，　$K_0=-\dfrac{K_1}{K_2}$，　则　$D_n(s)=K_0\dfrac{T_2 s+1}{T_1 s+1}$

这结果表明前馈控制器是一个超前－滞后（微分－积分）补偿网络。

如果 $\tau_1\neq\tau_2$，$\tau_1-\tau_2=\tau$，将 $\mathrm{e}^{-\tau s}$ 作 Pade 展开（查阅第 8 章表 8-1），取 1/1 型近似，则

$$D_n(s)=K_0\frac{(T_2 s+1)}{(T_1 s+1)}\frac{(1-0.5s)}{(1+0.5s)}$$

如果经过分析，纯滞后不太大，则可忽略，惯性也很小，也可忽略，$G_n(s)$ 就只是一个比例系数了。前馈控制器 $D_n(s)$ 的计算机实现与反馈控制器 $D(s)$ 相同，在此不再叙述。

【例 5-24】　前馈控制与反馈控制各有优缺点。（1）试将二者结合在一起成为前馈－反馈控制，并画出具有一个扰动、一个被控量的前馈－反馈系统框图；（2）将 $G_n(s)$ 的输出从比较器 2 的加入点移至比较器 1 上，写出 $D_n(s)$ 的模型。

解：（1）系统框图如图 5-51 所示，$R(s)$ 为给定值，$D(s)$ 为反馈控制器传递函数。

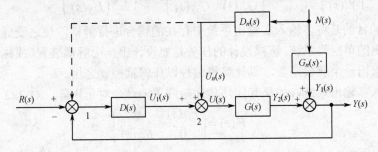

图 5-51　例 5-24 的图

（2）前馈控制器 $G_n(s)$模型为 $D_n(s) = -\dfrac{G_n(s)}{D(s)G(s)}$。推导过程由读者自行完成。

5.6 解耦控制

前面各节研究的是单回路、单变量的生产过程系统控制，称为单输入单输出（SISO）系统。随着石油、化工、冶金、发电等生产的发展，在这些系统中往往需要用多个控制回路控制多个变量，构成了所谓多输入多输出（MIMO）系统。这些控制回路之间可能存在相互关联的状况，也就是说，一个控制回路的输入量（控制量），除了影响本回路的输出量（被控量）外，还影响另一回路的输出量。这种相互关联的状况称为耦合。当控制回路间存在耦合时，不可能实现对被控变量的精确控制。

如图 5-52 所示为发电厂锅炉水位系统和蒸汽压力系统示意图。水位系统的被控量是水位 $Y_1(s)$，控制量是给水量 $U_1(s)$；蒸汽压力系统的被控量是蒸汽压力 $Y_2(s)$，控制量是燃料燃烧的给热量 $U_2(s)$。当蒸汽负荷加大时，水位下降，导致给水量增加，这又会使蒸汽压力下降。又当蒸汽压力上升时，致使燃料量减少，从而使蒸汽的蒸发量减少，水位因而升高。可见，两个回路之间存在耦合。

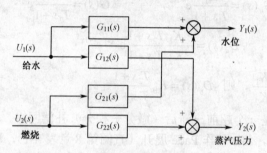

图 5-52   锅炉水位系统和蒸汽压力系统示意图

$U_1(s)$ 对 $Y_1(s)$ 的关系用传递函数 $G_{11}(s)$ 表示，$U_1(s)$ 对 $Y_2(s)$ 为传递函数 $G_{12}(s)$，$U_2(s)$ 对 $Y_2(s)$ 为传递函数 $G_{22}(s)$，$U_2(s)$ 对 $Y_1(s)$ 为传递函数 $G_{21}(s)$。这个例子是一个二输入二输出的被控对象，其传递函数可以用传递函数矩阵来表示，而输入量和输出量则用相应的向量表示，即用大写黑体字表示，以与单变量区别。此例可写成

$$Y(s)=G(s)U(s)$$

式中，$\quad Y(s) = \begin{pmatrix} Y_1(s) \\ Y_2(s) \end{pmatrix}$，$G(s) = \begin{pmatrix} G_{11}(s) & G_{12}(s) \\ G_{21}(s) & G_{22}(s) \end{pmatrix}$，$U(s) = \begin{pmatrix} U_1(s) \\ U_2(s) \end{pmatrix}$。

解耦控制的目的是将多输入多输出系统中存在的耦合进行解耦，使之变成多个相互独立的单输入单输出的单回路系统。解耦设计的任务是要设计出一个解耦装置（或称解耦控制器），换言之，就是求出一个解耦函数，供计算机编程以作解耦控制之用。

一个多输入多输出系统，如果其闭环传递矩阵 $F(s)$ 是个对角矩阵，对 2×2 系统就是

$$F(s) = \begin{pmatrix} F_{11}(s) & 0 \\ 0 & F_{22}(s) \end{pmatrix}$$

那么，这个系统的各个控制回路之间是相互独立的，彼此不存在耦合。为了能达到这个要求，可以设计一个前馈补偿解耦装置，即补偿解耦矩阵 $G_f(s)$，引入到对象传递函数矩阵 $G(s)$ 与反

馈控制器 $D(s)$ 之间。如图 5-53 所示。

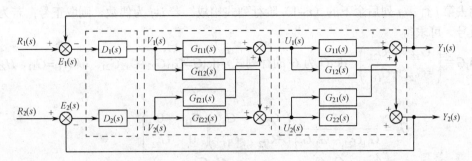

图 5-53　多变量前馈解耦控制系统框图

此时，系统的开环传递函数矩阵是

$$K(s)=G(s)G_f(s)D(s)$$

式中，
$$G_f(s)=\begin{pmatrix} G_{f11}(s) & G_{f12}(s) \\ G_{f21}(s) & G_{f22}(s) \end{pmatrix}$$

只要开环传递函数矩阵 $K(s)$ 是对角型的，那么，闭环传递函数矩阵 $F(s)$ 也必然是对角型的。因为 $F(s)=\dfrac{K(s)}{I+K(s)}$，$I$ 为单位矩阵。由于 $D(s)$ 已经是对角矩阵，实际上只要求 $G(s)G_f(s)$ 是个对角矩阵就可以了，这里并未特别指定是什么样的对角矩阵。由于取这个对角矩阵的方法不同，就产生出各种不同的解耦设计方法。本节采用的是称为前馈补偿解耦设计法，因为解耦网络是串联在主通道前面的。对角矩阵的取法如下式等号右端所示，这完全是为了计算简便起见。

令
$$\begin{pmatrix} G_{11}(s) & G_{12}(s) \\ G_{21}(s) & G_{22}(s) \end{pmatrix}\begin{pmatrix} G_{f11}(s) & G_{f12}(s) \\ G_{f21}(s) & G_{f22}(s) \end{pmatrix}=\begin{pmatrix} G_{11}(s) & 0 \\ 0 & G_{22}(s) \end{pmatrix}$$

解得
$$\begin{pmatrix} G_{f11}(s) & G_{f12}(s) \\ G_{f21}(s) & G_{f22}(s) \end{pmatrix}=\begin{pmatrix} G_{11}(s) & G_{12}(s) \\ G_{21}(s) & G_{22}(s) \end{pmatrix}^{-1}\begin{pmatrix} G_{11}(s) & 0 \\ 0 & G_{22}(s) \end{pmatrix}$$

上式右端全部已知，可以求得解耦矩阵 $G_f(s)$。计算时，涉及求 $G(s)$ 的逆矩阵，这就要求 $G(s)$ 必须是个非奇异矩阵。过去，由于计算机产品的容量较小，速度也不高，求逆矩阵的运算在系统维数较高（即控制回路较多）时是较麻烦的。但现在提供的计算机设备在容量和速度上均不成问题了，唯一条件就是 $G(s)$ 的非奇异性。幸运的是，一般的工业对象即可满足这个要求。在需要进行解耦设计时，要先检验被控对象传递函数矩阵的奇异性。如果是奇异的，应停止设计计算。

至于非奇异矩阵求逆，已有现成的计算机软件可用，十分方便。其他的解耦设计方法，读者可参阅有关资料。

【例 5-25】　有一个双变量耦合系统，求解耦补偿矩阵，使系统实现解耦。已知：

对象传递矩阵 $G=\begin{pmatrix} G_{11} & G_{12} \\ G_{21} & G_{22} \end{pmatrix}$，设解耦传递矩阵 $G_f=\begin{pmatrix} G_{f11} & G_{f12} \\ G_{f21} & G_{f22} \end{pmatrix}$，

选对角矩阵 $H=\begin{pmatrix} H_{11} & 0 \\ 0 & H_{22} \end{pmatrix}$。

解：先检验对象矩阵的奇异性。当 $G_{11}G_{22}-G_{12}G_{21}\neq 0$ 时，则 G 是非奇异的。计算可以进

行。求 $G^{-1}=\mathrm{adj}G/\mathrm{det}G$。式中，$\mathrm{adj}G$ 称为 G 的伴随矩阵，由 G 的元素 G_{ij} 的代数余子式构成，即由消去第 i 行第 j 列后余下的（$n-1$）阶行列式构成。若 $i+j$ 为偶数，则取正号；若为奇数，则取负号。可求得

$$\mathrm{adj}G = \begin{pmatrix} G_{22} & -G_{21} \\ -G_{12} & G_{11} \end{pmatrix}$$。$\mathrm{det}G$ 为 G 的行列式，$\mathrm{det}G=G_{11}G_{22}-G_{12}G_{21}$。取 $H_{11}=G_{11}$，$H_{22}=G_{22}$，则

$$\begin{aligned}
G_{\mathrm{f}} &= \frac{1}{G_{11}G_{22}-G_{21}G_{12}} \begin{pmatrix} G_{22} & -G_{21} \\ -G_{12} & G_{11} \end{pmatrix} \begin{pmatrix} G_{11} & 0 \\ 0 & G_{22} \end{pmatrix} \\
&= \begin{pmatrix} \dfrac{G_{22}G_{11}}{G_{11}G_{22}-G_{21}G_{12}} & -\dfrac{G_{21}G_{22}}{G_{11}G_{22}-G_{21}G_{12}} \\[2mm] -\dfrac{G_{12}G_{11}}{G_{11}G_{22}-G_{21}G_{12}} & \dfrac{G_{11}G_{22}}{G_{11}G_{22}-G_{21}G_{12}} \end{pmatrix}
\end{aligned}$$

上面的例题只限于 2 阶的。如果是 3 阶以上，即使有计算机辅助，但由于 G 是一个传递函数，计算过程也相当麻烦。其实，解耦补偿并非必定要作动态补偿，也就是说，要求不一定那么高，常常只作静态补偿便可大致满足要求。这样，解耦补偿传递函数便简化为传递系数，所得解耦装置结构简单，成本降低，容易实现，便于调整、维修。

当解耦控制器设计出来后，随之而来的是计算机实现问题。一个离散的多变量解耦补偿系统框图如图 5-54 所示，图中以双线条代表多变量信号传递，以与单线条代表单变量信号传递相区别；$H(s)$ 为零阶保持器传递函数；$G(z)=Z[H(s)G(s)]$ 为广义对象传递函数，则

$$G_{\mathrm{f}}(z) = G(z)^{-1} \times \begin{pmatrix} G_{11}(z) & 0 \\ 0 & G_{22}(z) \end{pmatrix}$$

将上式转换为差分方程，再据此编制计算机程序。

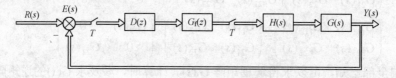

图 5-54　离散的多变量解耦补偿系统框图

5.7　控制算法的实现

前面两节介绍了几种数字控制器算法的设计与计算，得到了控制器的 Z 变换函数 $D(z)$，下一步就是如何用计算机实现这种算法，使得计算机通过执行程序能在线、实时地控制系统。这里关键的问题是软件设计问题。对于一个给定的 $D(z)$，用软件实现时，在软件的结构编排上可以有多种不同的方法，通常分为直接实现法、级联实现法和并行实现法 3 种。

5.7.1　直接实现法

所谓直接实现法，是指把控制器函数 $D(z)$ 直接 Z 反变换到时域上，得到差分方程，按差分方程进行编程。

设控制器函数 $D(z)$ 的一般表示式为

$$D(z) = \frac{U(z)}{E(z)} = \frac{b_0 + b_1 z^{-1} + b_2 z^{-2} + \cdots + b_{m-1} z^{-(m-1)} + b_m z^{-m}}{1 + a_1 z^{-1} + a_2 z^{-2} + \cdots + a_{n-1} z^{-(n-1)} + a_n z^{-n}} \quad (m \leqslant n)$$

式中，$U(z)$、$E(z)$ 分别是控制器输出、输入的 Z 变换。

交叉相乘并移项得

$$U(z) = -[a_1 z^{-1} + a_2 z^{-2} + \cdots + a_n z^{-n}]U(z) + [b_0 + b_1 z^{-1} + b_2 z^{-2} + \cdots + b_m z^{-m}]E(z)$$

对上式求 Z 反变换，k 为当前步，z^{-1} 表示延迟 1 拍，得差分方程为

$$u(k) = -a_1 u(k-1) - a_2 u(k-2) - \cdots - a_n u(k-n) +$$
$$b_0 e(k) + b_1 e(k-1) + b_2 e(k-2) + \cdots + b_m e(k-m)$$

$$(5\text{-}81)$$

可以按式（5-81）编制程序。直接实现法的结构示意图如图 5-55 所示。

编程时应注意以下几点。

① 求控制器的第 k 步输出，要用到 u 和 e 的 $k-1$，$k-2\cdots$步的历史数据，这些数据必须预先用存储器存储起来。计算第一步 $u(1)$ 时，只有 $e(1)$ 可以测知，还没有过往数据，这时可以把差分方程的初始条件设置为零。这样做是合乎实际情况的，因为控制器在开始工作之前处于稳定状态，尚未发生变化，也即变化的增量为零。把这样求得的结果用于下一步的计算。

② 每计算一次 $u(k)$，必须数据传递 $m+n$ 次，即将存储器（或变量）的数据代换更新。数据更新时，要按表达式各项的先后顺序进行，不能颠倒。有几个延迟环节就要进行几次数据更新。

③ 式（5-81）的计算可分两种情况。一种是当前值第 k 步的计算，只要进行一次乘法和一次加法（即加上过往值），计算时间很短；另一种是过往值的计算，要进行 $m+n$ 次乘法和 $m+n$ 次加法，计算时间长得多。当然，两者合起来应比采样周期时间短。

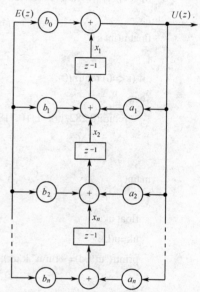

图 5-55　直接实现法的结构示意图

④ 若采用汇编语言编程，存储器的分配要合理。差分方程中的系数是常数，可放在一个区域内；变量部分是用于立即计算的，可放在寄存器内；不需要立即计算的数也可放在存储器内，最好放在相邻区域内，以便使用数据块方法传递，节省时间。

直接实现法的优点是直观、编程容易，对于不太复杂、阶数不高的 $D(z)$，这是值得推荐的办法。

【例 5-26】　在例 5-19 中，已设计了最少拍有纹波控制器为

$$D(z) = \frac{0.5434(1 - 0.5z^{-1})(1 - 0.3679z^{-1})}{(1 - z^{-1})(1 + 0.718z^{-1})}$$

试写出直接实现法的迭代算式。

解：先将分式的分子分母展开为 z^{-1} 的多项式，有

$$D(z) = \frac{U(z)}{E(z)} = \frac{0.5434(1 - 0.8679z^{-1} + 0.1840z^{-2})}{1 - 0.282z^{-1} - 0.718z^{-2}}$$

$$= \frac{0.5434 - 0.4716z^{-1} + 0.1z^{-2}}{1 - 0.282z^{-1} - 0.718z^{-2}}$$

交叉相乘并移项得

$$U(z) = (0.282z^{-1} + 0.718z^{-2})U(z) + (0.5434 - 0.4716z^{-1} + 0.1z^{-2})E(z)$$

求 Z 反变换，得差分方程为

$$u(k) = 0.282u(k-1) + 0.718u(k-2) + 0.5434e(k) - 0.4716e(k-1) + 0.1e(k-2)$$

用 C 语言编制的程序如下。由于偏差必须在闭环系统中得到，所以程序中定义了一个偏差数组来模拟之。程序之后给出了控制量的结果，可用来验证程序的正确性。

```c
#include<stdio.h>
int k=10;
float e[11]={0,1,2,3,4,5,6,7,8,9,10};

float u(int k)
{
 if (k<=0) return(0);
 else
    return(0.282*u(k-1)+0.718*u(k-2)+0.5434*e[k]-0.4716*e[k-1]+0.1*e[k-2]);
}

main()
{
   float uk;
   uk=u(k);
   printf("u(%d)=%f\n\n",k,uk);
}
```

测试结果如下：

    u(1)=0.543400

    u(2)=0.768439

    u(3)=1.393861

    u(4)=1.903608

    u(5)=2.668210

    u(6)=3.421626

    u(7)=4.354873

    u(8)=5.330801

    u(9)=6.447885

    u(10)=7.635419

5.7.2 级联实现法

如果 $D(z)$ 是以零极点的形式给出的，即

$$D(z) = \frac{U(z)}{E(z)} = \frac{K(z+z_1)(z+z_2)\cdots(z+z_m)}{(z+p_1)(z+p_2)\cdots(z+p_n)}$$

$$= \frac{K(z+z_1)(z+z_2)\cdots(z+z_m)}{(z+p_1)(z+p_2)\cdots(z+p_m)(z+p_{m+1})\cdots(z+p_n)} \quad (m \leqslant n)$$

式中，z_i（$i = 1, 2, \cdots, m$）为零点，p_i（$i = 1, 2, \cdots, n$）为极点，且均是已知的。

令
$$\frac{z+z_1}{z+p_1} = \frac{U_1(z)}{E(z)} = D_1(z)$$

得
$$U_1(z) = D_1(z)E(z)$$

其余类推，令
$$\frac{z+z_m}{z+p_m} = \frac{U_m(z)}{U_{m-1}(z)} = D_m(z)$$

得
$$U_m(z) = D_m(z)U_{m-1}(z)$$

对于 $n > m$ 的极点，令
$$\frac{1}{z+p_{m+1}} = \frac{U_{m+1}(z)}{U_m(z)} = D_{m+1}(z)$$

得
$$U_{m+1}(z) = D_{m+1}(z)U_m(z)$$

$$\cdots\cdots$$

最后一个极点，令
$$\frac{K}{z+p_n} = \frac{U(z)}{U_{n-1}(z)} = D_n(z)$$

得
$$U(z) = D_n(z)U_{n-1}(z)$$

于是得
$$D(Z) = D_1(z)D_2(z)\cdots D_n(z)$$

这个结果就是串联系统传递函数的表达式，故称级联。其结构示意图如图 5-56 所示。只要按顺序先求出 $u_1(k)$，然后用递推法求出 $u_2(k), u_3(k), \cdots, u_{n-1}(k)$，最后求出 $u(k)$ 即可。下面先看 $u_1(k)$ 的求法。

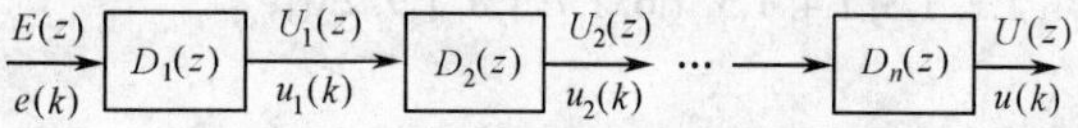

图 5-56　级联实现法的结构示意图

由于
$$U_1(z) = \frac{z+z_1}{z+p_1}E(z) = \frac{1+z_1z^{-1}}{1+p_1z^{-1}}E(z)$$

交叉相乘，得
$$U_1(z) + U_1(z)p_1z^{-1} = E(z) + E(z)z_1z^{-1}$$

两边作 Z 反变换，得
$$u_1(k) = e(k) + z_1e(k-1) - p_1u_1(k-1)$$

其余类推，可写出其余各迭代式为
$$u_2(k) = u_1(k) + z_2u_1(k-1) - p_2u_2(k-1)$$

$$\cdots\cdots$$

$$u_m(k) = u_{m-1}(k) + z_mu_{m-1}(k-1) - p_mu_m(k-1)$$

$$u_{m+1}(k) = u_m(k) - p_{m+1}u_{m+1}(k-1)$$

$$\cdots\cdots$$

$$u(k) = Ku_{n-1}(k-1) - p_nu(k-1)$$

计算时要用到过往值，可设初始条件为零。每计算一次 $u(k)$，要进行 $m+n$ 次加减法，$m+n+1$ 次乘法和 $n+1$ 次数据传递，即传递 $u_1(k), u_2(k), \cdots, u_{n-1}(k), u(k)$ 和 $e(k)$ 的值。

本法的优点是适合高阶控制器函数的设计，因为可以将给定的函数转换为零极点的形式，每一个单元只是同样形式的一阶（或二阶）函数，可将其编程为子程序，反复调用。但是，控制器的设计结果往往不是以零极点的形式给出的，这时必须先将其转换为零极点形式，但人工转换是十分麻烦的，可以利用 MATLAB 软件，只用一条指令就可转换完成。

【例 5-27】 设控制器为

$$D(z) = \frac{U(z)}{E(z)} = \frac{1 + 3z^{-1} - 4z^{-2}}{1 + 5z^{-1} + 6z^{-2}}$$

试写出级联实现法的迭代算式。

解：先将分式的分子分母按 z^{-1} 因式分解，得

$$D(z) = \frac{(1 + 4z^{-1})(1 - z^{-1})}{(1 + 2z^{-1})(1 + 3z^{-1})}$$

令 $\quad \dfrac{1 + 4z^{-1}}{1 + 2z^{-1}} = \dfrac{U_1(z)}{E(z)} = D_1(z)$，得 $U_1(z) = E(z) + 4E(z)z^{-1} - 2U_1(z)z^{-1}$

令 $\quad \dfrac{1 - z^{-1}}{1 + 3z^{-1}} = \dfrac{U(z)}{U_1(z)} = D_2(z)$，得 $U(z) = U_1(z) - U_1(z)z^{-1} - 3U(z)z^{-1}$

取 Z 反变换，得差分方程为

$$\begin{cases} u_1(k) = e(k) + 4e(k-1) - 2u_1(k-1) \\ u(k) = u_1(k) - u_1(k-1) - 3u(k-1) \end{cases}$$

上式即为级联实现法的迭代算式。

用 C 语言编制的程序如下。

```c
#include<stdio.h>
int k=10;
float E[11]={0, 1.1, 1.2, 1.3, 1.4, 1.5, 1.6, 1.7, 1.8, 1.9, 2.0};
float U1(int k)
{
 if (k<=0) return(0);
    else   return(E[k]+4*E[k-1]-2*U1(k-1));
}

float U(int k)
{float a,b,c;
 if (k<=0) return(0);
    else   return(U1(k)-U1(k-1)-3*U(k-1));
}

main()
{
float uk,u1k;
uk=U(k);
u1k=U1(k);
printf("U(%d)=%f\n",k,uk);
```

```
    printf("U1(%d)=%f\n\n",k,u1k);
    }
```

5.7.3 并行实现法

对给定的 $D(z)$，可以用分解定理（或留数法）写成部分分式

$$D(z) = \frac{U(z)}{E(z)} = \frac{k_1 z^{-1}}{1 + p_1 z^{-1}} + \frac{k_2 z^{-1}}{1 + p_2 z^{-1}} + \cdots + \frac{k_n z^{-1}}{1 + p_n z^{-1}}$$

令

$$D_1(z) = \frac{U_1(z)}{E(z)} = \frac{k_1 z^{-1}}{1 + p_1 z^{-1}}$$

$$D_2(z) = \frac{U_2(z)}{E(z)} = \frac{k_2 z^{-1}}{1 + p_2 z^{-1}}$$

$$\cdots\cdots$$

$$D_n(z) = \frac{U_n(z)}{E(z)} = \frac{k_n z^{-1}}{1 + p_n z^{-1}}$$

于是得
$$D(z) = D_1(z) + D_2(z) + \cdots + D_n(z)$$
控制总量为

$$\begin{aligned}
U(z) &= D(z)E(z) \\
&= D_1(z)E(z) + D_2(z)E(z) + \cdots + D_n(z)E(z) \\
&= U_1(z) + U_2(z) + \cdots + U_n(z)
\end{aligned}$$

这是并联系统传递函数的表达式，故称为并行实现法。其结构示意图如图 5-57 所示。

与前面的方法相同，求 Z 反变换得差分方程为

$$u_1(k) = k_1 e(k-1) - p_1 u_1(k-1)$$

$$u_2(k) = k_2 e(k-1) - p_2 u_2(k-1)$$

$$\cdots\cdots$$

$$u_n(k) = k_n e(k-1) - p_n u_n(k-1)$$

只要分别求出 $u_1(k), u_2(k), \cdots, u_n(k)$，即可求出
总的控制量为

$$u(k) = u_1(k) + u_2(k) + \cdots + u_n(k)$$

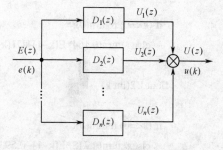

图 5-57 并联实现法的结构示意图

这种实现方法每计算一次 $u(k)$，要用到 $2n$ 次加
减法，$2n$ 次乘法和 $n+1$ 次数据传递。本方法适合高阶控制器的设计，因为它可以将高阶函数分解为若干个一阶或二阶函数，并作为子程序，反复调用，从而简化了设计。但必须指出，这种分解并不是在任何情况下都是可能的，而且即使可能，人工进行这种计算也是十分麻烦的。可用 MATLAB 软件进行计算，方便快捷。

【例 5-28】 在例 5-21 中，已设计了最少拍无纹波控制器为

$$D(z) = \frac{0.3830(1 - 0.3679 z^{-1})(1 - 0.5859 z^{-1})}{(1 - z^{-1})(1 + 0.592 z^{-1})}$$

试写出并联实现法的迭代算式。

解：由于 $D(z)$ 的分子分母同阶，先化为传递函数的标准式，再进行部分分式得

$$D(z) = 0.383\left(1 + \frac{0.164z^{-1}}{1-z^{-1}} - \frac{0.712z^{-1}}{1+0.593z^{-1}}\right) = 0.383[1 + D_1(z) - D_2(z)]$$

式中

$$D_1(z) = \frac{U_1(z)}{E(z)} = \frac{0.164z^{-1}}{1-z^{-1}}$$

$$D_2(z) = \frac{U_2(z)}{E(z)} = \frac{0.712z^{-1}}{1+0.593z^{-1}}$$

求得

$$U_1(z) = 0.164E(z)z^{-1} + U_1(z)z^{-1}$$

$$U_2(z) = 0.712E(z)z^{-1} - 0.593U_2(z)z^{-1}$$

对上两式分别求 Z 反变换得差分方程为

$$u_1(k) = 0.164e(k-1) + u_1(k-1)$$

$$u_2(k) = 0.712e(k-1) - 0.593U_2(k-1)$$

$$u(k) = 0.383[e(k) + u_1(k) - u_2(k)]$$

$$= 0.383[e(k) + 0.164e(k-1) + u_1(k-1) - 0.712e(k-1) + 0.593u_2(k-1)]$$

$$= 0.383[e(k) - 0.548e(k-1) + u_1(k-1) + 0.593u_2(k-1)]$$

用 C 语言编制的程序如下。

```
#include<stdio.h>
int k=10;
int E[11]={0,1,2,3,4,5,6,7,8,9,10};
/*e[0],e[1],…,e[16]*/
float U1(int k)
{
  if (k<=0) return(0);
    else return(0.164*E[k-1]+U1(k-1));
}
float U2(int k)
{
  if (k<=0) return(0);
    else return(0.712*E[k-1]-0.593*U2(k-1));
}
float U(int k)
{
  if (k<=0) return(0);
    else return(0.383*(E[k]+U1(k)-U2(k)));
}

main()
{FILE f;
  float uk,u1k,u2k;
  uk=U(k);
  u1k=U1(k);
```

```
u2k=U2(k);
printf("U(%d)=%f\n",k,uk);
printf("U1(%d)=%f\n",k,u1k);
printf("U2(%d)=%f\n\n",k,u2k);
}
```

上面 3 种关于数字控制器输出的递推算法各有优点。直接实现法采用的是解析表达式法，优点是直观、程序容易实现，且当前值计算仅 $e(k)$ 一项，其余各项都可在采样时刻 k 之前计算好，这就大大减少了计算延时，提高了系统的实时控制性能。但这种方法受系统参数 a_i、b_i 的影响较大，仅适用于较低阶的控制器，对于较高阶的复杂控制器会产生较大的数值误差。级联实现法和并行实现法采用的是迭代公式法，可将高阶的控制器函数分解为一、二阶函数，进行迭代运算，降低了系统对系数 a_i、b_i 的灵敏度，减小误差，相比较而言，级联实现法有较高的计算效率。但这两种方法的困难之处是因式分解及部分分式分解，若能结合计算机编程和利用 MATLAB 软件将可使问题迎刃而解。这里之所以关注每计算一次 $u(k)$ 的计算工作量，是因为要计算程序的执行时间，该时间必须小于采样周期，以确定控制的实时性。

习题 5

5.1 已知有 Z 变换对

$$g(t) = e^{-at} \cos \omega_0 t$$

与

$$G(z) = \frac{z^2 - ze^{-aT} \cos \omega_0 T}{z^2 - 2ze^{-aT} \cos \omega_0 T + e^{-2aT}}$$

试求 $\lim_{z \to \infty}\{G(z)\} = ?$ 并用 $\lim_{t \to 0}\{g(t)\}$ 的值检验之。

5.2 试证：若 $G(z)=Z\{g(t)\}$，且 $\lim_{t \to 0}\{g(t)\} = 0$，则 $\lim_{t \to T}\{G(t)\} = \lim_{z \to \infty}\{zG(z)\}$。

5.3 求下面连续传递函数的 Z 变换函数 $G(z)$，并求 $z=1$、$z=-1$ 时 $G(z)$ 的值。

$$G(s) = \frac{5}{s(s+5)}$$

5.4 利用 Z 变换定义和函数位移定理，求零阶保持器

$$H(s) = \frac{1 - e^{-Ts}}{s}$$

的 Z 变换，式中 T 为采样周期。

5.5 用部分分式法（或留数法）求下面误差函数 Z 变换式的离散时间函数 $e(n)$。

$$E(z) = \frac{11z^3 - 15z^2 + 6z}{(z-2)(z-1)^2}$$

5.6 有一个单位反馈系统，其正向通道的 Z 变换函数为

$$\frac{Y(z)}{E(z)} = \frac{0.632}{z^2 - 1.368z + 0.368}$$

式中，$E(z)$ 为误差函数。求输入 $R(z)$ 为单位阶跃时，输出 $Y(z)$ 对应的时域函数 $y^*(t)$。

5.7 给出 PID 控制器的增量算式为

$$u(n) = u(n-1) + \Delta u(n)$$

式中，u 为控制器的输出，$\Delta u(n)$ 为第 n 个采样时刻的输出增量。试写出此控制器的脉冲传递函数。

5.8　试列出 PID 控制算式共有多少种变化形式，它们各适用于什么场合？

5.9　有两个系统 1 和 2，它们的控制器最后的整定参数和振荡周期如下：

系统	临界增益 K_K	临界振荡周期 T_K
1	0.4	20
2	2.0	0.5

试用临界比例度法，求每个系统在 PI 和 PID 控制时的整定参数。

5.10　在系统设计中，在单位阶跃输入时，如果要求闭环系统输出 $Y(z)$ 具有最短调节时间、最短上升时间且稳态误差为零。试问：在数学上 $Y(z)$ 应具有什么样的形式？

5.11　在设计计算机控制系统时，已求出控制器的脉冲传递函数为

$$D(z) = \frac{U(z)}{E(z)} = \frac{1 - 0.82z^{-1}}{0.918(1 - z^{-1})}$$

试将其转换到时域上，写出适于编制程序的位置式控制算式。

5.12　同 5.11 题，试按所导出的位置式控制算式，用 C51 语言编制程序，实现对计算机系统的控制。

5.13　有一个生产过程，其开环传递函数为

$$G_0(s) = \frac{1}{0.4s + 1}e^{-0.5s}$$

试用达林算法求当采样周期为 0.5s 时的控制器函数 $D(z)$，使整个闭环系统为

$$\Phi(s) = \frac{1}{0.2s + 1}e^{-0.5s}$$

并画出输出响应曲线。

5.14　采用史密斯预估算法进行设计控制系统时，对设计者有何要求？

5.15　给出一个单位反馈闭环系统，已知被控对象的传递函数为

$$G_0(s) = \frac{10}{s(s+1)}$$

采样周期 T=1s。试设计控制器函数 $D(z)$，使其在单位阶跃作用下，系统响应是无稳态误差最少拍响应，并画出误差曲线、控制曲线和输出响应曲线。

5.16　在串级控制中，主回路和副回路的主要功能是什么？为什么计算顺序是从外环到内环？能反过来吗？

5.17　试画出具有一个扰动量、一个被控量的前馈控制与串级控制系统的结合方框图。

5.18　试问：在求解解耦补偿矩阵时，是否可以选择对象传递函数矩阵与解耦补偿矩阵的乘积的对角矩阵为单位矩阵 I，有无好处？

第6章 模糊控制技术

经典控制理论 PID（Proportional-Integral-Differential，比例—积分—微分）控制和直接数字控制（Direct Digital Control，DDC）对解决一般控制和线性定常系统问题十分有效。但是，在许多控制系统中，一些复杂被控对象（或过程）的特性很难用一般的物理或化学规律来描述，也没有适当的测试手段进行测试，并为其建立数学模型。对于这类被控对象（或过程），用传统控制理论或现代控制理论很难取得满意的控制效果。然而，这类被控对象（或过程）在人工操作下却往往能正常运行，并达到一定预期的效果。

人的手动控制策略是通过操作者的学习、试验及长期经验积累而形成的，它通过人的自然语言来叙述。例如，用自定性的、不精确的及模糊的条件语句来表达：若炉温偏高，则减少燃料；若蓄水塔水位偏低，则加大进水流量；若燃烧废气中含氧量偏高，则减小助燃风量等。

由于自然语言具有模糊性，所以，这种语言控制也被称为模糊语言控制，简称模糊控制（Fuzzy Control）。模糊控制理论也称 Fuzzy 控制理论。

Fuzzy 控制理论是由美国自动控制理论专家 L.A.Zadeh 于 1965 年在他的"Fuzzy Set"、"Fuzzy Algorithm"、"A Rationale for Fuzzy Control"等著名论著中首先提出的。虽然只有 40 年左右的时间，但该理论得到了迅速的发展。人们先后对不同的复杂控制对象（如炼钢炉、水泥窑、热交换系统、机车、家电等），进行了不同程度的模糊控制，都取得了较好的效果。目前，市场上应用 Fuzzy 控制理论生产的家电产品随处可见。

6.1 模糊控制发展概况

模糊集合的引入将人的判断、思维过程用比较简单的数学形式直接表达出来，从而使对复杂系统做出合乎实际的、符合人类思维方式的处理成为可能，为最初模糊控制器的形成奠定了基础。1974 年，英国的 Mamdani 使用模糊控制语言构成的控制器来控制锅炉蒸汽机，取得了良好的效果，他的试验和研究标志着模糊控制的诞生。

模糊控制不仅适用于小规模线性单变量系统，而且逐渐向大规模、非线性复杂系统扩展。从现有的控制系统来看，它具有易于掌握、输出量连续、可靠性高、能发挥熟练专家操作的良好控制效果等优点。

近年来，对于经典模糊控制系统稳态性能的改善，模糊集成控制、模糊自适应控制、专家模糊控制与多变量模糊控制的研究，特别是对复杂系统的自学习与参数（或规则）自调整模糊系统方面的研究，受到各国学者的重视。人们将神经网络和模糊控制技术相结合，形成了一种模糊神经网络技术，它可以组成一组更接近于人脑的智能信息处理系统，其发展前景十分广阔。

1. 模糊控制的特点

模糊控制理论是控制领域中非常有发展前途的一个分支，这是由于模糊控制具有许多传统控制无法比拟的优点，主要优点如下。

1）不需要精确数学模型

使用模糊语言的方法，不需要掌握生产过程的精确数学模型。因为复杂的生产过程很难获取精确的数学模型，而模糊语言却是一种很方便的近似方法。

2）容易学习

对于具有一定操作经验的非自动控制专业工作者，模糊控制方法更易于掌握。

3）使用方便

操作人员可以方便地通过自然语言进行人机联系，而且很容易把模糊条件语句加入到过程的控制环节上。

4）适应性强

采用模糊控制时，过程的动态响应品质优于常规 PID 控制，而且模糊控制对过程参数的变化具有较强的适应性。

5）控制程序简短

模糊控制系统一般只需很短的程序和较少的存储器。它需要的存储器比采用查表方法的控制系统要少得多，而且比多数采用数学计算方法的控制系统也要少。

6）速度快

模糊控制系统可在很短时间内完成复杂的控制任务，而使用数学计算方法的控制系统则需要进行大量的数学计算工作。因而，使用简单的 8 位单片机就能完成 32 位处理机的控制功能。

7）开发方便

使用模糊控制，不必对被控对象了解非常清楚，就可开始设计和调试系统。可先从近似的模糊子集和规则开始调试，再逐步调整参数以优化系统。模糊推理过程在功能上是独立的，因此只需要简单地修改控制系统，而不必改变整体设计（如加入规则或输入变量）。但在常规的控制系统中，加入一个输入变量将改变整个控制算法。在开发模糊控制系统时，可以把精力集中在功能目标上，而不是在分析数学模型上，因而，有更多的时间去增强和分析系统。

8）可靠性高

通常，采用数学计算方法的控制系统是一个有机的整体。如果其中一个算式出现问题或物理系统的条件发生变化，使得数学模型失效，整个控制过程就会失败。但模糊控制由许多相互独立的规则组成，它的输出是各条规则的合并结果。因此，即使有一条规则出问题，但其他规则可对它进行补偿。有时，即便系统的工作环境发生变化，模糊规则也能保持正确。

9）性能优良

模糊控制系统对外界环境的变化不敏感，具有较高的鲁棒性。同时，它仍能保持足够的灵敏度。我们知道，响应迅速、调整得好的系统对外界变化十分敏感。而反过来，若要使一个系统不受外界变化的影响，也就意味着降低了灵敏度。但模糊控制可以使一个系统既有非常高的鲁棒性，又有很高的灵敏度。

2. 模糊控制的应用

近年来，模糊控制得到了广泛的应用。下面简单介绍一些模糊控制的应用领域。

1）航天航空

模糊控制现在已应用于各种导航系统中，例如，美国航空局和宇航局开发的一种用于引导航天飞机和空间站相连的自动系统。

2）工业过程控制

工业过程控制的需要是控制技术发展的主要动力，现在许多控制理论都是为工业过程控制而发展的。工业过程控制是模糊控制的一个主要应用领域，最早使用工业过程模糊控制的是丹麦 F.L.Smith 公司研制的水泥窑模糊控制计算机控制系统。它是模糊控制在工业过程控制中成功应用的范例。现在模糊控制已广泛应用于各种从简单到复杂的工业诊断和控制系统中。

3）家用电器

由于模糊控制能以极小的代价提高产品的性能，这使它在家用电器中得到了广泛的应用。

在一些发达国家，几乎所有家用电器制造厂商都使用模糊技术。例如，全自动洗衣机能按洗涤物的数量、类型来自动选择适当的洗衣周期和洗衣粉用量，空调在使用了模糊控制技术后可节省 20% 以上的能源；一些电视机使用模糊控制来自动调整屏幕的颜色、对比度和亮度，照相机使用模糊控制技术来实现自动对焦等。现在，我国的许多家电产品也广泛采用了模糊控制技术。

4）汽车和交通运输

汽车和交通运输行业也已开始使用模糊控制来完成控制功能。例如，有的汽车使用了带有模糊控制技术的防抱死刹车系统，有的汽车则使用了基于模糊控制的无级变速器，一些汽车生产厂商还开发了模糊发动机控制和自动驾驶控制系统等。

5）其他

模糊控制还广泛应用于其他控制场合，例如：电梯控制器、工业机器人、核反应控制、医疗仪器等。除控制应用外，模糊控制还可应用于图像识别、计算机图像处理、金融和其他专家系统中。

总之，模糊控制已经得到了广泛的应用，并逐渐成为人们使用的主要控制方法之一。

6.2 常见的控制器类型及模糊规则

模糊控制规则（或称模糊控制算法）是人们把控制过程中的实践经验（即手动控制策略）加以总结而得到的模糊条件语句集合，它是模糊控制器的核心。

常见的模糊控制器类型有以下 4 种。

1. 单输入单输出模糊控制器

如图 6-1（a）所示为单输入单输出模糊控制器的示意图，其中，模糊集合 $\tilde{A}$ 为属于论域 X 的输入，模糊集合 $\tilde{N}$ 为属于论域 Y 的输出。这类输入和输出均为一维的模糊控制器，其控制规则通常由模糊条件语句：if $\tilde{A}$ then $\tilde{N}$；if $\tilde{A}$ then $\tilde{N}$ else $\tilde{I}$ 来描述。其中，模糊集合 $\tilde{N}$ 和 $\tilde{I}$ 具有相同论域 Y。这种控制规则反映了非线性比例（P）控制规律。

2. 双输入单输出模糊控制器

如图 6-1（b）所示为双输入单输出模糊控制器的示意图。其中，属于论域 X 的模糊集合 $\tilde{E}$ 取自系统误差 e 的模糊化；属于论域 Y 的模糊集合 $\widetilde{EC}$ 取自系统的误差变化率 e' 的模糊化，二者构成模糊控制器的二维输入；属于论域 Z 的模糊集合 $\tilde{U}$ 是模糊控制器反映控制量变化的一维输出。

(a) 单输入单输出模糊控制器　　　　　　(b) 双输入单输出模糊控制器

图 6-1　单输出模糊控制器示意图

这类模糊控制器的控制规则通常由模糊条件语句 if $\widetilde{E}$ and $\widetilde{EC}$ then $\widetilde{U}$ 来描述,是模糊控制中最常用的一种控制规则,它反映非线性比例加微分（PD）控制规律。

3. 多输入单输出模糊控制器

如图 6-2(a)所示为具有输入 $\widetilde{A}, \widetilde{B}, \cdots, \widetilde{N}$ 及输出 $\widetilde{U}$ 的多输入单输出模糊控制器的示意图。其中,多维输入模糊集合 $\widetilde{A}, \widetilde{B}, \cdots, \widetilde{N}$ 和一维输出模糊集合 $\widetilde{U}$ 分别属于论域 $X, Y, \cdots, V$ 和 W,其控制规则通常由模糊条件语句 if $\widetilde{A}$ and $\widetilde{B} \cdots$ and $\widetilde{N}$ then $\widetilde{U}$ 来描述。

(a) 多输入单输出模糊控制器　　　　　　(b) 双输入多输出模糊控制器

图 6-2　多输入模糊控制器示意图

4. 双输入多输出模糊控制器

如图 6-2（b）所示为具有二维输入（系统误差及其变化率）的模糊化 $\widetilde{E}$ 和 $\widetilde{EC}$,以及多维输出 $\widetilde{U}, \widetilde{V}, \cdots, \widetilde{W}$ 的模糊控制器示意图。其中,$\widetilde{U}, \widetilde{V}, \cdots, \widetilde{W}$ 分别为向不同控制通道同时输出的第一控制作用,第二控制作用……这类模糊控制器的控制规则可由一组模糊条件语句来描述。

$$
\left.
\begin{array}{l}
\text{if } \widetilde{E} \text{ and } \widetilde{EC} \text{ then } \widetilde{U} \\
\text{and if } \widetilde{E} \text{ and } \widetilde{EC} \text{ then } \widetilde{V} \\
\text{and} \\
\cdots\cdots \\
\text{and if } \widetilde{E} \text{ and } \widetilde{EC} \text{ then } \widetilde{W}
\end{array}
\right\}
\qquad (6\text{-}1)
$$

这组语句代表在取系统误差及误差变化的信息时,向多个控制通道输出控制信息的控制策略。

基于手动控制策略得到的每一条模糊条件语句只代表一种特定情况下的一个对策。实际上,人们在控制过程中可能碰到各种情况,因此,反映手动控制策略的完整控制规则一般要由若干条结构相同、语言值不同的模糊条件语句构成。显然,由各模糊条件语句决定的控制决策之间的关系是"或"关系。

通常,可以由一组模糊条件语句表达的控制规则写出模糊控制状态表。该表是控制规则的另一种表达形式,它与模糊条件语句组表达的控制规则等价。因此,在设计模糊控制器时,可在二者当中任选一种关于控制规则的表达形式。

表 6-1 为由以下 28 条模糊条件语句建立的模糊控制状态表。

表 6-1　模糊控制状态表

$\widetilde{E}$ ＼ $\widetilde{U}$ ＼ $\widetilde{EC}$	PB	PM	PS	P0	N0	NS	NM	NB
PB	NB	NB	NB	NM	0	0	0	0
PM	NB	NB	NM	NS	0	0	0	0
PS	NB	NM	NS	0	0	0	PS	0
0	NB	NM	NS	0	0	PS	PM	PB
NS	0	NS	0	0	0	PS	PM	PB
NM	0	0	0	0	PS	PM	PB	PB
NB	0	0	0	0	PM	PB	PB	PB

1　if $\widetilde{E}$ =PB and $\widetilde{EC}$ =PB or PM or PS or 0 　　　　then $\widetilde{U}$ =NB

2　或 if $\widetilde{E}$ =PB and $\widetilde{EC}$ =NS 　　　　then $\widetilde{U}$ =0

3　或 if $\widetilde{E}$ =PB and $\widetilde{EC}$ =NM or NB 　　　　then $\widetilde{U}$ =0

4　或 if $\widetilde{E}$ =PM and $\widetilde{EC}$ =PB or PM 　　　　then $\widetilde{U}$ =NB

5　或 if $\widetilde{E}$ =PM and $\widetilde{EC}$ =PS or 0 　　　　then $\widetilde{U}$ =NM

6　或 if $\widetilde{E}$ =PM and $\widetilde{EC}$ =NS 　　　　then $\widetilde{U}$ =NS

7　或 if $\widetilde{E}$ =PM and $\widetilde{EC}$ =NM or NB 　　　　then $\widetilde{U}$ =0

8　或 if $\widetilde{E}$ =PS and $\widetilde{EC}$ =PB 　　　　then $\widetilde{U}$ =NB

9　或 if $\widetilde{E}$ =PS and $\widetilde{EC}$ =PM 　　　　then $\widetilde{U}$ =NM

10　或 if $\widetilde{E}$ =PS and $\widetilde{EC}$ =PS or 0 　　　　then $\widetilde{U}$ =NS

11　或 if $\widetilde{E}$ =PS and $\widetilde{EC}$ =NS or NM or NB 　　　　then $\widetilde{U}$ =0

12　或 if $\widetilde{E}$ =P0 and $\widetilde{EC}$ =PB 　　　　then $\widetilde{U}$ =NM

13　或 if $\widetilde{E}$ =P0 and $\widetilde{EC}$ =PM 　　　　then $\widetilde{U}$ =NS

14　或 if $\widetilde{E}$ =P0 and $\widetilde{EC}$ =PS or 0 or NS or NB 　　　　then $\widetilde{U}$ =0

……

28　或 if $\widetilde{E}$ =NB and $\widetilde{EC}$ =NB　or NM or NS Or 0 　　　　then $\widetilde{U}$ =PB

根据系统的误差和误差变化率同时改变符号，其控制量的变化也改变符号的特点，由第 2～14 条模糊条件语句可写出相应的第 15～27 条模糊条件语句。

5．反映控制规则的模糊关系

1）控制规则的模糊关系

模糊控制器的控制规则是由一组用"或"关系联结起来的模糊条件语句来描述的。对于每一条模糊条件语句，当输入、输出语言变量在各论域上反映语言值的模糊子集为已知时，就可以表达为论域积集上的模糊关系。

在计算出每一条模糊条件语句决定的模糊关系 $\widetilde{A}_i$（i=1, 2, …, m，其中 m 为模糊条件语句中的语句数）之后，考虑到模糊条件语句间的"或"关系，可得出描述整个系统控制规则的总模糊关系 $\widetilde{A} = \widetilde{A}_1 \vee \widetilde{A}_2 \vee \widetilde{A}_3 \cdots \vee \widetilde{A}_m$。

因此，模糊控制算法的设计，是在总结手动控制策略基础上，通过总模糊关系 $\widetilde{A}$ 的设计来实现的。

2）模糊规则生成系统组成

模糊规则生成系统由以下 4 部分组成（Weiss and Donnel，1979 年）：

① 一套表示专家决策器策略和启发性战略的规则；

② 一组在实际决策之前就能立即估计出的输入数据；

③ 一种被表示规则与给定数据之间一致性评价的控制方法；

④ 一种产生期望控制作用和决定何时停止搜索的更佳控制方法。

输入数据、规则和输出作用（或结果）通常都是模糊集合，这些模糊集合用定义在适当空间上的隶属函数来表示。用于评价规则的方法被称为近似推理或内插推理，它由模糊关系式中的模糊关系组合来表示。

把控制作用 $u(\cdot)$ 与被测状态或输出变量联系起来，利用以上 4 部分，根据所需结果在有限点上进行简化，并构建查询表，再把形成的查询表写入只读存储器中，这样就构成了固定的对象控制器。

6.3 简单模糊逻辑控制系统

1. 模糊逻辑控制系统设计中的假设

通常，在模糊逻辑控制系统设计中隐含着许多假设。当采用基于模糊逻辑控制的控制策略时，应有下面 6 个基本的前提假设。

① 对象可视且能够控制（状态变量、输入/输出变量通常能用于观察、测量和计算）。

② 存在一套由经验产生的语言规则、通用工程概念、直觉知识，以及由一组输入/输出测量数据所组成的知识体，或者存在一个能模糊化，并且能从中得出规则的可分析模型。

③ 有问题答案存在。

④ 能够找到一个"足够好"，但不一定是最佳的解。

⑤ 在已有的知识基础上设计出最佳控制器，并且它具有允许的精度范围。

⑥ 稳定性和最优化仍是模糊逻辑控制器设计中难以解决的问题。

我们将在后面讨论从描述控制器动态特性、模糊 if-then 规则的近似值中获取控制面 $h(\cdot)$ 的过程。

2. 模糊逻辑控制系统基本组成

1）简单模糊逻辑控制系统组成

简单模糊逻辑控制系统组成如图 6-3 所示。图中，知识库模块包含了所有模糊输入/输出部分的知识。它还含有术语集和基于模糊规则系统的输入变量、控制对象的输出变量（或控制作用的相应隶属函数）。

2）简单模糊逻辑控制系统的设计步骤

① 明确对象的变量（输入变量、输出变量和状态变量）。

② 将"论域"（每个变量生成区间）划分为许多模糊子集，并给每个模糊子集分配一个语言符号（这些子集应包含论域中的所有元素）。

③ 分配或决定每个模糊子集的隶属函数。

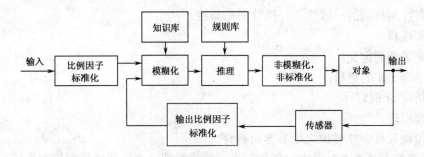

图 6-3　简单模糊逻辑控制系统组成

④ 在输入或状态模糊子集之间分配模糊关系，同时，在输出模糊子集之间分配模糊关系，以形成"规则库"。

⑤ 选择合适的输入/输出变量比例因子，使其在区间[0, 1]或[-1, 1]内标准化。

⑥ 对控制器的输入变量模糊化。

⑦ 利用近似推理推断每条规则的输出，汇总每条规则推断出的模糊输出。

⑧ 利用非模糊化取得确定的输出结果。

需要说明的是，上述步骤和所用方法在非自适应简单模糊逻辑控制器中适用，而在自适应模糊控制器中，要根据自适应定律进行自适应调整以达到控制优化的效果。

3）简单模糊逻辑控制系统应有的基本特性

① 具有固定和相同的输入/输出比例因子。

② 具有固定和互不相关规则的单类规则库，所有规则都有相同的单位确定度和单位置信度。

③ 具有固定的隶属函数。

④ 规则数量有限，随输入变量的增加而呈指数增加。

⑤ 具有包括近似推理、规则聚集和输出非模糊化在内的、固定的原知识。

⑥ 具有低级控制和无等级规则结构。

6.4　基本模糊控制器设计

1．一般模糊控制器设计要点

一般模糊控制器（即非简单系统）设计的基本要点（Lee，1990 年）如下。

1）模糊策略和模糊运算器的解释或模糊化

2）知识库

① 论域离散化/非标准化；

② 输入/输出空间的模糊分类；

③ 分类的补集；

④ 原有模糊集合隶属函数的选择。

3）规则库

① 过程状态（输入）变量和控制（输出）变量的选择；

② 模糊控制规则的派生源；

③ 模糊控制规则的类型；

④ 模糊控制规则的一致性、互换性和完整性。

4）决策逻辑

① 模糊寓意的定义；

② 联结词 and 的解释；

③ 联结词 or 的解释；

④ 推理机理。

5）非模糊策略和非模糊化运算器的解释

改变或调整上述 5 个要点中的任意一个，就能得到一个自适应模糊控制系统。如果上述 5 个要点都不变，则这种模糊控制系统就是简单的或非自适应的模糊控制系统。

2. 基本模糊控制器设计方法

1）查询表的建立

如果已知系统误差 e_i 为论域 $X=\{-6, -5, \cdots, -0, +0, \cdots, +5, +6\}$ 中的元素 X_i，误差变化率 e'_i 为论域 $Y=\{-6, -5, \cdots, 0, \cdots, +5, +6\}$ 中的元素 Y_i，那么，可根据系统控制规则决定的模糊关系 $\widetilde{A}$，用推理合成规则计算出反映控制量变化的模糊集合 $\widetilde{U}_{ij}$。采用适当方法对其进行模糊判决，由所得论域 $Z=\{-6, -5, \cdots, 0, \cdots, +5, +6\}$ 上的元素 Z_k，最终可获得加到被控过程中的实际控制量变化的精确量 $\widetilde{U}_{ij}$。对论域 X、Y 中全部元素的所有组合，计算出相应的以论域 Z 中元素表示的控制量变化值，并写成矩阵 $(\widetilde{U}_{ij})_{14\times13}$，由该矩阵构成的相应表格称为模糊控制器查询表。表 6-2 是一个典型的模糊控制器查询表。

表 6-2　模糊控制器查询表

$\widetilde{U}(z_k)$　$e'(y_i)$ $e(x_i)$	−6	−5	−4	−3	−2	−1	0	+1	+2	+3	+4	+5	+6
−6	6	5	6	5	6	6	3	3	1	0	0	0	
−5	5	5	5	5	5	5	5	3	3	1	0	0	0
−4	6	5	6	5	6	6	6	3	3	1	0	0	0
−3	5	5	5	5	5	5	2	1	0	−1	−1	−1	
−2	3	3	3	4	3	3	0	0	0	−1	−1	−1	
−1	3	3	3	4	3	3	1	0	0	−2	−2	−1	
−0	3	3	3	4	1	1	0	0	−1	−1	−3	−3	−3
+0	3	3	3	4	1	0	0	−1	−1	−1	3	−3	−3
+1	2	2	2	2	0	0	−1	−3	−3	−2	−3	−3	−3
+2	1	1	1	−1	0	−2	−3	−3	−3	−2	−3	−3	−3
+3	0	0	0	−1	−2	−2	−5	−5	−5	−5	−6	−5	−5
+4	0	0	0	−1	−3	−3	−6	−6	−5	−6	−6	−5	−5
+5	0	0	0	−1	−3	−3	−5	−5	−5	−5	−6	−5	−5
+6	0	0	0	−1	−3	−3	−6	−6	−6	−5	−6	−5	−6

为了实现基本模糊控制器的控制作用，通常将上述查询表存放到计算机内存中。在过程控制中，计算机根据采样和论域变换得到的以论域元素形式表现的 e'_i 和 e_j，从查询表的第 i 行和第 j 列寻找同 e'_i 和 e_j 相对应的以论域元素形式表现的控制量变化 $\widetilde{U}_{ij}$，并用它去控制被控过程，以达到预期的控制目的。

查询表是模糊控制算法的最终结果，它是通过事先的离线计算取得的，一旦将其存放到计算机中，在实时控制过程中，实现模糊控制的过程便转化为计算量不大的查找查询表的过程。在离线情况下，完成模糊控制算法的计算量大而且费时，但以查找查询表形式实现的模糊控制却具有良好的实时性，并且这种控制方式不依赖于被控过程的精确数学模型。鉴于上述特点，目前在复杂系统及过程控制中，这种方式受到人们的重视和广泛应用。

2）模糊控制器设计

在许多情况下，模糊控制处理的状况比常规的数学方法能处理的状况要复杂得多。为此，模糊控制得到了充分的重视和发展。只要有控制过程"知识体"存在，就可将其表示成许多模糊规则。例如，假设某一工业过程的输出是压力信号，输出压力与期望压力之差为 e（压差），实际压力变化率与期望压力变化率（dp/dt）之差为 e'（压差率），还假设其知识可表示成 if-then 的规则形式。

那么，if 压差（e）是"正大（PB）"或"正中（PM）"且 if 压差率（e'）是"负小（NS）" then 热输入变化是"负中（NM）"。

定义压差的语言变量"PB"和"PM"以及压差率的语言变量"NS"和"NM"都是模糊的，但压力和压力变化率的测量值与最终用于系统的加热控制量都是精确的。典型闭环模糊控制系统如图 6-4 所示。

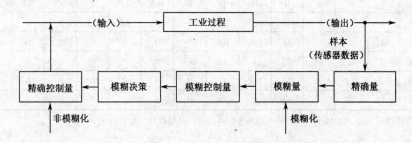

图 6-4　典型闭环模糊控制系统

实际系统的输入来自控制器，实际系统的输出响应可通过用某些装置测量、采样得到。如果所测输出是清晰量，那么它可被模糊化为某一模糊集合。然后，该模糊输出被作为模糊控制器的模糊输入，模糊控制器由语言规则组成，模糊控制器的输出又构成了另一系列的模糊集合。

大多数实际系统不能解释模糊命令集合，为此，模糊控制器的输出必须进行非模糊化（将其转换成清晰量），由清晰量控制输出值使之成为实际系统的输入，从而得到新的闭环系统。

3．模糊控制器设计一般步骤

在许多生产过程中，人工操作比自动控制更为有效。在能够获取定量信息情况下，直觉控制的方法可由模糊控制器模拟实现。下面通过一个实例来讨论模糊控制器设计的一般步骤。

若用一个模糊控制器实现压力控制的过程，则该控制器的模糊规则是：如果压差是"正大"或"正中"且压差的变化率是"负小"，那么热输入变化为"负小"。

第一步：分配模糊输入/输出变量的值。

用 8 个语言变量来定义误差（e），记为 $A_1, A_2, \cdots, A_8$，其区间为$[-e_m, +e_m]$；用 7 个变量来表示误差变化率（e'或 de/dt），记为 $G_1, G_2, \cdots, G_7$，其区间为$[-e_m, +e_m]$，标准化为同一区间 $[-a, +a]$，则有

$$e_1 = \left(\frac{a}{e_m}\right) \times e$$

$$e_1' = \left(\frac{a}{e_m'}\right) \times e' \qquad (6\text{-}2)$$

8 个误差模糊变量 A_i（i=1, 2, 3, …, 8）与语言变量 PB，PM，PS，PO，NO，NS，NM，NB 相对应。对误差变化率 e' 来说，7 个模糊变量 G_j（j=1, 2, …, 7）将与语言变量 PB，PM，PS，0，NS，NM，NB 相对应。这些量的隶属函数取值范围在[$-a$, $+a$]内。当 a=6，X=e，Y=e 时，可得误差 e 的隶属函数表（见表 6-3）和误差率 de/dt 的隶属函数表（见表 6-4）。

表 6-3 误差 e 的隶属函数表

	x	-6	5	-4	-3	-2	-1	0$-$	0+	1	2	3	4	5	6
A_i															
A_1	PB	0	0	0	0	0	0	0	0	0	0	0.1	0.4	0.8	1
A_2	PM	0	0	0	0	0	0	0	0	0	0.2	0.7	1	0.7	0.2
A_3	PS	0	0	0	0	0	0	0	0.3	0.8	1	0.5	0.1	0	0
A_4	PO	0	0	0	0	0	0	1	0.6	0.1	0	0	0	0	0
A_5	NO	0	0	0	0	0.1	0.6	1	0	0	0	0	0	0	0
A_6	NS	0	0	0.1	0.5	1	0.8	0.3	0	0	0	0	0	0	0
A_7	NM	0.2	0.7	1	0.7	0.2	0	0	0	0	0	0	0	0	0
A_8	NB	1	0.8	0.4	0.1	0	0	0	0	0	0	0	0	0	0

注：在精确控制下，表内黑体字所在方格的隶属度取单位值，其他取 0。

表 6-4 误差率 de/dt 的隶属函数表

	y	-6	-5	-4	-3	-2	-1	0	1	2	3	4	5	6
G_j														
G_1	PB	0	0	0	0	0	0	0	0	0	0.1	0.4	0.8	1
G_2	PM	0	0	0	0	0	0	0	0	0.2	0.7	1	0.7	0.2
G_3	PS	0	0	0	0	0	0	0.9	1	0.7	0.2	0	0	0
G_4	0	0	0	0	0	0	0.5	1	0.5	0	0	0	0	0
G_5	NS	0	0	0.2	0.7	1	0.9	0	0	0	0	0	0	0
G_6	NM	0.2	0.7	1	0.7	0.2	0	0	0	0	0	0	0	0
G_7	NB	1	0.8	0.4	0.1	0	0	0	0	0	0	0	0	0

注：在精确控制下，表内黑体字所在方格的隶属度取单位值，其他取 0。

表 6-5 为控制量 z 的隶属函数表。模糊输出变量，即控制量 z，在标准区间上取 15 个模糊变量 z={-7, -6, -5, …, 0, 1, …, 7}。控制变量由控制域上的模糊语言控制量 $\widetilde{I}_k$（k=1, 2, …, 7）来描述。表 6-5 中的 z 是标准化的，并由 7 个语言变量来定义。

表 6-5 控制量 z 的隶属函数表

	z	-7	-6	-5	-4	-3	-2	-1	0	1	2	3	4	5	6	7
I_k																
I_1	PB	0	0	0	0	0	0	0	0	0	0	0	0.1	0.4	0.8	1

	z	–7	–6	–5	–4	–3	–2	–1	0	1	2	3	4	5	6	7
I_2	PM	0	0	0	0	0	0	0	0	0	0.2	0.7	1	0.7	0.2	0
I_3	PS	0	0	0	0	0	0	0.4	1	0.8	0.4	0	0	0	0	0
I_4	0	0	0	0	0	0	0	0.5	1	0.5	0	0	0	0	0	0
I_5	NS	0	0	0	0.1	0.4	0.8	1	0.4	0	0	0	0	0	0	0
I_6	NM	0	0.2	0.7	1	0.7	0.2	0	0	0	0	0	0	0	0	0
I_7	NB	1	0.8	0	0	0	0	0	0	0	0	0	0	0	0	0

注：在精确控制下，表内黑体字所在方格的隶属度取单位值，其他取 0。

第二步：归纳控制规则。

根据人工操作经验，控制规则的形式为：

if e is $\widetilde{A_1}$ and e' is $\widetilde{G_1}$, then z is $\widetilde{I_{11}}$

if e is $\widetilde{A_2}$ and e' is $\widetilde{G_2}$, then z is $\widetilde{I_{22}}$

if e is $\widetilde{A_i}$ and e' is $\widetilde{G_j}$, then z is $\widetilde{I_{ij}}$

每条规则都被翻译成一个模糊关系 R。因此，可得输入控制语言变量 $\widetilde{I_{ij}}$（见表 6-6）。

表 6-6 控制规则（FAM 表）

		A_i						
	NB	NM	NS	NO	PO	PS	PM	PB
G_j								
PB	PB	PM	NB	NB	NB	NB		
PM	PB	PM	NM	NM	NS	NM	NM	
PS	PB	PM	NS	NS	NS	NS	NM	NB
0	PB	PM	PS	0	0	PS	NM	NB
NS	PB	PM	PS	PS	PS	PS	NM	NB
NM		PS	PS	PM	PM	NM	NB	
NB		PB	PB	PB	PB	NM	NB	

第三步：模糊变量和确定量之间的转换。

从系统输出端测得误差，并计算出误差变化率（e'），它们都是清晰值。为得到隶属函数，用标准非模糊化法（如最大隶属度原理），求得相应的模糊量（$\widetilde{A_i}$，$\widetilde{G_i}$）。将从系统输出得来的 $\widetilde{A}$ 和 $\widetilde{G}$ 送到模糊控制器后，可得到第二步讨论过的模糊控制变量 $\widetilde{I}$（控制规则）。但在实现控制之前，必须给系统输入精确的控制量 z。因此，需要另一种 $\widetilde{I}$ 到 z 的变换，可以用最大隶属原理或加权平均法得出。

第四步：建立控制表。

对所有的 e 和 e' 执行第三步过程，可以得到如表 6-7 所示的控制表，此表包括了系统硬件所需的精确数值量。

表 6-7　控制作用

x	Y_i												
	−6	−5	−4	−3	−2	−1	0	1	2	3	4	5	6
−6	7	6	7	6	7	7	7	4	4	2	0	0	0
−5	6	6	6	6	6	6	6	4	4	2	0	0	0
−4	7	6	7	6	7	7	7	4	4	2	0	0	0
−3	6	6	6	6	6	6	6	3	2	0	−1	−1	−1
−2	4	4	4	5	4	4	4	1	0	0	−1	−1	−1
−1	4	4	4	5	4	4	1	0	0	0	−3	−2	−1
0−	4	4	4	5	1	1	0	−1	−1	−1	−4	−4	−4
0+	4	4	4	5	1	1	0	−1	−1	−1	−4	−4	−4
1	2	2	2	2	0	0	−1	−4	−4	−3	−4	−4	−4
2	1	1	1	−2	0	−3	−4	−4	−4	−3	−4	−4	−4
3	0	0	0	0	−3	−3	−6	−6	−6	−6	−6	−6	−6
4	0	0	0	−2	−4	−4	−7	−7	−7	−6	−7	−6	−7
5	0	0	0	−2	−4	−4	−6	−6	−6	−6	−6	−6	−6
6	0	0	0	−2	−4	−4	−7	−7	−7	−6	−7	−6	−7

如果根据表 6-7 中的数值绘制图形，则可得到一个控制面，图 6-5 就是所得的控制面。该控制面为用清晰集合及其运算（对清晰集合而言，表 6-7 中的取值不同）所导出的，它的体积与控制器所耗能量成正比。显然，模糊控制面（见图 6-5）实际上位于清晰控制面（见图 6-6）之下，这表明模糊控制所耗能量小于清晰控制所耗能量。

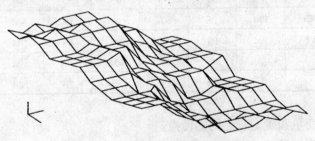

图 6-5　模糊控制过程控制面

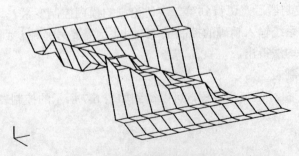

图 6-6　清晰控制过程控制面

该模糊控制方法已应用于工业系统，并取得了显著的成效（Mamdani，1974 年；Pappas and Mamdani，1976 年）。

这里没有推导控制过程模型，而是直接从控制规则和联合隶属函数中简单导出控制面。如果需要，可以由控制过程的数学语言或语言模式中推导出控制模型。

6.5　模糊数学模型

有时，设计模糊控制器并不需要被控过程具有精确的数学模型，只需要有描述控制规则的模糊模型。在建立模糊模型的方法中，除总结操作者的手动控制策略以形成控制规则这种方法外，还有相关法、模糊推理极大极小合成法、修正因子法、应用模糊数和插值原理等方法。

相关法是根据系统的输入/输出量的数据，应用模糊集合理论推测系统模型的一种方法。该方法复杂且计算量大，因而，它的应用受到了一定的限制。

模糊推理极大极小合成法在定义隶属函数的时候，超出了操作人员的经验范围。量化和模糊过程使信息量损失严重。该方法推理过程复杂，在调整规则时，重复计算工作量大，而且，该方法所设计的控制系统稳态性能较差，不适于控制精度要求高的系统。

在应用模糊数方法中，虽然难以找到系统建立模糊数模型的简便方法，但可通过模糊控制规则与模糊数模型之间的关系建立起基于模糊数的建模方法。

1. 模糊控制器语言变量值

模糊控制器的语言变量是指输入变量和输出变量，它们是以自然语言形式，而不是以数值形式给出的变量。由于模糊控制规则是根据操作者的手动控制经验总结出来的，而操作者一般只能观察到被控过程的输出变量及其变化率，因此，通常把误差 $\widetilde{E}$ 及其变化率 $\widetilde{EC}$ 作为输入语言变量，把控制量 $\widetilde{U}$ 作为输出语言变量。这种结构反映了模糊控制器具有非线性（PD）控制律。例如，选用 7 个语言变量值，即

{正大，正中，正小，零，负小，负中，负大}={PB, PM, PS, 0, NS, NM, NB}

利用正态分布的特点，可将语言变量论域上的模糊子集 PB，PM，PS，0，NS，NM，NB 的隶属函数均取为正态模糊数。设计者可根据不同的设计要求选择适当的论域宽度。若采用的论域是[–3, +3]，则 PB，PM，PS，0，NS，NM，NB 可分别取正态模糊数+3，+2，+1，0，–1，–2，–3。

2. 模糊控制器的模糊控制规则

模糊控制规则就是将操作者在控制过程中的手动控制策略加以总结，得到的一条条模糊条件语句的集合。下面以双输入单输出模糊控制器为例（见图 6-7）进行讲解。

属于论域 X 的模糊集合 $\widetilde{E}$ 取自系统误差 e 的模糊量化。

$$\widetilde{E} = <K_e \cdot e> \tag{6-3}$$

式中，K_e 表示误差 e 的量化因子，$<\cdot>$ 表示"四舍五入"取整运算。

属于论域 Y 的模糊集合取 $\widetilde{EC}$ 系统的误差变化率 e' 的模糊量化。

图 6-7　双输入单输出模糊控制器方框图

$$\widetilde{E} = < K_{ec} \cdot e' >   \tag{6-4}$$

式中，K_{ec} 是误差变化率 e' 的量化因子。

$\widetilde{E}$ 和 $\widetilde{EC}$ 构成模糊控制器的二维输入，属于论域 Z 的模糊集合 $\widetilde{U}$ 是反映控制量变化的模糊控制器的一维输出。模糊控制器的控制规则可以从控制过程的手动控制策略中总结出来，因此，可用模糊条件语句 if $\widetilde{E}$ and $\widetilde{EC}$ then $\widetilde{U}$ 来描述。

这是模糊控制中最常用的一种控制规则，它反映了非线性比例加微分（PD）控制规律。

3. 建立模糊数模型

1) 基于模糊控制规则的模糊数模型

若 $\widetilde{E}$、$\widetilde{EC}$ 和 $\widetilde{U}$ 的模糊子集是 PB，PM，PS，0，NS，NM，NB（均为正态模糊数），则将语句 if $\widetilde{E}$ and $\widetilde{EC}$ then $\widetilde{U}$ 描述的模糊规则列成一个模糊控制规则表（见表 6-8）。

将模糊控制规则表中的模糊子集赋予相应的模糊数，从而形成模糊数模型。如果讨论的论域是[-3, +3]，将模糊控制规则表中的模糊子集赋予正态模糊数

{PB，PM，PS，0，NS，NM，NB}={+3，+2，+1，0，-1，-2，-3}

就构成了表 6-9 中列出的模糊数模型。

表 6-8　模糊控制规则表

$\widetilde{U}$　$\widetilde{E}$／$\widetilde{EC}$	NB	NM	NS	0	PS	PM	PB
NB	×	×	PM	PM	PS	0	0
NM	PB	PB	PM	PM	PS	0	0
NS	PB	PB	PM	PS	0	NB	NB
0	PM	PB	PM	0	NM	NB	NB
PS	PM	PM	0	NS	NM	NB	NB
PM	0	0	NS	NM	NM	NB	NB
PB	0	0	NS	NM	NM	×	×

注：表中"×"表示不可能出现的情况，称为"死区"。

表 6-9　模糊数模型表

$\widetilde{U}$　$\widetilde{E}$／$\widetilde{EC}$	-3	-2	-1	0	+1	+2	+3
-3	×	×	+2	+2	+1	0	0
-2	+3	+3	+2	+2	+1	0	0
-1	+3	+3	+2	+1	0	-3	-3
0	+3	+3	+2	0	-2	-3	-3
+1	+2	+2	0	-1	-2	-3	-3
+2	0	0	-1	-2	-3	-3	-3
+3	0	0	-1	-2	-2	×	×

注：表中"×"表示不可能出现的情况，称为"死区"。

该模糊数模型表相当于常规模糊控制器的模糊控制查询表。对于常规模糊控制器，从模糊控制规则表中获得模糊控制查询表需要进行极大极小合成推理运算，这个过程工作量很大。如果模糊规则选择的不合适，需要修改，要重新进行合成推理运算，才能获得合适的模糊控制查询表。

基于模糊数的模型建立方法，只需将模糊控制规则表中的模糊子集换成相应的模糊数，就可得到所需的模糊数模型。在修改模糊控制规则时，只需将表中修改的模糊子集（模糊规则）换成相应的模糊数，就可获得修改后的模糊数模型。由于不需要进行合成运算，所以在修改模糊控制规则的过程中，该方法的优越性较为突出。

2）基于解析表达式的模糊数模型

以双输入单输出模糊控制器为例，模型所涉及的 3 个语言变量分别是：误差 $\widetilde{E}(e)$，误差变化率 $\widetilde{EC}(e)$ 和控制量的变化 $\widetilde{U}$。模糊数模型的结构可采用下列解析式来表达

$$\widetilde{U} = <\alpha\widetilde{E} + (1-\alpha)\widetilde{EC}> \tag{6-5}$$

式中，$\alpha \in [0,1]$，称为修正因子。

设 X 是实数集，正态模糊数 $\widetilde{E}$ 属于 X 取自系统误差 $e'(t)$ 的模糊量化。

$$\widetilde{E} = <k_e e(t)> \tag{6-6}$$

正态模糊数 $\widetilde{EC}$ 属于 X 取自系统误差变化率 $e'(t)$ 的模糊量化。

$$\widetilde{EC} = \{K_e e'(t)\} \tag{6-7}$$

由于模糊数运算规则及模糊数四则运算具有封闭性，所以可知 $\widetilde{U}$ 仍是一个正态模糊数。

通过调整式（6-5）中的修正因子 α，可得到表征不同特性的模糊数模型。若论域是[-3,+3]，则 $\widetilde{E}$、$\widetilde{EC}$ 和 $\widetilde{U}$ 取 7 个语言变量值且赋予下述正态模糊数：

{PB，PM，PS，0，NS，NM，NB}={+3，+2，+1，0，-1，-2，-3}

当式（6-5）中的 α =0.5 时，模糊数模型见表 6-10。

表 6-10　修正因子 α =0.5 时的模糊数模型表

$\widetilde{U}$ ($\widetilde{EC}$ / $\widetilde{E}$)	-3	-2	-1	0	+1	+2	+3
-3	-3	-3	-2	-2	-1	-1	0
-2	-3	-2	-2	-1	-1	0	+1
-1	-2	-2	-1	-1	0	+1	+1
0	-2	-1	-1	0	+1	+1	+2
+1	-1	-1	0	+1	+1	+2	+2
+2	-1	0	+1	+1	+2	+2	+3
+3	0	+1	+1	+2	+2	+3	+3

基于解析表达式建立的模糊数模型，不仅可以通过修正因子灵活地调整模糊控制规则，而且由于 α 的取值大小直接体现了对误差 $\widetilde{E}$ 和误差变化率 $\widetilde{EC}$ 的加权程度，使它具有鲜明的物理意义。这种加权思想也如实地反映了手动控制的思维特点。

基于解析表达式建立的模糊数模型克服了凭经验确定控制规则的缺点，特别有利于通过解析方法分析、设计模糊控制器。

为使控制规则的修改更加灵活，满足系统在不同状态下对修正因子的不同要求，可在

式（6-8）描述的模糊数模型中引入两个或两个以上的修正因子。

带两个修正因子的模糊数模型如下

$$\widetilde{U} = \begin{cases} < \alpha_1 \widetilde{E} + (1-\alpha_1)\widetilde{EC} >, & \widetilde{E} = 0,\ \pm 1 \\ < \alpha_2 \widetilde{E} + (1-\alpha_2)\widetilde{EC} >, & \widetilde{E} = \pm 2,\ \pm 1 \end{cases} \tag{6-8}$$

在一般情况下，选取 $\alpha_1 < \alpha_2$（即偏差|$\widetilde{E}$|较小时，对 $\widetilde{EC}$ 的加权大于对 $\widetilde{E}$ 的加权），有利于提高系统的稳定性。反之，当偏差|$\widetilde{E}$|较大时，对|$\widetilde{E}$|的加权应大于对 $\widetilde{EC}$ 的加权，以加速系统的响应。

带 4 个修正因子的模糊数模型如下

$$\widetilde{U} = \begin{cases} < \alpha_0 \widetilde{E} + (1-\alpha_0)\widetilde{EC} >, & \widetilde{E} = 0 \\ < \alpha_1 \widetilde{E} + (1-\alpha_1)\widetilde{EC} >, & \widetilde{E} = \pm 1 \\ < \alpha_2 \widetilde{E} + (1-\alpha_2)\widetilde{EC} >, & \widetilde{E} = \pm 2 \\ < \alpha_3 \widetilde{E} + (1-\alpha_3)\widetilde{EC} >, & \widetilde{E} = \pm 3 \end{cases} \tag{6-9}$$

选取 $\alpha_0 < \alpha_1 < \alpha_2 < \alpha_3$，在修正因子确定以后，将式（6-6）与式（6-7）代入式（6-5）和式（6-8）中，根据模糊数的运算规则，可以计算出控制语言变量的模糊子集 $\widetilde{U}$。使用最大隶属函数判决法并乘以比例因子 K_u，就可得到确定的输出控制量 $u = K_u \cdot U$，然后用它去控制被控对象。

例如，设某被控对象的传递函数为

$$G(s) = \frac{1}{s(s+1)} \tag{6-10}$$

其具有模糊数模型的控制系统方框图如图 6-8 所示。

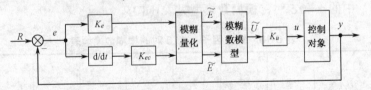

图 6-8　具有模糊数模型的控制系统方框图

在 K_e=20，K_{ec}=150，R=1，K_u=1，采样时间 T=0.05s 的条件下，当 α 取不同值时的阶跃响应曲线如图 6-9（a）所示。图中，当 α 取较大值（α=0.7）时，表明式（6-5）所表达的控制规则对误差 $\widetilde{E}$ 加权大，而对误差变化率 $\widetilde{EC}$ 加权小，导致阶跃响应曲线产生超调，并有稳态颤振现象。稳态颤振是由模糊量化误差和调节死区引起的。当 α 较小时（α=0.4），对误差变化率 $\widetilde{EC}$ 加权相对大些，这时虽无超调，但响应过程缓慢。当 α=0.5 时，响应曲线不仅无超调，而且调节时间也很短。

为满足控制系统在不同被控状态下对修正因子的要求，可选用式（6-9）的模糊数模型。对式（6-10）描述的被控对象，若 K_e，K_{ec}，K_u，T，R 取值同上，对 4 个修正因子寻优后得到 α_0=0，α_1=0.1，α_2=0.25，α_3=0.65。通过数字仿真，系统的阶跃响应曲线如图 6-9（b）所示。

在图 6-9（b）中，曲线 1 描述了只有一个修正因子（α=0.5）的阶跃响应。曲线 2 描述的是上述带 4 个修正因子的阶跃响应。显然，带多个修正因子的阶跃响应比带一个修正因子的阶跃响应特性好。

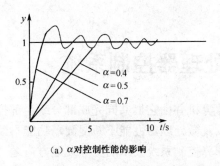
(a) α对控制性能的影响

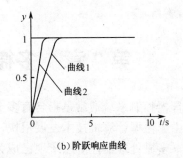
(b) 阶跃响应曲线

图 6-9　系统阶跃响应曲线

6.6　模糊控制的发展

　　模糊控制器采用与人脑思维方法相似的控制原理，因此它具有很大的灵活性，可以根据实际控制对象的不同，修改基本的模糊控制器，从而实现对不同对象的模糊控制。

　　虽然经典模糊控制理论已在许多工程应用上获得了成功，但目前它仍处于发展过程的初级阶段，还存在大量需要解决的问题。目前面临的主要任务如下。

　　① 建立一套系统的模糊控制理论。模糊控制理论研究还期待着坚实的、系统的和奠基性的内容，用以解决模糊控制的机理、稳定性分析，系统化设计方法，新型自适应模糊控制系统、专家模糊控制系统、神经模糊控制系统和多变量模糊控制系统的分析与设计等一系列问题。

　　② 模糊集成控制系统设计方法的研究。随着被控对象的日益复杂，往往需要两种或多种控制策略的集成，通过动态控制特性上的互补来获得满意的控制效果。现代控制理论、神经网络理论与模糊控制的相互结合、渗透，可构成所谓的模糊集成控制系统。为其建立一套完整的分析与设计方法也是模糊控制理论研究的一个重要方向。

　　③ 模糊控制在非线性复杂系统中的模糊建模，以及模糊规则的建立和推理算法的深入研究。

　　④ 自学习模糊控制策略和智能化系统的实现。

　　⑤ 常规模糊控制系统稳态性能的改善。

　　⑥ 把已经取得的研究成果应用到工程过程中，尽快把其转化为生产力。因此，需加快实施简单实用的模糊集成芯片和模糊控制装置，以及通用模糊控制系统的开发与推广应用。

　　综上所述，模糊控制在工业中的应用是一个相对迅速发展的领域。随着模糊控制理论的不断发展和应用，模糊控制技术将为工业过程控制开辟新的应用途径，而且前景十分光明。

习题 6

　　6.1　与 PID 控制和直接数字控制相比，模糊控制具有哪些优点？

　　6.2　为什么说模糊控制程序设计是所有控制系统中最简单的一种程序设计方法？

　　6.3　如何建立模糊数模型？这种模型有什么实际意义？

　　6.4　比较传统 PID 控制、直接数字控制及模糊控制在应用上有什么异同点？

　　6.5　一个房间的温度控制系统应考虑哪些影响温度的因素，这些因素能否用模糊变量描述？

第 7 章　多微处理器控制系统

多微处理器控制系统通常是指含有多个计算机并由它们共同完成部分或全部控制功能的控制系统。由于微型计算机技术发展很快，以及微处理器性能不断提高，功能不断完善，价格逐渐降低，多微处理器控制系统现已成为计算控制系统技术的主导发展方向之一。

多微处理器控制系统具有以下 4 个优点。

① 多微处理器控制系统属于多指令流、多数据流的并行处理系统。并行处理方式是提高计算机处理速度的主要途径。多微处理器控制系统能够完成类似手动的分散操作，各子系统均可并行地在现场采样、加工和处理所收集到的数据和信息，因而在很大程度上提高了控制速度。

② 多微处理器控制系统包含多台微处理器，因此能构成微处理器一级的硬件冗余系统。若某一台微处理器发生故障，则可在系统内进行重构，重排任务或调用备用的微处理器。这样，系统的可靠性大幅度提高。

③ 多微处理器控制系统的各模块具有独立的功能，可根据被控对象的不同要求，增加或减少相应的模块，重新构建系统。这种由模块构成的系统，反映了计算机控制体系结构的巨大变化。它设计简单，调试容易，具有良好的适应性和扩展性。

④ 与性能相当的多个小型机组成的系统相比，多微处理器控制系统具有较好的性价比。

本章将主要介绍多微处理器控制系统的互连结构、通信、总线接口及有关技术等。

7.1　多微处理器控制系统的结构形式

多微处理器控制系统工作的特点是并行处理。并行处理主要分为两类。一类是系统中的各微处理器通过单总线、多总线、交叉开关和多端口存储器等结构形式进行连接，即"处理器级"并行。在操作系统统一管理下，并行协调地完成计算和控制任务。另外一类是计算机系统内的 CPU、RAM、EPROM、ROM 和 I/O 接口等硬件和相关软件，它们自成系统并分担各自专门的任务，在操作系统管理下并行协调地工作。

1. 分级结构形式

在分级结构形式多微处理器控制系统中，把一台微处理器作为主处理器，并使其担任控制其他微处理器的任务。其他微处理器称为从处理器，在主处理器的统一控制下，完成各自独立的子任务。这种分级结构形式称为主从结构式（见图 7-1），它特别适用于过程控制系统。主微处理器 μP_0 负责整个过程的监督和管理，各从处理器 μP_i（$i=1, 2, \cdots, n$）分别自成子系统，并完成对某个对象的控制。系统的核心是主处理器，它给每台从处理器分配任务，沟通 μP_i 之间的联系，协调它们之间的动作等。由于每台从处理器 μP_i 只与主处理器 μP_0 通信，所以其通信结构简单，易于实现。

该结构形式对主处理器的要求较高，在运行中，若主处理器出故障，会使整个系统瘫痪，因此，通常在系统中增加一个备用的主处理器。

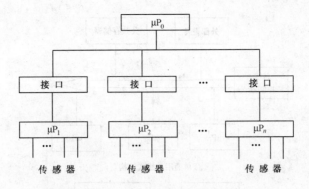

图 7-1　分级结构形式多微处理器控制系统

2．并行结构形式

系统中各微处理器之间没有固定的主从关系，各微处理器既可作为主处理器，也可作为从处理器。各微处理器之间关系对等，互相通信。常见的并行结构有如下 3 种形式。

1）全互连式

在这种结构中，每台微处理器都要与组成系统的其他微处理器建立通信（见图 7-2），因此，通信机构复杂。当微处理器数目达到一定数量时，系统内的冲突和竞争增多，开销加大，通信速度降低，难以满足实时控制的要求。

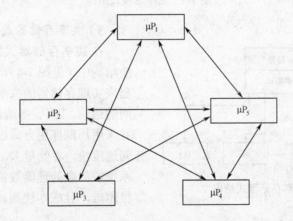

图 7-2　全互连式结构

2）总线式

在这种结构中，整个系统公用一条或多条总线（如控制线、数据线和地址线），各微处理器、存储器和外部设备都挂到通用总线上，通过总线控制器来解决多个微处理器使用通用总线而产生的排队和竞争问题，沟通各微处理器与存储器或外部设备之间的联系。

单通用总线式结构如图 7-3（a）所示，其特点是结构简单、成本低、易于扩充等，但是系统的性能及可靠性较差，总线结构的故障会影响整个系统。

多通用总线式结构如图 7-3（b）所示，它由于总线增多，结构复杂且成本增高，但连接性和可靠性比单通用总线结构增强了。

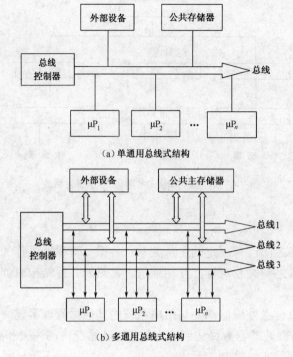

(a) 单通用总线式结构

(b) 多通用总线式结构

图 7-3　通用总线式结构

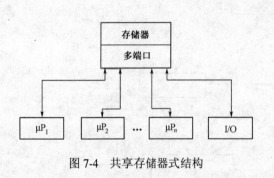

图 7-4　共享存储器式结构

3）共享存储器式

在共享存储器式的多微处理器控制系统结构中（见图 7-4），通过一个多端口存储器来实现存储器的共享，并进行微处理器之间的通信。其中，多端口负责解决访问冲突，并采用周期挪用方式进行访问。其特点是访问速度快，吞吐量大，可靠性较高。但是当系统中的微处理器数量增加时，端口的增加很困难，且成本较高。

7.2　多微处理器控制系统的数据通信

多微处理器控制系统的通信与系统的结构形式紧密相关，系统结构形式不同的多微处理器控制系统的通信机构也不同。通常，要求通信机构可靠性好，传送效率高，缓冲区的容量充足。为了提高信息传送的可靠性，使传送信息的误码率尽量低，一般在传送时增加用于检错和纠错的代码，有时还采用冗余传送等方式。

当要提高传送效率时，一般采用提高并行处理能力和减少完成一个信息交换通信次数的方法。为了提高通信的信息量和传送效率并充分使用存储器，通信邮包的数据格式应该是紧缩的，并且按事先确定的通信规约来组成。

通信邮包格式如图 7-5 所示，它包含标题和数据两部分，标题则由同步码、目的地址、源地址和信息类型组成，各组成部分介绍如下。

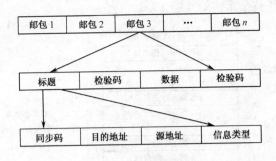

图 7-5　通信邮包格式

① 同步码：用于同步通信。

② 目的地址：表示接收单元的编号地址，它可以指向多台有相同地址的接收机。

③ 源地址：表示发送单元的编号地址。

④ 信息类型：表明本消息属于信息、误差、指令或回答等。

1．总线结构式的多微处理器控制系统通信

在总线结构式系统中，总线将各微处理器连接在一起并实现通信。系统应具备以下功能。

① 当总线上任意一个微处理器提出通信要求时，管理总线的控制器能够及时提供一条通信线路。

② 如果系统中有几个不同的微处理器同时提出通信要求，总线控制器应能解决各微处理器之间的竞争问题，将总线使用权交给优先级最高的微处理器。

③ 当两台微处理器正在进行通信时，总线控制器应禁止其他微处理器使用总线，并让有通信请求的微处理器进行排队，直到正在进行的通信完成。

④ 为了提高总线使用效率，应使每次传送信息所占用总线的时间最短。

总线结构式通信管理的方式有以下 3 种。

① 同步总线式：总线控制器管理总线的使用和信息交换。

② 异步总线式：总线控制器只管理由各子系统送到总线上来的信息，并按照优先的原则处理冲突。

③ 自控总线式：总线控制装置分散到各个微处理器内，各微处理器都能检查总线是否被占用，如果总线空闲，即可及时使用。因为对申请总线的冲突管理不是集中的，所以结构比较复杂。

2．存储器结构多微处理器控制系统通信

把一部分内存区域作为各微处理器之间进行信息交换的集散空间，用于存放各微处理器向其他微处理器发送的消息。这一部分内存区域作为各微处理器的共享内存，并采用信箱结构（见图 7-6）。信箱的个数与微处理器数量对应，每个信箱内有 $n-1$ 个方格，每个方格内除存放"本身"外，还存放其他微处理器传送给它的消息。任意一个微处理器只要不断检索自己的信箱，便可及时处理传来的消息。若该微处理器要向其他微处理器发送消息，则可将此消息存放到需要传送的微处理器所占有的信箱内。如果第 i 台 μP 要向第 j 台 μP 发送消息，则 μP_i 将相应的消息存入第 j 个信箱 μP_i 的方格中即可。这种通信结构提供了大量的微处理器之间的通信路径，较适合于并行结构中的全互连方式。但是，微处理器的个数和共享内存区域

不宜过大，否则将会降低整个系统的性能。

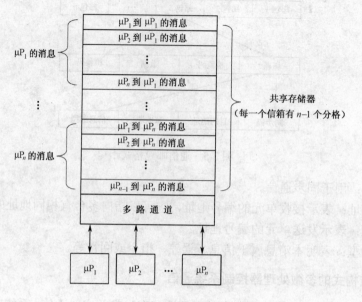

图 7-6　共享内存信箱结构

随着多微处理器控制系统的发展，在通信方面还有许多需要解决和完善的地方。

① 互连结构和通信规约的选择：多微处理器系统中选用什么样的结构来解决各微处理器之间的连接、各微处理器之间的通信方式和通信协议等问题，这对多微处理器控制系统设计非常重要。

② 功能分割：多微处理器系统多采用模块化结构。各模块承担的任务应如何分解，硬件和软件的功能如何划分，任务能否自动分割，分解后能否提高系统的效率，这些都是功能分割所要解决的问题。

③ 资源竞争：尽管多微处理器控制系统分散了功能，各微处理器处理的任务单一，但不可避免地存在着各微处理器之间对公用资源（如存储器、公用 I/O、公共总线等）的争用现象。因此，要研究如何正确处理这些竞争的硬件结构和软件。

④ 可靠性和动态重组问题：多微处理器系统应尽可能保证在发生故障时，尽快切除故障单元，并重新组合系统，使系统仍能继续工作。

⑤ 软件结构：为提高共享资源的利用率，软件结构的改进是无法回避的问题。

7.3　多微处理器控制系统总线

随着计算机控制技术的不断发展，现在已经出现了各种各样的专用工业控制机。这些控制机大部分采用模块式结构，具有通用性强、系统组态灵活等特点，因而具有广泛的适应性。

在这些工业控制机中，除了主机板之外，还开发了大量用途各异的功能板，如 A/D 转换板、D/A 转换板、步进电机控制板、电动机控制板、内存扩展板、串行通信扩展板、并行通信扩展板、开关量输入/输出板等。为了使这些功能板能够方便地连接在一起，必须采用统一的总线。

总线是信息传送的通道，是各部件之间的实际互连线（共享）。计算机系统常用的接口总线有并行总线和串行总线两类。所谓并行总线，就是 N 位一次传送的总线。它的传送速度快，但它需要 N 条传输线，所以价格比较高。并行总线主要用于模块与模块之间的连接。串行总线只需要一条传输线，所以价格低。但其传送方式是一位一位传送的，因此传送速度较慢。该总线主要用于远距离通信。

到目前为止，并行总线、串行总线都有很多种。在这一节里，主要介绍以下几种工业过程控制中经常用到的串、并行总线：PC（EISA、PCI），STD，RS-232-C，RS-422/423，RS-485 及现场总线等。

7.3.1 并行总线

1. PC 总线

PC 总线（Personal Computer Bus）是个人计算机总线，它除应用于一般的个人计算机外，近年来在工业控制过程中也得到了广泛的应用。采用 PC 总线的工业控制机与个人计算机相比的主要特点如下。

① 在结构上与 STD 总线工业控制机类似，把原 PC 中的母板改为通用底板总线插座系统，并将原母板分成几块 PC 插件，如 CPU 板、存储器板、I/O 接口板和串行通信接口板等。

② 把原 PC 电源改为工业电源。

③ 采用专用工业 PC 密封式机箱，内部采用"正压"送风，有良好的抗磁、抗干扰能力。

④ 工业环境温度允许范围为−20℃～85℃。

总之，采用 PC 总线的工业控制机与 PC 相比，具有高可靠性、高抗干扰能力，而且在软件上完全可与 PC 兼容。因此，采用 PC 总线的工业控制机具有丰富的软件资源和人力资源，并得到了广泛的应用。目前，它已成为工业控制机领域新的增长点，在中、大型系统中得到了广泛的应用。

目前，已有很多厂家生产采用 PC 总线的工业控制机，并且配有各种用途的功能板，如 A/D 板、D/A 板、数字 I/O 板、可控硅和继电器控制板、RS-422、RS-485 接口板和多选通 RS-223 接口板等。尽管它们的功能各异、尺寸不同，但如果需要的话，只要在这些槽中插入不同功能的插件板，就可组成各种功能的采用 PC 总线的工业控制机。因此，下面主要介绍几种 PC 总线的结构。

1）EISA（Extended Industry Standard Architecture）总线

EISA 总线，即扩展的工业标准结构总线。它是在工业标准结构（Industry Standard Architecture，ISA）总线的基础上发展而来的一种高性能 32 位结构的总线。

ISA 总线是一种在工业标准结构兼容计算机上广泛使用的总线。就 EISA 系统而言，它所涉及的 ISA 总线实际上是 EISA 总线的一个子集。EISA 总线不仅拥有 ISA 总线的全部特征，而且还随着对 ISA 总线功能的扩充增强了自身的性能。

（1）EISA 总线结构

EISA 总线满足了人们对既能与 ISA 总线兼容又具有 32 位高性能总线特点的要求。EISA 总线在性能上比 ISA 总线强，并且给用户带来了极大的方便。EISA 总线在对存储器执行存取操作，以及在将数据传送给 CPU 时，执行的完全是 32 位操作。它可以让 DMA 及总线主控设备在 33MBps 的速率下传送数据。EISA 总线还为插入卡的自动配置提供了技术保障体系，为此，在 EISA 卡上去掉了跨接线（跳线）和转换开关。另外，EISA 总线的各种中断都是可以共享的，而且可以进行程序设计。图 7-7 给出了 EISA 系统中总线和各种设备之间的逻辑关系。

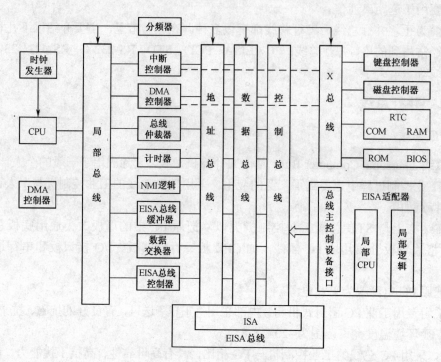

图 7-7　EISA 系统中总线和各种设备之间的逻辑关系

由于 EISA 系统与 ISA 总线的 8 位和 16 位扩展板在软件上完全兼容，并且 EISA 系统内拥有自动配置系统的扩展板，因此在 EISA 系统中可同时使用 EISA 和 ISA 插入板。

（2）EISA 总线的性能特征

EISA 总线支持多总线主控设备，也就是说，适配器卡上连接的外部微处理器也可以使用系统总线，所以 EISA 总线已经具备适应多微处理器控制系统的功能。DMA 数据传送既可以在 ISA（8237A）方式下进行，也可以在 EISA 方式下进行。在 EISA 方式下进行 DMA 数据传送时，使用的数据总线是 32 位的，地址总线也是 32 位的。为维持与 ISA 总线的兼容性，在进行 DMA 数据传送时，EISA 能提供 7 条数据传送通道和 15 个硬件中断，每一个中断触发器不管是电平级触发器还是边缘触发器都可以用程序控制。当使用 ISA 适配器时，对边缘触发器必须用程序控制。EISA 适配器可以用电平触发器操作，而且还支持中断共享。

（3）EISA 适配器与 EISA 总线插槽

每一个 EISA 适配器都有一个配置文件（CFG）。这种配置文件由系统的安装程序读出，用适配器和系统配置以免出现系统冲突（见不到 DIP 开关或跨接线）。有些 EISA 适配器还需要某些附加安装信息，EISA 就以覆盖文件的形式提供。

EISA 适配器有两排并行的触点（ISA 卡仅有单排触点）。EISA 适配器提供两组信号 $\overline{EX16}$ 和 $\overline{EX32}$，且定义了能使用的数据总线的宽度。表 7-1 中给出了总线信号名称及简要说明。

表 7-1　总线信号名称及说明

信　号	名　称	类型	说　明
BALE	允许地址锁存	输出(ISA)	当有效地址信号出现在 I/O 通道时，为高电平
BCLK	总线时钟	输出(ISA)	通常为 8.33MHz
($\overline{BE0}\sim\overline{BE3}$)	字节允许信号	输出	表示在进行数据传送时会涉及的 32 位数据总线上的那些字节
CMD	命令	输出	表示增加了宽度后的一个总线周期，通过 EISA 总线控制器与总线时钟 BCLK 重新同步
Code	编码桥		用于防止插入 EISA 插槽的 ISA 适配器插得太深
D16～D31	数据线	输入/输出	32 位数据总线中的高端 16 位，而低端 16 位则由 ISA 总线传送
$\overline{BX16}$	执行 16 位操作	输入	通过适配器，表示用 16 位的数据总线操作
$\overline{BX32}$	执行 32 位操作	输入	通过适配器，表示用 32 位的数据总线操作
EXRDY	准备就绪	输入	通过适配器，表示已准备就绪且不需要等待的状态，若为低电平，则需插入等待状态
LA2～LA16 LA24～LA31	大地址	输出	非锁存的地址信号 A2～A16 及 A24～A31，适用于快速的 EISA 总线周期
$\overline{LOCK}$	锁定	输出	通过总线主控设备，表示它排斥对存储器的访问
M/$\overline{IO}$	存储器/IO	输出	高电平为存储器访问，低电平为 I/O 访问
MANU FACTURER	制造商	输入/输出	由于制造商的原因，EISA OEM 仅用了 4 根引脚
$\overline{MACK}$	主控设备确认	输入/输出	系统的仲裁向当前的总线主控设备发出使用总线时限已过的通知
$\overline{MREQ}$	主控设备请求	输入/输出	总线主控设备请求对系统总线的控制
$\overline{MSBURST}$	主控设备成组	输入/输出	总线主控设备，表示下一个总线周期可以作为成组传送周期执行
$\overline{SLBURST}$	从属设备成组	输入	EISA 从属设备，表示下一个总线周期可以作为成组传送周期执行
$\overline{START}$	开始	输出	表示 EISA 总线上一个周期的开始
W/$\overline{R}$	读/写	输出	高电平表示当前总线周期要执行一次写操作，低电平表示当前总线周期将要执行一次读操作
D32～D63	D32～D63	输入/输出	对 64 位的数据传送来说，在这些引脚上传送的是高端 32 位数据

2）PCI 总线

外围元件互连（Peripheral Component Interconnect，PCI）总线的使用是为了充分利用微处理器的全部资源。Intel 公司提出的 PCI 局部总线技术特性被作为与微处理器连接的技术标准。

PCI 总线开放性好，具有广泛的兼容性，是一种低成本、高效益，能与 ISA 总线兼容的有前途的局部总线。更重要的是，PCI 总线在微处理器和其他总线之间架起了一座桥梁，它可以让任何一种基于 ISA、EISA 或微通道的添加卡插到 PCI 总线上，如图 7-8 所示。

（1）PCI 总线重要特征

- 自动配置解决出现的冲突；
- 触发级中断，支持中断共享；
- 总线主控方式；
- 与 ISA、EISA 或微通道等多种总线兼容；
- 高总线带宽；

- 具有 32 位和 64 位两种数据通道；
- 数据成组传送方式；
- PCI 工作频率在 33MHz 上变化，属于高时钟频率总线；
- 可以和任何一种微处理器一起使用，不局限于 80x86；
- 能支持高达 10 个外围设备。

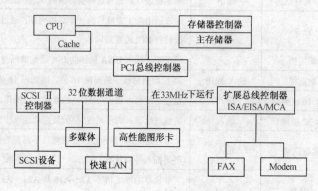

图 7-8　PCI 局部总线结构

（2）PCI 总线性能指标

PCI 总线既支持单存储周期的传送方式，也支持成组周期的传送方式。在单存储周期传送方式下，它要用两个时钟时间对数据字进行读/写操作。在第一个时钟时间内，PCI 总线提供的是地址信息，而在后续的每个时钟内，访问的则是数据信息。也就是说，PCI 总线执行的是 2—1—1—1—1…操作方式。

在单存储周期传送方式下，PCI 总线带宽计算方法如下。

由于 PCI 总线最大时钟频率为 33MHz，所以时钟周期为 30ns。

由于在单存储周期传送方式下，每次传送均要用两个时钟周期，因此传送 4 个字节（32位）需用 60ns 时间，由此可以算出：总线带宽=1/(60ns)×4B=66.6MBps。

在成组周期传送方式下，PCI 总线带宽计算方法如下。

在成组周期传送方式下，在进行地址计算时，忽略掉第一个时钟的内部开销，它传送 32位的数据需一个时钟周期，约 30ns 时间，所以，总线带宽=1/(30ns)×4B=133MBps。

（3）PCI 总线操作和命令

PCI 总线存取操作通常是由两个操作步骤组成的，一个是地址操作步骤，另一个是数据操作步骤。读操作周期通常要用 3 个时钟周期，第一个时钟周期用来输出地址信息，第二个时钟周期将地址线传送操作转换成数据访问操作，第三个时钟周期用来传送数据。使用标准的 32 位总线，其数据传输速率为 44MBps。对于写操作周期而言，不再需要将地址线传送操作转换成数据访问操作，在两个时钟周期内即可完成一次写操作。其数据传输速率比读操作周期快了 50%，达到 66MBps。

在 PCI 总线成组操作方式下，地址操作步骤之后，是一次数据量不受限制的数据传送操作。在进行成组传送操作时，发送设备和接收设备都是根据自身情况来独立地更新地址的。每次传送操作仅需用一个时钟时间。在使用 32 位数据总线进行成组传送操作时，其数据传输速率可达 132MBps；而用 64 位数据总线进行成组传送操作时，其数据传输速率高达264MBps。

PCI 总线被公认为比 EISA 总线或微通道 MCA 更智能化。它能引导微处理器通过恰当的 PCI 设备实施访问操作，它甚至能通过筛选程序对使用总线请求逐一进行筛选以达到最佳性能。

PCI 总线能够发出 16 种不同的总线操作命令（见表 7-2）。这种信息是通过 C/BE3～C/BE0（命令/字节允许）信号线来实施多路传送的，而且是在每一个总线周期的地址操作步骤中传送出去的。

表 7-2 PCI 总线操作命令表

C/BE3 ~ C/BE0	名　称	总线传送类型
0000	INTA 次序	中断向量
0001	专用周期	专用信息代码输出到 PCI 媒介上*
0010	I/O 读操作	从 I/O 设备输入数据
0011	I/O 写操作	数据输出到 I/O 设备
0100, 0101	保留	
0110	存储器读操作	数据从存储器地址空间输入
0111	存储器写操作	数据输出到存储器地址空间
1000, 1001	保留	
1010	配置读操作	数据从配置的地址空间输入
1011	配置写操作	数据输出到配置的地址空间
1100	存储器多次读操作	扩充的数据读周期大于 Cache 行的读操作时间
1101	双寻址周期	两个连续的寻址周期，传送 64 位地址时作为两个 32 位地址
1110	线性存储器读操作	一次存储器读操作大于 32 位，为一个 Cache 行
1111	存储器写操作	一个 Cache 行存储器写周期，Cache 行无效，且旁路一次写回操作

注："*"代表微处理器关机、停机，是 80x86 专用码。

（4）PCI 适配器和总线信号

PCI 总线也规定了 3 种 PCI 卡（一种是 3.3V 的，一种是 5V 的，还有一种则是通用的）和两种插槽（一种是 3.3V 的，另一种是 5V 的），而且明确规定 3.3V 的 PCI 卡不能插到 5V 的插槽内，反之亦然，但通用 PCI 卡在两种类型的插槽上都能工作。

每一个 PCI 卡都配备有一个大小为 256B 的配置存储器。前面的 64B 存储一个标准标题和内容简介，其内配备有关 PCI 卡的类型、制造厂家、版本、卡的当前状态、Cache 行大小和总线延迟时间（PCI 总线操作时间长度）等信息。剩余 192B 中的信息则根据卡的型号而定，可以把它们设置成寄存器的基地址，这样就可以使卡内 RAM、ROM 及 I/O 端口再次映射到主存储器和 I/O 空间内指定的专用地址范围上。

在机器加电时，系统就会对 PCI 总线上所有设备的配置存储器进行扫描，然后给每一个设备都分配一个唯一的基地址和中断级。所以 PCI 适配器有即插即用的特性。表 7-3 中给出了 PCI 总线上每一个信号简单的名称和说明。

表 7-3 PCI 总线信号的名称和说明

信　号	名　称	类　型	说　明
AD0～AD31	地址/数据线	输入/输出	PCI32 多路复用地址和数据总线
C/$\overline{BE3}$～C/$\overline{BE0}$	命令/字节允许	输入/输出	在总线周期的数据时间段内，表示总线的周期类型；在地址时间段内，表示数据传送时 32 位数据总线的字节数
CLK	时钟	输出	PCI 的时钟信号（0～33MHz）
$\overline{DEVSEL}$	设备的选择	输入	低电平表示 PCI 设备被标识为一次 PCI 传送的目标
$\overline{FRAME}$	帧数据	输入/输出	低电平表示数据传送周期开始时，现在 PCI 主控设备将所有的数据传送完毕或传送被中断时，撤销该信号
$\overline{GNT}$	许可	输出	低电平表示正在请求的 PCI 部件可使用 PCI 总线作为主控设备，每个 PCI 总线主控设备都有各自的 GNT 输入
$\overline{IDSEL}$	预置设备选择	输出	低电平，选择配置存储器
$\overline{INTA}$～$\overline{INTD}$	中断	输入	低电平中断输入，把信号 INTA 分配给单功能的 PCI 设备，而多功能的设备可以使用 INTB～INTD
$\overline{IRDY}$	初始者准备就绪	输入/输出	低电平表示起始的总线主控设备已经将有效数据放在总线上，或准备好从总线上读数据
$\overline{LOCK}$	锁定	输入/输出	低电平表示到指定的 PCI 设备的访问封锁，但是到 PCI 其他设备的访问仍然可以执行
$\overline{PAR}$	奇偶校验	输入/输出	AD0～AD31 和 C/$\overline{BE3}$～C/$\overline{BE0}$ 为偶校验位
$\overline{PERR}$	奇偶校验错	输入/输出	低电平，表示出现了一次奇偶校验错
$\overline{PRSNT1}$, $\overline{PRSNT2}$	存在	输入	这两个引脚是 PCI 适配器连到+5V 或地的连线，用以表示它的存在和电源消耗
$\overline{REQ}$	请求	输入	表示请求信号作为主控设备对 PCI 总线的控制
$\overline{REQ64}$	请求 64 位传送	输入/输出	由当前的总线主控设备将其置成低电平，用以表示希望进行的是 64 位的数据传送
$\overline{RST}$	复位	输出	表示对所有连到 PCI 总线上的设备都复位
$\overline{SBO}$	监视补偿	输入/输出	总线主控设备将其置成低电平，指示对已修改 Cache 行查询命中，可以支持写贯穿或写回操作
$\overline{SDONE}$	监视完成	输入/输出	总线主控设备将其置成高电平，表示查询周期已经完成
$\overline{SERR}$	系统错误	输入/输出	主控设备将其置成低电平，表示地址奇偶错，或其他错误
$\overline{STOP}$	停止	主控目标	低电平指示主控设备停止当前的操作
TCK, TMS	测试时钟、方式选择		这 5 个引脚用于系统测试
TDL, TDO	测试数据输入、输出		
$\overline{TRST}$	测试复位		
$\overline{TRDY}$	目标准备就绪		低电平表示 PCI 目标能够接收写数据，或已准备好读数据

PCI 总线上的每一个信号不是与电源相邻就是与地相邻，采用这一措施的目的就是最大限度降低噪声的干扰和信号的辐射。

2. STD 总线

STD（英文 Standard 的缩写）总线是由 MattBiewer 研制的，于 1978 年由美国 Prolog 公司推出，这是一种面向工业过程控制的总线。1987 年，IEEE（Institute of Electrical and

Electronics Engineers）组织对 STD 总线标准进行审查并通过了 IEEE—961 标准文件。STD 总线共有 56 个引脚，这些引脚采用双面结构，单号引脚安排在元件面，双号引脚安排在印制电路面。

STD 总线共分为 5 组，见表 7-4。

表 7-4 STD 总线分组及说明

<table>
<tr><th colspan="5">元 件 面</th><th colspan="5">印制电路面</th></tr>
<tr><th></th><th>引脚</th><th>信号名称</th><th>信号方向</th><th>注释</th><th>引脚</th><th>信号名称</th><th>信号方向</th><th>注释</th></tr>
<tr><td rowspan="3">逻辑电源总线</td><td>1</td><td>VC</td><td>In</td><td>逻辑电源(+5V)</td><td>2</td><td>VC</td><td>In</td><td>逻辑电源（+5V）</td></tr>
<tr><td>3</td><td>GND</td><td>In</td><td>逻辑地</td><td>4</td><td>GND</td><td>In</td><td>逻辑地</td></tr>
<tr><td>5</td><td>$V_{BB}1$/VBAT</td><td>In</td><td>1 号逻辑偏压/电池组</td><td>6</td><td>$V_{BB}2$/$\overline{DCPD}$</td><td>In</td><td>2 号逻辑偏压/电池组</td></tr>
<tr><td rowspan="4">数据总线</td><td>7</td><td>D3/A19</td><td>In/Out</td><td rowspan="4">数据总线/地址扩展</td><td>8</td><td>D7/A23</td><td>In/Out</td><td rowspan="4">数据总线/地址扩展</td></tr>
<tr><td>9</td><td>D2/A18</td><td>In/Out</td><td>10</td><td>D6/A22</td><td>In/Out</td></tr>
<tr><td>11</td><td>D1/A17</td><td>In/Out</td><td>12</td><td>D5/A21</td><td>In/Out</td></tr>
<tr><td>13</td><td>D0/A16</td><td>In/Out</td><td>14</td><td>D4/A20</td><td>In/Out</td></tr>
<tr><td rowspan="8">地址总线</td><td>15</td><td>A7</td><td>Out</td><td rowspan="8">地址总线</td><td>16</td><td>A15/D15</td><td>Out</td><td rowspan="8">地址总线</td></tr>
<tr><td>17</td><td>A6</td><td>Out</td><td>18</td><td>A14/D14</td><td>Out</td></tr>
<tr><td>19</td><td>A5</td><td>Out</td><td>20</td><td>A13/D13</td><td>Out</td></tr>
<tr><td>21</td><td>A4</td><td>Out</td><td>22</td><td>A12/D12</td><td>Out</td></tr>
<tr><td>23</td><td>A3</td><td>Out</td><td>24</td><td>A11/D11</td><td>Out</td></tr>
<tr><td>25</td><td>A2</td><td>Out</td><td>26</td><td>A10/Dl0</td><td>Out</td></tr>
<tr><td>27</td><td>A1</td><td>Out</td><td>28</td><td>A9/D9</td><td>Out</td></tr>
<tr><td>29</td><td>A0</td><td>Out</td><td>30</td><td>A8/D8</td><td>Out</td></tr>
<tr><td rowspan="11">控制总线</td><td>31</td><td>$\overline{WR}$</td><td>Out</td><td>存储器写及 I/O 输出</td><td>32</td><td>$\overline{RD}$</td><td>In</td><td>存储器读或 I/O 输入</td></tr>
<tr><td>33</td><td>$\overline{IORQ}$</td><td>Out</td><td>I/O 地址请求</td><td>34</td><td>$\overline{MEMRQ}$</td><td>Out</td><td>存储器地址请求</td></tr>
<tr><td>35</td><td>IOEXP</td><td>In/Out</td><td>I/O 扩展</td><td>36</td><td>MEMEX</td><td>In/Out</td><td>存储器扩展</td></tr>
<tr><td>37</td><td>$\overline{REFRESH}$</td><td>Out</td><td>定时刷新</td><td>38</td><td>$\overline{MCSYNC}$</td><td>Out</td><td>机器周期同步</td></tr>
<tr><td>39</td><td>$\overline{STATUS1}$</td><td>Out</td><td>CPU 状态</td><td>40</td><td>$\overline{STATUS0}$</td><td>Out</td><td>CPU 状态</td></tr>
<tr><td>41</td><td>$\overline{BUSAK}$</td><td>Out</td><td>总线响应</td><td>42</td><td>$\overline{BUSRQ}$</td><td>In</td><td>总线请求</td></tr>
<tr><td>43</td><td>$\overline{INTAK}$</td><td>Out</td><td>中断响应</td><td>44</td><td>$\overline{INTRQ}$</td><td>In</td><td>中断请求</td></tr>
<tr><td>45</td><td>$\overline{WAITRQ}$</td><td>In</td><td>等待请求</td><td>46</td><td>$\overline{NMIRQ}$</td><td>In</td><td>非屏蔽中断请求</td></tr>
<tr><td>47</td><td>$\overline{SYSRESET}$</td><td>Out</td><td>系统复位</td><td>48</td><td>$\overline{PBRESET}$</td><td>In</td><td>按钮复位</td></tr>
<tr><td>49</td><td>$\overline{CLOCK}$</td><td>Out</td><td>主机时钟</td><td>50</td><td>$\overline{CNTRL}$</td><td>In</td><td>控制</td></tr>
<tr><td>51</td><td>PCO</td><td>Out</td><td>优先级链输出</td><td>52</td><td>PCI</td><td>In</td><td>优先级链输入</td></tr>
<tr><td rowspan="2">辅助电源总线</td><td>53</td><td>AUX GND</td><td>In</td><td>辅助地</td><td>54</td><td>AUX GND</td><td>In</td><td>辅助地</td></tr>
<tr><td>55</td><td>AUX +V</td><td>In</td><td>辅助正电源
(+12V DC)</td><td>56</td><td>AUX –V</td><td>In</td><td>辅助负电源
(–12V DC)</td></tr>
</table>

① 电源总线。其中，引脚 1～6 和 53～56 作为总线提供的模拟和逻辑双电源供电。

② 数据总线。引脚 7～14（8 位、双向、三态）的方向由主机板控制，并受 $\overline{RD}$、$\overline{WR}$ 及 $\overline{INTAK}$（中断响应信号）的影响。当不使用数据总线时，所有的插件都应释放总线，并呈现高阻状态。在 DMA 传送方式下，当响应总线请求（$\overline{BUSRQ}$）时，常规的装置均应让出数据

总线。为了扩展地址空间，可复用数据线。

③ 地址总线。引脚 15～30（16 位、单向、三态）为存储器或 I/O 端口译码提供 16 位地址线，用 $\overline{\text{MEMRQ}}$（存储器地址请求）和 $\overline{\text{IORQ}}$（I/O 地址请求）控制线来区别两种操作。地址总线可以通过复用数据总线的方法进行扩展。

④ 控制总线。引脚 31～52，共 22 条，分成 5 组，分别为：存储器和 I/O 控制、外部定时、时钟和复位、中断和总线控制及中断优先链控制。

存储器和 I/O 控制线为进行存储器和 I/O 操作提供信号。

引脚 31：$\overline{\text{WR}}$ 为存储器写或 I/O 输出信号。

引脚 32：$\overline{\text{RD}}$ 为存储器读或 I/O 输入信号。

引脚 33：$\overline{\text{IORQ}}$ 为 I/O 地址请求信号。

引脚 34：$\overline{\text{MEMRQ}}$ 为存储器地址请求信号。

这 4 种控制信号与微处理器上相应的信号是一致的，它们可以达到对存储器和 I/O 读、写的控制。此外，在 STD 总线中还有两种控制存储器和 I/O 操作的信号与计算机的不同。

引脚 35：IOEXP 为 I/O 扩展信号（高电平允许扩展，低电平正常操作），使所寻址的 I/O 接口进行扩展或正常工作。当其为低电平时，允许按原来的 I/O 正常操作，由 I/O 设备对 IOEXP 进行译码。

引脚 36：MEMEX 为 存储器扩展信号（高电平允许扩展，低电平正常工作），低电平时可以访问基本的（非扩展的）存储器。用 MEMEX 信号来允许存储器覆盖，例如，在引导操作中，控制板可以切断原来系统存储器而使用扩展的存储器，存储器插件应该受 MEMEX 控制。

外部定时控制线的设定允许 STD 总线服务于各种微型计算机。大多数外部设备都只能与相应的计算机配套，而这组控制线是为解决各种外部设备与任意计算机间的匹配问题而设定的。因此，它的出现使外部设备与计算机间的配合更加灵活。

引脚 37：$\overline{\text{REFRESH}}$ 为定时刷新信号（三态、低电平有效），用于对存储器进行刷新。信号确切的定义和定时关系取决于存储器和微处理的类型。在没有刷新信号的系统中，该信号可被定义为任何特定的存储器控制信号。对于使用静态存储器的系统，可以不考虑该信号。

引脚 38：$\overline{\text{MCSYNC}}$ 为机器周期同步信号（三态、低电平有效），规定机器周期的开始。该信号精确的大小和时间是由微处理器决定的。它保证了被指定的外部装置与微处理器的操作同步。也可以用它控制总线分析器，把总线上的工作分为多个周期操作。

引脚 39：$\overline{\text{STATUS1}}$ 为 CPU 状态控制线 1 信号（三态、低电平有效），用于对外设提供辅助定时。在实际应用中，该信号有效时，表示指令的提取。

引脚 40：$\overline{\text{STATUS0}}$ 为 CPU 状态控制线 0 信号（三态、低电平有效），用于对外设提供附加的定时。

中断和总线控制线用于实现各种中断方式的控制，如直接存储器控制、多任务处理、单步和掉电保护等。对于多级中断和总线的优先权裁决，可采用串行、并行两种方式来提供。

引脚 41：$\overline{\text{BUSAK}}$ 为总线响应信号（低电平有效），表示外部设备可以使用总线。主机一旦响应总线请求信号，$\overline{\text{BUSRQ}}$ 便释放总线并在 $\overline{\text{BUSAK}}$ 线上发出响应信号，信号在当前机器周期完成后产生。如果有多个控制器请求使用总线，应把 $\overline{\text{BUSAK}}$ 与中断优先权排队电路组合起来进行优先权裁决。

引脚 42：$\overline{BUSRQ}$ 为总线请求信号（低电平有效），使主机在完成当前机器周期之后暂停当前的操作，释放所有三态总线。$\overline{BUSRQ}$ 用于直接存储器存取（DMA）操作。对不同的硬件，该信号可为输入、输出或者双向。

引脚 43：$\overline{INTAK}$ 为中断响应信号（低电平有效），表示对中断请求进行响应。对于矢量中断，在 $\overline{INTAK}$ 期间，请求中断的设备将矢量地址放在数据总线上。如果有多个设备同时请求中断，可按中断优先权进行排队。

引脚 44：$\overline{INTRQ}$ 为中断请求信号（低电平有效），可以由任何从属设备向计算机提出。此时微处理器对此信号是屏蔽的，若微处理器允许中断，则由 $\overline{INTAK}$（引脚 43）做出响应。其他作用根据计算机种类、中断指令、中断装置和支持硬件来决定。

引脚 45：$\overline{WAITRQ}$ 为等待请求信号（低电平有效），使当前控制器暂停操作，直到信号变为高电平为止。$\overline{WAITRQ}$ 用于向处理机周期中插入等待状态。

引脚 46：$\overline{NMIRQ}$ 为非屏蔽中断请求信号（低电平有效），表示主机最高优先权输入，在当前指令结束时被采样，强迫主机进入中断服务程序。在响应 $\overline{NMIRQ}$ 时，主机不理睬任何中断请求，直到 $\overline{NMIRQ}$ 返回高电平为止。但在有总线请求时，$\overline{BUSRQ}$ 的优先权高于 $\overline{NMIRQ}$。此信号可被用做微处理器的紧急状态信号，如掉电等。

⑤ 时钟和复位。可以为总线提供基本时钟定时和复位功能。

引脚 47：$\overline{SYSRESET}$ 为系统复位信号（低电平有效），可以由任何系统复位电路产生，可用电源检测信号或复位按钮来触发。该信号送至所有需要初始化的模板上。

引脚 48：$\overline{PBRESET}$ 为按钮复位信号（低电平有效），可以由任何插件产生，作为系统复位电路的输入。

引脚 49：CLOCK 为主机时钟信号由主机产生。

引脚 50：$\overline{CNTRL}$ 为控制信号（低电平有效）。如果用辅助电路作为专用时钟定时，$\overline{CNTRL}$ 信号可由任何插件板产生，也可以是计算机时钟信号的倍值、时钟信号或微处理器的外接时钟。

⑥ 优先级排队线。提供串行中断或总线控制，安排两个总线引脚（PCI 和 PCO）用于排队。此电路要求插件板上的逻辑电路完成串行优先级排队功能，不需要优先级排队的插件板把 PCI 和 PCO 跨接起来。

引脚 51：PCO 为优先级链输出信号（高电平有效），可由每一个插件板产生，在优先级链中，作为优先级较低的下一块模板的 PCI 输入。当该中断被响应时，将 PCO 置为低电平（0）。

引脚 52：PCI 为优先级链输入信号（高电平有效），直接来自优先级链中上一级插件的输出端 PCO。当检测到 PCI 为高电平时，该模板享有最高优先级。当系统具有多个中断时，必须进行优先级排队，可以采用两种方法进行，一种是串行优先级排队，另一种是并行优先级排队。

7.3.2　串行通信标准总线

在设计串行通信接口时，主要考虑的问题是接口方法、传输介质及电平转换等。与并行传送一样，现在已经颁布了很多种串行通信标准总线，例如：RS-232-C、RS-423-A/RS-422-A、RS-485 和 20mA 电流环等，并研制出适合于各种标准接口总线使用的芯片，给串行接口的设计带来了极大的方便。

串行接口的设计首先是选择一种合适的串行标准总线，其次是选择接口控制及电平转换芯片。选择串行标准总线和接口芯片的原则如下。

① 可靠性。可靠性是串行通信中最基本、最重要的要求之一。串行通信最基本的任务是保证传送的数据和指令无误。因此，在串行通信的各个环节都必须保证有高可靠性的传输，其中包括选择满足各种使用环境要求的接口标准，因为不同的接口总线必须在特定的条件下才能可靠地工作。

② 通信速度及通信距离。不同的标准接口总线，其电气特性不同。在通常情况下，满足可靠传输时的最大通信速度和最远传输距离是十分重要的指标。这两个指标具有相关性，适当地降低通信速度，可以加大传输距离，反之亦然。

③ 通道的抗干扰能力。在一般情况下，如果不超出使用范围，标准接口都具有一定的抗干扰能力，以保证信息传输的可靠性。但在一些工业控制系统中，由于周围环境十分恶劣，因此在接口标准选择时，需要充分考虑抗干扰能力。例如，在长距离时使用电流环技术，不仅利用电流环路极大地降低了对噪声的敏感程度，而且也便于在通信的两端点上提供电气隔离。

近年研制出的低电压（+3.4～+5V）及电源关断技术，给串行通信带来了极大的方便。在高噪声污染环境中，采用光纤介质进行数据传输，以及光电隔离技术的采用，将大幅度提高系统的抗干扰能力。

1. RS-232-C

RS-232-C 是使用最早、应用最多的一种异步串行通信标准，它是美国电子工业协会（Electronic Industries Association）于 1962 年公布的，并于 1969 年最后一次修订而成。其中，RS（Recommended Standard）-232 是该标准的标识，C 表示最后一次修订。

RS-232-C 主要用于定义计算机系统的一些数据终端设备（DTE）和数据通信设备（DCE）之间接口的电气特性。在许多计算机系统中都带有 RS-232-C 接口。

1）RS-232-C 的电气特性

由于 RS-232-C 是在 TTL 电路出现之前研制的，所以它的电平是对称的。它规定高电平为 +3～+15V，低电平为–15～–3V。特别需要指出的是，RS-232-C 数据线 TxD、RxD 使用负逻辑，其低电平表示逻辑"1"，高电平表示逻辑"0"，其他控制线都为正逻辑。它最高能承受±30V的信号电平。因此，RS-232-C 不能直接与 TTL 电路连接，使用时必须加上适当的电平转换接口电路（见图 7-9），否则将使 TTL 电路烧毁。现在已经研制出专门的集成电路，以便进行电平转换，如 MC1488 和 MC1489，用于计算机终端与 RS-232-C 标准之间的电平转换。

另外，还有一些适合于 RS-232-C 标准接口总线的芯片。这些芯片为了提高集成度，把接收/发送功能集中在单个芯片上，或者在一个芯片上包含几个线路驱动器（Tx）和接收器（Rx），有些还带有微处理器监控系统。为了满足部分特定要求，还出现了低电源（3.3～5V）的 RS-232-C 接口芯片（数据传输速率从几十 kbps 到几 Mbps），含有±15V 的静电放电保护（ESD）功能和人体模型及 IEC-1000-4-2 空气隙放电保护模块的芯片及能够节约电源的自动关断功能（Auto Shutdown）的芯片。其芯片封装形式有多种形式，如 DIP（双列直插封装）、SO（小型表面贴）、SSOP（紧缩的小型表面贴）、μMax（微型 Max）等。

2）RS-232-C 引脚的功能

RS-232-C 标准总线为 25 条线，其机械特性有较严格的规定。不过现在都习惯采用 25 针 D 型插头和插座，只要将插头和插座插接牢即可。各引脚的排列顺序如图 7-10 所示。

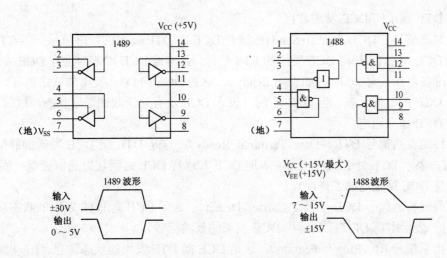

图 7-9 RS-232-C 电平转换电路

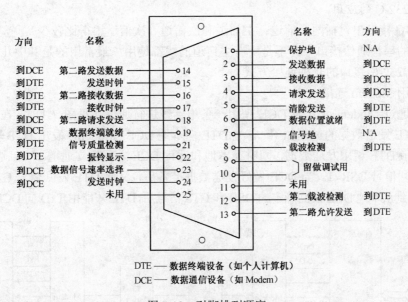

DTE —— 数据终端设备（如个人计算机）

DCE —— 数据通信设备（如 Modem）

图 7-10 引脚排列顺序

这些信号分为两类，一类是 DTE 与 DCE 交换的信息 TxD 和 RxD，另一类是为了正确无误地传输信息而设计的联络信号。

（1）传送信息信号

发送数据信号 TxD（Transmitting Data）：由发送终端（DTE）向接收端（DCE）发送的信息，按串行数据格式及先低位后高位的顺序发出。正信号是一个空号（二进制数 0），负信号是一个传号（二进制数 1）。当没有数据发送时，DTE 应将此条线置为传号状态，字符或文字之间的间隔也是如此。

接收数据 RxD 信号（Receive Data）：用来接收 DCE 发送端输出的数据。当收不到载波信号时（引脚 8 为负），该接收数据线使信号进入传号状态。

（2）联络信号

请求传送信号 RTS（Request To Send）：这是 DTE 向 DCE 发出的联络信号。当 RTS=1

时，表示 DTE 请求向 DCE 发送数据。

清除发送信号 CTS（Clear To Send）：这是 DCE 向 DTE 发出的联络信号。当 CTS=1 时，表示本地 DCE 响应 DTE 向 DCE 发出的 RTS 信号，且本地 DCE 准备向远程 DCE 发送数据。

数据准备就绪信号 DSR（Data Set Ready）：这是 DCE 向 DTE 发出的联络信号。DSR 将指出本地 DCE 的工作状态。当 DSR=1 时，表示 DCE 没有处于测试通话状态，这时 DCE 可以与远程 DCE 建立通道。

数据终端就绪信号 DTR（Data Terminal Ready）：这是 DTE 向 DCE 发送的联络信号。DTR=1 时，表示 DTE 处于就绪状态，本地 DCE 和远程 DCE 之间建立通信通道；而 DTR=0 时，将迫使 DCE 终止通信工作。

数据载波检测信号 DCD（Data Carrier Detect）：这是 DCE 向 DTE 发出的状态信息，当 DCD=1 时，表示本地 DCE 接到远程 DCE 发来的载波信号。

振铃指示信号 RI（Ring Indication）：这是 DCE 向 DTE 发出的状态信息。RI=1 时，表示本地 DCE 收到远程 DCE 振铃信号。

3）RS-232-C 的应用

RS-232-C 接口中包括两个信道：主信道和次信道（次信道用得比较少）。

在一般的串行通信接口中，不是所有主信道的线都使用。最常用的是其中几条最基本的信号线。RS-232-C 接口的几种连接方式如下。

（1）使用 Modem 连接

计算机通过 Modem 或其他 DCE 使用一条电话线进行通信（见图 7-11）。在图中，DTE 向远程的 DTE 发送数据的过程如下。首先 DTE 向本地 DCE（Modem）发出 DTR=1 和 RTS=1 的信号，表示 DTE 请求发送数据，同时在本地和远程 DCE 之间建立通道。一旦通道建立好，DCE=1，发回信号 DSR=1。当 DCE 做好发送数据准备后，又向 DTE 发回信号 CTS=1。只有当 DTE 接收到从本地 DCE 发回确定的 DSR 和 CTS 信号后，DTE 才能由 TxD 向 DCE 发送数据。

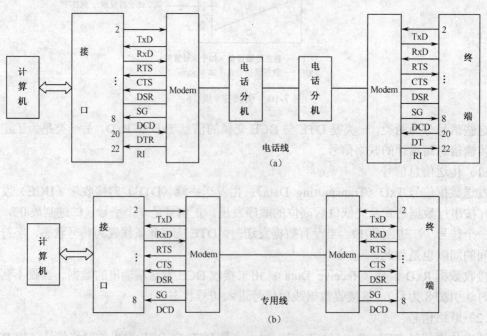

图 7-11　使用 Modem 时 RS-232-C 引脚的连线

所以，RTS、DTR、DSR 和 CTC 4 个信号同时为 1 是 TxD 发送数据的条件。接收数据时，DTE 先向本地 DCE 发出 DTR=1 信号，表示本地和远程 DCE 之间可以建立通道。通道建立好后，DCE 向 DTE 发出 DSR=1 信号，这时数据就可以通过 RxD 线传到 DTE。因此，RxD 信号产生的条件是 DTR 和 DSR 两个信号同时为 1。这只是 RxD 的产生条件，至于 RxD 线上是否有信号，取决于远程 DCE 是否发送数据。

（2）直接连接

当计算机和终端之间不使用 Modem 或其他 DCE，而直接通过 RS-232-C 接口连接时，一般只需 5 根线（不包括保护地线及本地引脚 4、5 之间的连线），但其中多数应采用反馈与交叉相结合的连接法，如图 7-12 所示。在图中，引脚 2、3 之间的交叉线为最基本的连线，以保证 DTE 和 DTE 间能正常地进行全双工通信。引脚 20、6 之间的也是交叉线，用于两端的通信联络，使两端能相互检测出对方"数据已就绪"的状态。引脚 4、5 之间的为反馈线，使传送请求总是被允许。由于是全双工通信，因此，这根反馈线意味着任何时候都可以双向传送数据，用不着再去发"请求发送"（RTS）信号。这种没有 Modem 的串行通信方式，一般只用于近距离通信（不超过 15 米）。

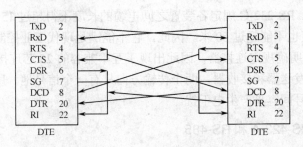

图 7-12　RS-232-C 直接连接法

（3）三线连接法

只需要将引脚 2、3 之间交叉连接，并连上信号地线，再将各自的 RTS 和 DTR 分别接到自己的 CTS 和 DSR 上，如图 7-13 所示。

在三线连接法中，只要一方使自己的 RTS 和 DTR 为 1，那么它的 CTS 和 DSR 也就为 1，从而进入发送和接收的就绪状态（该接法常用于一方为主动设备，而另一方为被动设备的通信中）。

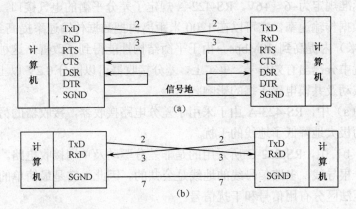

图 7-13　最简单的 RS-232-C 连接方式

说明：图 7-13（a）所示的连接方法，在软件设计上还需要检测"清除发送"（CTS）和"数据设备就绪"（DSR）信号；图 7-13（b）所示的连接方法则完全不需要检测上述信号，随时都可发送和接收。这种连接方法无论在软件还是在硬件上，都是最简单的一种方法。

RS-232-C 作为接口标准总线的连接方法，不限于这几种方式。至于计算机内部与串行接口之间的并/串行转换，还需视不同的计算机而采用不同的接口适配器（Interface Adapter）。

多数单片机本身带有串行接口，因此可直接与 RS-232-C 串行接口总线相连。但由于 RS-232-C 电平与计算机内部电平（TTL 或 CMOS）不同，所以使用前面讲的各种电平转换电路是必不可少的。

（4）RS-232-C 的不足

RS-232-C 虽然使用很广，但在现代通信网络中已暴露出明显的不足，主要表现在以下几个方面。

① 数据传输速率慢。RS-232-C 规定最高速率为 20 000bps，虽然这种传输速率与异步通信可以很好地匹配（通常异步通信速率限制为 19 200bps 或更少），但对某些同步系统，其数据传输速率却达不到要求。

② 传输距离近。RS-232-C 规定各装置之间电缆的长度不得超过 15 米，即使在较好的信号传输中，电缆长度也不能超过 60 米。因此，它不能满足现代工业控制的要求。

③ RS-232-C 未明确规定连接器，因此出现了互不兼容的 25 芯连接器。

④ 使用非平衡发送器和接收器，两个传输方向只有一个信号地，所以电气性能不佳。

⑤ 接口处各信号间容易产生电干扰。

2. RS-422-A/RS-423-A 和 RS-485

为了提高数据传输速率、增加传输距离和改进电气特性等，1980 年美国制定了新标准，除了保持与 RS-232-C 兼容以外，增加了 RS-232-C 没有的环测试功能，明确规定了连接器，解决了机械接口问题等，并且及时推出了 RS-422-A/RS-423-A 和 RS-485 等。

1）RS-422-A/RS-423-A

RS-423-A 是一个单端的、双极性电源的电路标准，它提高了传送设备的数据传输速率。速率为 1000bps 时，距离可达 1200 米；速率为 100kbps 时，距离可达 90 米。

RS-422-A/ RS-423-A 的数据线也是负逻辑的且参考电平为地，但电压范围与 RS-232-C 不同，这两个标准规定为–6～+6V。RS-422-A 规定了差分平衡的电气接口，它能够在较长距离时明显提高数据传输速率，它可以在 1200 米距离内把数据传输速率提高到 100kbps，或在较近距离（12 米）内提高到 10Mbps。由于平衡结构性能得到了改善，这种差分平衡结构能够从地线的干扰中分离出有效信号。事实上，差分接收器可以区分 0.2V 以上的电位差，可以不受参考电平波动及共模电磁干扰的影响。

在图 7-14（a）中，RS-423-A 由于采用了差分电路接收器，接收器的另一端接发送端的信号地线，因而极大地降低了地线的干扰。

在图 7-14（b）中，RS-232-C 所采用的是非差分驱动及单端接收电路。该电路的特点是传送信号只用一根导线，多路信号线的地线是公共的。因此，它是最简单的连接结构。其问题是驱动电路无法区分有用信号和干扰信号。

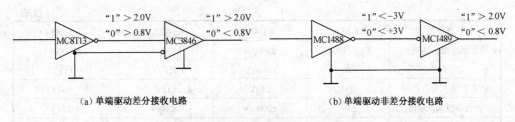

（a）单端驱动差分接收电路　　　　　　　　　（b）单端驱动非差分接收电路

图 7-14　RS-232-C 与 RS-422-A/RS-423-A 电气接口电路比较

RS-422-A/RS-423-A 的另一个优点是允许传送线上连接多个接收器。虽然在 RS-232-C 系统中可以使用多个接收器循环工作，但它每一时刻只有一个接收器工作，RS-422-A/RS-423-A 可允许 10 个以上接收器同时工作。

2）RS-485

在许多工业过程控制中，往往要求用最少的信号线来完成通信任务。目前，广泛应用的 RS-485 标准就是为适应这种需要而设计的。它实际上就是 RS-422 标准的变形，二者不同之处在于：RS-422 为全双工，而 RS-485 为半双工；RS-422 采用两对平衡差分信号线，而 RS-485 只需其中的一对。RS-485 更适合于多站互连，一个发送驱动器最多可连接 32 个负载设备。负载设备可以是被动发送器、接收器和收发器。其电路结构采用在平衡连接电缆两端有终端电阻，在平衡电缆上挂发送器、接收器或组合收发器的形式（见图 7-15）。

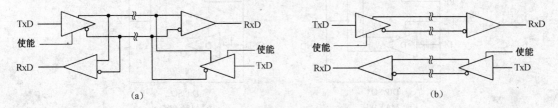

图 7-15　两种标准的连接电路比较

如图 7-15（a）所示为 RS-485 连接电路。在此电路中，某一时刻只能有一个站可以发送数据，而另一个站只能接收数据。因此，其发送电路必须由使能站加以控制。图 7-15（b）由于采用双工连接方式，故在任一时刻两站都可以同时发送和接收数据。对于一个通信站，RS-422 和 RS-485 的驱动/接收电路没有多大差别。表 7-5 给出了 RS-232、RS-423、RS-422 和 RS-485 的主要区别。

表 7-5　RS-232、RS-423、RS-422 和 RS-485 的比较

特性参数	RS-232C	RS-423	RS-422A	RS-485
工作模式	单端发单端收	单端发双端收	双端发双端收	双端发双端收
在传输线上允许的驱动器和接收器数目	1 个驱动器 1 个接收器	1 个驱动器 10 个接收器	1 个驱动器 10 个接收器	32 个驱动器 32 个接收器
最大电缆长度	15m	1200m(1kbps)	1200m(100kbps)	1200m(100kbps)
最大数据传输速率	20kbps	100kbps(12m)	10Mbps(12m)	10Mbps(15m)
驱动器输出最大电压值	±25V	±6V	±6V	−7～+12V
驱动器输出 （信号电平）	±15V（带负载） ±15（未带负载）	±3.6V（带负载） ±6（未带负载）	±2V（带负载） ±6（未带负载）	±1.5V（带负载） ±5（未带负载）
驱动器负载阻抗	3～7kΩ	450Ω	100Ω	54Ω

特性参数	RS-232C	RS-423	RS-422A	RS-485
驱动器电源开路电流（高阻抗态）	$U_{max}/300\Omega$（开路）	$\pm100\mu A$（开路）	$\pm100\mu A$（开路）	$\pm100\mu A$（开路）
接收器输入电压范围	$\pm15V$	$\pm10V$	$\pm12V$	$-7\sim+12V$
接收器输入灵敏度	$\pm3V$	$\pm200mV$	$\pm200mV$	$\pm200mV$
接收器输入阻抗	$2\sim7k\Omega$	$4k\Omega$（最小值）	$4k\Omega$（最小值）	$12k\Omega$（最小值）

RS-422 和 RS-485 两种总线也需要专用的接口芯片来完成电平转换。下面介绍一种典型的 RS-485/RS-422 接口芯片。

MAX481E/MAX488E 是低电压电源（+5V）RS-485/RS-422 收发器。每一个芯片内都有一个驱动器和一个接收器，采用 8 脚 DIP/SO 封装。除上述两种芯片外，和 MAX481E 相同系列的芯片还有 MAX483E/485E/487E/1487E 等，和 MAX488E 相同系列的有 MAX490E。这两种芯片的主要区别是，前者为半双工，后者为全双工。它们的引脚分配及原理如图 7-16 所示。

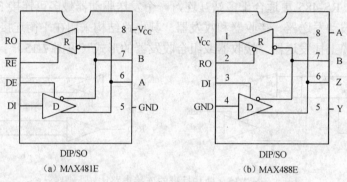

图 7-16　引脚分配及原理

3. 通用外设接口标准

通用串行总线（Universal Serial Bus，USB）是一种新型的外设接口标准。USB 是以 Intel 公司为主，并由 Compaq、Microsoft、IBM、DEC 及 NEC 等公司共同开发的。这些公司于 1994 年 11 月制定了第一个草案，于 1996 年 2 月公布了 USB 1.0 版本。

由于在计算机控制系统中，外部设备与 CPU 的连接存在接口标准各自独立、互不兼容和无法共享的问题，并且安装、配置也很麻烦。这不仅使外设日益多样化的发展趋势与系统资源（I/O 端口、IRQ）有限的矛盾更加突出，而且给用户对外设的连接和使用带来极大不便。因此，USB 和 IEEE 1394 两种通用外设接口标准应运而生。

其基本思路是采用通用连接器、自动配置、热插拔技术和相应的软件，实现资源共享和外部设备快速连接，提供设备共享接口来解决微处理器与外部设备连接的通用性。USB 和 IEEE 1394 具有连接多种不同外设的特点，故也可以称为外部设备总线。

1）USB 系统组成和拓扑结构

USB 系统包括硬件和软件两部分。

USB 系统的组成如图 7-17 所示，它包括 USB 主机、USB 设备（Hub 和功能设备）和连接电缆。

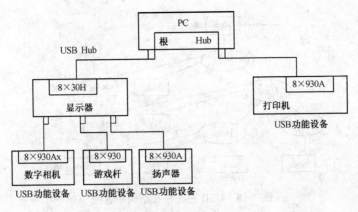

图 7-17　USB 系统的组成

（1）USB 系统的组成

- USB 主机是一个带有 USB 主控制器的 PC。USB 系统中只有一个主机，它是 USB 系统的主控者。
- USB 主控制器（USB Host Controller）/ 根 Hub（Root Hub）分别完成对传输的初始化和设备的接入。主机控制器负责产生由主机软件调度的传输，然后再传给"根 Hub"。一般来说，每一次 USB 交换都是由根 Hub 组织的。
- USB Hub。除根 Hub 以外，为了接入更多的外部设备，系统还需要其他 USB Hub。USB Hub 可串在一起再接到根 Hub 上。
- 连接电缆是 4 芯电缆，分为上游插头和下游插头，分别与 Hub 及外设进行连接。USB 系统使用两种电缆——用于全速通信的包有防护物的双绞线和用于低速通信的不带防护物的非双绞线（同轴电缆）。
- USB 设备驱动程序（USB Device Driver）通过 I/O 请求包（IRPs）发出给 USB 设备的请求，而这些 IRPs 则完成对目标设备传输的设置。
- USB 驱动程序（USB Driver）在设备设置时读取描述寄存器以获取 USB 设备的特征，并根据这些特征，在请求发生时组织数据传输。
- 主控制器驱动程序（Host Controller Driver）完成对 USB 交换的调度，并通过根 Hub 或其他的 Hub 完成对交换的初始化。

（2）USB 系统拓扑结构

USB 协议定义了在 USB 系统中宿主（Host）与 USB 设备之间的连接和通信，其拓扑结构如图 7-18 所示。这种结构可看成是一级与一级的级联方式，允许最多连接 127 个设备，最上层是 USB 主控制器。由于 USB 不像其他总线一样采用存储转发技术，因此不会对下层的设备引起延迟。

对 PC 而言，USB 系统中的宿主就是一台带 USB 主控制器的 PC，USB 主控制器由硬件、软件和微代码组成。在 USB 系统中只有一台 USB 主机，该主机是主设备，它控制 USB 总线上所有的信息传送。根 Hub 与主机相连，下层就是 USB Hub 和功能设备。PC 的 USB 拓扑结构中 USB 设备连接方式如图 7-19 所示。

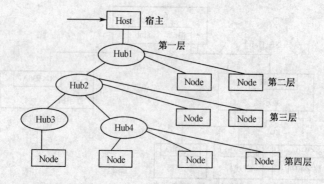

图 7-18 USB 系统拓扑结构示意图

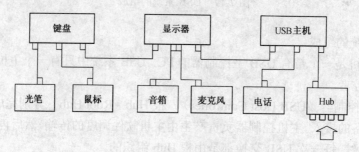

图 7-19 USB 设备连接方式

2）USB 设备及其描述器

（1）USB 设备

USB 设备分为 Hub 设备和功能设备两种。Hub 即集线器，它是 USB 即插即用技术中的核心部分，能够完成 USB 设备的添加、插拔检测和电源管理等功能。Hub 不仅能向下层设备提供电源并设置设备类型，而且能为其他 USB 设备提供扩展端口。

Hub 由中继器和控制器构成，中继器负责连接的建立和断开，控制器管理主机与 Hub 间的通信及帧定时。主机传来的 SOF 帧开始标志（令牌）激励帧定时器的定时功能，并且定时器的相位和周期将与帧开始标志保持一致。

功能设备负责在总线上发送和接收数据或控制信息，它是完成某项具体功能的硬件设备（一种插在 Hub 上的外设）。

（2）端点

在 USB 接口中不用考虑 I/O 地址空间、IRQ 线及 DMA 通道的问题。只需给每个 USB 外设分配一个逻辑地址，但并不指定分配任何系统资源。USB 外设本身应包含一定数量的独立的寄存器端口，并能由 USB 设备驱动程序直接操作。这些寄存器也就是 USB 设备的端点。因此，可以说端点是在主机和设备通信中位于设备上的末端部分。

当插入设备时，系统分给每个逻辑设备一个唯一的地址，且每个设备上的端点都有不同的端点号。通过端点号和设备地址，主机软件就可以和每个端点通信。

一个设备可以有多个端点，但所有的 USB 设备都必须有一个端点零用于设置完成 Control 类型传送。通过端点零（End Point 0），USB 系统软件读取 USB 设备的描述寄存器，这些寄存器提供识别设备的必要信息，定义端点的数目及用途。通过这种方式，USB 软件就能识别设备的类型，并决定如何对这些设备进行操作。

（3）管道

USB 支持功能性和控制性数据的传送，这些传送发生在主机软件和 USB 设备的端点之间。把 USB 设备的端点和主机软件的联合称为管道（Pipe），因此，管道是指从逻辑概念上来描述信息传输的通道。一个 USB 设备可以支持多个数据传输的端点，也就有多个管道来传输数据。USB 主机对外设的控制就是通过在与外设之间相连的默认管道里发"外设请求"来实现的。可见，默认管道主要用于控制类型的传输。

（4）USB 设备描述器

USB 设备是通过描述器来报告它的属性和特点的。描述器具有一定格式的数据结构。每个 USB 设备都必须有设备描述器、设置描述器、接口描述器和端点描述器。这些描述器提供的信息包括目标 USB 设备的地址、要进行的传输类型、数据包的大小和带宽请求等。

设备描述器中包含了设备设置所用默认管道的信息和设备的一般信息。它既支持高电源方式，也支持某种低电源方式。因此，两种供电方式便需要两种描述器。

设置描述器中包含设置的一般信息和设置时所需的接口数（每个设置有一个或多个接口）。当主机请求设置描述器时，端点描述器和接口描述器也一同返回。

接口描述器需要 3 个接口（数据口、音频口和视频口），它提供接口的一般信息，也用于指定具体接口所支持的设备类型和使用该接口通信时所用端点描述器的数量（零端点不计在内）。

端点描述器（一个或多个）定义各自的通信点（如一个寄存器）。端点描述器包含的是它所支持的传输类型和最大数据传输速率。

用户驱动程序通过设备的描述器可以获得有关信息，特别是在设备接入时，USB 系统软件根据这些信息进行判断和决定如何操作。

3）USB 的物理接口和电气特性

（1）接口信号线

USB 总线包含 4 根信号线，用于传送信号和提供电源。其中，D+和 D−为信号线，传送信号的是一对双绞线，V_{BUS} 和 GND 是电源线，用来提供电源，如图 7-20（a）所示。

USB 接口插头（座）比较简单，只有 4 芯。上游插头是 4 芯长方形插头，下游插头是4 芯方形插头。在两根信号线的 D+线上，当设备以最大速率传输数据时，要求接 1.5kΩ（误差不超过±5%）的上拉电阻，并且在 D+和 D−线上分别接入串联电阻，其阻值为 29～44Ω，如图 7-20（b）所示。

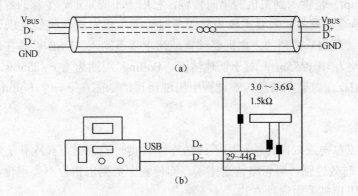

图 7-20　外接电阻连接图

（2）电气特性

USB 主机或根 Hub 为设备提供的对地电源电压为 4.75～5.25V，设备能吸入的最大电流值为 500mA。因此，USB 对设备提供的电流有限。当 USB 设备第一次被 USB 主机检测到时，设备从 USB Hub 吸入的电流值应该小于 100mA。USB 设备的电源供给有两种方式：自给方式（设备自带电源）和总线供给方式。USB Hub 是前一种方式。

USB 主机有一个独立于 USB 的电源管理系统（APM）。USB 系统软件通过与主机电源管理系统交互来处理诸如挂起、唤醒等电源事件。为了节省能源，对于暂时不用的 USB 设备，电源管理系统将其置为挂起状态，等有数据传输时再唤醒设备。

4）USB 传输类型

USB 传输类型实质就是 USB 数据流类型，这是一个问题的两个方面。先从管理 USB 系统软件的角度来描述 USB 数据流类型的作用，然后再讨论相应的传输类型的特点。

USB 支持控制信号流、块数据流、中断数据流和实时数据流 4 种数据类型。控制信号流的作用是，当 USB 设备接入系统时，USB 系统软件与设备之间建立控制信号流并发送控制信号；块数据流通常用于发送大量数据；中断数据流用于传输少量随机输入信号，它包括事件通知信号、输入字符或坐标等，并以不低于 USB 设备所期望的速率进行传输；实时数据流用于传输连续的固定速率的数据，它所需的带宽与所传输数据的采样率有关。

（1）控制传输

USB 协议规定每一个 USB 设备必须要用端点零来完成控制传送，用于 USB 设备第一次被 USB 主机检测到时和 USB 主机交换信息，提供设备配置、对外设设定、传送状态双向通信。传输过程中若发生错误，则需要重新传送。

控制（Control）传输是双向的，分为 3 个阶段（Setup、Data 和 Status 阶段）。在 Setup 阶段，主机送命令给设备；在 Data 阶段，传输的是 Setup 阶段所设定的数据；在 Status 阶段，设备返回握手信号给主机。

Control 传输主要用于配置设备，也可以用于设备的其他特殊用途（如：对数码相机设备的传送暂停、继续和停止等控制信号）。

（2）批传输

批（Bulk）传输可以是单向或双向的。可用于传送大批数据，这种数据的时效性不强，但要确保数据的正确性（如果传输过程中出现错误，则需要重新传送）。

（3）中断传输

中断（Interrupt）是输入到主机的单向传输，它用于不固定的、少量的数据传送。当设备（如键盘、鼠标等输入设备）需要主机为其服务时，向主机发送此类信息以通知主机。USB 的中断是 Polling（查询）类型的，主机要频繁地请求端点输入。USB 设备在最大速率下，其端点 Polling 周期为 1～255ms；对于低速情况，Polling 周期为 10～255ms。因此，最快的 Polling 频率是 1kHz。如果在信息传输过程中出现错误，则需在下一个 Polling 周期中重新传送。

（4）等时传输

等时传输可以单向或双向传输，用于传送连续、实时的数据。其特点是要求数据传输速率固定（恒定），时效性强，可忽略传送错误，即传输中数据出错也不会重传。视频设备、数字声音设备和数码相机采用这种方式。

以上 4 种传输类型的实际传输过程分别如下。

控制传输类型：

　　总线空闲状态→主机发送设置（SETUP）标志→主机传送数据→端点返回成功信息
　　→总线空闲状态

批传输类型：

　　当端点处于可用状态，并且主机接收数据时，总线空闲状态→发送 IN 标志表示允许
输入→端点发送数据→主机通知端点已成功收到→总线空闲状态

　　当端点处于可用状态，并且主机发送数据时，总线空闲状态→发送 OUT 标志表示将
要输出→主机发送数据→端点返回成功→总线空闲状态

　　当端点处于暂时不能使用或外设出错状态时，总线空闲→发 IN（或 OUT）标志表
示允许输入（或输出）→端点（主机）发送数据→端点请求重发或外设出错→总线
空闲状态

中断传输类型：

　　当端点处于可用状态时，总线空闲状态→主机发 IN 标志表示允许输入→端点发送数
据→端点返回成功信息→总线空闲状态

　　当端点处于暂时不能使用或外设出错状态时，总线空闲状态→主机发 IN 标志表示允
许输入端点请求重复或外设出错→总线空闲状态

等时传输类型：

　　总线空闲状态→主机发 IN（或 OUT）标志表示允许输入（或输出）→端点（主机）
发送数据→总线空闲状态

5）USB 交换的包格式

USB 总线的传输包含一个或多个交换（Transaction）包。包组成了 USB 交换的基本单位，
USB 总线上的每一次交换至少需要 3 个包。USB 设备之间的传输总是首先由主机发出标志
（令牌）包开始的。其次，是数据源向数据目的地发送的数据包或者发送无数据传送的指示信
息。在一次交换中，数据包可以携带的数据最多为 1023 位。最后由数据接收方回送一个握手
包，提供数据是否正常发送的反馈信息（如有错误，则要重发）。

除了等时同步传输之外，其他传输类型都需要握手包。可见，包就是用来产生所有 USB
交换机制的，也是 USB 数据传输的基本方式。这种方式与传统专线专用方式不同，几个不同
目标的包可以组合在一起，共享总线，且不占用 IRQ 线，也不需要占用 I/O 地址空间，节约
了系统资源，提高了性能又减少了开销。

（1）令牌包（Token Packet）

USB 总线是一种基于标志的总线协议，所有的交换都以标志包为首部。标志包定义了要
传输交换的类型，它包含包类型域（可以通过分类编码 PID 的域来识别和确认各种包的不同
类型）、地址域（ADDR）、端点域（ENDP）和检查域（CRC），其格式如图 7-21 所示。

8位	8位	7位	4位	5位
SYNC	PID	ADDR	ENDP	CRC

图 7-21　标志包格式

SYNC：所有包的开始都是同步（SYNC）域，输入电路利用它来同步，以便在有效数据
到来时进行识别，长度为 8 位。

PID：包类型域，标志包有 4 种类型，即 OUT、IN、SETUP 和 SOF。

ADDR：设备地址域，用于确定包的传输目的地，长度为 7 位，可有 128 个地址。

ENDP：端点域，用于确定包要传输到哪个端点，长度为 4 位。一个设备可有 16 个端点号。

CRC：检查域，长度为 5 位，用于 ADDR 域和 ENDP 域的校验。

下面分别讨论标志包中的 4 种类型。

帧开始包（SOF）：USB 的总线时间被划分为帧。一个帧周期可以描述为：在主机发出帧开始标志后，总线处于工作状态，主机开始进行交换，交换完毕后进入帧结束间隔区，此时总线处于空闲状态，等待下一个帧启动标志的到来，再开始下一帧。一帧的持续时间为 1ms，每一帧都有单独的编号。

SOF 包告诉目标设备一帧的开始。它由主机在每一帧开始时广播到所有的全速设备中，并每隔（1.00+0.05）ms 广播一次。由于低速设备不支持等时传输，所以它们不会收到 SOF 包的广播。SOF 包只能包含在标志包中，且数据包和握手包是不能与 SOF 包放在一起的。SOF 包的格式如图 7-22 所示，其中包括 11 位的帧号（FRAME NUMBER）。

8位	8位	11位	5位
SYNC	PID	FRAME NUMBER	CRC

图 7-22　SOF 包格式

接收包（IN）：当系统软件要从设备中读取信息时，便使用接收包。此时，包类型定义为 IN 类型。接收标志包中包含包类型域、类型检查域、USB 设备地址、端点号及 5 位的 CRC 字段。在接收交换中，有 4 种 USB 传输类型，即控制传输、批传输、中断传输和等时传输。一个接收交换以根 Hub 广播的接收包为开始，接着是由目标设备返回的数据包，除等时传输外，根 Hub 会发还给目标设备一个握手包，以确定收到了数据。接收交换中所能传输的数据量根据传输类型而定。

发送包（OUT）：当系统软件需要将数据传到目标 USB 设备时，便使用发送包（OUT）。此时，包类型定义为 OUT 类型。发送标志包中包含包类型域、类型检查域、USB 目标设备地址、端点号和 5 位的 CRC 字段。

在发送交换中，只有 3 种传输类型，即批传输、控制传输和等时传输。发送标志包后面跟着一个数据包，在批传输中后面还有一个握手包。

设置包（SETUP）：在控制传输开始时，由主机发设置包（SETUP）。设置包只用于控制传输的设置。设置包传送主机的一个请求，让目标设备完成设置。根据请求，设置包后面可能有一个或多个接收和发送交换执行，或者只包含一个从端点传向主机的状态信息。设置交换类似于发送交换，设置包后面跟着一个数据包和一个应答包。

（2）数据包（Data Packet）

若主机请求设备发送数据，则送 IN 标志到设备某一端点，设备将以数据（Data）包的形式加以响应。若主机请求目标设备接收数据，则送 OUT 标志到目标设备的某一端点，设备将接收数据包。一个数据包包括 PID 域、数据域和 CRC 域 3 个部分，其格式如图 7-23 所示。通过数据包的 PID 域确认 DATA0 和 DATA1 两种类型数据包。

（3）握手包（Handshake Packet）

握手包由设备使用来报告交换的状态，通过 3 种不同类型的握手包传送不同的结果报告。

握手包是由数据的接收方（可能是目标设备，也可能是根 Hub）发向数据的发送方的。握手包只有一个 PID 域，其格式如图 7-24 所示。

8位	8位	0～1023位	5位
SYNC	PID	DATA	CRC

8位	8位
SYNC	PID

图 7-23　数据包格式　　　　　　　　　　　图 7-24　握手包格式

另外，握手包有 3 种类型。应答包（ACK）表示接收数据正确，发送设备会收到一个 ACK。无应答包（NAK）表示功能设备不能接收来自主机的数据，或者没有任何数据返回给主机。挂起包（STALL）表示功能设备无法完成数据传输，并且需要主机插手来解决故障，以使设备从挂起状态中恢复正常。

（4）预告包（Preamble-Packet）

当主机希望在低速方式下与低速设备通信时，主机将发送预告包，作为开始包，然后与低速设备通信。预告包由一个同步序列和一个全速传送的 PID 域组成，在 PID 之后，主机必须在低速包传送前，延迟 4 个全速字节时间，以便让 Hub 打开低速端口并准备接收低速信号。低速设备只能支持控制和中断传输，而且在交换中携带的数据的大小限定为 8 字节。

7.3.3　现场总线技术

随着现代科学技术的迅速发展，自动化技术也日新月异。在 20 世纪 80 年代初，分布式控制系统（Distributed Control System，DCS）的出现，把分散的、单回路的测控系统采用计算机进行了统一的管理，用各种 I/O 功能模板代替了控制室的仪表，利用计算机高速运算的强大功能，集中实现了回路调节、参数显示报警、历史数据存储和工艺流程动态显示等多种功能。DCS 对工业控制技术的发展起到了极大的推动作用。20 世纪 90 年代以后，数字化和网络化成为了控制技术发展的主要方向。传统的模拟信号只能提供原始的测量和控制信息，而智能变送器在 4～20mA 信号之上附加信息的能力又受其低通信速率的制约，所以对整个过程控制系统的机制进行数字化和网络化，是其发展的必然趋势。

在此前提下，现场总线（Field Bus）在智能现场设备、自动化系统之间提供了一个全数字化的、双向的和多节点的通信链接。因此，它使现场控制的功能更加强大，带来了过程控制系统的开放性，使系统成为具有测量、控制、执行和过程诊断等综合能力的控制网络。现场总线是现代计算机、通信和控制技术的集成，随着现场总线技术的发展和逐渐成熟，21 世纪的自动控制领域将成为现场总线的世界。

1．现场总线的基本内容和发展概况

现场总线是一种工业数据总线，它是自动控制领域中，计算机通信体系最低层的低成本网络。国际电工委员会（IEC）的标准和现场总线基金会（FF）的定义为："现场总线是连接智能现场设备和自动化系统的数字式、双向传输多分支结构的通信网络"。

现场总线技术的基本内容：以串行通信方式取代传统的 4～20mA 的模拟信号，一条现场总线可为众多的可寻址现场设备实现多点连接；支持底层的现场智能设备与高层的系统之间利用公用传输介质交换信息。

现场总线的核心是它的通信协议，这些协议必须根据国际标准化组织（ISO）的计算机

网络开放系统互连（Open System Interconnection，OSI）参考模型来制定，这是一种开放的 7 层网络协议标准。多数现场总线技术只使用其中第一层、第二层和第七层协议。

现场总线的由来：现场总线技术起始于 20 世纪 80 年代中期，并于 20 世纪 90 年代初基本形成了几种较有影响的标准，它们是 PROFIBUS（德国和欧洲标准）、FIP（法国标准）、ISP（可交互系统标准）和 ISP50（美国仪表协会标准）。1995 年成立现场总线基金会组织（Field bus Foundation，FF），旨在支持和帮助 IEC/ISA-SP 标准化委员会工作，推动和加速建立一个统一的、开放的、国际性的现场总线标准。

2．现场总线控制系统的特点

现场总线控制系统（FCS）与传统的分布式控制系统（DCS）相比有着明显的优点。根据国际电工委员会和现场总线基金会的定义，现场总线技术具有以下主要特点。

① 数字信号完全取代 4～20mA 模拟信号。

② 基本过程控制、报警和计算功能等完全分布在现场完成。

③ 使设备增加非控制信息，如自诊断信息、组态信息及补偿信息等。

④ 实现现场管理和控制的统一。

⑤ 真正实现系统的开放性、互操作性。

现场总线技术不仅仅是一种通信技术，它实际上融入了智能化仪表、计算机网络和开放系统互连等技术的精粹。所有这些特点使得以现场总线技术为基础的 FCS 相对于传统 DCS 具有巨大的优越性（图 7-25 所示为 FCS 和 DCS 的网络结构比较）。

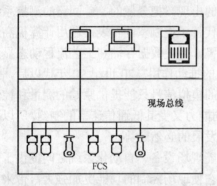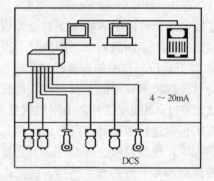

图 7-25　FCS 和 DCS 的网络结构比较

FCS 与 DCS 相比，其系统结构大幅度简化，成本显著降低，现场设备自治性加强，系统性能全面提高，信号传输的可靠性和精度提高，真正实现全分散、全数字化的控制网络，用户始终拥有系统集成权。

3．几种典型的现场总线

目前，从技术、商业利益等因素考虑，比较流行的现场总线主要有 CAN、LON Works、PROFIBUS、HART、FF 等。

1）CAN

CAN（Controller Area Network，控制器局域网络）是由德国 Bosch 公司设计的。目前，CAN 已成为 ISO11898 标准。CAN 的特性如下。

① CAN 数据传输速率为 5kbps（10km）、1Mbps（40m），节点数为 110 个，传输介质为

双绞线或光纤。

② CAN 采用点对点、一点对多点及全局广播等几种方式发送和接收数据。

③ CAN 可实现全分布式多机系统，且无主、从机之分，每个节点均主动发送报文，可方便地构成多机备份系统。

④ CAN 采用非破坏性总线优先级仲裁技术。当两个节点同时向网络上发送信息时，优先级低的节点主动停止发送数据，而优先级高的节点不受影响地继续发送信息。按节点类型分成 8 个不同的优先级字节数。其传输时间短，受干扰的概率低，且具有较好的检错效果。

⑤ CAN 采用循环冗余校验 CRC 及其他检错措施，保证了极低的信息出错率。

⑥ CAN 节点具有自动关闭功能，当节点错误严重时，自动切断与总线的联系，不影响总线正常工作。

2）LON Works

LON（Local Operating Network，局部操作网络）Works 是美国 Echelon 公司研制的一种现场总线，主要特性如下。

① LON Works 数据传输速率为 78kbps（2700m）、1.25Mbps（130m），节点数为 32 000 个，传输介质为双绞线、同轴电缆、光纤、电源线、电力线及无线传输等。

② LON Works 采用 LON Talk 通信协议，该协议遵循 ISO 定义的 OSI 全部 7 层模型。

③ LON Works 的核心是 NEURON（神经元）芯片，内含 3 个 8 位的 CPU：第一个 CPU 为介质访问控制处理器，实现 LON Talk 协议的第 1 层和第 2 层；第二个 CPU 为网络处理器，实现 LON Talk 协议的第 3 层至第 6 层；第三个 CPU 为应用处理器，实现 LON Talk 协议的第 7 层，执行用户编写的代码及用户代码所调用的操作系统服务。

④ LON Talk 协议提供了 5 种基本类型的报文服务：确认（Acknowledged）、非确认（Unacknowledged）、请求/响应（Request/Response）、重复（Repeated）和非确认重复（Unacknowledged Repeated）。

⑤ LON Talk 协议的介质访问控制子层（MAC）对 CSMA 进行了改进，采用一种新的称做 Predictive P-Persistent CSMA 的技术，根据总线负载随机调整时间槽 N_i（$i=1, 2, \cdots, 63$），从而在负载较轻时使介质访问延迟最小化，在负载较重时使冲突的可能最小化。

3）PROFIBUS

PROFIBUS（Process Field Bus，过程现场总线）是德国标准，于 1991 年在 DIN19245 中公布。PROFIBUS 有几种改进型，分别用于不同的场合。

① PROFIBUS-PA（Process Automation）用于过程自动化，通过总线供电，提供本质安全型，可用于危险防爆区域。

② PROFIBUS-FMS（Field bus Message Specification）用于一般自动化。

③ PROFIBUS-DP 用于加工自动化，适用于分散的外围设备。

PROFIBUS 引入功能模块的概念，不同的应用需要使用不同的模块。在一个确定的应用中，按照 PROFIBUS 规范来定义模块，写明其硬件和软件的性能，规范设备功能与 PROFIBUS 通信功能的一致性。

4）HART

HART（Highway Addressable Remote Transducer，高速可寻址远程传感器）是美国 Rosemount 公司研制的一种总线。HART 协议参照 ISO/OSI 模型的第一、二和七层，即物理层、数据链路层和应用层，主要特性如下。

（1）物理层

物理层采用基于 Bell 202 通信标准的频移键控法（FSK）技术，即在 4～20mA（DC）模拟信号上叠加 FSK 数字信号，逻辑 1 为 1200Hz，逻辑 0 为 2200Hz，数据传输速率为 1200bps，调制信号为±0.5mA 或 0.25V（P-P），250Ω负载。用屏蔽双绞线，单台设备连接距离为 3000m，而多台设备互连距离为 1500m。

（2）数据链路层

数据链路层数据帧长度不固定，最长 25 字节，可寻地址范围为 0～15。当地址为 0 时，处于 4～20mA（模拟信号）与数字通信兼容状态；当地址为 1～15 时，则处于全数字通信状态。通信模式为问答式或广播式。

（3）应用层

应用层规定了 3 类命令：第一类是通用命令，用于遵守 HART 协议的所有产品；第二类是普通命令，用于遵守 HART 协议的大部分产品；第三类是特殊命令，用于遵守 HART 协议的特殊产品。另外，为用户提供了设备描述语言（Device Description Language，DDL）。

5）FF

现场总线基金会（FF）是国际公认的唯一的不附属于某企业的公正的非商业化的国际标准化组织，其宗旨是制定统一的现场总线国际标准，无专利许可要求，可供任何人使用。现场总线标准参照 ISO/OSI 模型的第一、二和七层，即物理层、数据链路层和应用层，另外增加了用户层。FF 推行的现场总线标准以 IEC/ISA SP-50 标准为蓝本。

（1）物理层

物理层定义了传送数据帧结构，信号波形幅度，以及传输介质、速率、功耗和拓扑结构。传输介质可采用有线电缆、光纤和无线通信。数据传输速率为 31.25kbps（1900m）、1Mbps（750m）和 2.5Mbps（500m）。FF 现场总线支持总线形、树状和点对点拓扑结构。编码方式为半双工方式。

（2）数据链路层

数据链路层由上下两部分组成，下部分的功能是对传输介质传送的信号进行发送、接收和控制，上部分的功能是对数据链路进行控制。

（3）应用层

应用层由访问子层 FAS 和报文规范 FMS 组成。FAS 提供 3 类服务：发布/索取、客户/服务器和报文分发。FMS 规定了访问应用进程 AP 和报文格式及服务。

（4）用户层

用户层规定了标准的功能模块供用户组态使用。利用功能块数据结构执行数据采集、处理、控制和输出操作。其基本功能有：模拟输入（AI），控制选择（CS），模拟输出（AO），开关输入（DI），P、PD 控制，开关输出（DO），手动（ML），PID、PI、I 控制，偏置/增益（BG），比率（RA）等。特定功能有：脉冲输入，步进输出 PID，输入选择，复杂模出，装置控制，信号特征，复杂开关出，定时，分离器，运算，模拟接口，超前滞后补偿，积算，开关接口，死区，模拟报警，开关量报警等。

4. 现场总线的应用

现场总线是 21 世纪控制系统的主流发展方向。但是，由于现场总线技术目前还不够成熟，而且价格也比较贵，完全采用现场总线还需一段时间，要逐步发展和过渡。下面介绍几种可行的应用方案。

1）现场总线集成在 DCS 的 I/O 总线上

在 DCS 的结构体系中，自上而下大体可分为 3 层：管理层、监控操作层和 I/O 测控层。在 I/O 测控层的 I/O 总线上，挂有 DCS 控制器和各种 I/O 插件，用于连接现场 4～20mA 设备、离散量等现场信号，DCS 控制器负责现场控制。如图 7-26（a）所示为 DCS 在 I/O 总线上集成现场总线的原理。

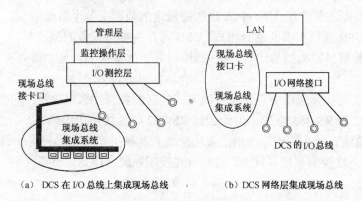

(a) DCS 在 I/O 总线上集成现场总线　　　(b) DCS 网络层集成现场总线

图 7-26　集成现场总线

其关键是通过一个现场总线接口卡挂在 DCS 的 I/O 总线上，把现场总线系统中的数据信息映射成原有 DCS 的 I/O 总线上相对应的数据信息，如基本测量值、报警值或工艺设定值等，使得在 DCS 控制器上所看到的从现场总线来的信息就如同来自于一个传统的 DCS 设备卡一样，这样便实现了在 I/O 总线上的现场总线技术集成。

这种方案的优点是结构比较简单，缺点是集成规模受现场总线接口卡的限制。

2）现场总线集成在 DCS 系统网络层上

除了在 I/O 总线上的集成方案外，还可以在更高一层，即 DCS 系统网络层上集成现场总线系统。在这种方案中，现场总线接口卡不是挂在 DCS 的 I/O 总线上，而是挂在 DCS 的上层 LAN 上，其结构如图 7-26（b）所示。

在这种方案中，现场总线控制执行信息、测量及现场仪表的控制功能均可在 DCS 操作站上进行浏览并修改。

它的优点是，原来必须由 DCS 主计算机完成的一些控制和计算功能，现在可下放到现场仪表实现，并且可以在 DCS 操作员界面上得到相关的参数或数据信息；另外，不需要对 DCS 控制站进行改动，对原有系统影响较小。

3）现场总线通过网关与 DCS 并行集成

若在一个工厂中并行运行着 DCS 和现场总线系统，则还可以通过一个网关来连接两者。安装网关以完成 DCS 与现场总线高速网络之间的信息传递。现场总线接口单元可提供控制协调、报警管理和短时间趋势收集等功能。

现场总线与 DCS 的并行集成，完成整个工厂的控制系统和信息系统的集成统一，并可以通过 Web 服务器实现 Intranet 与 Internet 的互连。

这种方案的优点是丰富了网络的信息内容，便于发挥数据信息和控制信息的综合优势。

另外，现场总线系统与通过网关而集成在一起的 DCS 是相互独立的。现阶段，现场总线与 DCS 的共存将使用户拥有更多的选择，以实现更合理的控制系统。

习题 7

7.1 多微处理器系统的特点、通信方式和结构形式有哪些?

7.2 STD 是什么总线? 它的特点是什么? 适合在什么场合下使用?

7.3 PCI 局部总线有什么特点?

7.4 在成组传送操作方式下,PCI 总线能传送的数据字节个数是多少?

7.5 一个 USB 系统由哪几部分组成? USB 可作为哪些设备的接口?

7.6 USB 数据传输类型是什么? 在 USB 的每一次交换中,至少需要哪几个"包"才能完成?

7.7 RS-232 在实际应用中有几种接线方式? 它们各有什么用途?

7.8 RS-422 和 RS-485 总线,为什么比 RS-232-C 总线传送距离长?

7.9 现场总线有什么特点? 常用的现场总线有几种类型? 它们各有什么特点?

7.10 现场总线控制系统(FCS)与分布式控制系统(DCS)有何区别?

第8章 控制技术中的计算机系统

在各种各样的控制技术应用中几乎都会使用到计算机系统，而这些计算机系统的类型、形态往往多种多样。在同一个控制系统中也可以包含多种计算机系统类型，因为一个大的控制系统是由多个部分组成的，而每一部分就可能包含一个计算机系统。因此，如何针对具体的应用情况选用合适的计算机系统以得到最好的性价比，是计算机控制系统设计中非常重要的步骤。要做好这一步，就必须熟悉各种类型计算机系统的性能特点。虽然计算机系统在控制系统中的表现形式多种多样，但归类后不外乎这三种基本类型，即工业控制计算机、可编程控制器和嵌入式计算机系统。当然计算机系统的分类还有其他方法，但在此不作讨论。本章主要概括介绍这三种类型计算机系统的基本组成、性能、特点，对嵌入式系统中的一些典型操作系统也作了简要介绍，目的是为在控制技术应用中选择计算机系统提供参考。

8.1 工业控制计算机（IPC）

工业控制计算机英文简称 IPC（Industrial Personal Computer），又称为工业计算机或产业计算机。在传统意义上，将用于工业生产过程的测量、控制和管理的计算机统称为工业控制计算机，包括计算机和输入、输出通道两部分。但现在工业控制计算机的应用范围已经远远超出工业过程控制，工业控制计算机已应用在国民经济发展和国防建设的各个领域，具有恶劣环境适应能力，能长期稳定工作，是加固了的增强型个人计算机，也简称为工控机。通俗地说，工控机就是专门为工业现场而设计的计算机。

1. 工控机的特点

由于工控机是一种加固的增强型个人计算机，因此，它具有 PC 机的开放性，其硬件和软件资源极其丰富，容易为工程技术人员和用户所熟悉。它可以作为一个工业控制器在工业环境中可靠运行。早在 20 世纪 80 年代初期，美国 AD 公司就推出了类似工控机的 MACl50 工控机，随后美国 IBM 公司正式推出工业个人计算机 IBM7532。由于工控机的性能可靠、软件丰富、价格相对低廉，其应用日趋广泛。目前，工控机已被广泛应用于通信、工业控制、医疗、环境保护等多个领域。工控机是根据工业生产的特点和要求而设计的计算机，它应用于工业生产中，实现各种控制目的，实现生产过程和调度管理的自动化，以达到优质、实时、高效、低耗、安全、可靠，减轻劳动强度，改善工作环境的目的。它是自动化仪表的重要分支，也是计算机的重要分支。工业现场环境大都比较恶劣，一般具有振动较大、灰尘相对较多、受各种各样的电磁场干扰，以及温度、湿度变化范围大等特点，而且，工业生产多是一天 24 小时一年 365 天连续作业，因此，对工控机的要求远高于普通的（商用）PC 机。与普通的 PC 机相比，工控机具有以下特点。

1）可靠性高

工控机在大部分情况下用于控制不间断的生产过程，在运行期间不允许停机检修，一旦发生故障将会造成生产损失。因此，要求工控机具有高可靠性，也就是说，要有许多保证可靠性的措施，以确保其平均无故障工作时间（MTBF）达到几万小时甚至更高。

2）可维护性好

在结构设计上采取相应措施，确保一旦出现故障尽量缩短故障修复时间（MTTR），减小停机损失，以达到极高的运行效率。

3）实时性好

工控机主要用来对生产过程进行实时控制与监测，因此要求它必须对被控对象各种参数的变化作出实时响应。当现场参数出现偏差或有设备发生故障时，工控机能及时响应，实时地进行处理和报警。

4）环境适应性强

能在温度、湿度变化范围大，电磁干扰严重的场合下正常工作，以满足工业现场环境恶劣、供电系统常受大负荷设备启停的干扰、接"地"系统复杂等状况的要求。此外，工控机还具有防尘、防腐蚀、防振动冲击的能力。

5）扩展性好

工控机具有开放性体系结构，其主机接口、网络通信、软件兼容及升级等方面均遵守开放性原则，便于系统扩展、异种机连接、软件移植和互换，能适应控制系统的功能提升及规模扩展的需要。

此外，与工控机配套的控制软件多种多样、功能丰富：具有多种系统组态和系统生成功能；具有实时及历史的趋势记录与显示功能；具有实时报警、事故追溯，以及在线自诊断功能；具有丰富的控制算法，除了常规 PID 控制算法外，还有许多高级控制算法，如模糊控制、神经元网络、优化、自适应、自整定等算法。工控机许多的后备措施：包括供电后备、存储器信息保护、手动/自动操作后备、紧急事件切换装置等。工控机还具有冗余特性，在可靠性要求很高的场合，能构造双机工作及冗余系统，包括控制站、双操作站、双网通信、双供电系统、双电源等。采用双机切换功能、双机监视软件等措施，能确保系统长期不间断地运行。

2. 工控机的分类

按照所采用的总线标准类型不同，工控机可分成 4 类。

1）PC 总线工控机

有 ISA 总线、VESA 局部总线(VL-BUS)、PCI 总线、PC104 总线等几种类型工控机，主机 CPU 类型为 X86 系列。

2）STD 总线工控机

采用 STD 总线，主机 CPU 类型为 X86 系列。

3）VME 总线工控机

采用 VME 总线，主机 CPU 类型以 M68000，M68020 和 M68030 等 Motorola 系列为主。

4）多总线工控机

采用 MultiBus 总线，主机 CPU 类型为 X86 系列。

3. 工控机的组成

国内使用的工控机以 PC 总线型的工控机居多，下面对 PC 总线型工控机的组成进行介绍。典型的 PC 总线型工控机（IPC）由下列几部分组成。

1）工业机箱·

工控机多应用于工业环境，机箱必须采取一系列加固措施，以达到防振、防冲击、防尘的目的，并适应较宽的温度和湿度范围。同时机箱还应具有良好的电磁屏蔽效果，其内部具有正的空气压力。工控机的机箱一般采用符合 EIA 标准的全钢化结构，以增强抗电磁干扰的能力；机箱内部可安装同 PC 总线兼容的无源底板，带滤网和 EMI 弹片减振、CPU 卡压条及加固压条装置，保证在机械振动较大的环境中仍能可靠运行；高功率双冷风扇配置，一方面解决高温下的散热问题，另一方面使机箱内始终保持空气正压；安装滤尘网以减少粉尘侵入。机箱可分为上架式机箱和壁挂式机箱两种，其结构大多是卧式结构类型，这一方面是基于国际机柜标准，另一方面是因为卧式结构重心低、稳重，适合工业现场，也适合机架安装。

工控机机箱均按国际机柜标准进行设计，支持 19 英寸上架标准，宽度为 19 英寸，高度以英制标准 U(1U＝1.75 英寸＝44.45mm)为单位，通常有 1U、2U、3U、4U、5U、7U 几种标准，可与其他设备一起安装在一个大型的立式标准机柜中。这样一方面可以使设备占用最小的空间，另一方面则便于设备之间的连接和管理，使得机房内显得整洁、美观。

2）底板

底板也称背板（Back Plane），安装在工控机的机箱内。与商用 PC 机的大板结构不同，底板采用无源结构且具有多个插槽，数量从几个到十几个不等，其所采用的电子元器件必须满足工业环境要求。无源底板的插槽符合 ISA 总线和 PCI 总线等接口标准，底板插槽上可插接各种板卡，包括 CPU 卡、显示卡、控制卡、I/O 卡等。如图 8-1 所示为研华科技工控机的一款底板。

3）CPU 卡

CPU 卡也就是主板，其基本功能是执行程序和处理数据，是计算机系统的核心。随着计算机技术的发展，CPU 卡的功能、形式都是发展变化的。简单的 CPU 卡只装有 CPU 及其支持部件，而复杂的 CPU 卡则相当于一个功能完善的 PC 机主板。如图 8-2 所示为研华科技工控机的一款 CPU 卡。CPU 卡提供 ISA、PCI 总线等标准的系统功能扩展；可以通过底板供电或直接供电；具有标准的机械结构 PICMG、Compact PCI 等；具有看门狗功能且支持自动复位、远程唤醒。现在的工业控制计算机 CPU 卡大都采用 All-In-One 的设计，也就是将所有可能的功能（如显示卡功能、网卡功能、I/O 卡功能、USB 接口等）都集成在一个 PCB 上，用户不需要再另外连接其他的接口，即可构成一台具有基本功能的计算机。CPU 卡有多种类型，可根据安装方式、尺寸、微处理器（CPU）性能、接口和主板结构等进行区分。

图 8-1　工控机底板

图 8-2　CPU 卡

4）电源

为保证工控机稳定、可靠地工作，电源是关键因素之一。工控机的电源为工业级电源，具有较强的抗干扰能力，具有防冲击、过压过流保护功能，且达到电磁兼容性标准。

8.2 可编程控制器（PLC）

可编程控制器是针对传统的继电器控制设备存在的维护困难、编程复杂等缺点研制发展起来的。早期的可编程控制器只能实现简单的逻辑功能，被称为可编程逻辑控制器（Programmable Logic Controller，PLC）。为了不与个人计算机的简称 PC 相混淆，现在大多数场合仍使用 PLC 作为可编程控制器的简称。

1. 可编程控制器的特点

可编程控制器由继电器控制系统发展而来，采用了微型计算机技术，主要应用于工业控制领域。1968 年美国通用汽车公司提出的研制开发"新型工业控制器"的 10 条标准，也可以被认为就是可编程控制器所具有的特点，当然其中有些特点现在已有了很大的改变，得到了进一步的提高。这 10 条标准是：

① 编程简单，可在现场修改程序；

② 维护方便，最好是插件式；

③ 可靠性高于继电控制柜；

④ 体积小于继电控制柜；

⑤ 可将数据直接送入管理计算机；

⑥ 在成本上低于继电控制器；

⑦ 输入为交流 115V（符合美国交流电压标准）；

⑧ 输出为交流 115V／2A 以上，能直接驱动电磁阀、接触器等；

⑨ 在扩展时，原有系统变更最少；

⑩ 用户程序存储器至少要可扩展到 4KB。

现在的可编程控制器，品牌、型号十分丰富，功能选择也非常多，从简单的控制任务到复杂的控制系统均能胜任，且平均无故障工作时间可以达到数万甚至数十万小时。总的来说，可编程控制器具有可靠性高、适应性强、编程简单、维护方便及体积小、能耗低等特点。

2. 可编程控制器的基本结构

可编程控制器的具体结构因品牌、型号不同而各不相同，但其基本结构都会包含中央处理单元、输入单元、输出单元、电源及外部设备等组成部分。如图 8-3 所示为可编程控制器的基本结构图。

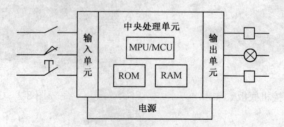

图 8-3　可编程控制器基本结构图

1）中央处理单元

中央处理单元是可编程控制器的核心，它负责存储、解释执行相关的程序指令，指挥、协调整个可编程控制器的工作，包括微处理器（MPU/MCU）、ROM 存储器，以及 RAM 存储器等部分。微处理器可以采用通用的 8 位、16 位或 32 位的微处理器芯片或单片机，也可采用专用芯片。它通过系统总线读取指令和数据，根据指令进行输入、运算，以及输出等相对应的操作。ROM 存储器里的内容相当于可编程控制器的操作系统，它包括自我监控、故障检测、系统管理、用户程序翻译、子程序及其调用等多项功能。RAM 存储器包括用户程序存储器与功能存储器，前者用于存储用户程序，后者可作为可编程控制器的内部器件，如输入/输出继电器、内部继电器、移位继电器、数据寄存器、定时器及计数器等。

2）输入单元与输出单元

输入单元与输出单元是可编程控制器与外部控制设备的接口。

输入单元负责把由外部控制设备送来的控制信号通过输入接口电路转换成中央处理单元可以接收的信号。为了提高抗干扰能力，输入单元必须采用光电耦合方式使输入信号与内部电路在电气上隔离，同时还要进行干扰滤波。

输出单元也需要采用光电耦合器件或继电器进行内外电路的电气隔离，必要时还要进行功率放大，以便能驱动外部控制设备。

在输入/输出端子的配线上，通常若干个输入/输出端子公用一个公共端子，各公共端子之间在电气上绝缘。若外部控制设备需独立电源或对干扰较敏感，也可采用各回路间相互独立的隔离方式。可编程控制器一般都提供了这两种配线方式。

3）电源

可编程控制器的电源负责将交流电源转换成中央处理单元工作所需的低压直流电源，对它的性能有一定的要求，以确保可编程控制器的稳定工作。目前大多采用开关式稳压电源。

4）外部设备

除了中央处理单元、输入单元、输出单元，以及电源等可编程控制器必不可少的组成部分外，可编程控制器还配有多种接口，以便进行扩展和连接一些外部设备，如编程器、打印机、磁盘驱动器、计算机等。

3. 可编程控制器的工作原理

可编程控制器采用的是"循环扫描，顺序执行"的工作方式，一个循环的工作过程通常包括以下几个部分。

1）自诊断

每次循环，可编程控制器都要通过监控程序对整个自身进行故障检测，并复位监控定时器。监控定时器是一个可预置时间的定时器，在程序进入死循环后，监控定时器不能被按时复位，因此会产生计时溢出信号，终止死循环程序的运行。

2）输入刷新

可编程控制器有个专门的存储区域"输入状态区"，每次循环都要将输入端口的状态写入该处，用户程序运行时所需的输入数据都是从这里读取的，一般不直接读取输入端口。

3）用户程序执行

微处理器从存储器中将用户程序指令逐条读出，并按顺序执行。

4）输出刷新

与输入数据类似，输出数据也存放在存储器的"输出状态区"中，每次循环都将输出数据（控制信号）送到执行元件上。"输入状态区、输出状态区"只有在刷新时才与输入端口、输出端口产生联系。

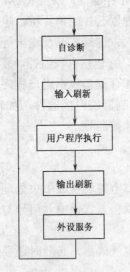

图 8-4　典型的可编程控制器
工作流程图

5）外设服务

如果可编程控制器连接有编程器等外围设备，则还要与这些设备通信，进行服务。

如图 8-4 所示是一种典型的可编程控制器工作流程图。在可编程控制器的应用中，"状态区"是一个重要概念。输入状态区的使用保证了在一个扫描周期内输入点的状态对整个用户程序是一致的，不会引起混乱。输出状态区则保证了对所有输出的同时更新。

可编程控制器构成的控制系统实际上是一个数字采样控制系统，只要循环扫描周期足够小，输入、输出刷新频率足够高，就可以满足大多数工业设备对实时性、并行性的要求。

4. 可编程控制器的主要技术指标

可编程控制器技术指标可分为硬件指标与软件指标两大类。一般来说，主要的技术指标包括以下几个方面。

1）微处理器类型

微处理器是可编程控制器的核心部件，决定着整个系统的工作能力，微处理器的数量及字长是影响系统性能的关键因素。

2）存储器容量

内存的容量影响着用户程序的规模，从而对被控对象的复杂性有所限制，一般小型可编程控制器的内存容量都在 2KB 以下，中型可编程控制器的内存容量在 2~8KB 之间，大型的可编程控制器的内存容量在 8KB 以上。

3）I/O 点数

I/O 点数就是外部输入/输出的端子数，它是可编程控制器选型中的一项重要技术指标。一般小型可编程控制器的 I/O 点数小于 128，中型可编程控制器的 I/O 点数为 128~512，大型可编程控制器的 I/O 点数大于 512。

4）扫描速度

可编程控制器的扫描速度通常以执行 1000 条指令所需的时间来表示，单位为毫秒每千条。由于用户程序结构千差万别，因此这项技术指标只是粗略的估算值。

5）编程软件

可编程控制器编程软件的易学易用性、库函数的数量及功能的强弱都是相当重要的技术指标。

6）扩展功能

可编程控制器的配套功能模块越多，扩展后系统的功能越完善，使用越方便。常见的功能模块包括：I/O 扩展模块、模拟量 I/O 模块、通信模块、中断输入模块、高速计数模块、机械运动控制模块、PID 控制模块、温度控制模块等。

随着计算机技术的发展，可编程控制器的主要技术参数也会随之发生变化、提高，在具体的工业控制应用中，应根据现场的技术参数，综合考虑性价比，再选取能满足要求的品牌、型号。关于可编程控制器的具体开发及编程应用请参看有关专门的书籍。

8.3 嵌入式系统

在各种各样的计算机控制系统中，除了采用工控机、可编程控制器等现成的计算机系统外，有时"量身定做"的专用计算机系统能更好地满足实际应用的需求。嵌入式系统非常适合于设计成专用的计算机系统，因而它也是控制系统设计中计算机系统的选择之一。

8.3.1 嵌入式系统简介

1. 嵌入式系统的定义

关于嵌入式系统，目前没有统一的定义，IEEE（国际电气和电子工程师协会）对嵌入式系统做了一个这样的定义：所谓嵌入式系统，就是"控制、监视或者辅助设备、机器或者车间运行的装置"。由于嵌入式系统的应用涵盖了较大的范围，因此很难用一两句话描述清楚。总的来说，嵌入式系统是以应用为中心，以计算机技术为基础，软硬件可配置，对功能、可靠性、成本、体积、功耗等有严格要求的专用计算机系统。它一般由微处理器、外围硬件设备、嵌入式操作系统（可选项）及应用程序等部分组成，以箱体、单板、单片或分布式结点等形式嵌入到应用设备或系统中。

2. 嵌入式系统的分类

根据不同的分类标准，嵌入式系统有不同的分类方法。

1）按微处理器位数分类

按嵌入式系统所采用的微处理器位数，可以分为 4 位、8 位、16 位、32 位和 64 位系统。其中，4 位微处理器属于最初的嵌入式系统，现在已基本停用；8 位微处理器在 20 世纪 90 年代中期之前，一直在嵌入式系统领域占统治地位，市场份额高达 80% 以上；16 位微处理器，特别是 16 位的 DSP 微处理器广泛应用于数字信号处理领域；32 位微处理器正逐渐成为各行各业嵌入式应用发展趋势的主流，市场份额已达到 40% 以上。此外，在一些高度复杂、高速的嵌入式系统中，已开始采用 64 位嵌入式微处理器。

2）按应用类别分类

嵌入式系统是以应用为中心的计算机系统，其功能应用特定，根据其所涉及的特定领域的情况，嵌入式系统可以简单地分为信息家电、通信、汽车电子、航空航天、移动设备、军用电子、工业控制、环境监控等各种类型。

3）按系统的实时性分类

嵌入式系统基本上可以看成是一个实时系统。但是，按照系统对实时性要求的程度，可以分为硬实时系统和软实时系统两类。

3. 嵌入式系统呈现的特点

嵌入式系统是面向用户、面向产品、面向应用的。在实际应用中，一些嵌入式系统可能需要具有实时性、安全性和可用性；另一些系统则可能淡化这些性能要求，更着重于可靠性和可配置性；还有一些系统对性能要求不高，但对功耗及成本限制严格。因此，不同的嵌入式系统应用，其特征有时会呈现出较大的不同。下面介绍嵌入式系统的主要特征。

1）技术综合

嵌入式系统是计算机硬件和软件的结合体，缺一不可。硬件部分的设计，除使用基本的微处理器、存储器外，还可能用到 CPLD、FPGA 等可编程逻辑器件。而软件部分基本上用于实现特定系统的专用功能，难以与其他不同类型系统通用。例如，消费电子产品的嵌入式软件与工业控制的嵌入式软件就有着较大的差别，难以公用。现在，嵌入式软、硬件资源越来越丰富，嵌入式系统能够实现的功能也越来越多，其应用已渗透到各行各业，可以这样说：嵌入式系统是计算机技术、微电子技术和行业技术相结合的产物，是一个技术密集、不断创新的知识集成系统，也是一个面向特定应用的软硬件综合体。

2）专用紧凑

嵌入式系统的用途专用、固定，其软、硬件的功能能满足要求就够了。因此，它在体积、功耗、配置、处理能力、电磁兼容性等方面都要求明确。这样，就可以目标明确、去除冗余、量体裁衣、高效率地设计嵌入式系统的硬件和软件。此外，由于嵌入式系统大多隐藏在专用设备内部，其硬件尺寸必须符合设备的整体安排。嵌入式系统需要针对用户的具体需求，对系统配置进行裁剪和添加。例如，针对同类产品不同功耗要求，需对所采用的嵌入式微处理器、外设、芯片、板卡设计，以及运行的软件进行配置调整，以确保能达到期望的技术指标。

3）安全可靠

嵌入式系统中，已编译、调试好的软件大多数被存放在只读存储器或者闪存中，因此被称为固件，在大多数情况下都可以被微处理器直接读取运行。通常都希望设备中的嵌入式系统可以不出错地连续运行，或者即使出错也能自我修复，继续运行而不需要进行人工干预。这对嵌入式系统的可靠性提出了极高的要求。通常，带有嵌入式系统的产品或设备的使用环境不定，条件相对恶劣，因此可靠性、健壮性是其必备特性。

4）形式多样

嵌入式系统应用广泛，品种繁多。与 PC 机相比，嵌入式微处理器、外围设备、嵌入式操作系统、开发工具等各个方面都可体现嵌入式系统的多样性。PC 机微处理器的类型只有 Intel、AMD 等有限的几个系列数十种型号，而嵌入式微处理器的种类数量多达 1000 多种；PC 机只配置键盘、鼠标、显示器、硬盘、光驱/软驱等常用外设，而嵌入式系统的外设随应用领域变化，除常规外设外，还可以包含传感器、激励器、电机、风扇等；PC 机上所采用的操作系统基本上以微软的 Windows 系列为主，而在嵌入式系统应用领域，不存在一统天下的局面，可以选择的嵌入式操作系统有数百种之多，也可以不选用操作系统；PC 机上的开发工具以配套 Windows 系统为主，而嵌入式系统环境下的开发工具五花八门，各具特色。

嵌入式系统是嵌入到一个设备或一个过程中的计算机系统，与外部环节密切相关。这些形形色色的设备或过程对嵌入式系统会有不同的响应时间要求，有些时限短，有些时限长，有些要求严格，有些要求宽松，这些不同的时间响应要求表现了嵌入式系统实时性的多样化。

4．嵌入式系统的现状与发展

尽管半导体技术的发展使微处理器速度不断提高、片上存储器容量不断增大，但在大多数嵌入式系统应用中，存储空间仍然是宝贵的。为此要求程序编写质量要高，以减少程序代码长度，提高执行速度，满足实时性要求。在实际应用环境中，嵌入式系统处理的外部事件往往不是单一的，而且这些事件随机发生，也可能同时出现，因此，嵌入式处理还具有多任务分布和并发的特点。在这种多任务嵌入式系统中，对重要性各不相同的任务进行统筹兼顾的合理调度是保证每个任务及时执行的关键。

嵌入式设备本身基本上不具有软件开发所需资源，因此大多数嵌入式软件的开发不可能像传统的 PC 上软件开发那样，只需在本地进行，而需要面对开发与运行环境不同这一难题。常用的嵌入式产品开发模式为交叉开发，使用通用计算机的宿主机作为开发环境，其上配套相应的开发工具，所开发出的嵌入式软件运行于目标机上，该机也就是所开发的产品。这种特殊的开发方式需要专门配套的开发工具和开发环境。虽然各芯片厂商均提供配套的开发工具，但相对 PC 上的工具而言，仍显简陋，不利于提高效率。专业的工具提供商虽然提供了一些使用较为方便的开发环境，软件质量得以保障，但许多是以更多资源的占用和成本的增加为代价的。因此，高质量嵌入式软件的开发是有相当难度的。

嵌入式系统是一个分散的工业，充满了竞争、机遇与创新，没有哪一种微处理器和操作系统能一统天下，嵌入式系统的发展方兴未艾。

8.3.2 嵌入式系统开发步骤

由于嵌入式系统由硬件和软件两大部分组成，因此对嵌入式系统的设计也从硬件和软件两个方面来着手。硬件部分包括嵌入式微处理器、存储器（SDRAM、ROM、Flash 等）、通用设备接口和输入/输出接口（A/D、D/A、I/O 等）。在一个嵌入式微处理器基础上添加电源电路、时钟电路和存储器电路（可选项），就构成一个嵌入式核心控制模块。软件部分则包括嵌入式操作系统的选择和应用程序的开发。系统程序和应用程序都可以固化在 ROM 中。当然并不是所有的嵌入式系统都需要有操作系统，而是要根据实际应用的需要、微处理器的选择进行选配或开发。嵌入式系统的开发可以采用以下步骤。

1．系统的功能定义

嵌入式系统的功能定义也就是嵌入式系统的需求分析，其目的是确定开发任务和设计目标，并归纳出具体需求规格说明，作为设计指导和验收的标准。系统的需求一般分为功能性需求和非功能性需求两方面。功能性需求是系统的基本要求，如输入/输出信号、操作方式、数据处理等；非功能性需求包括系统性能（温度特性、可靠性等）、成本、功耗、体积、重量等因素。此外，作为实时系统，一般还需要考虑相关的实时性能指标，如采样频率、响应时限等。

2．系统总体设计

描述系统如何实现需求规格说明中定义的各类指标，包括对硬件、软件和执行装置的功能划分；嵌入式微处理器、各类芯片的选型；系统软件和开发工具的选择等。一个好的总体设计是整个系统开发成功的关键。

3．硬件、软件的设计与开发

在确定整体设计后，就可以进行硬件和软件的具体设计了。硬件和软件的设计各自独立进行，依据是系统总体设计的硬件、软件划分及功能、性能要求。为了缩短开发周期，硬件和软件的设计开发可以同时进行，只要预先确定好相互的接口就可以了。设计的结果就是硬件制板和软件编程。在这一阶段还要分别对硬件和软件进行分块调试和测试。

4．硬件、软件的集成与测试

在硬件、软件单独测试无错误的前提下，可以将它们按预先确定的接口集成起来，进行联调，发现并剔除独立设计过程中的错误，完善系统的功能。

5．现场运行

依据对系统的需求定义，对集成好的嵌入式系统进行现场测试，检查是否满足预先制定的规格说明中给定的各项技术指标要求，最终完成系统的装配调试。

显然，当一个嵌入式系统的设备定义完成后，嵌入式微处理器的选择是嵌入式系统开发的决定性因素，所有后续工作都必须围绕选定的微处理器进行，因为所有元器件、嵌入式操作系统、开发工具的选择都依赖于该微处理器。在嵌入式系统开发过程中，随着硬件技术的日益成熟，以及软件应用的日益广泛和复杂化，软件正逐步取代硬件成为系统的主要组成部分，以前采用硬件实现的诸多功能改由软件实现，使得系统的实现更加灵活，适应性和可扩展性更加突出。嵌入式系统的开发周期、性能更多地决定于嵌入式软件的开发效率和软件质量，系统的更新换代也越来越依赖于软件的升级。嵌入式系统的开发同样可以是一个反复的过程，每一个环节的失误都需要对过程进行回溯。值得注意的是：嵌入式系统的开发需要遵循以软件适应硬件的原则，即当问题出现时，尽可能以修改软件为代价，除非硬件设计结构完全无法满足要求。

8.3.3　嵌入式系统的硬件设计

1．嵌入式微处理器的选择

嵌入式微处理器是嵌入式系统硬件部分的核心。嵌入式微处理器与通用微处理器最大的不同在于，嵌入式微处理器大多工作在特定的专用系统中，它集成了通用计算机系统中许多由板卡或其他专用芯片完成的功能，从而有利于嵌入式系统设计时结构紧凑化，同时还能提高系统的设计效率和可靠性。

嵌入式微处理器有各种不同的体系，即使在同一体系中，不同的型号也会具有不同的时钟频率、数据总线宽度，或者集成了不同的外设和接口。据不完全统计，目前全世界嵌入式微处理器的品种数量多达 1000 多种，体系结构有 30 多个系列，其中 8051 系列占大多数。生产 8051 单片机的半导体厂家有 20 多个，共 350 多种衍生产品，仅 Philips 公司就有近 100 种。目前，嵌入式微处理器的寻址空间可以从 64KB 到 256MB，甚至更大，处理速度从 0.1MIPS 到 2000MIPS，甚至更高。其发展趋势是小体积、高性能、低功耗。嵌入式系统开发硬件平台的选择主要是嵌入式微处理器的选择。在一个系统中使用什么样的嵌入式微处理器内核，主要取决于应用的领域、用户的需求、成本问题、开发的难易程度等因素。下面是几大类嵌入式微处理器的简要介绍，以供参考。

嵌入式微处理器通常可以划分成几种类型，但这种划分并不是非常严格，有些嵌入式微处理器可能同时兼具几种类型的特点，大体上，嵌入式微处理器可以划分成 4 种类型：嵌入式微控制器 MCU（Micro Controller Unit）、嵌入式微处理器 MPU（Micro Processor Unit）、嵌入式数字信号处理器 DSP（Digital Signal Processor）及嵌入式片上系统 SOC（System On Chip）。

1）嵌入式微控制器 MCU

嵌入式微控制器 MCU 的典型代表是我们通常所说的单片机。从 1971 年 4 位单片机出现到今天，虽然已经经过了几十年的发展，出现了 8 位、16 位、32 位单片机，但 8 位单片机在嵌入式设备中仍然有着极其广泛的应用。单片机芯片内部集成了 ROM/EPROM/

EEPROM/Flash、RAM、总线及总线控制逻辑、定时/计数器、看门狗、I/O 接口、串行通信接口、PWM 输出、A/D 转换器、D/A 转换器、工业现场总线、以太网接口等各种功能和外设。和嵌入式微处理器 MPU 相比，微控制器 MCU 的最大特点是单片化，体积减小，从而使功耗和成本下降，可靠性提高。微控制器 MCU 是目前嵌入式系统工业的主流，其片上外设资源一般比较丰富，适合于控制。例如，Atmel 公司推出的 AVR 单片机，由于集成了 FPGA 等器件，性价比高，受到了许多应用者的青睐。微控制器 MCU 价格低廉、功能齐全，拥有的品种和数量最多，比较有代表性的有 8051、MCS-251、MCS-96 / 196 / 296、P51XA、C166 / 167、68K 系列及 8XC930 / 931、C540、C541 等。据统计，目前微控制器 MCU 占嵌入式系统的市场份额达 70%。

2）嵌入式微处理器 MPU

嵌入式微处理器 MPU 是由通用计算机中的 CPU 演变而来的，它是字长 32 位以上的微处理器，功能较强，性能较高，当然其价格也相应高些。但与通用计算机处理器不同的是，嵌入式微处理器 MPU 只保留了和嵌入式应用紧密相关的功能硬件，去除了其他的冗余功能部分，这样它能以更低的功耗和更少的资源满足嵌入式应用的特殊要求。和工业控制计算机相比，嵌入式微处理器具有体积小、重量轻、成本低、可靠性高的优点。目前主要的嵌入式处理器类型有 Am186/88、386EX、SC-400、PowerPC、68000、MIPS、ARM/StrongARM 系列等。其中，ARM/StrongARM 系列微处理器是专为移动式终端开发的，价格相对低廉。

3）嵌入式数字信号处理器 DSP

DSP 是专门用于信号处理方面的处理器，它在系统结构和指令算法方面进行了特殊设计，具有很高的编译效率和指令执行速度。在数字滤波、FFT、频谱分析等各种应用上，DSP 获得了大规模的应用。DSP 的理论算法在 20 世纪 70 年代就已经出现，当时，专门的 DSP 处理器还未出现，所以这些理论算法只能通过 MPU 组成的计算机系统实现。由于一般的 MPU 处理速度较慢，无法满足 DSP 算法的要求，因此，其应用领域仅局限于一些尖端的高科技领域。随着大规模集成电路技术的发展，1982 年，诞生了世界上首枚 DSP 芯片。其运算速度比当时的 MPU 快了几十倍，因此在语音合成和编码解码器中得到了广泛应用。到 1980 年代中期，随着 CMOS 技术的进步与发展，第二代基于 CMOS 工艺的 DSP 芯片应运而生，其存储容量和运算速度都得到了成倍提高，成为语音处理、图像硬件处理技术的基础。到 1980 年代后期，DSP 的运算速度进一步提高，应用领域也从上述范围扩大到了通信和计算机方面。1990 年代后，DSP 发展到了第五代产品，其集成度更高，使用范围也更加广阔。目前最为广泛应用的是 TI 公司的 TMS320C2000 / C5000 系列。另外，Intel 公司的 MCS-296 和 Siemens 公司的 TriCore 也有各自的应用范围。

4）嵌入式片上系统 SOC

片上系统 SOC 是追求产品系统最大包容（cover）的集成器件，是目前嵌入式应用领域的热点之一。SOC 最大的特点是成功实现了软硬件无缝结合，直接在处理器芯片内嵌入操作系统的代码模块。SOC 具有极高的综合性，通过运用 VHDL 等硬件描述语言，可以在一个芯片内部实现一个复杂的系统。用户不再需要像传统的系统设计那样，绘制庞大复杂的电路板，一点点地连接焊制，而只需要使用精确的编程语言，综合时序设计并直接在器件库中调用各种通用处理器的标准，仿真之后，就可以直接交付半导体生产厂商进行生产。由于绝大部分系统构件都在芯片内部，因此整个系统特别简洁，这不仅减小了系统的体积和功耗，而且提高了系统的可靠性，提高了设计生产效率。

SOC 几乎都是专用的，比较典型的 SOC 产品是 Philips 公司的 SmartXA。少数通用系列还有：Siemens 公司的 TriCore、Motorola 公司的 M-Core、某些 ARM 系列器件、Echelon 公司和 Motorola 公司联合研制的 Neuron 芯片等。SOC 将在声音、图像、影视、网络及系统逻辑等应用领域中发挥重要作用。

2. 外围设备的选取

在确定了使用哪种类型的嵌入式微处理器内核以后，接下来就是结合实际情况，考虑系统外围设备的需求情况，选择一款包含有相应外设、接口的微处理器。下面列出了在嵌入式系统中常用外围设备的选取项目：

- 系统总线
- 通用异步串行接口（UART）
- USB 总线接口
- 以太网接口
- I²C 总线、SPI 总线接口
- 音频 D/A 连接的 IIS 总线接口
- 工业控制现场总线（如 CAN 总线等）接口
- A/D 或者 D/A 转换器
- PIO 控制接口

另外，嵌入式微处理器的寻址空间大小、有没有片上的 Flash 存储器、微处理器是否容易调试、仿真调试工具的成本和易用性等相关信息都需要详细了解，并根据需要加以选择。当然，在实际应用中需要考虑选取的项目还不止这些，挑选合适的硬件是一项较复杂的工作，需要考虑各种各样的问题，包括环境、其他设备的影响等。缺乏完整或准确的信息会对硬件部分的选型设计造成较大的影响。成本经常是影响选择的一个关键性因素。在关注系统成本时，一定要考虑整体成本，而不只是微处理器的成本。有时选取一个廉价的微处理器可能会使外围电路的成本增加，进而使整个系统的成本居高不下。作为一个系统的设计者，应该尽可能拟订出一个合理的预算，在进行系统功能分析的基础上进行选择，以使所选用的硬件能够完成所要求的控制任务。通常，集成了所需外设的微处理器是首先考虑的选择，因为这样可以减少硬件调试时间，减小系统设计尺寸，提高可靠性。

8.3.4 嵌入式系统的软件设计

1. 嵌入式软件的特点

嵌入式系统的软件是指应用在嵌入式计算机系统中的各种软件。在嵌入式系统的发展初期，软件的种类很少，规模也很小，开发的工具也相对简单，软件只是整个系统的附属品。随着嵌入式系统的广泛应用与发展，嵌入式系统的软件种类、规模及开发工具都有了很大的发展与提高。有别于计算机通用软件，嵌入式软件逐步形成了一个完整、独立的体系。因此，嵌入式软件除具有通用软件的一般特性外，同时还具有一些与嵌入式系统密切相关的特点。

1）规模较小

由于嵌入式系统的资源相对通用计算机系统而言比较有限，因此嵌入式软件必须尽可能地精简，以适应硬件资源的限制，多数的嵌入式软件都在几 KB 到几 MB 以内。

2）开发难度相对较大

与通用计算机系统上的软件开发不同，嵌入式软件的运行环境和开发环境相对比较复杂，这样就加大了它的开发难度。首先，由于硬件资源有限，使得嵌入式软件在时间和空间上都受到一定的限制，要开发出运行速度快、占用存储空间小、维护成本低的软件，需要开发人员对编程语言、编译器甚至操作系统都有较深刻的了解。其次，嵌入式软件的开发几乎都涉及底层软件的开发，这就需要开发人员不但具有扎实的软件基础，还要具有扎实的硬件基础，且能灵活运用不同的开发手段和工具，具有一定的开发经验。另外，嵌入式软件的开发环境与运行环境不同，嵌入式软件是在目标系统上运行的，但开发工作却在另外的开发系统中进行，只有当程序员将应用软件调试无误后，才能把它放到目标系统上去运行。这与通用软件的开发过程是不同的，无疑也增加了开发工作量。

3）实时性和可靠性要求高

实时性是嵌入式系统的一个重要特征，许多嵌入式系统都要求具有实时处理的能力，这种实时性主要是靠软件层来体现的。软件对外部事件的响应时间必须要足够短，在某些情况下还要求是确定的、可重复实现的，不管系统当时的内部状态如何，都是可以预测的。同时，对于外部事件的处理也一定要在限定的时间内完成，否则就有可能引起整个系统的工作紊乱。可靠性也是嵌入式软件的重要特性，一些嵌入式实时系统应用于非常重要的领域，如航天控制、核电站、工业机器人等。如果软件出了问题，其后果就会相当严重，所以对这类嵌入式软件的可靠性要求非常高。

4）固化存储

为了提高系统的启动速度、执行速度和可靠性，嵌入式系统中的软件通常都固化在微处理器自身存储器或专用存储器芯片中，而不是像通用计算机系统那样，把程序存储在磁盘等载体中。

2．嵌入式软件的体系结构

1）没有操作系统的环境

在一些控制任务相对比较简单，硬件配置比较低，例如，面向工业过程控制等应用领域，对于是否有系统软件的支持，并不是特别介意。嵌入式软件的设计与开发主要是以应用为核心，应用软件直接建立在硬件上，没有专门的操作系统，软件的规模也相对较小。这类嵌入式软件主要有两种实现方式：即循环轮转和前后台系统。

（1）循环轮转方式

循环轮转方式的基本思路是：把系统的功能分解为若干个不同的任务，然后把它们包含在一个无限循环的结构当中，按照顺序逐一执行。当执行完一轮循环后，再回到循环体的开头重新执行。循环轮转方式的优点是简单、直观、开销小、可预测。软件的开发就是一个典型的基于过程的程序设计问题，可以按照自顶向下、逐步求精的方式，将系统要完成的功能逐级划分成若干个小的功能模块，分块设计调试，再逐块拼接。由于整个系统只有一条执行流程和一个地址空间，没有任务之间的调度和切换，因此几乎没有系统的管理开销。而且因为程序的代码都是固定的，函数之间的调用关系也是明确的，所以整个系统的执行过程是可预测的，这对于一些实时控制系统来说是非常重要的。

虽然循环轮转方式程序的执行时间具有确定性，但其缺点是过于简单，所有的代码都必须按部就班地按照顺序执行，无法处理异步事件，缺乏并发处理的能力。而在许多的实际应用系统中，事件经常是并行出现的，而且有些事件非常紧急，当它们发生时，必须马上进行处理，等到下一轮循环再来处理就来不及了。另外，循环轮转方式中没有硬件上的时间控制机制，无法实现定时功能。

（2）前后台系统

前后台系统也称为中断驱动系统，它在循环轮转方式的基础上，增加了中断处理功能。中断服务程序负责处理异步事件，这部分可以看成是前台程序。而后台程序一般是一个无限循环结构体程序，负责掌管整个嵌入式系统软硬件资源的分配、管理和任务的监控、调度，它实际上是一个系统管理调度程序。在一般情况下，后台程序也叫做任务级程序，前台程序也叫做事件处理级程序。在系统运行时，后台程序会检查每个任务是否具备运行条件，通过一定的调度算法来完成相应的操作。而对于实时性要求特别严格的操作，通常由中断来完成。为了提高系统性能，大多数的中断服务程序只做一些最基本的操作，剩余的事情留给后台程序去完成，这样中断服务程序就不会占用处理器太长的时间进而影响到后续事件的中断响应。

前后台系统的实时性仍有一定的局限性。因为前后台系统认为所有的任务具有相同的优先级别，即是平等的。而且任务的执行要通过 FIFO 队列排队，因而对那些实时性要求高的任务，遇上前面有任务排队时，就可能得不到及时的处理。当然，将任务区分成不同的优先级，优先处理时间性要求严格的任务，可以解决上述问题，但这需要硬件支持和软件（如操作系统）配合。总的来说，这类系统结构简单，几乎不需要 RAM/ROM 的额外开销，因而多应用于简单的嵌入式系统中。

2）有操作系统的环境

从 20 世纪 80 年代开始，部分嵌入式软件开始使用操作系统。具有操作系统的应用环境，程序员在开发应用程序时，不是直接编程操控硬件设备，而是在操作系统的基础上编写代码，同时嵌入式软件的开发环境也得到了一定的提升。现在，在许多嵌入式系统应用中，操作系统用得越来越多，尤其是在系统功能复杂、庞大的情况下，使用操作系统的优势明显。采用嵌入式操作系统能带来以下好处。

（1）提高系统的可靠性

在自动控制系统中，出于安全性、可靠性方面的考虑，要求系统起码是不会崩溃的，而且还要有自我恢复的能力。这就需要在硬件设计和软件设计两方面来提高系统的可靠性和抗干扰能力，尽可能地减少安全漏洞和可靠性隐患。不基于操作系统的前后台系统在遇到强干扰时，程序运行可能出现异常、错误、跑飞甚至死循环，严重的可能造成整个系统的崩溃。而在基于嵌入式操作系统管理的应用中，强干扰可能只是引起系统中的某一个进程被破坏，这时可以通过系统的监控进程对其进行恢复。

（2）提高系统的开发效率

在嵌入式操作系统环境下开发一个复杂的应用程序，通常可以按照软件工程的思想，将整个程序分解为多个任务模块，每个任务模块的调试、修改几乎不会影响到其他模块。而通常与操作系统配套的软件开发包都提供了良好的多任务调试环境，这样就可以减小开发难度、缩短开发周期、降低开发成本，从而提高系统的开发效率。

（3）有利于系统的扩展和移植

在嵌入式操作系统环境下，开发应用程序具有较大的灵活性，操作系统本身可以被裁剪，外设、相关应用也可以根据需要进行配置，软件可以在不同的应用环境、不同的处理器类型之间移植，软件构件可重复使用。嵌入式操作系统具有通用操作系统的基本特点，例如，能够有效地管理复杂的系统资源，能够把硬件虚拟化，使得开发人员方便地进行驱动程序移植和维护，能够提供库函数、驱动程序、工具集及应用例程。因此，使用嵌入式操作系统后，嵌入式软件也具备了许多通用软件所具有的特点。

8.3.5　嵌入式操作系统的简介与选用

嵌入式操作系统有时也称为嵌入式实时操作系统（Embedded Real-Time Operation System，即 ERTOS，简称 RTOS），当然，后一种叫法是在强调操作系统的实时性。关于嵌入式操作系统，我们可以简单地认为它就是一个功能强大的主控程序，它嵌入在目标代码中，系统复位后首先执行，它负责在硬件基础上提供给应用软件一个功能强大的运行环境，所有的应用程序都建立在它上面。

与通用操作系统相比，嵌入式操作系统在实时高效性、硬件相关依赖性、软件固态化以及应用的专用性等方面都具有较为突出的特点。不同的嵌入式操作系统所包含的组件可能各不相同，有的组件功能丰富系统功能强大，可以降低应用程序的开发难度；有的组件功能很少，系统功能相对较弱，许多功能要自行开发。但无论哪一种操作系统，都至少会有一个内核。内核中通常包含了操作系统的基本功能，如任务管理、存储器管理、输入/输出设备管理及文件系统管理等。当然，对于不同的嵌入式操作系统，它们的内核所包含的功能也是各不相同的，并不一定包含上述的所有功能。显然，嵌入式操作系统的选用将影响嵌入式应用程序的开发难度和整个系统的性价比。因此，如何根据具体的应用需求选用合适的嵌入式操作系统，就成为嵌入式系统开发的一个重要环节。

1. 嵌入式操作系统的几个重要概念

在学习选用嵌入式操作系统前，有必要先了解嵌入式操作系统的几个重要概念。与通用操作系统相比，嵌入式操作系统在内核实现原理、任务调度机制等方面有自己的特点。

1）占先式内核

当系统中任务的时间响应要求很严格、很关键时，要使用具有占先式内核的嵌入式操作系统。它能保证当前最高优先级的任务一旦就绪，就能立即得到 CPU 的控制权，而 CPU 的控制权是可知的。具有占先式内核的操作系统能使任务级响应时间最优化。

2）任务调度策略

任务调度策略是直接影响实时性能的重要因素。强实时系统和准实时系统的区别主要在调度算法的选择上。选择基于优先级调度的算法足以满足准实时系统的要求，而且可以提供高速的响应和大的系统吞吐率。当两个或两个以上任务有同样优先级时，通常用时间片轮转法进行调度。对硬实时系统而言，需要使用的算法就应该是调度方式简单、反应速度快的实时调度算法。尽管调度算法多种多样，但大多由单一比率调度算法（RMS）和最早期限优先算法（EDF）变化而来。前者主要用于静态周期任务的调度，后者主要用于动态调度，在不同的系统状态下，两种算法各有优劣。在商业化操作系统中采用的实际策略常常是各种因素的折中。

3）任务优先级

每个任务都有其优先级，任务越重要，赋予的优先级应越高。在应用程序执行过程中，如果各任务优先级不变，则称之为静态优先级。在静态优先级系统中，各任务以及它们的时间约束在程序编译时是已知的。反之，在应用程序执行过程中，如果任务的优先级是可变的，则称之为动态优先级。

4）时间的可确定性

强实时操作系统的函数调用与服务的执行时间应具有可确定性。系统服务的执行时间不受应用程序任务多少的影响。系统完成某个确定任务的时间是可预测的。

5）任务切换时间

当多任务内核决定运行另外的任务时，它把正在运行任务的当前状态（即 CPU 寄存器中的全部内容）保存到任务自己的栈区之中，然后把下一个将要运行的任务的当前状态从该任务的栈中重新装入 CPU 的寄存器，并开始下一个任务的运行。这个过程就称为任务切换。任务切换所需要的时间取决于 CPU 有多少寄存器要入栈。CPU 的寄存器越多，额外负荷就越重，切换的时间就会越长。

6）中断响应时间（可屏蔽中断）

中断响应时间是指从计算机接收到中断信号到操作系统作出响应，并完成切换转入中断服务程序的时间。对于占先式内核，要先调用一个特定的函数，该函数通知内核即将进行中断服务，使得内核可以跟踪中断的嵌套。占先式内核的中断响应时间可由下式得出：

中断响应时间=关中断的最长时间+保护 CPU 内部寄存器的时间+

进入中断服务程序的执行时间+开始执行中断服务程序的第一条指令时间

中断响应时间是指系统在最坏情况下响应中断的时间，也就是可能的最慢的中断响应的时间。例如，某系统只有在一种极端情况下的中断响应时间才为 80 ms，其他任意情况的中断响应时间均小于 70 ms，但是，也只能认为该系统的中断响应时为 80 ms 而不是 70 ms。另外，还有系统响应时间（系统发出处理要求到系统给出应答信号的时间）、最长关中断时间、非屏蔽中断响应时间等辅助的衡量指标，这些都会对系统的响应时间产生影响。

7）优先级逆转

优先级逆转是指一个任务等待比它优先级低的任务释放资源而被阻塞，如果这时有中等优先级高的就绪任务，阻塞就会进一步恶化，甚至发生死锁。这会严重影响实时任务的完成。

为了解决优先级逆转的问题，一些实时操作系统的内核（如 VxWorks）采用了优先级继承技术。当优先级逆转发生时，较低优先级任务的优先级被暂时提高，使得该任务能尽快执行，并释放优先级较高的任务所需要的资源。这在一定程度上能减少优先级逆转对实时任务完成的影响。

8）任务执行时间的抖动

各种实时内核都有将任务延时若干个时钟节拍的功能。优先级的不同、延时请求发生的时间、发出延时请求的任务自身的运行延迟等，都会造成被延时任务执行时间不同程度的提前或滞后，这种现象称为任务执行时间的抖动，这种现象会降低系统的实时性。为了克服任务执行时间的抖动，可以采取如下的措施：

- 提高微处理器时钟节拍的频率；
- 重新安排任务的优先级；
- 避免使用浮点运算。

在强实时系统中，必须综合考虑，充分利用各种手段，以尽量减少任务执行时间的抖动。

9）任务划分

程序在 CPU 中是以任务的方式运行的，系统的处理框图应转化为多任务流程图，对处理进行任务划分。任务划分存在这样一对矛盾：如果任务太多，则必然增加系统任务切换的开销；

如果任务太少，系统的并行度就会降低，实时性因而变差。在任务划分时应遵循以下原则。

- I/O 原则：不同的外设，执行不同任务。
- 优先级原则：不同优先级，处理不同的任务。
- 大量运算：归为一个任务。
- 功能耦合：归为一个任务。
- 偶然耦合：归为一个任务。
- 频率组合：对于周期时间，不同任务处理不同的频率。

如果在具体分析一个系统时发生原则冲突，则要为每一个原则针对具体的系统设置"权重"，必要时，可以通过计算"权重"来最终确定如何划分任务。

2. 嵌入式操作系统的分类

嵌入式操作系统可以按照系统的应用情况、实时特性和体系结构等几个方面进行分类。

1）按系统的应用情况分类

（1）商业化系统

商业化的嵌入式操作系统，其特点是：功能强大，性能稳定，应用范围相对较广，辅助软件工具齐全，且提供大量的解决方案，可以胜任许多不同的应用领域。但是，商业化系统的价格通常比较昂贵，选用时需要仔细考量。典型系统如风河（WindRiver）的 VxWorks、微软的 Windows CE、Palm 的 Palm OS 等。

（2）专用系统

专用系统是一些专业厂家为本公司产品特制的嵌入式操作系统，这种系统一般不提供给应用开发者使用。例如，Cisco 网络产品所用的 IOS 等类系统，它们的功能相对较弱，但针对性强，其安全性、可靠性大都超过普通的商业化系统。

（3）开源系统

开放源代码的嵌入式操作系统，是近年来发展迅速的操作系统类型，典型的代表有μC/OS 和各类嵌入式 Linux 系统（如 RTLinux、μCLinux 等）。开源系统具有成本低、开源、资源丰富等优点，在许多领域如工业控制、信息家电等，得到了广泛的应用。

2）按实时特性分类

所谓实时操作系统就是对响应时间要求非常严格的系统。当某一个外部事件或请求发生时，相应的任务必须在规定的时间内完成相应的处理。实时系统的正确性不仅依赖于系统运算的结果，还依赖于产生这些结果所需要的时间。实时操作系统可以分为硬实时和软实时两类。

（1）硬实时系统

系统对外部事件的响应时间有非常严格的要求，如果响应不及时，则可能会引起系统的崩溃或导致灾难性的后果发生。

（2）软实时系统

系统对外部事件的响应时间有要求，如果响应不及时，将可能导致一些错误出现，但基本不会影响系统的正常工作。

在各类嵌入式系统应用中，也有一些对实时性要求不高的，针对这一类应用的操作系统并没有很强的实时性（如分时操作系统），因而它们就不是严格意义的实时操作系统。

3）按体系结构分类

按照软件的体系结构不同，可以把嵌入式操作系统分为单体结构、分层结构及微内核结构等几种类型。它们之间的差别主要表现在两个方面：一是内核的设计，即在内核中包含了哪些功能组件；二是在系统中集成了哪些其他的系统软件，如设备驱动程序、中间件等。

（1）单体结构

单体结构是最早出现并一直使用至今的一种嵌入式操作系统体系结构。在单体结构的操作系统中，中间件和设备驱动程序通常集成在系统内核当中。整个系统通常只有一个可执行文件，里面包含了所有的功能组件。如图 8-5 所示为单体结构的系统框图。系统的结构就是一个整块，整个操作系统由一组功能模块组成，这些功能模块之间可以相互调用。嵌入式 Linux 和 Windows CE 都属于单体结构的操作系统。

图 8-5　单体结构的系统框图

单体结构的优点是：系统的各个模块之间可以相互调用，通信开销比较小；用户态运行的应用程序设计简洁、开发简单、易于调试；对于实时性要求不高的情况能很好地满足要求。其不足之处是：系统体积庞大、高度集成、相互关联等，因而在可剪裁性、可扩展性、可移植性、可重用性、可维护性等方面受到影响。

（2）层次结构

层次结构的操作系统被划分为若干个层，各层之间的调用关系是单向的。任一层的代码只能调用比它低层的代码，即下层为上层服务，上层使用下层提供的服务。与单体结构类似，层次结构的操作系统也是只有一个大的可执行文件，其中包含设备驱动程序和中间件。这类系统的开发和维护都较为简单。当系统中的某一层被替换时，不会影响到其他的层次。如图 8-6 所示为层次结构的系统框图。VxWorks、Delta OS 等整体上属于这类体系结构的系统。

（3）微内核结构

微内核结构，也可称为客户机-服务器（Client/Server，C/S）结构，这类系统的大部分功能都被剥离出去，只保留最核心的功能模块（如进程管理、存储管理等），因此，其内核非常小。如图 8-7 所示为微内核结构的系统框图。

图 8-6　层次结构的系统框图

图 8-7　微内核结构的系统框图

微内核操作系统新的功能组件可以被动态地添加进来，所以它具有易于扩展、调试方便等特点；它更容易做到上层应用与下层系统的分离，具有良好的系统可移植性。当然，由于在微内核结构系统中，核内组件与组件之间的通信靠消息传递而非直接的函数调用，因而系统的速度可能会慢一些。典型的微内核结构操作系统有 QNX、C Executive 及 OS-9 等。

从实际使用的效果来看，嵌入式操作系统的体系结构还有许多其他的结构类型，如构件化结构、抢占式多任务结构、双核或多核结构等，这里不再一一介绍。

3．典型的嵌入式操作系统

嵌入式操作系统发展至今，有数百种之多。由于应用领域十分广泛，许多种类的嵌入式操作系统只有专业的开发应用技术人员才熟悉。但是，几乎所有流行的嵌入式操作系统都有着明显的共同特征：内核小巧而可靠，易于 Flash 固化，并可模块化扩展；趋向于使用连续的存储空间；尽管不同系统所用的任务调度算法多种多样，但绝大多数都是由单一比率调度算法（RMS）和最早期限优先算法（EDF）演变而来的。下面介绍一些典型的嵌入式操作系统，为嵌入式系统的学习、选用提供参考。

1）VxWorks

VxWorks 是美国 Wind River System 公司于 1983 年设计开发的一个实时嵌入式操作系统，具有高性能的系统内核和友好的用户开发环境，在实时嵌入式操作系统领域占据着非常重要的地位。美国 JPL 实验室研制的著名"索杰纳"火星车就采用了 VxWorks。

VxWorks 的突出特点是良好的可靠性、实时性和可裁剪性。它广泛地应用于通信、军事、航天、航空等高精尖技术及实时性要求极高的领域中。它的主要特点如下。

- 微小内核结构：最小结构可小于 8KB。
- 微秒级中断处理。
- 高效的任务管理：256 级任务优先级，优先抢占和轮转调度策略，快速、确定的上下文转换时间。
- 支持多种处理器，如 x86、i960、Sun Sparc、MC68xxx、MIPS RX000、Power PC 等。
- 符合 POSIX1003.1b 实时扩展标准。
- 支持 TCP/IP 网络协议。
- 可以灵活地从 ROM、磁盘或者网络上引导系统。
- 支持 MS-DOS 和 RT-11 文件系统。
- 支持 ANSI C 标准。

VxWorks 的集成开发式环境是 Tornado，它提供了高效清晰的图形化实时应用开发平台，有一套完整的面向嵌入式系统的开发和调试工具。

2）Windows CE

Windows CE 是微软公司开发的一个开放、可升级的 32 位嵌入式操作系统，具有出色的图形界面效果和强大的计算能力。Windows CE 1.0 版本于 1996 年发布，目前已发展到 6.0 版。2000 年推出的 Windows CE 3.0 升级版，改名为 Windows for PocketPC，简称 Pocket PC；2002 年 1 月推出的 Windows CE 4.0 又叫做 Windows CE.NET；2004 年 5 月推出 Windows CE 5.0，同时微软公司宣布在 Windows CE 5.0 中扩大开放 250 万行源代码程序作为评估套件（evaluation kit），在这个开放源代码计划的授权下，个人、厂商都可以下载这些源代码并加以修改使用。Windows CE 可以使用在多种智能设备中，如机顶盒、全球定位系统（GPS）、无线投影仪、工业自动化控制设备、消费电子产品及医疗设备等。

Windows CE 的主要特性是：模块化及可延展性，实时性能好，通信能力强大，支持多种 CPU；其内核具有灵活的电源管理功能，包括睡眠/唤醒模式；Windows CE 还使用了对象存储技术，包括文件系统、注册表及数据库；它还具有很多高性能、高效率的操作系统特性，如视频共享储存、交叉处理同步、支持大容量堆栈等。

Windows CE 具有良好的通信能力。它广泛支持各种通信硬件，也支持直接的局域网连接及拨号连接，并提供与 PC、内部网及 Internet 的连接，包括用于应用级数据传输的设备至设备间的连接。Windows CE 其实就是桌面 Windows 的简化版，桌面 Windows 的许多功能它都具有。微软公司也为 Windows CE 提供了一组功能强大的应用程序开发工具，如 Visual Studio.NET、Embedded Visual C++、Embedded Visual Basic 等。

3）嵌入式 Linux

自由开源软件嵌入式 Linux 正逐步进入主流的嵌入式操作系统行列。嵌入式 Linux 可以移植到多个有不同结构的 CPU 硬件平台上，具有良好的稳定性、升级能力。它在智能数字终端领域、移动计算平台、智能工控设备、金融业终端系统甚至军事领域都有很好的应用。在嵌入式系统越来越追求数字化、网络化和智能化的形势下，嵌入式 Linux 有着得天独厚的优势，其优势主要表现在以下几个方面。

① 开放源码，不存在黑箱技术，易于定制剪裁，具有丰富的软件资源。

② 内核小，功能强大，运行稳定，系统健壮，效率高。

③ 可支持 x86、Power PC、ARM、XScale、MIPS、SH、68K、Alpha、Sparc 等多种体系结构的硬件平台。

④ 沿用 UNIX 的发展方式，遵循国际标准，可以方便地获得众多第三方软硬件厂商的支持，且在价格上极具竞争力。

⑤ 内核结构在网络方面非常完整，提供了对十兆位、百兆位、千兆位以太网，无线网络，令牌环网，光纤网甚至卫星等多种连网方式的全面支持。

⑥ 在图像处理、文件管理及多任务支持等诸多方面，表现非常出色。

目前，国际上许多大型跨国企业、大学及研究机构不断加入嵌入式 Linux 的开发、研究行列，稳定成熟的嵌入式 Linux 产品不断涌现，种类繁多，各具特点。显然，Linux 作为开发嵌入式产品的操作系统，具备巨大潜力。下面简单介绍两个典型的系统。

（1）RTLinux

RTLinux 是一个硬实时操作系统，部分支持 POSIX.1b 标准。

从整体结构看，RTLinux 属于双核结构：一个小的实时内核和一个基本的 Linux 内核。小实时内核仅支持底层任务创建、ISRs 的装入、底层任务间通信队列、ISRs 和实时任务调度，所有可抢占的任务都运行于这个内核之上，而所有非实时任务均由基本内核调度执行。这种处理方式使得 RTLinux 既保留了 Linux 操作系统的丰富功能，又能执行硬实时任务。

（2）μCLinux

μCLinux 是通过对 Linux 小型化改造得到的，是高度优化的、代码紧凑的嵌入式系统。它完全符合 GNU/GPL（General Public License）公约，开放代码。μCLinux 具备 Linux 的大部分优点：良好的稳定性、可移植性，完备的网络功能（完整的 TCP/IP 网络协议栈及其他网络协议），支持多种文件系统（如 NFS、ext2、ROMFS、JFFS、MS-DOS 及 FAT16/32 等）。它与 Linux 的最大区别是系统不含 MMU 模块，存储器管理采用实地址模式。

4）QNX

QNX 是一个分布式、可扩充的实时操作系统。它是在 x86 体系上开发出来的适合于多种体系结构的 CPU，它部分遵循 POSIX 相关标准，如 POSIX.1b 实时扩展。QNX 是一个微内核结构的操作系统，其内核非常小巧（QNX4.x 大约为 12KB），运行速度极快。内核仅提供 4 种服务：进程调度、进程通信、底层网络通信和中断处理，其进程在独立的地址空间运行。所有其他 OS 服务都实现为协作的用户进程。这个灵活的结构可以使用户根据实际的需求，将系统配置成微小的嵌入式操作系统或包括几百个处理器的超级虚拟机操作系统。

QNX 的主要特点是：32 个进程优先级；抢占式的、基于优先级的正文切换；FIFO、轮询策略、适应性策略等调度策略可选；支持多个文件系统同时运行，支持多种闪存设备的嵌入式文件系统；支持多种图形窗口；提供高性能、容错型 QNX 网络；具备透明的分布式处理能力；具有很好的开放性，支持多种总线。

5）μC/OS

μC/OS 是源码公开的实时嵌入式操作系统，μC/OS-II 是μC/OS 的升级版本，它们的内核基本一样，只是μC/OS-II 的功能更完整。μC/OS-II 的源代码绝大部分是用 C 语言编写的，只有与 CPU 密切相关的一部分采用汇编语言。μC/OS-II 在许多行业都有成功应用的案例，其内核已经被移植到各类体系结构的 CPU 上，移植范例的源代码可以从因特网下载。μC/OS-II 的主要特点如下：稳定可靠、源代码公开、可移植、可固化、可裁剪、占先式调度、多任务、时间可确定性、任务栈、系统服务、中断管理。

需要说明的是，μC/OS-II 仅是一个实时内核，它没有 API 函数接口，很多工作需要使用者自己去完成。把μC/OS-II 移植到目标硬件平台上后，还需要根据实际的应用需求对μC/OS-II 进行功能扩展，如底层的硬件驱动、文件系统、用户图形接口（GUI）等。

6）Palm OS

Palm OS 在 PDA 市场上占有很大的市场份额。它具有开放的操作系统应用程序接口（API），开发商可以根据需要自行开发所需要的应用程序。Palm OS 的优势在于可以让用户灵活方便地定制操作系统以适合自己的习惯。

7）pSOS

pSOS 是一个模块化、高性能的实时操作系统，专为嵌入式微处理器设计，提供一个完全的多任务环境。在定制的或商业化的硬件上具有高性能和高可靠性，可以让开发者根据操作系统的功能和内存需求定制每一个应用所需的系统。开发者可以利用它实现从简单的单个独立设备到复杂的、网络化的多处理器系统。

习题 8

8.1　简述工控机的分类及组成。

8.2　简述可编程控制器的结构与工作原理。

8.3　什么是嵌入式系统?简述嵌入式系统的开发步骤。

8.4　简述嵌入式微处理器的分类及嵌入式操作系统的分类。

8.5　试比较工控机、可编程控制器、嵌入式系统的特点。

第9章 计算机控制系统的设计

本章在前几章所学内容的基础上，结合实例介绍计算机控制系统设计的方法和步骤。本章着重介绍在计算机控制系统的设计过程中，如何根据实际情况，确定总体方案，选取计算机、传感器与接口电路，确定控制算法，编制计算机控制系统的软件，以及解决现场调试中出现的问题。为了保证计算机控制系统工作的可靠性、稳定性和可维护性，对计算机控制系统的可靠性技术进行了分析，并介绍了在设计时应采取的抗电磁干扰措施、冗余技术和软件可靠性技术等。计算机控制系统的设计既是一个理论问题，又是一个工程实际问题，它包括自动控制理论、计算机技术和控制算法，也包括自动检测技术、电子技术等内容，设计者还必须具备一定的生产工艺知识，以及在现场调试过程中分析问题、解决问题的能力。因此，计算机控制系统的设计是一个多学科的应用。本章旨在将本书所学知识综合应用于工程设计过程中，并给予方法性的指导，强调系统综合设计的过程与步骤。

对计算机控制系统的设计，由于被控生产对象的类型很多，特性各不相同，设计的限制条件相互区别，控制任务要求不一样等，要想找出一种通用性的设计步骤和方法比较困难。不过，经过长期的实践，人们依然概括出了一些设计步骤、使用方法及要考虑的因素和问题，作为指导性的要点提供给设计者。本章以直接数字控制系统为例介绍计算机控制系统的设计步骤和方法。

9.1 计算机控制系统的设计步骤与方法

设计的任务大致可分为两种情况。一种是已给出被控对象及其动态特性参数和进行控制时所应达到的指标，设计的任务是设计脉冲闭环系统，设计、计算、选用硬件和软件编程，实现计算机系统的控制，达到指标的要求。另一种是给出被控对象但不知道对象参数，同时也给出系统性能指标，除了要用特定的方法获取对象的参数外，和第一种情况的设计方法是相同的。应该指出，系统设计是个多解问题，同一个任务、同一组系统指标，不同的设计者会有不同的设计方案和结果。因此，设计工作在很大程度上依赖于设计者的知识面和实践经验。所以，对设计者也提出了更高的要求。

1. 系统设计的步骤

设计步骤大致可分为3步。

1）系统的分析与设计

对待定系统进行定性和定量分析，以获取设计系统时所必需的资料和数据；定义系统的内容和范围（包括测量、控制和执行等方面）；明确整体系统与各单元模块的各项指标；调查系统的环境条件和各种限制因素；确定系统质量评价准则；预估和比较几种可能的总体设计方案，然后，选取其中一种施行。这里所谓总体设计方案，是指整体系统和各单元模块的基本结构，分别给出结构框图及说明，列出实现的要求和方法。

2）系统的实施

这是一个从设计方案转变为实际系统的过程。因为需要投入大量的人力、物力、资金和时间，所以这是关键的一步，做不好会造成极大浪费。按上面第 1）步提供的资料完成硬件设备的购置与连接（包括测量元件、变送器、计算机、逻辑电路、接口电路器件、操作盘、显示屏和执行机构等），建立数学模型，确定控制算法，编制程序（包括管理程序、监控程序和应用程序等）。

3）系统调试与投入

各元件和硬件模块分别测试通过后，可以进行系统联调。通常会发现不少问题和错误，发现问题后应予以改正。这一步应反复进行，直至达到既定指标为止。如果确实无法达到指标，应回到第 1）步检查指标是否恰当，评价指标和限制条件是否过严，总体方案是否考虑不周等。通常，问题多出现在一些部件上，以及这些部件之间的互连上。

最后把系统投入运行。经过一段时间的运行后，可以进行设计鉴定，并得出结论。

2．系统设计方法

计算机控制系统是一个有计算机参与的控制系统。从系统构成上看，除被控对象外，其余部分都要由设计者进行设计。从功能上分，可分为总体部分、输入部分、控制器部分和输出部分。各部分功能不同，设计方法也不一样。下面分别讲述。

9.1.1　总体方案的确定

总体方案主要是根据被控对象的工艺要求、系统的技术与经济指标来确定的。其重点是确定以下各项。

1．确定对象的被控量和控制量

确定总体方案的第一件事是确定对象的被控量和控制量，因为这是关系到整个系统设计的一个起点。在设计系统时，人们通常以控制系统的输出量，即对象的被控量，来定量地表示系统的控制目标。

被控量的选择原则如下：
- 选择对控制目标起关键影响作用的量作为被控量；
- 为提高系统的控制质量，选择与控制目标有密切关系的量作为辅助被控量。

控制量的选择原则如下：
- 选择对被控量有重大影响的对象输入变量作为控制量；
- 若对象存在多个输入量，则选择对被控量响应较快、变化范围较大的量作为控制量；
- 所选控制量之间的相互依赖关系越小越好。

【例 9-1】　确定燃油辊道窑温度控制系统的被控量和控制量。

解：燃油辊道窑温度控制系统示意图和窑道烧成温度曲线参见第 5 章图 5-48 及对该系统的分析。经过分析得知，系统受到的干扰主要来自两个方面。一是重油的供油管压力波动，使供油流量发生变化，从而使经喷枪喷入炉膛的油量发生变化，影响炉温，从而影响窑温的温度发生变化。这是主要的干扰。二是窑炉的炉侧和炉顶的散热及其他的散热，直接影响窑温变化。这两种干扰分别作用在炉温被控量和窑温被控量上，但最终是窑温被控量上，因为这是烧成陶瓷产品的温度，而炉温只是个辅助性的被控量。

由以上分析可知，被控对象应有两个被控量，其中一个是主被控量，另一个是辅助被控量；控制量一个。

2．建立数学模型

为了实现计算机控制，使计算机能按设计出的控制算法对被控对象进行控制，必须事先知道被控对象的数学模型，也就是前面所说的控制量与被控量的关系。而求取对象数学模型是一件十分困难的事情。通常，在设计计算机系统之前，事先准确知道对象数学模型的情况是很少的，充其量是以前做过的一些研究和测试工作。人们常常采取一些工程近似方法来近似获得对象模型。显而易见，如果对象的被控量和控制量越多，而且它们之间的关系又不独立，那么模型就越复杂。如果对象特性比较简单，可用如下 3 种方法建模。

① 理论分析法。在分析对象物理特性的基础上，采用一些基本物理化学定律（如能量平衡、热平衡、化学反应和机械运动等），找出各个工艺参数之间的数学关系，从而确定数学模型。用此法建立模型时，常常忽略一些次要因素，如非线性、小惯性和小滞后等，以避免模型过于复杂。

② 实验测试法。直接在对象上测量其动态参数。方法是，给对象输入一个典型的输入量，同时记录对象每一对应时刻输出量的变化值，可得到输入量与输出量之间的一一对应关系，描绘出响应曲线。在曲线上求取特性参数，进而确定数学模型。此法在工程上用得较多，但做实验时有可能对生产过程产生影响。

③ 经验公式法。依靠在生产实践中长期积累的经验而得到的经验公式，并把它作为近似模型，在以后的运行中再予以修正。

对于复杂的对象，上述各法均失效，需要使用较复杂的方法，这已超出本书范围。读者如果需要，可查阅有关资料。

3．选用检测元件（传感器）

这是影响控制精度的关键元件。如果检测元件的测量精度不够高，不管如何提高后面装置的精度，对提高整个系统的控制精度都将无济于事。通常，控制一个生产过程，要测量的物理量有多种，如温度、压力、流量等，需用到多种测量仪器。各物理量的量纲和测量范围不同，必须转换成统一的标准信号，例如，4～20mA DC，称为标度转换。可以使用相应的变送器进行转换。

对上述燃油辊道窑的例子，由于烧成带较长，共设置 4 支测温热电偶。同样，在燃烧炉内，也相应地设置 4 支测温热电偶。此外，为了保证窑道的温度按烧成温度曲线分布，在预热区和冷却区还设置了 6 支热电偶。按测量信号电平的等级，将这 14 支元件分成 4 组，每组通过多路继电切换开关合用一台温度变送器转换成标准信号，共需 4 台温度变送器。

4．选用执行机构

执行机构是控制器与被控对象之间的连接部件。因此，执行机构的选用应该考虑与控制器和对象都匹配。每一个控制量都要有一个执行机构与之相对应。根据不同的生产对象、不同的物理量，可以选用适当的执行机构如下。

① 步进电机。能直接接收数字量，转换成角位移，且功率大小均适宜，很有发展前途。

② 电动执行机构。把 4～20mA DC 标准信号转换为角位移。这是目前用得最广泛的一种执行机构。

③ 气动调节阀。把 0.02～0.1MPa 标准气压信号转换为阀门位置，适用于易燃易爆场合。

④ 液压执行机构。把油压转换成机械能推动负载工作。这是一种理想的大功率推动机构。

上例中的燃油辊道窑，在炉膛内共设置 4 支喷枪，每支喷枪由一台电动执行器带动一台电动调节阀，以调节其阀门开度，控制喷油量。这里共使用 4 台执行器和 4 台调节阀。

5. 选定输入/输出通道

一条完整的模拟量输入通道应包含测量传感器、信号调理电路、多路切换器和 A/D 转换器等模块，但具体包含哪些模块应按实际需要来确定。其中，A/D 转换器是必不可少的。由于使用了多路切换器，A/D、D/A 转换器可以多个通道共享。由此可见，选定输入通道实际是指如何将全部传输到计算机中的模拟信号分配成组，经多路切换开关，共享 A/D 转换器的问题。以燃油辊道窑为例，将 14 个测量信号转换成 4 个标准电流信号，再接到处于工控机内部的多路切换器和 A/D 转换器上。在确定分组共享 A/D 转换时，应考虑如下因素。

① 被传递和转换的信号的数量。

② 被控对象的动态变化特性。变化较快的和变化较慢的应分成不同的组。

③ 各通道信号的传递方式。串行方式的与并行方式的不能同组。

④ 各通道信号的传输速率。传输速率不同的应分开，不能同组。

⑤ 确定各通道信号要求转换成数字量的精度是否一样，所选 A/D 转换器的位数是否合适。

至于开关量通道，情况要简单一些。由于外部设备的接点电平各式各样，因此，必须转换成计算机 I/O 接口所能接受的 0～5V 电平。计算机输出的开关量同样要经过 I/O 接口和电平转换电路转换为大电流或高电压。

模拟量输出通道与输入通道类似。

6. 选用计算机和选定外部设备

这是确定总体方案的最后一步。对计算机有多种选择，可以视设计任务、对象复杂性、运行条件和发展前景等情况而定。不过，从所选的计算机用于生产过程控制的角度出发，可以提出如下选机原则。

① 实时性。有完善的中断系统，系统在实时控制进程中，能显示所需参数，修改数据并打印记录。在故障情况下，能紧急处理，并且有人机对话功能。

② 可靠性。长期运行稳定可靠，可抵御外部机械振动和电磁噪声等。

③ 可扩充性。具有良好的扩充能力，以适应扩充功能、设备更新和数量增减的要求。对此，配置应尽量标准化。例如，系统的总线结构是广泛通用的，扩充时只要加一块接口板就可实现。此外，所选的机器在电源功率、存储容量、输入/输出通道和 CPU 工作速度等方面应留有充分的余量，以备扩充之用。

④ 可维护性。从硬件角度上说，零部件应便于检修和更换，一旦故障发生，也能便于检查和排除。从软件角度上说，系统应配备查错程序或诊断程序。

根据上述选机原则，可给出主要如下 3 种选择方案。

1）工业控制机（或工业 PC）

对于一个任务量不算小的系统设计来说，工业控制机是首选。它是专门考虑了生产现场环境条件差及各种干扰大而设计的，可以长期可靠运行，可靠性和可维护性都可达到要求。

另外，除了有多种模块的主机系统板外，还配备有多种接口板，如多路模拟量输入/输出板、开关量输入/输出板、图形板，以及扩展用的 RS-232C、RS-422、RS-485、总线接口板和 EPROM 编程板等。总之，可扩充性不成问题。此外，模拟量输入/输出、开关量输入/输出的接口很多，并有大量的软件支持，如汇编、反汇编、交叉汇编、DEBUG、高级语言和中文等。以上这些使系统的设计与建造工作大为简化，节省了设计与建造时间。

上例中的燃油辊道窑就选择了国产工业 PC TMC-80。对输入通道而言，只需配接热电偶（含多路切换）和 4 台变送器。将 4 台变送器的标准电流和信号接到工控机的 4 个模拟量输入接口端子即可。对输出通道而言，从 4 个工控机的模拟量输出端子引出 4 路模拟（电压）信号，每一路再配置一个 U/I 转换电路变换成标准电流信号，就可以供给电动执行器带动调节阀动作。注意，该机的输入端内部已包含了多路切换开关和 A/D 转换器，而且该机的输出端内部也包含了多路切换开关和 D/A 转换器。由于 D/A 转换器的输出端带有锁存器，因此，不需要串接零阶保持器。

2）单片机

现今的单片机正向着提高工业环境下控制系统的可靠性和灵活方便地构成应用系统界面的方向发展，并且控制功能越来越丰富。在 CPU 芯片上，除嵌入 RAM、ROM 和 I/O 外，还有 A/D 转换器、D/A 转换器、PWM、DMA、看门狗、串行接口和定时器/计数器等，另外还有显示驱动、键盘控制、比较器和函数发生器等，能构成功能强大的应用系统。此外，扩展性也不错，有的配有扩展外部电路用的三总线结构（即 DB、AB 和 CB），有的配有专门开发的串行总线。其微处理器已从 8 位发展到 16 位和 32 位，甚至 64 位。例如，高性能低功耗的 AVR 8 位微控制器，工作频率为 16MHz，有 133 条功能强大的指令，大部分在单时钟周期内执行，内部配置 JTAG（符合 IEEE 1149.1 标准）接口，通过 JTAG 接口对 Flash、EEPROM、熔丝位和加密位系统编程；实时计数器（RTC）及 4 个具有比较模式和 PWM 的定时器/计数器；两个 USART、一个双线（I^2C）串行接口、一个 8 通道 10 位具有可选增益差分输入的 A/D 转换器、一个 SPI 口、一个片内模拟比较器和一个带内部振荡器的可编程看门狗定时器等。因此，该类单片机控制系统所需外围元件少，设计简单，布线方便，而且在稳定性和抗干扰能力上都有极大提高。

采用单片机方案时应注意，单片机没有专门的总线标准，通常是厂家在推出自己的产品时配套设计的，如 MCS-51 系列就配有三总线结构。虽然单片机可看成是工控机的一种，但工控机的主流是 STD 总线标准，单片机却不执行此标准，尤以控制总线 CB 差别较大。现在单片机所用的总线多达六、七种之多，因此，在选用单片机及其配套设备时，最好在一个厂家的产品中选择。

3）自行设计系统

这种方案一般适用于较简单的小系统，或者当工控机和单片机都不能满足要求时（这种情况并不多见）。对于工业生产过程计算机控制系统来说，一般并不推荐自行设计系统。自行设计系统用到的单片机常是最简单的单片机，其扩展功能或外围器件需要自行设计。这种方案的优点是，可以建造一套功能上令人满意的系统，并且系统灵活多样。缺点是，虽然零部件是专业厂家生产的，但组成系统却不是专业生产的，因而制造工艺较差，运行时的可靠性也是个大问题。特别是在连续生产过程中，可靠性差是系统的大忌。

即使是简单的小系统，选件时也要注意使系统构件简单，减少连接，提高可靠性。例如，可选用芯片内含 ROM、EPROM 的单片机，如 8051、8751 和 89S52 等。

总体方案确定之后，应画出系统总图，其中包括各种传感器、变送器、执行器、外部设备、输入/输出通道和计算机等，然后按系统总图绘制系统电气原理图，并进行说明。以后的工作就是按此图购买器件及施工了。

计算机和输入/输出通道选定之后，就可以考虑选定与此有关的外部设备了，包括显示器、打印机、磁盘驱动器、绘图仪、CD-ROM 和操作面板等。

9.1.2　计算机控制系统输入部分的设计

计算机控制系统输入部分的设计主要是模拟输入通道的关键部件——A/D 转换器和多路转换开关的设计，这两种器件带有共性。

计算机利用 A/D 转换器将连续量 $x(t)$ 量化为有限字长（如 8、12、16 或 32 位）的数字量 $x(nT)$。数字量的精度与字长有关。由于 A/D 转换器的位数有限，这使得实际的连续量与变换后的数字量之间出现因量化而产生的误差，称为量化误差。设计者的任务是选择 A/D 转换器字长的位数并进行检验。

1. A/D 转换器字长的确定

1）确定采集数据的结构形式

选用何种结构形式来采集数据是模拟量输入通道设计首先要考虑的问题。现在大多数计算机控制系统都采用"输入信号→多路切换开关→采样保持→A/D 转换"的结构形式。使用这种形式，被测参数的输入信号经多路开关串行地被切换到采样保持器（S/H）和 A/D 转换器中进行转换。其优点是 S/H 和 A/D 共享，节省了硬件成本。若需要测出多个被测参数同一时刻的数值，此形式就无效了。这时只能采用如下的结构形式，即每个被测参数通道配置一个 S/H，由逻辑控制器同时给出采样命令并保持，然后多路开关再串行地传给 A/D 转换器进行转换，这样就只有 A/D 转换器共享。总体来说，要根据设计任务来确定采用何种结构形式。

2）量化误差

将连续信号转换为数字信号的过程称为量化。量化的器件一般是字长为 n 的 A/D 转换器。转换关系为

$$连续量\ y_{min}\sim\ y_{max}\to 数字量\ 0\sim 2^n-1$$

则此转换器的最低有效位为

$$q=\frac{1}{2^n-1}\approx 2^{-n}$$

定义量化单位（或量化步长）为最低有效位对应的模拟量

$$q=\frac{y_{max}-y_{min}}{2^n-1}$$

例如，设模拟输入电压为 0～5V，对 8 位和 12 位的 A/D 转换器来说，可表示数的最小单位分别是

$$q_8=\frac{5000mV}{2^8-1}\approx 19.6078\ mV\ 和\ q_{12}=\frac{5000mV}{2^{12}-1}\approx 1.2210\ mV$$

可见，12 位 A/D 转换器比 8 位 A/D 转换器更能精确地表示一个数。在选用 A/D 转换器时，只要条件允许，应尽可能加大字长。

量化必定存在误差。设量化器的输入为 $x(t)$，输出为 $x^*(t)$，则量化误差为

$$\varepsilon(q;x,t)=x(t)-x^*(t)$$

式中，ε 为量化误差，是 q、x、t 的函数。根据整数的截取方法不同，可分为舍入误差和截尾误差。当 $-q/2 \leqslant \varepsilon \leqslant q/2$ 时，为舍入误差，相当于数值分析中的四舍五入；当 $0 \leqslant \varepsilon \leqslant q$ 时，为截尾误差。量化误差是一个随机函数，难以解析表示，不能用它确定 A/D 转换器的字长。

3）求 A/D 转换器的字长

决定 A/D 转换器字长的因素是输入信号的动态范围或分辨率。

设输入信号的最大值和最小值分别是

$$x_{max} = (2^n - 1)\lambda \text{ mV} \text{ 和 } x_{min} = 2^0 \lambda \text{ mV} = \lambda \text{ mV}$$

式中，λ 是转换系数，把位（bit）转换为电压（mV）。

动态范围为

$$\frac{x_{max}}{x_{min}} = 2^n - 1$$

求得 A/D 转换器的字长为

$$n \geqslant \log_2 \left(1 + \frac{x_{max}}{x_{min}} \right)$$

用动态范围来确定 A/D 转换器字长的最大问题是，输入信号的下限值 x_{min} 不易确定且变动较大。实际用得较多的是用分辨率 D 来确定，分辨率是一个相对值，常用百分比（%）来表示。

分辨率定义为

$$D = \frac{1}{2^n - 1}$$

求得 A/D 转换器的字长为

$$n \geqslant \log_2 \left(1 + \frac{1}{D} \right)$$

【例 9-2】 有 8 位和 16 位的 A/D 转换器，求其分辨率。

解：8 位的分辨率是

$$D_8 = \frac{1}{2^8 - 1} = 0.0039 = 0.39\%$$

16 位的分辨率是

$$D_{16} = \frac{1}{2^{16} - 1} = 0.000015 = 0.0015\%$$

【例 9-3】 在例 9-1 中，烧成区的温度为 1250℃，在控制时要求控制精度为 5℃。如果使用 A/D 转换器为 10 位的 AVR 单片机，问其能否胜任这一精度的测量工作？

解：测量分辨率（即相对精度）$D = 5/1250 = 0.004$

此分辨率要求 A/D 的位数为

$$n \geqslant \log_2 \left(1 + \frac{1}{D} \right) = \log_2 \left(1 + \frac{1}{0.004} \right) = 7.972 \approx 8 \text{bit}$$

可见，精度可以胜任且可以提高。精度可提高到什么水平？请读者回答。

4）校核

校核原则：计算机的字长应大于 A/D 转换器的字长。

计算机作为一个系统，由于有限字长引起的误差，除上面提及的输入量化误差外，还有如下误差。

① A/D 转换器引入的输出误差。

② 存储器存储系数、数据时，因舍入或截尾而产生的存储误差。

③ 运算器运算时（特别是乘法、递归运算等）带来的运算误差。此类误差影响最大，因为这些误差难以确定。因此，为了提高精度，机内 CPU 的字长必须比求得的 A/D 转换器字长要长得多。例如，当 A/D 转换器是 8 位时，CPU 应取 16 位及以上。

2. 多路转换开关的设计

工控机和有些单片机已经把 A/D 转换器和多路转换开关集成在内,不需设计者另行设计。大多数计算机系统均采用计算机定时中断的方法实现采样。实现定时的方法分为软件定时和计数器定时两种。软件定时编程容易,且适用于各种机型,但占用 CPU 时间;计数器定时不占用 CPU 时间,但占用硬件资源,成本高。在设计过程中可视实际情况进行选用,大多数采用计数器定时。必须指出,多路转换开关要用到采样周期驱动信号,此信号是在整个系统设计时统一考虑选定的,不需另行设计。设计者要做的事情是确保 A/D 转换器的运行性能。

① 对于单片机多路转换开关每一路输入端口的外部接口电路,其周围环境的好坏直接影响 A/D 转换器的性能。为了降低 A/D 转换器对输入线噪声的灵敏度,应在每个模拟输入端口外接一个电容到地。此电容与外部电路(被等效看成由信号电压源及其内阻组成)组成低通滤波器,可将高频噪声滤掉。电容大小应使滤波器的转折频率远高于输入有用信号频率。要选用优质电容器,其漏电阻要大,否则适得其反。

② A/D 转换器的基准电源是否稳定对 A/D 转换器的绝对精度影响很大。

- AGND(模拟地)引脚必须接地良好,要接到无干扰的地线上,并尽量靠近电源。
- V_{REF}(参考电压)应很好地经过稳压。只有模拟输入电压信号没有突变特性,才允许用 V_{CC} 电源电压代替 V_{REF},这时还必须从电源输出端单独引线以减小干扰。
- AGND 与 V_{REF} 之间应接入 0.1F 的电容。
- AGND 与 DGND(数字地)要用短线相连。
- V_{CC} 与 DGND 之间跨接 $1\mu F$ 的电容。

在实际应用中,由于被测参数多,使用一个多路开关不能满足通道数的要求,这时可以把多路开关扩展,例如,用两个 4 路开关构成一个 8 路开关等。这种情况在实际中常常碰到,通常在自行设计系统时这样做。读者需要时可参阅有关资料。

3. 开关量输入通道的设计

主要是将现场的开关信号或外部设备的接点电平有选择地送给计算机,但必须先转换成 I/O 接口可接受的 0～5V 电平。这个工作量很大,转换电路必须根据具体情况而定。应注意,转换出的电平必须是干净的,不要把干扰带入计算机内。

9.1.3 确定控制算法

有了数学模型,就可以据此推算(设计)出控制器算法。在第 5 章介绍过的几种控制器算法都可选用。如果对象模型是大滞后的,可以选用 Smith、Dahlin 算法;如果滞后很小或无滞后,可选用 PID 算法,效果很好。人们对 PID 算法改进后,对有一定滞后的系统仍然可以获得满意的效果。如果期望调节时间最短,可以选用最小拍算法等。在选用控制算法时,应分析所选算法是否有可能达到系统的动态和稳态指标。此外,控制算法在某些情况下要进行若干补充和修改来满足要求。例 9-1 中,窑温和炉温均可用 PID 控制,在算法中应该加入两个温度间关系的算法,这样就能综合考虑窑和炉两者的特性差异及相互的影响。又如,有些过程,在不同控制阶段要求用不同算法,如果要求系统快速启动,达到预定值后稳态运行,这就要求首先使用快速算法然后再转用其他算法。

确定控制算法时常常碰到纯滞后对象的问题。这时除了采用专门控制算法外,还可以对纯滞后作近似处理。纯滞后是个超越函数,工程上常用有理式近似法(Padé 展开法)来近似处理。指数 $e^{-\tau s}$ 可以展开成级数为

$$e^{-\tau s} = 1 - \tau s + \frac{\tau^2 s^2}{2!} - \frac{\tau^3 s^3}{3!} + \cdots$$

可以用一个分母为 n 阶,分子为 m 阶($m < n$)的有理分式来近似之。只要该有理分式系数的选择与上面指数展开式的前几项系数相同即可。表 9-1 给出了 $m=n=2$ 的近似式,可使有理分式系数在 n, m 一定的情况下,与上面展开式的系数相同。通常,展开到 2 阶,既可得到较好的近似又不会因阶数增加过多而使计算变复杂。因此,表中只给到 2/2 型为止。有了 Padé 展开式,便可以与 PID 算法配合使用了。

表 9-1 $e^{-\tau s}$ 的近似式($m=n=2$)

n \ m	0	1	2
0	$\dfrac{1}{1}$	$\dfrac{1 - \tau s}{1}$	$\dfrac{1 - \tau s + 0.5\tau^2 s^2}{1}$
1	$\dfrac{1}{1 + \tau s}$	$\dfrac{1 - 0.5\tau s}{1 + 0.5\tau s}$	$\dfrac{1 - 0.67\tau s + 0.17\tau^2 s^2}{1 + 0.34\tau s}$
2	$\dfrac{1}{1 + \tau s + 0.5\tau^2 s^2}$	$\dfrac{1 - 0.34\tau s}{1 + 0.67\tau s + 0.17\tau^2 s^2}$	$\dfrac{1 - 0.5\tau s + 0.084\tau^2 s^2}{1 + 0.5\tau s + 0.084\tau^2 s^2}$

9.1.4　计算机控制系统输出部分的设计

1. 结构形式的确定

与模拟输入通道首先要考虑采用什么结构形式一样,模拟输出通道也要首先考虑结构形式问题,是采用多路输出共享一个 D/A 转换器,还是每个通道设置一个 D/A 转换器。这要根据实际需要而定。如果有多个执行机构或被控制设备需要同时动作,就必须为每个通道设置一个 D/A 转换器,不能共享。这种情况在复杂的生产过程控制中常常碰到。

2. D/A 转换器字长的确定

D/A 转换器的输出一般都通过功率放大器去推动执行机构,或者执行机构本身就包含了功率放大器,因此执行机构输入端的动态范围就成了 D/A 转换器输出的限制。为此,完全可以按执行器输入端的动态范围来确定 D/A 转换器的字长。

设执行器的最大输入值为 U_{max},最小输入值为 U_{min}(即执行器的灵敏度),参照前面关于 A/D 转换器的叙述,可以给出 D/A 转换器的字长是

$$n \geqslant \log_2 \left(1 + \frac{U_{max}}{U_{min}} \right)$$

应该指出,通常执行机构的动态范围并不大,因此按上式求得的 n 比 A/D 转换器的 n 要小。为方便起见,工程上常常选择 D/A 转换器的字长与 A/D 转换器的字长相同。这就是说,由 D/A 转换器引入的误差大为减小,可以忽略不计。

【例 9-4】 已知 D/A 转换器的输出(含锁存器)经 *U/I* 转换器转换成 4~20mA 标准电流信号,来推动执行器,求 D/A 转换器的字长。

解：字长是

$$n \geqslant \log_2\left(1+\frac{20}{4}\right)=2.585 \text{ bit}$$

3. 开关量输出通道的设计

计算机系统的输出设备往往是高电压大电流设备。因此，需要将计算机接口（或数据输出寄存器）输出的小电流低电压电平加以转换。此外，大功率设备运作时，常常会产生强电磁干扰，通过空间和导线引入到计算机中，会损坏计算机系统，因此，要加入隔离措施。转换和隔离两种措施都不可少。

9.1.5　计算机控制系统的调试

计算机控制系统设计完成，并建造完毕，可转入调试阶段。调试工作分为硬件调试、软件调试和联合调试 3 部分。

1）硬件调试

首先是部件的单独检查，主要是检查机械性缺陷和工艺性故障，对自行设计的部件还要检查有无设计错误。在有可能的条件下通电检查，检查电路板中器件的输入与输出接点及导线的连接、焊接和电源等，特别应注意有无短路情况。另外，要核对数据总线、地址总线和控制总线的走线序号是否正确。

接下来是硬件联合调试。尽管计算机集成度高，但在组成控制系统时仍然要用到一些扩展接口，以便与其他部件相匹配。重点要检查各接口电路的状态是否合乎设计要求，如负载是否匹配等。

2）软件调试

类似于硬件调试，软件调试时首先对各模块单独调试，然后进行软件联调。在软件调试中，应尽可能采用先进的调试手段，例如，用仿真软件，可以不用硬件而直接在 PC 上调试汇编语言程序。待汇编程序基本调试好后，再移到硬件系统去调试。这是一种软、硬兼施的并行调试方法，可加快软件调试进程。用 PC 对 MCS-51 系列单片机或其他单片机的程序进行交叉汇编时，可利用 PC 的高级编辑功能，将源程序按规定格式输入到 PC 中，生成 ASM 源程序文件，再用交叉汇编程序生成 LST、HEX 等文件，最后用 DEBUG 程序进行调试。

3）软、硬件联合调试

这是最后一步，主要解决硬、软件不协调的地方。这一步应反复进行，直到满意为止。

9.2　计算机控制系统的可靠性设计

本节主要介绍计算机控制系统设计过程中用到的有关可靠性的技术。首先引入几个可靠性的基本概念，这是必须掌握的。然后，介绍几个系统可靠性模型，阐述提高系统可靠性的基本途径和软件可靠性等。

1. 几个基本概念

1）系统的可靠性、可靠度和可靠度函数

系统可靠性是指系统在规定条件下和规定时间内完成规定功能的能力。此处的规定条件通常包括环境条件、使用条件、维修条件和操作技术条件。其中，环境条件指的是实验室、机房或野外等，使用条件指的是温度、湿度、空气清洁度、电源稳定度和干扰等。可见，可靠性是一个定性概念，很难用一个特征量来表示，它带有随机性。

系统在规定条件下和规定时间内完成规定功能的概率，称为系统的可靠度（又称为可靠率）。系统的可靠度是一个时间函数，称为可靠度函数 $R(t)$

$$R(t) = P(\xi > t)$$

式中，P 为概率，ξ 为产生故障前的工作时间，t 为规定的时间。

由可靠度的定义可知，可靠度函数可用一个数值（分数或百分数）来表示

$$R(t) = \frac{N_0 - r(t)}{N_0}$$

式中，N_0 为当 $t = 0$ 时在规定条件下工作的系统个数，$r(t)$ 为在 $0 \sim t$ 工作时间内累计的故障系统个数（产生故障后不修复）。

【例 9-5】 有 110 只晶体管，工作到 500h（小时）后，有 10 只失效。求此产品在 500h 时的可靠度。

解：因为 $t = 500$h 时，$r(500)=10$，故

$$R(500) = \frac{N_0 - r(500)}{N_0} = \frac{110 - 10}{110} = 90.91\%$$

2）故障率函数

工作到某时刻尚未发生故障的产品，在该时刻后的 dt 时间内发生故障的概率，称为产品的故障率（失效率）$\lambda(t)$。

$$\lambda(t) = \frac{\mathrm{d}r(t)}{N_S(t)\mathrm{d}t} \approx \frac{\Delta r(t)}{N_S(t)\Delta t} \qquad (9\text{-}1)$$

式中，d$r(t)$ 为 t 时刻后 dt 时间内发生故障的产品数，d 为微分算符，Δ 为增量符，$N_S(t)$ 为到 t 时刻尚未发生故障的产品数，有 $N_S(t) = N_0 - r(t) = R(t)$。

在 Δt 时间内失效的产品数 $\Delta r(t)$ 等同于同一时间内完好产品的减少数 $-\Delta R(t)$，于是，式（9-1）变为

$$\lambda(t) = -\frac{1}{R(t)}\frac{\mathrm{d}R(t)}{\mathrm{d}t}$$

对上式两边积分，得

$$\int_0^t \lambda(t)\mathrm{d}t = -\ln R(t)\Big|_0^t$$

求得

$$R(t) = \exp\left(-\int_0^t \lambda(t)\mathrm{d}t\right)$$

一般的电子仪器和元件应经过老化处理，在使用后的一段时间内，其故障率有一个比较长的恒值期，即此期间 $\lambda(t)=\lambda$，最后得

$$R(t) = \exp(-\lambda t)$$

结果说明，可靠度具有指数分布规律。

【例 9-6】 试验对象为某一晶体管产品 1000 只。在 5 年内，各年出现的失效数 $\Delta r(t)$，参见表 9-2 的第 3 列。各年累计的失效总数 $R(t)$，参见表 9-2 的第 2 列。利用式（9-1）可以求出各年的失效率 $\lambda(t)$，参见表 9-2 的第 4 列。

表 9-2　计算数据

第 t 年	$R(t)$	$\Delta r(t)$	$\lambda(t)/(\%/年)$
1	0	10	1.00
2	10	12	1.21
3	22	15	1.53
4	37	17	1.76
5	54	10	1.06

3）平均故障前时间（Mean Time to Failure，MTTF）

假设 N_0 个不可修复系统在同样条件下进行试验，测得其各故障前时间为 $t_1, t_2, \cdots, t_{N_0}$，其平均故障前时间为

$$t_{MTTF} = \frac{1}{N_0} \sum_{i=1}^{N_0} t_i \tag{9-2}$$

4）平均故障间隔时间（Mean Time Between Failure，MTBF）

假设一个可修复系统在使用过程中发生了 N_0 次故障，每次故障修复后又再使用。测得其每次工作持续时间为 $t_1, t_2, \cdots, t_{N0}$，其平均故障间隔时间为

$$t_{MTBF} = \frac{1}{N_0} \sum_{i=1}^{N_0} t_i = \frac{T}{N_0} \tag{9-3}$$

式中，T 为系统总的工作时间。t_{MTBF} 与维修效果有关。

【例 9-7】　有一个计算机系统的 t_{MTBF} 为 2000h，试求其失效率和可靠度。

解：计算机系统的寿命服从指数分布 $R(t) = \exp(-\lambda t)$，$t_{MTBF} = 1/\lambda$，故

$$\lambda = \frac{1}{t_{MTBF}} = \frac{1}{2000h} = 0.0005\,h^{-1}$$

$$R(t) = 1 - \lambda = 0.9995h^{-1}$$

【例 9-8】　系统由一批晶体管组成，每个晶体管的失效率 $\lambda_1 = \dfrac{0.005}{10^3 h}$，求达到系统运行可靠度为 99% 的连续工作时间。并问系统应由多少个晶体管组成？

解：因为　　　　　　　　　　　　$R + \lambda = 1$

所以　　　　　　　　　　　　$\lambda = 1 - 0.99 = 0.01\ h^{-1}$

设系统由 N 个晶体管组成，即　$N \times 5 \times 10^{-6} = 0.01\ h^{-1}$

故　　　　　　　　　　　　$N = 2000$ 个

则系统的平均无故障时间 t_{MTBF} 为

$$t_{MTBF} = \frac{1}{\lambda} = \frac{1}{10^{-2}} = 100h$$

2. 系统可靠性模型

为了分析、设计和评估系统的可靠性，常常要依靠可靠性模型，这就是系统的框图和数学模型。常用的模型有串联系统模型、并联系统模型和混联系统模型 3 种，如图 9-1 所示。

1）串联系统的可靠性模型

在组成系统的所有单元中，任一单元的故障均会影响整个系统，这样的系统称为串联系统。这是最常见最简单的系统，如图 9-1（a）所示。其数学模型为

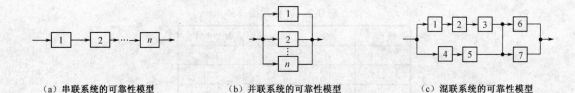

(a) 串联系统的可靠性模型　　　(b) 并联系统的可靠性模型　　　(c) 混联系统的可靠性模型

图 9-1　3 种结构的可靠性模型

$$R_s(t) = R_1 \cdot R_2 \cdot R_3 \cdots R_n = \prod_{i=1}^{n} R_i \tag{9-4}$$

式中，n 为组成系统的单元数，R_i 为第 i 个单元的可靠度，$R_s(t)$ 为系统的可靠度。当各个单元部件的寿命为指数分布 $R_i(t) = e^{-\lambda_i t}$ 时，系统的可靠度为

$$R_s(t) = \prod_{i=1}^{n} e^{-\lambda_i t} = e^{-\lambda_s t}$$

式中，

$$\lambda_s = \sum_{i=1}^{n} \lambda_i$$

系统中，每种部件都有一定的失效率和一定的数量，则该部件的失效率为

$$\lambda_s = K_1 \lambda_1 + K_2 \lambda_2 + \cdots + K_n \lambda_n$$

系统的平均故障间隔时间为 $t_{MTBF} = 1/\lambda_s$，即当串联系统中各部件寿命为指数分布时，系统的寿命也为指数分布。

2）并联系统的可靠性模型

当组成系统的所有单元都发生故障时，系统才会发生故障，这种系统称为并联系统。这是最简单的冗余系统，如图 9-1（b）所示。系统的数学模型为

$$R_s(t) = 1 - (1 - R_1(t))(1 - R_2(t)) \cdots (1 - R_n(t)) = 1 - \prod_{i=1}^{n} [1 - R_i(t)]$$

因为 $(1 - R_i(t))$ 的值小于 1，所以并联单元越多，系统的可靠度越高。当各单元的寿命为指数分布时，并联系统的可靠度为

$$R_s(t) = 1 - \prod_{i=1}^{n} [1 - e^{-\lambda_i t}]$$

若系统的所有单元均相同，失效率均为 λ，则系统的可靠度为

$$R_s(t) = 1 - (1 - e^{-\lambda t})^n$$

对于常用的二单元并联系统，由上式得

$$R_s(t) = 2e^{-\lambda t} - e^{-2\lambda t}$$

$$t_{MTBF} = \int_0^\infty 2e^{-\lambda t} dt - \int_0^\infty e^{-2\lambda t} dt = \frac{2}{\lambda} - \frac{1}{2\lambda} \tag{9-5}$$

3）混联系统的可靠性模型

一般工程系统往往不单纯是串联或并联的，还有串并、并串等混合模型，如图 9-1（c）所示。对于不太复杂的系统，可以用串联或并联的基本公式，用等效模型法便能求出系统的可靠度。例如，对图 9-1（c）所示的系统，将单元 1、2、3 串联成 S_1，4、5 串联成 S_2，6、7 并联成 S_3，如图 9-2（a）所示；再将 S_1 和 S_2 并联，得 S_4；最后，把 S_3 和 S_4 串联起来，即可得到系统结果，如图 9-2（b）所示。

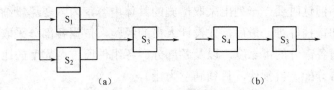

图 9-2　混联系统的等效模型

应该指出，对于混联模型而言，并串系统的可靠度比串并系统高。因为在并串系统中，每个并联段各单元互为后备，其中一个单元坏了并不影响其他并联单元。而在串并系统中，若串联段的一个单元出现故障了，则并联中的一条支路就会出现故障。所以，并串系统主要用于开路故障形式的保护，串并系统主要用于短路故障形式的保护。

可靠性模型除了上述 3 种以外，还有更为复杂的用于特定系统和特定场合的模型，这里不多作介绍。

【例 9-9】 有一台设备有 10 个元件，接成串并联系统，如图 9-3 所示。每个框内的元件均是串联的，元件的个数及可靠度已标在框内。求整个系统的可靠度 P。

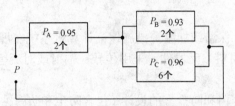

图 9-3　串并联框图

解：设 P 为可靠度，U 为不可靠度，应有 $P+U=1$。

A 的两个串联元件的可靠度为　　　　　　$P_A = 0.95^2 = 0.9025$

B 的两个串联元件的可靠度为　　　　　　$P_B = 0.93^2 = 0.8649$

C 的 6 个串联元件的可靠度为　　　　　　$P_C = 0.96^6 = 0.7828$

B 的不可靠度为　　　　　　　　　　　　$U_B = 1-0.8649 = 0.1351$

C 的不可靠度为　　　　　　　　　　　　$U_C = 1-0.7828 = 0.2172$

$$U_{BC} = U_B U_C = 0.1351 \times 0.2172 = 0.02934$$

$$P_{BC} = 1 - 0.02934 = 0.9706$$

整体系统的可靠度为　　　　　　　　　　$P = P_A P_{BC} = 0.876$

3. 提高计算机系统可靠性的途径

为了提高计算机系统的可靠性，除了严格的生产工艺和质量控制之外，还要进行系统可靠性设计、容错设计和加固设计等，以提高系统的固有可靠性和安全性。

1）系统可靠性设计

系统的可靠性设计是指在系统设计的过程中，在各个环节上采取必要的提高可靠性的设计措施，现分述如下。

（1）总体设计

在总体设计时，要把预计的可靠性目标，根据系统分析论证时提出的要求，分配到系统中的各部分，使系统在现有条件下具备应有的可靠性水平。如果定量预计和分配有困难，也要进行定性分配，但这时要一一列出采取措施的具体内容，内容要尽量细化，例如，采用什么电路、电路板和接插件等。最后，凭设计人员的经验，依据各部分采取措施的多少、轻重和有效性等估算出各部分的可靠度，以及各部分、各组件所占可靠度的比重。如果认为不够妥善，可以进行再分配、再预计，直到满意为止。

上面的预计分配工作可量化。设整体系统的可靠度为1，则各部分的可靠度为一个百分数。可以采用通常的"倒树法"，自上而下，分层分配。

所谓可靠性评估，是指系统研制出来并投入使用后，根据故障出现的情况，核算系统实际达到的可靠性水平，并寻求改进方案。

（2）电路设计

在满足性能、价格等要求的前提下，进行元器件的选择、容差和降额设计，最终确定组成方案。可以按最坏的情况考虑，在关键部位设置报警和保护装置。

（3）结构设计

结构设计是指从系统设备、元器件安装方式的角度，考虑散热、抗热、防泄漏、抗干扰和环保等问题。

（4）热设计

热设计是指采取冷却、保温或加温等措施保证计算机系统在规定温度范围内工作。例如，选用耐热和热稳定性好的材料、元器件，采用传导、辐射或对流等方式冷却、散热。

（5）三防设计

三防设计指防潮、防霉菌和防盐雾的设计（包含防尘和防腐蚀性气体）。由于三者有不同特点，采取的措施也不同。归结起来的措施就是结构性防护、材料防护、隔离防护和工艺防护等。

（6）抗冲击、振动设计

减少冲击、振动应力对电路、接插件和接线焊点的影响。采用减振元器件或阻尼减振法使系统振源的固有频率低于激振频率，消耗大量振动和冲击能量，也可采取专门的隔冲装置。

（7）电磁兼容性设计

通过滤波、屏蔽、隔离、接地、避雷电和防静电等措施，使计算机系统与同一时空环境中的电子设备兼容兼顾，既不受电磁噪声的影响，也不对其他设备施加电磁噪声的影响。总之，凡有场干扰的场合，可采用屏蔽、隔离等方法以减弱、消除干扰场；凡有线路干扰的场合，可采取接地、滤波、平衡、去耦等方法以减弱、消除干扰。

（8）安全设计

通过加密、防泄漏和防病毒的设计来保证计算机系统及其软件、数据、网络和运行环境的安全，防止信息被修改、盗窃，防止非法用户入侵。

2）容错设计

容错设计是指在系统结构上，通过增加冗余资源的方法来掩盖故障造成的影响，使得即使出错发生故障，系统功能仍不受影响。因此，容错技术又称冗余技术或故障掩盖技术，这是一种以冗余资源换取可靠性的方法。

（1）硬件冗余

用增加硬件设备的方法，在故障发生时，把备份硬件接替上去，使系统仍能正常工作。在考虑冗余结构时，原则上，系统级、部件级、功能单元级和电路级都可用，视需要而定。

（2）软件冗余

用编、译码技术，检测、校正信息在传输、存储中产生的差错；用软件保护技术，减少软件出错次数；用多版本设计方法，减少软件出错时产生的影响；采用故障隔离、重组合技术及故障检测与恢复技术等。

（3）信息冗余

利用增加信息的位数和复杂度来检错和纠错，如奇偶校验、海明校验、CRC 码校验等，检出信息差错并进行自动纠错处理。

（4）时间冗余

采用指令重复执行和程序重试等方法，以消除暂时性故障的影响并恢复系统。

按故障处理的方式，可把容错技术分为故障检测、故障屏蔽和动态冗余 3 类。故障检测类只提供已发生故障的警告，从而提高系统的可用性。通常，使用双重化、检错码、校验、故障保险和安全失效逻辑等手段。故障屏蔽类在故障效应到达模块输出之前，通过隔离或校正来消除其影响，从而提高系统的可靠性。通常使用三模冗余结构（即，3 套相同线路执行同一任务，在输出点处多数表决）。因为故障屏蔽不改变系统结构，所以又称静态冗余。动态冗余类可使系统配置动态地改变，以消除故障影响，并补充系统的冗余，从而提高系统的可靠性和可维护性。

容错技术对提高计算机系统的可靠性相当有效，但价格昂贵，只能在重要的地方选用。

3）加固设计

为进一步减弱或消除有害应力的影响，可采用加固设计技术。常用的设计方法有以下 3 种。

（1）热设计

将元器件工作时产生的热量迅速传递出去。对于加固型计算机，散热方法不完全相同。对于不要求密封加固机箱的，可用强风冷却；对于要求密封加固机箱的，内部用风扇造成空气流动环路，外壁用半导体制冷实现箱内外热交换。

（2）机箱设计

机箱除提供部件的支撑和互连作用外，还可以消除或减弱冲击、振动、沙尘、湿气和电磁干扰等的影响。基本结构有两种，一种是 ATR 全密封式，另一种是能安装在机架内的机箱。如果机箱要求全密封，可使用各种具有良好导电性能的密封垫，以保证机箱的电磁密闭性。

（3）抗干扰和防泄漏

规定在各设备电源接线端口测得的干扰电压不得超过表 9-3 所列的极限值，各设备辐射的电波场强（测量距离为 10m）不得超过表 9-4 所列的极限值。

表 9-3　设备电源接线端口的干扰电压极限值

频率范围/MHz	准峰值/（dB/μV）	平均值/（dB/μV）
0.15～0.50	66～56	56～46
0.5～5	56	46
5～30	60	50

表 9-4　设备辐射的电波场强极限值

频率范围/MHz	准峰值 dB/（mV/m）
30～230	30
230～1000	37

加固设计的抗电磁干扰措施比一般要求能稳定工作的措施强得多，要从电路板层做起，直至屏蔽柜和屏蔽室。电磁屏蔽与通风散热是矛盾的，强风冷却必须开通风口，这就破坏了机箱的电磁屏蔽性。对此要在出口处加装蜂窝状导管，以吸收进出的电磁波。

电磁防护效果取决于场强的衰减程度。场强衰减 20dB 属较差防护，防护效果 90%；场强衰减 60dB 属普通防护，防护效果 99%；场强衰减 60～90dB 属良好防护；优质防护的场强衰减为 120dB 以上。

4．软件的可靠性设计

软件可靠性是计算机系统可靠性的一个重要方面。历史上出现过的软件危机就是由于软件的不可靠性引起的，软件价格昂贵基本上也是由于解决软件不可靠问题而导致的。随着微处理器和计算机技术的发展，硬件的不可靠问题得到较好解决，人们的注意力逐步转向软件。

必须指出，没有不出故障、没有错误和永不失效的软件。设计软件的任务是使软件可靠性达到满意、理想的程度，并在随后的运用中不断修改、补充，进一步提高可靠性。如果到最后，由于软件出现的问题越来越多，修改也意义不大，平时维护也很困难，以致付出的费用比新买或重新设计新软件的费用还多，那么，原软件便宣告生命终止。

现在，人们已经掌握了一些软件可靠性方面的技术，本节对计算机控制系统软件可靠性设计的有关方面做一些阐述。

1）软件可靠性概念

软件可靠性是指软件在规定条件下和规定时间内完成规定功能而不引起系统故障的能力。软件可靠性是一个综合性的指标，它与多个因素有关。例如，开发软件时所使用的开发方法，软件开发出来后所使用的验证方法，软件开发时所使用的程序设计语言、操作系统环境，从事开发工作的人员素质等。可见，同样一个设计任务，可以得到许多种软件设计结果，质量也会有高低之分。

通常用下述的 6 个方面来评价软件质量。

① 功能性。包括实用性、准确性、互操作性、一致性和安全性。

② 可靠性。包括容错性和可恢复性。

③ 易用性。包括易理解性和易操作性。

④ 效率。包括时间性、资源性。

⑤ 可维性。包括易分析性、易修改性、稳定性和易测试性。

⑥ 可移植性。包括适应性、易安装性、规范性和可换性。

软件的不可靠性通常用软件错误、软件故障或软件失效来描述。软件开发时程序存在的缺陷，或者由于内部和外部的原因使软件在运行中程序受到某些破坏而出现的缺陷等各种性质的缺陷统称为软件错误。由于这些错误造成的软件运行时部分或全部功能的中断，称为软件故障。当软件已丧失了规定的功能时，称为软件失效。

2）软件可靠性设计的阶段与方法

既然软件的可靠性对计算机系统如此关系重大，而使软件产生错误的原因又是多方面的，因此，为了提高软件的可靠性，必须从源头抓起。为此，软件设计规范对软件的开发、制作有严格的规定和要求。

（1）软件开发过程的 6 个阶段

- 要求/规格说明阶段。委托开发用户向开发人员提出的设计要求，并进行具体规格说明。开发方应进行必要的调研，双方协商共同拟订一份要求/规格说明书。说明书要做到：对软件要求的描述要完整、明确；概念、定义、用语和格式要统一化、规范化；用户提的要求应切实可行，即开发方可以做到；开发出的软件能根据要求/规格说明书进行测试、验收。

- 系统分析阶段。这个阶段对软件可靠性来说是一个关键阶段，即按照要求/规格说明书提出系统设计方案并对方案的技术合理性、实现可能性和经济适宜性进行分析、比较和论证，最后把方案确定下来。
- 编码调试阶段。此阶段的工作是将设计转换成程序代码，并对所编程序进行初步测试。这个阶段是软件出错最多的阶段，如语法错、编码错、变量错、逻辑错或接口错等，要特别仔细。
- 测试验证阶段。这是保证软件可靠性的一个重要步骤，是保证软件质量的最后一道关口。在测试之后，软件便被确认。
- 文档整理阶段。完整的文档包括：交给用户的手册、程序的书面说明、变量表、程序流程图、程序清单、测试结果及其他说明文件。
- 维护和再完善阶段。软件运用一段时间后，会逐渐暴露出一些问题，这就需要进行修改完善；也可能要补充一些功能，这就需要进行扩充完善。

（2）软件可靠性设计方法

软件可靠性设计的方法有很多种。这些方法的共同特点是要求程序具有既易于理解、编写方便，又便于验证、减少出错的良好结构。这里只介绍自顶向下设计法，要点如下。

- 从功能观点出发，把要编制软件的系统划分为模块，形成一个倒树状的多层次结构。先划分第一层模块，再由第一层模块分解为第二层模块……其余类推。越往上层，功能越抽象，越往下层，功能越具体。
- 划分的模块大小视实际而定。模块过大则程序复杂性增加，模块过小则调用程序的时间增多。
- 划分模块的功能尽量独立，模块间的联系应尽量少。
- 确定每一模块的输入/输出方式和内容。

自顶向下设计法的优点是：各模块可以单独编制程序，再联合成整体程序；可以多人分工，并行编制，各人的编写风格可不强求一致；模块变小，易于编写，错误减少。

3）软件正确性验证

对较复杂软件的正确性验证，一般单位是做不到的，这需要有专门的技术和设备。对较简单的软件，可以用多组各种情况的模拟数据输入软件运行，如果均能通过，则认为软件正确。

4）软件容错设计技术

软件容错是指在软件故障的情况下，系统仍能在预定条件下和预定时间内正确运行的能力。软件容错应能在程序上屏蔽自身的故障，能从故障状态自动恢复到正常状态。容错设计时，常常要采用避错技术、可靠性技术等，耗用资源较多，成本较高。应在总体上体现"低成本、高效益"的设计原则。

如图9-4所示为容错基本原理图。由裁决器

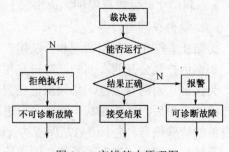

图9-4 容错基本原理图

判断能否运行，若可运行，并且运行结果正确，则输出可接受的结果。若裁决器判断可以运行，但执行结果不正确，则说明软件中存在可诊断故障，于是报警并显示可诊断的故障；若裁决器判断不能运行，则说明软件中存在不可诊断故障，程序便拒绝执行下去，显示不可诊断的故障。

图 9-4 的问题是裁决器的功能如何实现。实现裁决器的功能不但耗费资源，而且结构复杂。现在常用软件容错设计的基本技术有：多版本程序设计技术、恢复块技术、接收测试和替换块技术等。此外，在容错软件中还常用到一些方法，例如，指令（重）复执（行）法、指令冗余法、程序卷回法、对重要数据进行复核和传输数据采用检错纠错码法等。

下面对多版本程序设计技术进行简要说明。将若干个根据同一规范编写的实现相同功能的不同程序（或称版本），在计算机上的不同空间内同时（或在相同空间内依次）运行，然后在每个预定的检测点上，检测并比较其结果。若结果不一致，则采用多数表决的原则，决定一个获选者。这个多数可以是简单多数，也可以是任意比例多数，由系统任务决定。为保证多数表决的有效性，各版本必须用不同算法、不同语言来编写。

5）信息保护技术

信息保护是指为防止信息被非法窃取、篡改、非法使用或破坏而采取的保护措施。基本的信息保护技术有以下几种：内存保护、外存保护、身份验证与口令、信息编码与加密和防火墙等。

（1）内存保护

内存保护是指防止将调入内存执行的不同的用户程序、系统程序、有关数据和信息被各种用户错误地存取或被非法破坏。内存保护有以下两种方式。

- 区域保护。用特权指令划定每个用户程序的区域，禁止越界访问。若某用户程序出错，只会破坏该用户自身的程序和数据。而系统程序则以特权方式执行，可对存储器的任何区域进行访问。至于虚拟存储器系统，由于用户程序分散在主存内，无法使用这种方式，只能分别使用页表保护、键保护和环保护，此处不再说明。
- 访问方式保护。上述区域保护往往限制过死，难以适应各种访问形式的需要，还得加上访问方式保护，即对主存信息的使用保护，加入可读、写和执行 3 种方式就灵活了。

（2）外存保护

通常有以下 3 种保护方式。

- 利用目录保护。对被保护文件设置其存取属性，如"隐含"或"只读"等。
- 利用"允许存取口令"保护。每个文件均登记口令，经校验正确后才能打开文件。
- 利用文件二重化保护。这实际上是文件备份，又叫文件后备处理。

（3）身份识别与口令

为防止非法用户使用系统和合法用户非法使用系统信息，需要对用户身份进行识别和验证。识别用户是公开的，而验证身份是秘密的。

为保证识别的有效性，必须保证任意两个用户不能有相同的标识符。验证是指用户声明了自己的身份后，系统对其声明的身份进行验证，以防假冒。验证时，需要用户出具能证明其身份的特殊信息，这个信息是保密的。只有识别和验证都通过后才允许用户访问系统资源。

系统可以利用"锁"对系统资源实施控制。系统可以根据不同的用户授以不同的锁，分配不同的可用资源。但拥有锁的用户不一定是合法的拥有者，还需要验证其合法身份。口令制是最简便的验证手段，但比较脆弱。识别指纹或视网膜方法是较有前途的方法。

现在最常用的仍然是口令制，但要加强其可靠性，可以采取以下措施：

- 可用单向加密算法对口令加密，然后存放在系统数据库中；
- 使口令的输入次数尽量减少，以防意外泄密；
- 不要将口令存放在文件或程序中，以防别人读文件或程序时发现口令；
- 用户要经常换口令，使自己的口令不易被猜出来。

所谓单向加密，是指只能加密不能解密。系统对用户验证时，先对其口令进行加密计算，将计算结果与系统保存的该口令的密文进行比较，相符者就是合法用户。

（4）信息编码与加密

可靠性信息编码的目的是防止硬件故障、软件错误和人为因素等原因引起的信息破坏。一般采用奇偶校验、海明校验和 CRC 校验等信息编码技术，通过在信息上附加冗余信息来实现。

加密旨在防止信息泄露，是保护信息的最基本方法。加密算法有传统的也有现代的，各有利弊。传统算法较简单，速度快，易实现，但保密强度较弱。现代算法保密强度高，但算法复杂，速度慢，不易实现。不管用哪种方法，只要加密的密匙和加密的算法不泄露出去，都是相当有效的。

9.3　计算机控制系统的抗干扰技术

本节讨论可靠性设计中的抗干扰技术问题。对计算机系统来说，干扰的来源是多方面的。从干扰侵入的途径看，有来自空间感应的干扰，如输电线、电气设备的电磁场等；有通过过程通道来的干扰，如串模干扰和共模干扰（串模干扰指在信号源回路中，干扰信号与有用信号串联在一起。两种信号的信号特征可能相差较大，也可能相差较小，甚至有可能十分接近或重叠。共模干扰指计算机系统的地与信号源的地之间，存在电位差。此电位差称为共模电压，可为直流或交流。共模电压叠加在有用信号上成为干扰）等；有通过供电电源系统来的干扰，如电压、频率的波动，电流畸变产生的高次谐波等；有计算机系统本身各分散部分接地线之间的电位差引起的干扰等。本节主要介绍几种常用的抗系统内部、外部干扰的硬件方法，并简单介绍几种软件抗干扰技术。

9.3.1　硬件抗干扰技术

1. 无源滤波器和有源滤波器

滤波器是一个四端网络。它只允许电源整个频谱中的一段或多段一定的频率幅度通到负载上去。滤波器由无源元件（如电阻 R、电容 C 和电感 L）组成时，称为无源滤波器；滤波器由 R、L、C 和有源元件（如晶体管、运放等）组成时，称为有源滤波器。这两种滤波器是电路设计中最常用的滤波器，主要用来滤除从电源端来的尖峰电流和瞬时噪声电压干扰，以及信号线上的杂波干扰。

1）电容滤波器和电感滤波器

电容 C 的电抗与频率有关。因此，可以利用电容的这个特性来构成滤波器。如图 9-5（a）所示为电容滤波器电路原理图，输入量为电流 $I_C(s)$，输出量为电压 $U_C(s)$，滤波器的传递函数

为

$$Z_C(s) = \frac{U_C(s)}{I_C(s)} = \frac{1}{Cs}$$

式中，$Z_C(s)$ 称为电容滤波器的阻抗函数，简称容抗。以 $s = j\omega$ 代入，得到频率特性为

$$Z_C(j\omega) = \frac{U_C(j\omega)}{I_C(j\omega)} = \frac{1}{Cj\omega}$$

从上式可见，ω、C 均与 Z_C 成反比，即当 C 一定时，ω 越高（低），则 Z_C 越小（大）。同样，当 ω 一定，C 越大（小），则 Z_C 越小（大）。

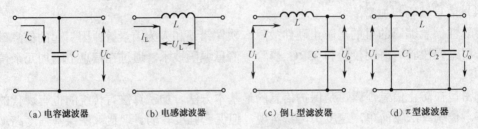

（a）电容滤波器　　（b）电感滤波器　　（c）倒 L 型滤波器　　（d）π 型滤波器

图 9-5　无源滤波器原理图

电感 L 的电抗也与频率有关，也可用来构成滤波器，如图 9-5（b）所示。设输入量为 $I_L(s)$，输出量为 $U_L(s)$，传递函数和频率特性分别为

$$Z_L(s) = \frac{U_L(s)}{I_L(s)} = Ls$$

$$Z_L(\omega) = \frac{U_L(j\omega)}{I_L(j\omega)} = j\omega L$$

$Z_L(s)$ 简称为感抗，它与 L 和 ω 均成正比。如图 9-5（b）所示为低通滤波器，随着要过滤的输入频率不断增大，在 L 上感抗两端的该频率的压降不断增大，输出端的该频率电压不断减小，从而实现低通。如果要过滤的干扰频率比较低，则 L 必须较大。制作这样的线圈相当困难，体积也很大。这时，可以将线圈绕在磁导率比空心线圈大得多的铁心或磁心上，线匝、体积均可减小。不过，由于铁心线圈的非线性特性，电感 L 与通过线圈电流的大小有关，不是一个常数。

对 C、L 进行不同的组合，可以构成各种滤波特性的滤波器。图 9-5（c）为倒 L 型滤波器，图 9-5（d）为π型滤波器。

【例 9-10】　写出负载开路的倒 L 型 LC 低通滤波器的传递函数和频率特性。求滤波器的转折频率。

解：设线圈的电感为 L，导线的直流电阻为 R，其值很小。$Z_L = R + j\omega L$，滤波器空载。传递函数和频率特性为

$$G(s) = \frac{U_O(s)}{U_I(s)} = \frac{Z_C(s)}{Z_L(s) + Z_C(s)} = \frac{1}{LCs^2 + RCs + 1}$$

$$G(j\omega) = \frac{1}{1 - LC\omega^2 + jRC\omega}$$

将频率特性用幅—相特性表示，其幅值特性为

$$A(\omega) = \frac{1}{\sqrt{(1-\omega^2 LC)^2 + (\omega RC)^2}}$$

为使计算简化，在半对数坐标纸上画出伯德（Bode）曲线，该曲线的纵坐标以 $20\lg A(\omega)$ 表示（因而变成了以"分贝"为单位，等间隔的），横坐标以 $\lg\omega$ 表示（每 10 倍频率宽度也是等间隔的，但间隔内的频率以对数取值）。对 $A(\omega)$ 取对数得

$$20\lg A(\omega) = -20\lg\sqrt{(1-\omega^2 LC)^2 + (\omega RC)^2}$$

当 $\omega^2 LC \ll 1$，R 很小，$RC\omega \ll 1$，得 $20\lg A(\omega) = 0$

当 $\omega^2 LC \gg 1$，得 $20\lg A(\omega) = -20\lg\omega^2 LC = -40\lg(\omega\sqrt{LC})$

当 $\omega^2 LC = 1$，$\omega_c = \dfrac{1}{\sqrt{LC}}$

得到如图 9-6 所示的曲线。ω_c 就是所求的转折频率，即小于此频率值的量几乎无阻滞地通过，而大于此值的频率量则以每 10 倍频程 40dB 衰减。如果是一阶的，则以每 10 倍频程 20dB 衰减。这里的传递函数是二阶的，故以每 10 倍频程 40dB 衰减，即每增加一阶，多衰减 20dB。可见，滤波器的阶数越高，滤波质量越好。

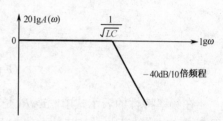

图 9-6　倒 L 型 LC 低通滤波器幅特性

2）阻容滤波器

LC 滤波器在对信号滤波的同时，对有用信号的衰减很少。但电感线圈制作麻烦，并不像阻容那样有系列产品可供选用。如果在电路设计上，允许在滤波的同时对有用信号有适当的衰减或供电水平有适当的下降，就可以用电阻代替电感而组成 RC 低通滤波器，它也有倒 L 型、π 型、T 型及单阶或多阶等结构形式。

【例 9-11】　写出负载开路的倒 L 型 RC 低通滤波器的传递函数和频率特性，并求滤波的转折频率。

解：传递函数和频率特性为

$$G(s) = \frac{U_O(s)}{U_I(s)} = \frac{1}{1 + RCs}$$

$$G(j\omega) = \frac{1}{1 + j\omega RC}$$

幅值特性为

$$A(\omega) = \frac{1}{\sqrt{1 + (\omega RC)^2}}$$

$$20\lg A(\omega) = -20\lg\sqrt{1 + (\omega RC)^2}$$

当 $\omega RC \ll 1$ 时，得　$20\lg A(\omega) = 0$

当 $\omega RC \gg 1$ 时，得　$20\lg A(\omega) = -20\lg\omega RC$

当 $\omega RC = 1$ 时，得转折频率为 $\omega_c = \dfrac{1}{RC}$

代入上式得

$$20\lg A(\omega) = -20\lg\sqrt{2} = -20 \times 0.15 = -3\text{dB}$$

如图 9-7 所示，在转折频率处，幅值有 −3dB

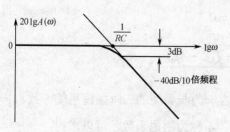

图 9-7　倒 L 型阻容低通滤波器幅特性

的误差。由曲线可见，从转折频率开始衰减 20dB，每加一阶再衰减 20dB。

3）有源滤波器

由电阻、电容和运算放大器组成的滤波器称为有源滤波器。有源滤波器的最大优点是电路有很高的输入阻抗和很低的输出阻抗，可以和前级信号源衔接，也可以带负载。近年来，集成电路有源滤波器已用得较多，本节只阐述最基本的一阶和二阶有源滤波器。

（1）一阶有源滤波器

如图 9-8（a）所示为一阶有源滤波器原理图。按运算放大器的原理立即可以推出其传递函数和频率特性为

$$G(s) = -\frac{Z(s)}{R_1}, \qquad Z(s) = \frac{R_2}{1 + R_2 Cs}$$

$$Z(j\omega) = \frac{R_2}{1 + j\omega R_2 C}$$

$$G(j\omega) = -\frac{R_2}{R_1} \frac{1}{1 + j\omega R_2 C}$$

在频率特性的表示式中，R_2/R_1 是一个常数，称为放大系数。而后面的部分是每 10 倍频程衰减 20dB 的环节，其特性曲线与倒 L 型无源滤波器相同，不同的是，放大系数把曲线抬高了 $20\lg(R_2/R_1)$。

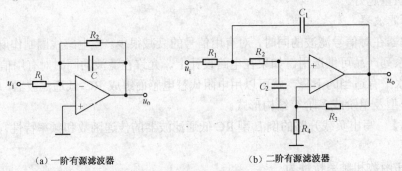

（a）一阶有源滤波器　　　　　　　（b）二阶有源滤波器

图 9-8　一阶和二阶有源滤波器原理图

（2）二阶有源滤波器

如图 9-8（b）所示为二阶有源滤波器原理图。在此不加推导地直接写出其传递函数为

$$G(s) = \frac{1}{(C_1 C_2 R_1 R_2)s^2 + C_2(R_1 + R_2)s + 1}$$

令 $T_1 = R_1 C_1$，$T_2 = R_2 C_2$，$T_3 = R_1 C_2$，上式的分母是特征多项式，特征方程为

$$T_1 T_2 s^2 + (T_2 + T_3)s + 1 = 0$$

以 $T_1 T_2$ 除全式，得

$$s^2 + \left(\frac{T_2 + T_3}{T_1 T_2}\right) + \frac{1}{T_1 T_2} = 0$$

两个根（系统两极点）为

$$s_{1,2} = \frac{-(T_2 + T_3) \pm \sqrt{(T_2 + T_3)^2 - 4T_1 T_2}}{2T_1 T_2}$$

取各种 R、C 值，可得由阻尼系数表示的各种振荡特性。为与典型的二阶振荡系统一致，再令 $\omega_n^2 = \frac{1}{T_1 T_2}$，$2\xi\omega_n = \frac{T_2 + T_3}{T_1 T_2}$，$\omega_n$ 称为固有振荡频率，ξ 称为阻尼系数，可以求得

$$\omega_n = \frac{1}{\sqrt{T_1 T_2}}, \qquad \xi = \frac{1}{2} \frac{(T_2 + T_3)\sqrt{T_1 T_2}}{T_1 T_2}$$

ω_n 就是所求的转折频率。

2. 屏蔽技术

把电磁能量限制在一定的空间范围内的技术称为屏蔽技术。通常采用某种可能的办法阻止电磁能量传播。相隔一定距离的两个电路之间发生电磁耦合的形式有 4 种，即电场耦合、磁场耦合、电磁场耦合和连接导线耦合，相应地，有 4 种屏蔽技术。

1）电场屏蔽

通过电容耦合而引起的感应称为静电感应或静电耦合，这是一种电压感应，如图 9-9（a）所示。假设在电路上有相隔一定距离的 A、B 两个带电体（元件）。为简便起见，以后各电量用其幅值表示。它们之间用寄生电容 C_M 耦合起来，其容抗为 Z_M。A 点有发生器干扰电势 E_A，B 点对地有耦合电容 C_B，其容抗为 Z_B，则 B 点感应出的耦合干扰电压为

$$U_B = E_A \frac{Z_B}{Z_M + Z_B} = E_A \frac{C_M}{C_M + C_B}$$

为了减小耦合，即减小 U_B，C_M 要小，C_B 要大。若 A、B 间放一块金属片 D，对地电容为 C_D，如图 9-9（b）所示，C_M 分为 C_1 和 C_2，还有不大的边缘剩余电容可以忽略。B 点上感应干扰电压为

$$U_B = E_A \frac{C_1 C_2}{(C_1 + C_D)(C_2 + C_B)} \tag{9-6}$$

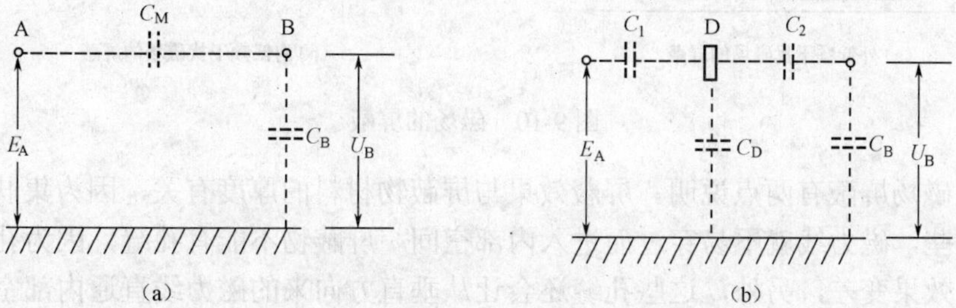

图 9-9　静电感应及其屏蔽

如果加大 C_D，以致达到无穷大（电容量与两极板的面积和介电常数均成正比，与两极板的距离成反比），即将 D 接地，则 U_B 接近为零，而不感应电压，相当于 D 把寄生电容短接到地了，屏蔽最为有效。

按上面的静电屏蔽原理，如果 D 是一个封闭的空心金属盒，金属盒接地，盒外的干扰电场便不会影响盒内的元件，同样，盒内的干扰源也不会影响盒外的元件。

对静电屏蔽有几点说明。屏蔽效果依赖于对地连接的质量。如果与机壳相连，机壳要用粗线接地，因为细线有感抗，干扰频率高时感抗很大，效果会变坏。金属板上小孔、狭缝的尺寸比干扰波长小得多，不影响屏蔽质量。因为 C_1 的容抗比大面积屏蔽金属的电阻大得多，流过 D 的电流极小，屏蔽效果几乎与 D 的厚度无关。

2）磁场屏蔽

寄生电感耦合的原理依据的是电磁感应定律。设 A 为产生交变干扰电磁场的源，在相隔

一定距离的 B 上感生出交变干扰电动势，其值随频率的增大而增大。若 B 是闭合回路的一部分，则回路中会产生交变电流，电流的方向是力图抵消感应它的磁场方向。设 B 的感生电势为 E_B，产生的电流为 I_B，A、B 间的互感系数为 M，B 回路的总阻抗为 Z_B，受感部分阻抗为 Z_K，则受感部分的感应干扰电压 U_K 为

$$U_K = E_B \frac{Z_K}{Z_B} = I_B \omega M \frac{Z_K}{Z_B} \tag{9-7}$$

屏蔽的任务就是减小或消除 A、B 间的磁耦合，即削弱 E_B 或 I_B。式（9-7）表明，元件受感干扰电压大小与干扰频率成正比。因此，屏蔽方法分为以下两个方面。

（1）对低频干扰磁场或变化缓慢干扰磁场的屏蔽

由于低频时集肤效应很弱，干扰磁场的磁力线可以深入到屏蔽材料的内部，因此，如果屏蔽物采用高磁导率的金属材料制成，如钢、坡莫合金等，当空间的干扰磁力线进入屏蔽物时，屏蔽物将为磁力线提供一条低磁阻的通路通过，然后进入空间再回到干扰源闭合，如图 9-10（a）所示，这样就使屏蔽盒内部的元件免受干扰。屏蔽的质量取决于屏蔽材料的磁导率和导磁体的磁阻。若要屏蔽直流干扰磁场，这是特定的情况，就非要用坡莫合金高磁导率材料不可了。同样，可以屏蔽内部元件产生的干扰，使之不会影响外部空间，如图 9-10（b）所示。

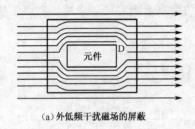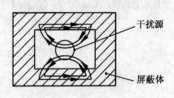

（a）外低频干扰磁场的屏蔽　　　　　　　（b）内低频干扰磁场的屏蔽

图 9-10　磁场的屏蔽

对低频磁场屏蔽有两点说明。屏蔽效果与屏蔽物材料的厚度有关，因为集肤效应弱，如果屏蔽物厚些，磁力线就不易穿过而进入内部空间。屏蔽物不能有孔缝，因为孔缝会使磁阻变大，屏蔽效果变差，另外，这些孔缝还会让从垂直方向来的磁力线直通内部空间。

（2）对高频干扰磁场的屏蔽

因为高频时集肤效应很强，所以干扰磁力线只集中作用在屏蔽材料的表层。屏蔽物不能用高磁导率材料而要用非磁性材料，如铜、铝等。高频屏蔽机理与低频屏蔽机理不同，为便于说明，假设屏蔽物是一个筒套，如图 9-11 所示。干扰磁力线作用在屏蔽物上时，将激励出交变电动势，并产生交变感应涡流。涡流的方向是力图使其产生的磁场与干扰磁场相反，称为反磁场，其磁力线通过筒外空间闭合。在筒套内部，涡流磁力线的方向与外干扰磁力线的方向相反而互相抵消；在筒套外部，涡流磁力线的方向与外干扰磁力线的方向相同而互相加强，就像涡流把干扰磁力线挤出去一样。显然，筒套的涡流越强，产生的反磁场就越强，屏蔽效果越好。而铜、铝的电阻率很小，产生的涡流将很大。

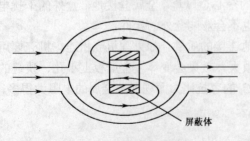

图 9-11　高频磁场的屏蔽

对高频磁场屏蔽有两点说明。高频磁场屏蔽的屏蔽物与低频磁场屏蔽一样不能有孔缝，如果需要有狭缝，则狭缝的长度不得超过波长的 0.25%～1%。对高频集肤效应要考虑屏蔽物的厚度，因为磁场透入深度与频率有关。严格地说，屏蔽物的厚度是要经过计算的。

3）电磁场屏蔽

一个载有高频交变电流的导体，在其周围空间会产生交变电磁场。这种电磁场变化的特点是频率高，产生的辐射作用强。由空间传播的干扰称为辐射干扰。辐射干扰源主要有：电气线路中的电源（变压器）电路、控制电路中的继电器和接触器、外部设备中的强电线路及配电线的天线等。产生辐射时，它们就成为发射天线。电磁场干扰除辐射传播外，还可通过导线传播，在导线上传播的电流电压波和在有限长度导线上的负载不是波阻抗时的反射波等均传播电磁波干扰，在仪器的输入端均产生干扰电压。因此，对电磁场干扰的屏蔽中，既包含对电、磁感应干扰的屏蔽，又包含对辐射干扰的屏蔽。前面关于对电场和对磁场屏蔽的方法可以用到这里来。

抗干扰的方法主要是屏蔽加滤波。屏蔽物用非磁性材料制成，可以很薄，透入深度很小，不能有孔缝，屏蔽物接地，还可实现静电屏蔽。在受干扰设备的输入端处加入 L、C 组合的一阶或二阶滤波器。最严重的情况是用屏蔽室把整个空间屏蔽起来。

4）导线屏蔽

现在来研究未加屏蔽的一条导线的情况。如图 9-12 所示，A 为信号发生仪器，B 为负载设备，二者由信号导线相连。当通过微弱信号的信号导线处在干扰场中时，由于导线与干扰源之间、导线与地之间存在寄生电容，会感应出静电干扰电压，其值参见式（9-6）。此外，导线上还受到干扰磁场的感应而产生干扰电压，其值参见式（9-7）。这些感应的干扰电压在导线上产生干扰电流 I_D，此电流产生干扰磁场，这实质上就是外干扰磁场。在信号线上加一个金属编织的网状屏蔽套，如图 8-12 中虚线所示。将屏蔽套两端 a、b 分别与机壳相接。I_D 将经导线→负载→屏蔽套→信号源回路形成流经屏蔽套的在空间上的反向电流，并产生一个大小相等的反

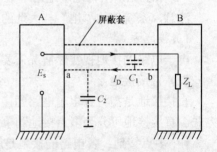

图 9-12　导线电磁屏蔽图

向磁场，与原磁场相抵消，从而实现磁屏蔽。原来 A、B 两部分的信号是通过机壳成回路的，为了得到屏蔽效果，现在机壳连接要分开，使屏蔽套成为唯一连接两部分的连线。

有几点要说明。工程上，屏蔽套几乎只用来连接几个部分的机壳，以消除各部分内部的寄生感应，或用来使各部件、设备避免从其他设备来的寄生感应。为防止屏蔽套与其他元件、机壳相碰，往往在其上加一个绝缘套。屏蔽部分的长度应小于该导线传递信号的最短波长的1/4，否则，屏蔽套会发生驻波，负载阻抗要等于特征阻抗才能避免。如果屏蔽套只有一端接机壳，屏蔽将失效。如果屏蔽套局部短接，也会破坏屏蔽。

再看静电屏蔽。现在屏蔽套是两点而不是一点接地。在两点接地时，就有了一个回路。由于屏蔽套有电阻和电感，流过反向电流时会产生压降，并叠加于有用信号上成为干扰。如果一点接地就不存在这个问题。不过，两点接地同样可以屏蔽静电干扰。如果干扰的频率很高，集肤效应使高频干扰电流只在屏蔽表面流过，产生的压降也是很小的。在这种情况下，两点接地还是可以接受的。

在使用屏蔽线的情况下，要特别注意屏蔽套必须接地。如果不接地，比不用屏蔽线还要

糟糕得多。因为铜导线的外层是绝缘层，介电常数远大于 1，而屏蔽套与铜导线的距离很小，两个因素合起来使 C_1 很大，$C_2=0$。导线上受到的干扰电压比无屏蔽线时大得多。

总结上面的分析，如果只用一种手段同时实现对干扰电场和磁场的完全屏蔽是做不到的。实践表明，用双绞线传输信号以抵消磁场干扰并不比屏蔽线差，因为双绞线的每一分节形成一个相互靠近的环路，环路空间中电流方向是相反的，产生的磁场相抵消。实验表明，屏蔽效果与绞距和线的对称性有关，以绞距为 1 英寸（2.54 cm）效果最好，噪声降低比值为 141:1，降低 43dB。

3. 接地技术

电气、电子设备的良好接地是抑制系统内部干扰耦合和防止外部干扰侵入的重要手段。如果接地不良，方式不对，会引入干扰，造成危害。首先介绍几个常用名词。

- 地：指大地。
- 接地：指在电气设备与大地土壤间做良好的电气连接。
- 保护接地：指为防止电气设备的绝缘损坏，导致触电危险而将设备的外壳接地。
- 中性点：简称中点，是指电路中的一点。它对电路各接线端间的电压的绝对值均相等。
- 零点：将中性点接地时，该中性点叫零点。
- 系统地：指在设计、计算电子电路时选择的参考电位，定为零电位，简称"地"。
- 模拟地：指将电子电路中模拟部分电路的接地点连在一起的点。
- 数字地：指将电子电路中数字部分电路的接地点连在一起的点。

注意，系统地的"地"与大地的"地"在字面上是相同的，但在概念上有区别。

1）接地方式

电子电路的接地视实际情况需要有 3 种方式。

（1）直接接地

直接接地是指将各电子电路的接地接到一条公共接地母线上。这是用得最多的一种接地方式。直接接地可分为多点接地和单点接地两种。

- 多点接地：各电路的接地是就近接到接地母线上的，利用母线代替各自电路的返回线。在设计印制电路板时，母线常造成宽大的版面，以减小地电流引起的电位差，避免耦合干扰。有的设计用金属底板作为地线，底板上并不是所有点都是零电位的。大功率电路底板地线的电流密度大，对同一公共地线的小功率电路干扰很大。因此，多点接地虽然简单，但设计时应有周密的布局考虑。
- 单点接地：在电路内选定一点为参考点，所有接地都接到这一点上。这种接法在一定程度上减小了地电流的耦合干扰，但接线多而长，常在要求高的场合使用。

【例 9-12】 一电气系统，由一交流电源供电。系统由计算机系统柜、磁性元件柜、操作面板和数控机床等单元组成。问此系统应该用单点接地还是多点接地？

解：应该用单点接地。因为该系统强、弱电都有，各单元对地电位各不相同，噪声信号产生的压降很容易进入单元间的信号线。因此，应在系统中建立一个公共接地点。考虑到计算机系统是整个系统的控制中心，最好利用计算机系统柜作为公共点，将各单元的地线均用专线连接到计算机柜的同一个接线端点上，这样保证各单元接地没有电位差。

（2）浮动接地

浮动接地是指电路的整个地线系统与大地之间无导体连接，以一个悬浮的"地"作为系统的参考电位。这种浮地方式中，整个地系统对大地的电阻很大，对大地的寄生电容很小，引起的干扰电流很小，因而加于电子设备输入端的共模干扰电压很小。这种方式抗共模干扰的能力很强，对微弱信号的测量特别有用。但是，由于电子系统并不与大地（或零点）相接，不能确保其地电位稳定。一旦由于某种干扰原因使地电位出现波动，干扰就会通过电路的输入端对大地的寄生电容窜入系统内部，可见，抗差模干扰的能力就差些。此外，这种方式没有保护接地或保护接零，这也是其缺点。

（3）电容接地

电容接地是指通过电容器把系统地与大地连起来。主要是用接地电容器给干扰的高频分量提供一条低阻抗通路。这种接地方式适用于其系统地对大地必须有一直流电位差的电子系统，不允许把系统地直接接大地。这种方式同样存在浮动接地的缺点。

2）屏蔽接地

现在研究使用屏蔽导线时，屏蔽套如何接地的问题。有两种接地方案可供选择。一种是接地点选在仪器侧，另一种是接地点选在信号源侧，如图 9-13 所示。图 9-13（a）中，信号源的地（大地）与仪器的系统地之间有一共模干扰电压 E_{CM}，可以等效地画成如图所示的干扰电压源。此干扰电压向导线与屏蔽套之间沿线的寄生电容充电，在导线上产生干扰电流，该电流的压降叠加在有用信号上，在仪器的输入端形成干扰。在工厂现场等用电情况复杂的地方，共模干扰电压是很大的，用屏蔽线并不能消除共模干扰问题。图 9-13（b）中把接地点接在信号源侧，此时，屏蔽套与信号源几乎保持同电位，干扰电流从 E_{CM} 经屏蔽套的入端寄生电容到地，而不经过整个屏蔽套，不会在信号导线上产生干扰。

两种方案相比较，从抗干扰角度出发，接地点应在信号源侧，但是，在工厂现场将屏蔽套接大地较难实现。而接地点在仪器侧容易做到，但只有在共模电压小的场合才是可以接受的。

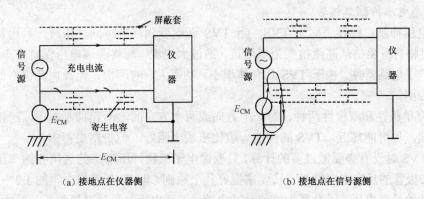

（a）接地点在仪器侧　　　　　　　　　　（b）接地点在信号源侧

图 9-13　屏蔽套接地点的选择方案

4．电源干扰的抑制

电源方面的干扰主要来自两个方面。第一，系统的供电电源是从电网经变压、整流、滤波和稳压而得到的，来自电网的各种干扰便引入到内部。第二，多个计算机系统或多台外部设备公用同一个电源，通过电源线路产生相互干扰。干扰的途径主要有电磁感应耦合、电容耦合、辐射耦合、公共阻抗耦合等几种。因此，抑制电源方面的干扰也主要是从这些方面考虑的。

1）交流稳压器

交流稳压器适用于电网电压波动较大，而计算机系统对供电稳压要求较高的场合。常用的是电磁式交流稳压器，它属于磁饱和稳压器，具有较好的稳压及抗电网干扰的性能。但稳压器重量大，价格高，且输出波形有一些失真，产生 3、5 次谐波，加重了后面的滤波负担。因此，只在有特别需要的场合使用。在这些场合中，除计算机系统内部的直流稳压外，前面还要加一级交流稳压。

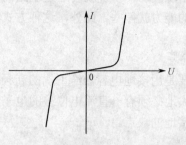

图 9-14　压敏电阻器的伏安特性

2）压敏电阻的应用

压敏电阻是一种非线性电阻元件。当加于电阻两端的电压有微小变动时，会引起大的电流增量，其伏安特性如图 8-14 所示。因此，可以利用这种特性来达到吸收过压和消除瞬变尖峰的目的。

压敏电阻中以 ZnO 的特性最好。其电压范围宽、容量大、功耗小，可吸收不同极性的过电压，交、直流均适用。压敏电阻的用法是，与过压源并联，并尽可能靠近。例如，可跨接在电源变压器的原绕组、副绕组两端，或跨接在用电设备入端电源的两端等。如图 9-15 所示为压敏电阻的接线方式举例。

【例 9-13】　有一个整流电路，直流输出 100V，线路阻抗 1Ω，感性负载。若负载电阻 $R = 1\text{k}\Omega$，电感 $L = 0.4\text{H}$，负载的最高耐压为 150V，试选用压敏电阻。

解：按经验式 $V_{1\text{ma}} = 2.2\text{V AC}$ 或 $V_{1\text{ma}} = 1.5\text{V DC}$，求出标称电压为 $V_{1\text{ma}} = 1.5 \times 100 = 150\text{V}$

估算浪涌电流为 $I_Z = 150\text{V}/1\Omega = 150\text{A}$

浪涌的持续时间为 $t = L/R = 0.4/1 = 0.4\text{ms}$（H = Ω·s）

估算得浪涌能量为 $E = V_{1\text{ma}} I_Z t = 150 \times 150 \times 0.4 \times 10^{-3} = 9\text{J}$（J = W·s）

至此，可查手册选用压敏电阻。

3）瞬态电压抑制二极管

瞬态电压抑制二极管简称为 TVS。当 TVS 两端受到高能瞬间冲击时，利用反向击穿特性，能瞬时将自身阻抗从高阻抗变为低阻抗，通过大电流，而将两端电压保持在一个数值上，这样就保护了电路器件。由于 TVS 具有体积小、功率大、响应快、无噪声及价格低的特点而得到广泛应用。

TVS 有单极性和双极性两种，对一个方向或两个方向的浪涌起抑制作用，跨接于要保护的电路两端，尽可能靠近。TVS 的性能一般比压敏电阻好，但价格贵得多。

选用 TVS 时没有必要做过多的计算，只要像电子工程师所熟悉的选用齐纳二极管那样就行，利用二极管的反向击穿特性。只要掌握好几个原则，即 TVS 雪崩电压的 1.2～1.4 倍应小于保护元件的最高电压，以及最大峰值脉冲电流（浪涌电流）和功率耗散要预算大一些就行。如图 9-16 所示为 TVS 接线方式举例。

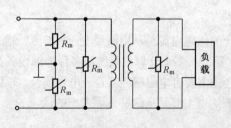

图 9-15　压敏电阻的接线方式举例

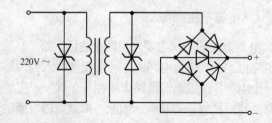

图 9-16　TVS 接线方式举例

4）交流线间滤波器

在电网来的交流电源的进线端接入一个四端网络的滤波器，此滤波器应能让 50Hz 的正弦波顺利通过，从而有效抑制高频干扰。滤波器由电容、电感或二者组合构成，有单阶的或多阶的。不过，对低于 50Hz 的干扰，则无能为力。

在交流线间滤波器中，有一种平衡式交流线间滤波器特别有用，它接在电网电源的入口处，几乎能消除高频干扰而又不使电源电压有所降落。现代的电子仪器中，在电源变压器的前面几乎都加入这种滤波器。如图 9-17 所示为平衡式交流线间滤波器的原理图。

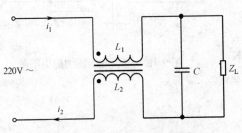

图 9-17　交流线间滤波器原理图

图 9-17 中，L_1、L_2 是两个电感相等的线圈，匝数 W 和线径相同，密绕在一个磁心上，但绕向相反，这点在图上用黑点标志的同名端来表示。C 为旁路电容，Z_L 为负载阻抗。

电流 i_1、i_2 为高频干扰电流，即输入电流中的干扰部分。可以证明，此电路能使高频干扰几乎全部抵消。

设线圈 1 的自感磁通为 F_{11}，其磁链为 $P_{11} = W_1 F_{11}$，互感磁链为 P_{21}。同样，可得线圈 2 的自感磁通为 F_{22}，其磁链为 $P_{22} = W_2 F_{22}$，互感磁链为 P_{12}。于是可得

$$L_1 = \frac{P_{11}}{i_1}, \quad M_{21} = \frac{P_{21}}{i_1}, \quad L_2 = \frac{P_{22}}{i_2}, \quad M_{12} = \frac{P_{12}}{i_2}$$

此处，符号 L、M 为线圈的自感、互感系数。可以求得线圈 1 和线圈 2 的磁通链分别为

$$\Phi_1 = L_1 i_1 - M_{21} i_1, \quad \Phi_2 = L_2 i_2 - M_{12} i_2$$

适当选取电容 C 的值，使高频干扰电流旁路，不会经过负载，从而保证两个线圈处于同样状态，得 $i_1 = i_2 = 2$，$L_1 = L_2 = L$，$M_{12} = M_{21} = M$。电路总的电感为

$$L_0 = \frac{\Phi}{i} = \frac{\Phi_1 + \Phi_2}{i} = 2L - 2M \tag{9-8}$$

两个线圈的耦合系数定义为
$$k = \frac{M}{\sqrt{L_1 L_2}} = \frac{M}{L} \leqslant 1$$

设耦合是理想的，$k = 1$，代入式（9-8）得 $L_0 = 0$。

此结果说明，干扰在电源输入端处已经抵消，不能产生感应电势，无干扰电流进入负载。由于两个线圈耦合不可能理想，因此，干扰不可能被完全抵消。此外，因为高磁导率的磁心中通过的电流虽大，但体积小，一般用电感量为 1～1.5mH，60～80 匝的磁心就可以了。

5）电源变压器的静电屏蔽

本部分是前面电场屏蔽原理在电源变压器中的应用。变压器的原边和副边都是由金属导线绕制成的，原副边的各个线匝间都构成一个寄生电容，如图 9-18 所示。将寄生电容表示成图中的 C_M、C_3 和 C_4，这样，原、副边之间就有两条通道：一条是正常通道，原、副边间的电磁耦合；另一条是绕组间的寄生电容。从电网来的进入原边绕组的高频干扰电压会通过寄生电容组成的分压器耦合到副边，参见式（9-6）。注意，这个分压器的地是对原边的地（电网）而言的，而不是对副边的地（系统地），即 B 点而言的，因此，副边输出端所接的低通滤波不能滤掉这些干扰。为此，在原、副边间加入静电屏蔽层 M，并将其接大地，此时干扰从原边经 C_1 到 M 入地，便可很好地将干扰滤掉，而不耦合到副边去。

屏蔽层用非磁性材料制成，可以很薄，厚度同线匝宽度，置在原、副边之间，用粗线引出。屏蔽层不能闭合，应留下一个缝隙，否则，将相当于副边一匝短路，引起变压器过载烧毁。屏蔽层不用薄金属片而用细铜线密绕一层线匝，线末端开路绝缘，始端引线接出，其效果也相当好。

以上加一层屏蔽的方法并不能全部消除干扰，可以再加一层如图 9-18 所示的屏蔽层 N，并接到副边的 B 点，这时干扰电压 E 先经屏蔽层 N，再经 N 到原边的寄生电容后到原边绕组入地，而不在副边绕组产生压降，这样可滤掉剩余干扰。

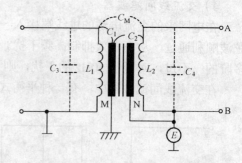

图 9-18　电源变压器的静电屏蔽

9.3.2　软件抗干扰技术

进入计算机系统的干扰通常是宽度和幅度不等的持续时间很短的尖脉冲，频谱很宽，带有随机性。采用硬件方法往往只能抑制某个频段或几个频段的干扰，仍有一些干扰会侵入到系统中，因此还必须采取软件抗干扰措施。在要求速度不高的情况下，软件抗干扰相当有效。与硬件抗干扰是一种主动措施不同，软件抗干扰是一种被动措施，是一种辅助方法，即它在系统受到干扰后，使系统恢复正常运行，或在输入信号受干扰后，去伪存真。由于软件设计可节省资源，运用灵活，不失为一种重要的抗干扰手段。

本节只概略介绍几个基本的软件抗干扰技术概念，具体的设计方法请参阅有关资料。至于用软件方法对采集的数据进行滤波处理，请参阅本书第 2 章第 2.2.3 节有关数字滤波的内容。

1．指令冗余技术

计算机是用程序计数器 PC 来控制程序执行的，如果 PC 因干扰而出现错误，程序的执行便会脱离正常轨道，俗称程序乱飞。对于双操作数或三操作数指令，PC 飞到某个操作数存储单元，会误将操作数变成操作码执行，而可能又将其后的操作码作为操作数，或者飞到另一个操作码执行，由于前面的语句没有执行，也会使程序出现逻辑错误。单字节指令只有操作码，而操作数是隐含的，如果程序只由单字节指令构成，就不易存在乱飞现象；如果程序包含有较多的双字节指令、三字节指令，出错的概率就大一些。

克服程序乱飞的办法有以下 3 种：

① 多用单字节指令；

② 在双字节指令和三字节指令之后插入两条 NOP 指令，模拟操作数；

③ 对程序的流向起决定作用的指令（如 MCS-51 汇编语言的 RET、RETI、ACALL、LJMP 和 DJNZ 等），或对系统工作状态起决定作用的指令（如 SETB、EA 等），可在这些指令前面插入两条 NOP 指令，或将指令重复书写，即使 PC 指针乱飞到这些指令上也可回到正常轨道。

这里重复的或多余的指令就是冗余指令，实际上是增加了 PC 的落点范围，减小出错概率。

指令冗余无疑会降低系统的工作效率，但现在 CPU 的频率越来越高，多执行几条指令对系统实时性影响不大。

2．软件陷阱技术

使用指令冗余技术把乱飞的程序拉回来是有条件的。首先，乱飞的程序必须落到程序区内，然后必须执行到冗余指令。如果程序乱飞进入到非程序区或表格区，冗余指令技术将失效。解决的办法是使用软件陷阱技术。软件陷阱是一条引导指令，可以拦截乱飞的程序并将其引导到指定位置，在该处用专门的处理程序进行出错处理，从而使程序纳入正常轨道。引导指令为一条无条件转移指令。为了加强拦截能力，可在其前面增加若干条 NOP 指令。若出错处理程序的入口地址为 ERR，则软件陷阱为

    ...

    NOP

    NOP

    JMP ERR

程序设计时，常采用模块化设计方法，程序是一个个模块执行的，这样可以将陷阱指令组分散放置在用户程序的各模块之间的空余单元内。在正常的情况下，不执行这些指令，一旦程序乱飞落入这些陷阱区，就马上将程序拉回正常轨道。

陷阱设置多少视用户程序大小而定。一般，1KB 的程序内要有数个陷阱。

3. 看门狗技术（Watchdog）

程序因受干扰而出现死循环时，指令冗余技术和软件陷阱技术皆无能为力，此时可以用程序监视技术来监测，并使程序脱离死循环，这就是"看门狗"技术。应用程序通常采用循环运行方式，每一次循环的时间大致固定。"看门狗"不断监测程序循环运行的时间，一旦发现程序运行时间超过循环设定的时间，就认为系统已陷入死循环，然后强迫程序返回到已安排了出错处理程序的入口处，使系统恢复正常运行。

看门狗技术可由硬件实现，也可由软件实现，或者可由硬、软件结合实现。近年来，已开发出具有看门狗功能的单片机及微处理监控芯片，使用十分方便。

由硬件实现看门狗技术可有效地克服主程序或中断服务程序由于陷入死循环所带来的不良后果，但干扰有时会破坏中断方式控制字，导致中断关闭，这时硬件看门狗的功能就无法实现，而要依靠软件对中断关闭故障的监视。但也要注意，软件看门狗对高级中断服务程序陷入死循环无能为力，此时又要依靠硬件去监视。总之，硬、软件要相互配合，取长补短。

9.4　计算机控制系统设计举例

过程控制系统是计算机控制重要的应用领域。过程控制参数有温度、压力、液位、流量和成分等，液位在工业过程中是一种重要的被控参数。下面以一个储罐液位控制系统为例来介绍计算机控制系统的设计过程。

1. 控制系统的总体描述

设计之前，要对被控系统的结构、工艺过程等做尽可能多的认识。储罐液位控制系统示意图如图 9-19 所示。流量 q_1 经过进水调节阀并通过长度为 l 的管道流入储罐，罐内的液体经过出水调节阀流出，输出流量为 q_2。当进水阀开度产生变化后，输入流量要经过长度为 l 的管道，即经传输时间 τ 后才能流入储罐，使液位 h 发生变化。已知液体为非腐蚀性、非导电液体，储罐的横截面积为 A，进水阀与出水阀的液阻分别为 R_1、R_2。

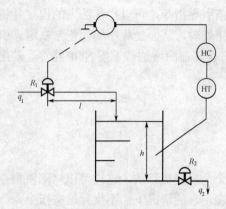

图 9-19　储罐液位控制系统示意图

1）性能指标要求

① 静差：系统过渡过程结束时，给定值与被控量稳态值之差不超过给定值的 2%。

② 超调量：系统超调量不超过稳态值的 5%。

③ 上升时间：从 0 上升到稳态值 95% 的时间不超过 550s。

④ 调节时间：在 2% 稳定带内，调节时间不超过 700s。

2）控制系统的组成部分

单回路液位控制系统组成框图如图 9-20 所示。

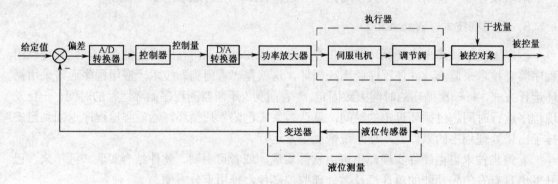

图 9-20　单回路液位控制系统组成框图

① 被控对象：储罐。

② 液位测量：液位测量由液位传感器和变送器组成。其中，液位传感器为电容式液位计，当液位上升或下降时，处于液体中的两相电极所产生的电容量被电子线路测得，并转换成与液位高度成比例的电压信号输出。变送器将电压信号变为双线制 1～5V DC 标准电压信号输出。

③ 执行器：电动比例调节阀。接收控制器的控制信号，输出为阀门的开度。

④ 控制器：单片机，输入为偏差，输出为控制量。

⑤ A/D 转换器、D/A 转换器：A/D 转换器将测量的模拟量转换为数字量送给控制器处理，而 D/A 转换器将数字量转换为模拟量送给电动比例调节阀。

⑥ 功率放大器：匹配控制器的输出与电动比例调节阀的输入功率。

3）控制系统的参量

① 被控量：即输出量，液位。

② 控制量：阀门开度，是控制器的输出值。

③ 调节介质：对被控量起调节作用的物理介质，为液体。

④ 给定值：即输入量，对应于被控量的稳态值。

⑤ 偏差：被控量与给定值之间的差值。

⑥ 干扰量：所有引起被控量波动的量。

2. 被控对象的数学模型

一个被控对象，当完全不知其内部结构和参量时，视为"黑箱"；当部分知道其内部结构和参量时，视为"灰箱"。建立被控对象的数学模型对提高系统的控制质量起着积极的作用。建立数学模型的方法一般分为机理建模法和实验建模法两种。根据过程的内在机理，通过静态与动态的物料平衡和能量平衡关系，用数学分析的方法求取过程数学模型的方法称为机理建模法。而根据过程输入/输出数据，即通过过程辨识与参数估计的方法建立过程数学模型的方法称为实验建模法。这种方法一般适用于模型结构较简单的过程。对一个新系统或未知系统来说，机理建模法是必不可少的，但可能因为对系统的认识不足而使建立的模型不够准确，这时可以通过实验建模进行补充与完善，二者相辅相成。对于已知系统结构，但未知系统参数的过程，实验建模法是很有用的。一些在工业生产中常见的被控过程，如加热炉、储罐和混合器等，其数学模型结构早已推导出来，未知的是模型中的参数，这时可以通过实验方法更快地找到较准确的参数。

下面用两种方法建立储罐过程的数学模型。

1）机理建模法

本过程只有一个储蓄容量，称为单容过程。已知储罐的流入量为 q_1，改变阀1的开度可以改变流量 q_1 的大小；储罐的流出量为 q_2，它取决于用户的需要，改变阀2的开度可以改变流量 q_2 的大小；液位 h 的变化反映了由于 q_1 与 q_2 不相等而引起的液体在罐内的积累。设 h 为被控量，q_1 为输入量，q_2 为扰动量，构成单输入单输出有扰动的系统。

设储罐的截面积为 A，高度为 h，水体积为 Ah，根据动态物料平衡关系有

$$q_1 - q_2 = A\frac{\mathrm{d}h}{\mathrm{d}t} \tag{9-9}$$

这是累积流量关系式。

系统研究更关心的是在某平衡状态下的增量式，设各参数分别为 q_{10}、q_{20}、h_0，则增量为

$$\Delta q_1 = q_1 - q_{10}, \quad \Delta q_2 = q_2 - q_{20}, \quad \Delta h = h - h_0$$

则式（9-9）变为

$$\Delta q_1 - \Delta q_2 = A\frac{\mathrm{d}\Delta h}{\mathrm{d}t} \tag{9-10}$$

在静态时，有

$$\Delta q_1 = \Delta q_2, \quad \frac{\mathrm{d}\Delta h}{\mathrm{d}t} = 0$$

在动态时，求出流出量 q_2 与液位 h 的关系。

由流体力学知

$$q_2 = \rho_2 v_2 A_2 \tag{9-11}$$

式中，ρ_2、v_2 和 A_2 分别是出口流体的密度、速度和截面积。

根据伯努利方程有

$$\frac{p_1}{\rho_1} + \frac{v_1^2}{2} = \frac{p_2}{\rho_2} + \frac{v_2^2}{2} \tag{9-12}$$

式中，p_1、p_2 为流体在阀2前后的压力；v_1、v_2 为阀2前后的流速；ρ_1、ρ_2 为阀2前后的密度。

由于储罐的截面积比出水管的截面积大得多，出水口无定量泵，且流体无压缩，故认为 $v_1 \approx 0$，$p_2 \approx 0$，$\rho_1 = \rho_2 = \rho$，代入式（9-12）得

$$v_2 = \sqrt{\frac{2}{\rho}(p_1 - p_2)} = \sqrt{\frac{2}{\rho}p_1}$$

因为

$$p_1 = \frac{\rho V g}{A} = \frac{\rho A h g}{A} = \rho h g$$

所以
$$v_2 = \sqrt{\frac{2}{\rho} p_1} = \sqrt{2hg}$$

代入式（9-10）得
$$q_2 = \rho_2 A_2 \sqrt{2hg} = K_c h^{\frac{1}{2}}$$

式中，K_c 为系数。可见，液位与流量呈非线性关系。对曲线进行线性化处理，可近似认为 Δq_2 与 Δh 成正比。

与电学中电阻的概念类比，定义液阻为
$$R_2 = \frac{\Delta h}{\Delta q_2} \tag{9-13}$$

在式（9-10）和式（9-13）中消去中间变量，得
$$\Delta q_1 - \frac{\Delta h}{R_2} = A \frac{\mathrm{d}\Delta h}{\mathrm{d}t} \tag{9-14}$$

这是被控对象以微分方程式表示的数学模型。

对上式进行拉氏变换，得数学模型的传递函数表达式为
$$G_0(s) = \frac{H(s)}{Q(s)} = \frac{R_2}{R_2 As + 1} = \frac{K}{T_0 s + 1} \tag{9-15}$$

考虑到调节阀 1 与实际储罐的入口有一段距离，滞后时间为 $\tau = l/v$，故数学模型写为
$$G_0(s) = \frac{K}{T_0 s + 1} \mathrm{e}^{-\tau s} \tag{9-16}$$

这样就将过程数学模型的结构确定了，是含纯滞后的一阶惯性环节。对于其中的系统参数，虽然可以通过推导的方法得到，但用实验方法则更简便。

2）实验建模法

以图 9-20 所示的结构连成系统，实验在开环状态下进行。在某稳定状态下，突然断开功率放大器的输出，手动外接一个阶跃输入信号，在液位计的输出端采样记录液位的数据及对应的电压值，画出变化曲线。实验需多设计几种情况并多测几组数据，其中一组时间与液位的数据见表 9-5。阶跃输入电压值为 $\Delta u_i = 2.76\text{V}$，稳态时传感器的输出电压为 $\Delta V = 5.52\text{V}$。

表 9-5　单位阶跃响应曲线实验数据

t/s	0	10	20	40	60	80	100	140
h/cm	0	0	2.1	8.3	20.1	36.5	53.9	88.4
t/s	180	250	300	400	500	600	700	
h/cm	113.6	149.1	165.7	184.0	192.3	196.5	196.5	

用 MATLAB 语言描点画出响应曲线，对采样点之间的数值用线性插值的方法画出，作为参考，程序如下。响应曲线如图 9-21 所示。

```
time=[0 10 20 40 60 80 100 140 180 250 300 400 500 600 700];%原始数据
high=[0 0 2.1 8.3 20.1 36.5 53.9 88.4 113.6 149.1 165.7 184.0 192.3 196.5 196.5];
h=1:10:700;
t1=interp1(time,high,h,'linear');%使用线性插值法
plot(time,high,'.',h,t1)
title('在线性插值下的液位曲线'),
```

```
xlabel('时间');
ylabel('液位');
```

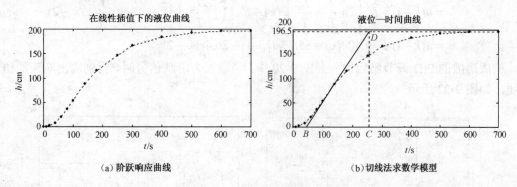

(a)阶跃响应曲线   (b)切线法求数学模型

图 9-21 对象的阶跃响应曲线

从表 9-5 及图 9-21（b）可见，系统有一纯滞后，稳态值为 $y(\infty)=196.5$。在曲线的最大斜率处（拐点处）作切线，交横轴于 B 点，交稳态值于 D 点，过 D 点作横轴的垂线交于 C 点，则得到纯滞后时间为

$$\tau = \overline{OB} = 50 \text{ s}$$

时间常数为

$$T_0 = \overline{BC} = 255s$$

放大倍数为

$$K = \frac{y(\infty) - y(0)}{x_0} = \frac{\Delta V}{\Delta u_i} = 2$$

故对象的数学模型为

$$G_0(s) \frac{K}{T_0 s + 1} e^{-\tau s} = \frac{2}{255s + 1} e^{-50s}$$

这是含纯滞后的一阶惯性环节。定义从 0 上升到稳态值的 95%的时间为上升时间，为时间常数的 3 倍；调节时间为进入稳定带 2%的时间，为时间常数的 4 倍，则上升时间为

$$t_r = 3T_0 + \tau = 815 \text{ s}$$

调节时间为

$$t_s = 4T_0 + \tau = 1020 \text{ s}$$

显然，性能指标不符合要求。

为了使系统的响应达到期望性能指标的要求，必须加控制器，构成闭环反馈系统。根据第 5 章学习的内容，控制器的控制规律可以是 PID 算法、最少拍无差算法和达林算法等。下面对这几种方法进行分析比较。

3. 数字控制器的设计

1）离散 PID 算法控制器

用扩充响应曲线法进行数字调节器 PID 参数整定的方法，可选择 PID 的 3 个参数和采样时间。

由于 $T_0/\tau = 255/50 = 5.1$，值较大，即 τ 相对于 T_0 而言较小，则可选择较小的控制度。查表 5-6，选控制度为 1.05 时的 PID 调节器，参数为

$$T = 0.05\tau = 2.5 \text{s}$$

$$K_P = 1.15(T_0/\tau) / K = 2.933$$

$$T_I = 2.00\tau = 100 \text{s}$$

$$T_D = 0.45\tau = 22.5 \text{s}$$

代入式（5-60）得位置 PID 算法的控制量递推式

$$u(k) = u(k-1) + \Delta u(k)$$

$$= u(k-1) + K_P\left(1 + \frac{T}{T_I} + \frac{T_D}{T}\right)e(k) - K_P\left(1 + \frac{2T_D}{T}\right)e(k-1) + K_P\frac{T_D}{T}e(k-2)$$

$$= u(k-1) + 29.40e(k) - 55.73e(k-1) + 26.4e(k-2)$$

构成离散的 PID 调节器后加入到图 9-20 中，当输入为阶跃信号时，得到输出响应的仿真曲线，如图 9-22 所示。

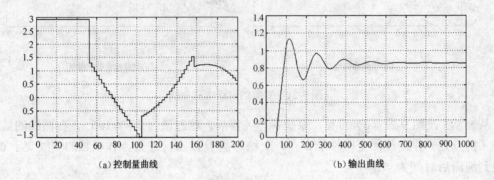

（a）控制量曲线 　　　　　（b）输出曲线

图 9-22　离散 PID 算法输出曲线图

图 9-22 中显示，静差为给定值的 14.6%，超调量为 32.4%，系统的上升时间为 94s，调节时间为 480s。可见，性能指标不满足要求。对所选参数进行调整，波形有所改善，但仍然达不到性能要求。这是因为 PID 调节器对含纯滞后环节系统的调节能力较差，另外，性能指标也要求较高。换言之，对于含纯滞后环节的系统，只有当控制质量要求不太高时，才适宜用 PID 调节器。

2）最少拍算法控制器

按最少拍的设计步骤进行设计。

$$G(z) = z^{-d}(1-z^{-1})Z\left[\frac{G_0'(s)}{s}\right] = z^{-d}(1-z^{-1})\frac{K}{s(T_0 s+1)} = \frac{K(1-e^{-T/T_0})z^{-d-1}}{1-e^{-T/T_0}\cdot z^{-1}}$$

式中，$d = \tau/T$。

广义对象满足无纹波的条件，且 $m=d$，$n=q=1$，则

$$\Phi_e(z) = (1-z^{-1})^q F_1(z) = (1-z^{-1})(1 + f_{11}z^{-1} + \cdots + f_{1d}z^{-d})$$

$$\Phi(z) = z^{-d}F_2(z) = z^{-d}\cdot f_{21}z^{-1}$$

由 $\Phi_e(z) = 1 - \Phi(z)$ 解得

$$\Phi(z) = z^{-d-1}$$

$$\Phi_e(z) = 1 - z^{-d-1}$$

则

$$D(z) = \frac{\Phi(z)}{G(z)\Phi_e(z)} = \frac{z^{-d-1}}{\dfrac{K(1-e^{-T/T_0})z^{-d-1}}{1-e^{-T/T_0}z^{-1}}(1-z^{-d-1})} \tag{9-17}$$

$$= \frac{1-e^{-T/T_0}z^{-1}}{K(1-e^{-T/T_0})(1-z^{-d-1})} = \frac{b_0 - b_1 z^{-1}}{1-z^{-d-1}}$$

则控制量
$$u(k) = b_0 e(k) - b_1 e(k-1) + u(k-d-1)$$

选择采样周期，应使 d 为整数。初选 $T=25s$，$d=3$，数据代入式（9-17）并仿真得到一条连续阶跃响应输出曲线，如图 9-23 所示。

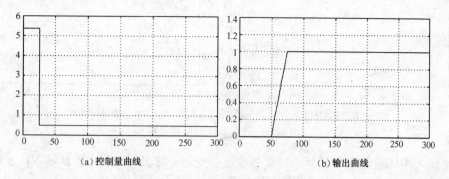

（a）控制量曲线　　　　　　　（b）输出曲线

图 9-23　最少拍算法输出曲线图

曲线显示，输出纯滞后为 50s（2 拍），再经过 25s（1 拍）后，即总共经过 d=3 拍后，输出开始跟踪输入。从控制曲线上看，控制作用仅 1 拍，控制量的幅度较大，容易造成控制超限，对执行机构也造成较大的冲击。

修改采样周期，T=50s，d=2，仿真显示控制作用也为 1 拍，但时间加长，控制量的幅度降低约 1/2。

3）达林算法控制器

根据期望系统性能指标的要求，预选等效的闭环系统为含纯滞后的一阶惯性环节，时间常数 T_0=150s，纯滞后时间与原对象相同，并验证之。

上升时间为　　　　　　　　$t_r = 3T_0 + \tau = 500 < 550\,s$
调节时间为　　　　　　　　$t_s = 4T_0 + \tau = 650 < 700\,s$

可满足性能指标的要求。

等效闭环系统的传递函数为　$\Phi(s) = \dfrac{K}{T_\tau s + 1} e^{-\tau s} = \dfrac{2}{150s+1} e^{-50s}$

重写达林算法的控制器模型为

$$D(z) = \frac{(1-e^{-T/T_\tau})(1-e^{-T/T_0}z^{-1})}{K(1-e^{-T/T_0})[1-e^{-T/T_\tau}z^{-1} - (1-e^{-T/T_\tau})z^{-d-1}]} \tag{9-18}$$

初选采样时间为 T=50s，则 $d = \tau/T = 50/50 = 1$，代入式（9-18），得

$$D(z) = \frac{0.7959(1-0.8219z^{-1})}{1-0.7165z^{-1} - 0.2835z^{-2}}$$

将控制器代入闭环系统中，并仿真，观察输出响应曲线的变化，如图 9-24 所示。

控制曲线显示，第 1 拍的控制幅度不等太大，而后逐步减小，对执行机构的冲击较小，容易实现。对加了控制器的闭环响应曲线进行分析，超调量、上升时间、调节时间和稳态值都能达到指标要求。

修改采样时间，$T=10s$，则 $d = \tau/T = 50/10 = 5$，代入式（9-18），得

$$D(z) = \frac{0.8377(1-0.9615z^{-1})}{1-0.9355z^{-1} - 0.0645z^{-6}} = \frac{0.8377 - 0.8054z^{-1}}{1-0.9355z^{-1} - 0.0645z^{-6}} \tag{9-19}$$

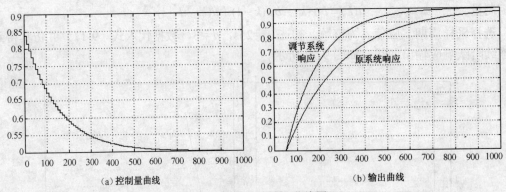

(a) 控制量曲线　　　　　　　　(b) 输出曲线

图 9-24　达林算法输出曲线图

同样代入闭环系统中,可见,仿真曲线没有变化。这表明,对于阶跃输入,采样周期的选择影响不大。以式(9-19)推导控制器的算法。

用直接实现法求控制器的差分方程表达式,得

$$u(k) = 0.9355u(k-1) + 0.0645u(k-6) + 0.8377e(k) - 0.8054e(k-1)$$

经过对 3 种方案的分析比较,选择对含纯滞后系统极为有效的控制算法——达林算法。

4. 控制系统设计

控制系统的设计包括硬件系统的设计和软件系统的设计。设计时应二者兼顾,相辅相成。

1）硬件系统设计

硬件系统原理线路图如图 9-25 所示。

主要组成部件如下。

① 核心:单片机 89S52

② 片外扩展:8KB RAM 存储器 6264,I/O 口扩展 8155

③ 转换器:ADC0809,DAC0832

④ 锁存器等:74HC373,74HC377,74HC245 和 3-8 译码器 74HC138

⑤ 输入/输出部件:6 个 LED,4 个按键

89S52 的 $\overline{RD}$ 及 PSEN 用与门接在一起后送入 6264 的 $\overline{OE}$ 端,使得 6264 既可以作为数据存储器,也可以作为程序存储器。

各芯片片选地址分配见表 9-6。

表 9-6　片选地址分配表

3-8 译码器引脚	$\overline{Y}_0$	$\overline{Y}_1$	$\overline{Y}_2$	$\overline{Y}_3$	$\overline{Y}_4$	$\overline{Y}_5$	$\overline{Y}_6$	$\overline{Y}_7$
16 位地址	0000H	2000H	4000H	6000H	8000H	A000H	C000H	E000H
选中芯片	U4 (8155)	U11 (6264)	空	U9 (0832)	U8 (0809)	U7 (键盘)	U6 (字位锁存)	U5 (字段锁存)

工作过程说明如下。

① 液位信号(电压值)从 ADC0809 的 IN_0 引脚输入,A/D 转换后存储。

② 液位给定值由键盘设定,与液位信号比较得出偏差值。若超限,则报警,LED_4 显示 P,同时以 $P_{1.0}$ 驱动报警灯,以 $P_{1.1}$ 驱动蜂鸣器。

③ 按达林算法计算控制器的输出值。

④ 输出值经 D/A 转换得到模拟电压值并输出。

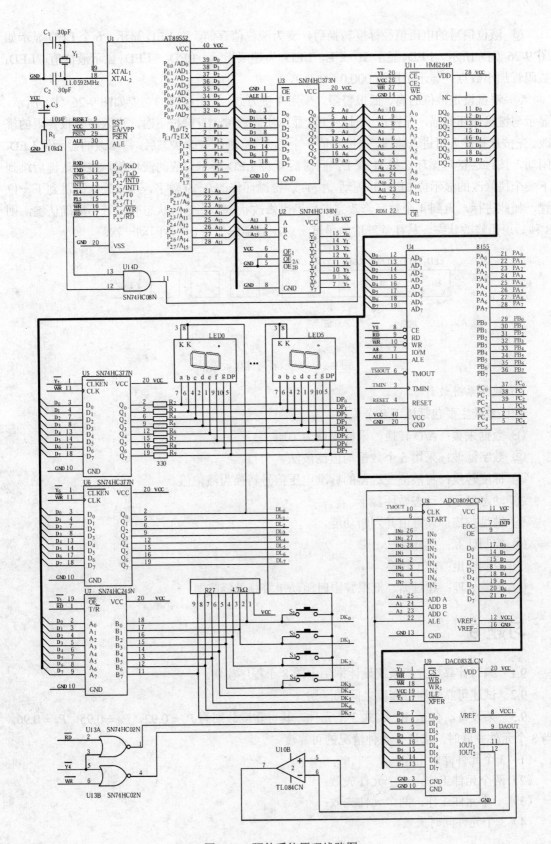

图 9-25　硬件系统原理线路图

⑤ 液位信号的电压值经标度转换后，变为液位值存储，送 LED 显示。6 个 LED 显示如图 9-26（a）所示。LED_5 显示 H 或 L，LED_4 为超限指示，$LED_3 \sim LED_0$ 显示液位值，LED_1 数码管加小数点，显示范围为 000.0～999.9。

⑥ 键盘设定液位的高、低报警限。采用 4 键方式，4 个按键的功能如图 9-26（b）所示。显示与键盘循环扫描，无键按下时，LED 显示实时液位，有键按下时，进入液位报警限的修改。先按选择键方可进入修改，先按其他 3 个键无效。进入修改状态后，待修改的显示位 LED_5 闪动，按+或−键可循环选择 H 或 L，同时后 4 位 LED 显示对应的液位值。按确认键后跳到下一个待修改的显示位 LED_3 并闪动，按+或−键循环修改 0～9 数字，再按确认键跳到下一位置，如此进行，直到 4 个数字修改完毕后退出修改状态。在修改状态时，若不按确认键，则 8 秒后退出修改状态。从视觉舒适的角度考虑，数字应为每 0.4 秒闪动一次。

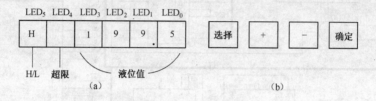

图 9-26　显示器与键盘设置

2）软件系统设计

软件系统主要包括以下 8 个模块。

① 数据采集：A/D 转换，采样周期为 10s。

② 数字滤波：采用 5 个数平均值滤波法。

③ 标度转换：将液位变送器的标准电压信号转换为液位值。

④ 动态显示：动态循环显示。

⑤ 键盘扫描：读键值并判断功能。

⑥ 控制计算：达林算法。

⑦ 控制输出：D/A 转换。

⑧ 报警处理：超过高、低报警限时驱动报警灯及蜂鸣器。

习题 9

9.1　编写计算机控制系统设计举例中的 8 个程序模块。

9.2　试述可靠性和可靠度之间的区别。

9.3　某设备，有 a、b、c 共 3 个元件，其可靠度分别为 $P_a = 0.92$，$P_b = 0.95$，$P_c = 0.96$。当 3 个元件并联时，求以下 4 种情况的可靠度。

（1）3 个元件同时工作；

（2）两个元件工作，一个元件失效；

（3）一个元件工作，两个元件失效；

（4）3 个元件同时失效。

附录 A 常用函数的拉氏变换与 Z 变换对照表

序号	$f(t)$	$F(s)$	$F(z)$	
1	$\delta(t)$	1	1	1
2	$\delta(t-nT)$	e^{-nTs}	z^{-n}	z^{-n}
3	$\sum\limits_{n=0}^{\infty}\delta(t-nT)$	$\dfrac{1}{1-\mathrm{e}^{-nTs}}$	$\dfrac{z}{z-1}$	$\dfrac{1}{1-z^{-1}}$
4	$1(t)$	$\dfrac{1}{s}$	$\dfrac{z}{z-1}$	$\dfrac{1}{1-z^{-1}}$
5	t	$\dfrac{1}{s^2}$	$\dfrac{Tz}{(z-1)^2}$	$\dfrac{Tz^{-1}}{(1-z^{-1})^2}$
6	$\dfrac{t^2}{2}$	$\dfrac{1}{s^3}$	$\dfrac{T^2z(z+1)}{2(z-1)^3}$	$\dfrac{T^2z^{-1}(1+z^{-1})}{2(1-z^{-1})^3}$
7	e^{-at}	$\dfrac{1}{s+a}$	$\dfrac{z}{z-\mathrm{e}^{-aT}}$	$\dfrac{1}{1-\mathrm{e}^{-aT}\cdot z^{-1}}$
8	$t\cdot\mathrm{e}^{-at}$	$\dfrac{1}{(s+a)^2}$	$\dfrac{z\cdot T\mathrm{e}^{-aT}}{(z-\mathrm{e}^{-aT})^2}$	$\dfrac{T\mathrm{e}^{-aT}\cdot z^{-1}}{(1-\mathrm{e}^{-aT}\cdot z^{-1})^2}$
9	$1-\mathrm{e}^{-at}$	$\dfrac{a}{s(s+a)}$	$\dfrac{(1-\mathrm{e}^{-aT})z}{(z-1)(z-\mathrm{e}^{-aT})}$	$\dfrac{(1-\mathrm{e}^{-aT})z^{-1}}{(1-z^{-1})(1-\mathrm{e}^{-aT}\cdot z^{-1})}$
10	$\mathrm{e}^{-at}-\mathrm{e}^{-bt}$	$\dfrac{b-a}{(s+a)(s+b)}$	$\dfrac{(\mathrm{e}^{-aT}-\mathrm{e}^{-bT})z}{(z-\mathrm{e}^{-aT})(z-\mathrm{e}^{-bT})}$	$\dfrac{(\mathrm{e}^{-aT}-\mathrm{e}^{-bT})z^{-1}}{(1-\mathrm{e}^{-aT}\cdot z^{-1})(1-\mathrm{e}^{-bT}\cdot z^{-1})}$
11	$\sin\omega t$	$\dfrac{\omega}{s^2+\omega^2}$	$\dfrac{z\sin\omega T}{z^2-2z\cos\omega T+1}$	$\dfrac{\sin\omega T\cdot z^{-1}}{1-2\cos\omega T\cdot z^{-1}+z^{-2}}$
12	$\cos\omega t$	$\dfrac{s}{s^2+\omega^2}$	$\dfrac{z(z-\cos\omega T)}{z^2-2z\cos\omega T+1}$	$\dfrac{1-\cos\omega T\cdot z^{-1}}{1-2\cos\omega T\cdot z^{-1}+z^{-2}}$
13	$\mathrm{e}^{-at}\sin\omega t$	$\dfrac{\omega}{(s+a)^2+\omega^2}$	$\dfrac{z\cdot\mathrm{e}^{-aT}\sin\omega T}{z^2-z\cdot2\mathrm{e}^{-aT}\cos\omega T+\mathrm{e}^{-2aT}}$	$\dfrac{\mathrm{e}^{-aT}\sin\omega T\cdot z^{-1}}{1-2\mathrm{e}^{-aT}\cos\omega T\cdot z^{-1}+\mathrm{e}^{-2aT}\cdot z^{-2}}$
14	$\mathrm{e}^{-at}\cos\omega t$	$\dfrac{s+a}{(s+a)^2+\omega^2}$	$\dfrac{z(z-\mathrm{e}^{-aT}\cos\omega T)}{z^2-z\cdot2\mathrm{e}^{-aT}\cos\omega T+\mathrm{e}^{-2aT}}$	$\dfrac{1-\mathrm{e}^{-aT}\cos\omega T\cdot z^{-1}}{1-2\mathrm{e}^{-aT}\cos\omega T\cdot z^{-1}+\mathrm{e}^{-2aT}\cdot z^{-2}}$
15	a^k		$\dfrac{z}{z-a}$	$\dfrac{1}{1-az^{-1}}$
16	$a^k\cos k\pi$		$\dfrac{z}{z+a}$	$\dfrac{1}{1+az^{-1}}$

附录 B　部分习题参考答案

第 2 章

2.3　（1）819　（2）1229　（3）1638　（4）2048　（5）3277　（6）4095

第 4 章

4.4（1）

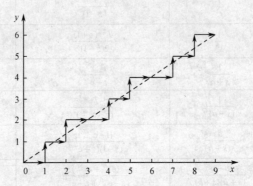

步　　数	偏差判别	坐标进给	偏差计算	终点判断
起点			$F_0 = 0$	$E = 15$
1	$F_0 = 0$	$+x$	$F_1 = F_0 - y_e = 0 - 6 = -6$	$E = 14$
2	$F_1 < 0$	$+y$	$F_2 = F_1 + x_e = -6 + 9 = 3$	$E = 13$
3	$F_2 > 0$	$+x$	$F_3 = F_2 - y_e = -3$	$E = 12$
4	$F_3 < 0$	$+y$	$F_4 = F_3 + x_e = 6$	$E = 11$
5	$F_4 > 0$	$+x$	$F_5 = F_4 - y_e = 0$	$E = 10$
6	$F_5 = 0$	$+x$	$F_6 = F_5 - y_e = -6$	$E = 9$
7	$F_6 < 0$	$+y$	$F_7 = F_6 + x_e = 3$	$E = 8$
8	$F_7 > 0$	$+x$	$F_8 = F_7 - y_e = -3$	$E = 7$
9	$F_8 < 0$	$+y$	$F_9 = F_8 + x_e = 6$	$E = 6$
10	$F_9 > 0$	$+x$	$F_{10} = F_9 - y_e = 0$	$E = 5$
11	$F_{10} = 0$	$+x$	$F_{11} = F_{10} - y_e = -6$	$E = 4$
12	$F_{11} < 0$	$+y$	$F_{12} = F_{11} + x_e = 3$	$E = 3$
13	$F_{12} > 0$	$+x$	$F_{13} = F_{12} - y_e = -3$	$E = 2$
14	$F_{13} < 0$	$+y$	$F_{14} = F_{13} + x_e = 6$	$E = 1$
15	$F_{14} > 0$	$+x$	$F_{15} = F_{14} - y_e = 0$	$E = 0$

（2）

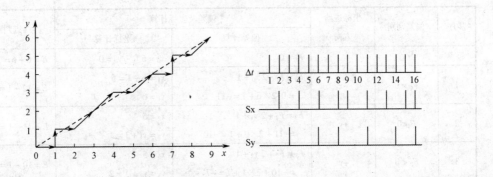

		x 数字积分器				y 数字积分器	
累加次数	x 函数值寄存器	4 位累加器Σx	累加器Σx溢出脉冲 S_x	y 函数值寄存器	4 位累加器Σy	累加器Σy溢出脉冲 S_y
0	9	0	0	6	0	0
1	9	$0+9=9$	0	6	$0+6=6$	0
2	9	$9+9-16=2$	1	6	$6+6=12$	0
3	9	$2+9=11$	0	6	$12+6-16=2$	1
4	9	$11+9-16=4$	1	6	$2+6=8$	0
5	9	$4+9=13$	0	6	$8+6=14$	0
6	9	$13+9-16=6$	1	6	$14+6-16=4$	1
7	9	$6+9=15$	0	6	$4+6=10$	0
8	9	$15+9-16=8$	1	6	$10+6-16=0$	1
9	9	$8+9-16=1$	1	6	$0+6=6$	0
10	9	$1+9=10$	0	6	$6+6=12$	0
11	9	$10+9-16=3$	1	6	$12+6-16=2$	1
12	9	$3+9=12$	0	6	$2+6=8$	0
13	9	$12+9-16=5$	1	6	$8+6=14$	0
14	9	$5+9=14$	0	6	$14+6-16=4$	1
15	9	$14+9-16=7$	1	6	$4+6=10$	0
16	9	$7+9-16=0$	1	6	$10+6-16=0$	1

4.5

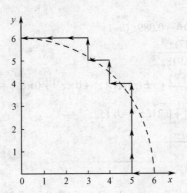

步序	偏差判别	坐标进给方向	偏差及坐标计算		终点判断
			偏差计算	坐标计算	
起点			$F_0 = 0$	$x_0 = 6$, $y_0 = 0$	$E = 6 + 6 = 12$
1	$F_0 = 0$	$-x$	$F_1 = F_0 - 2x_0 + 1$ $= 0 - 2 \times 6 + 1 = -11$	$x_1 = 6 - 1 = 5$ $y_1 = 0$	$E = 12 - 1 = 11$
2	$F_1 < 0$	$+y$	$F_2 = F_1 + 2y_1 + 1$ $= -11 + 2 \times 0 + 1 = -10$	$x_2 = 5$ $y_2 = y_1 + 1 = 1$	$E = 11 - 1 = 10$
3	$F_2 < 0$	$+y$	$F_3 = F_2 + 2y_2 + 1$ $= -10 + 2 \times 1 + 1 = -7$	$x_3 = 5$ $y_3 = y_2 + 1 = 2$	$E = 10 - 1 = 9$
4	$F_3 < 0$	$+y$	$F_4 = F_3 + 2y_3 + 1 = -2$	$x_4 = 5$ $y_4 = 3$	$E = 9 - 1 = 8$
5	$F_4 < 0$	$+y$	$F_5 = F_4 + 2y_4 + 1 = 5$	$x_5 = 5$ $y_5 = 4$	$E = 8 - 1 = 7$
6	$F_5 > 0$	$-x$	$F_6 = F_5 - 2x_5 + 1 = -4$	$x_6 = 4$ $y_6 = 4$	$E = 7 - 1 = 6$
7	$F_6 < 0$	$+y$	$F_7 = F_6 + 2y_6 + 1 = 5$	$x_7 = 4$ $y_7 = 5$	$E = 6 - 1 = 5$
8	$F_7 > 0$	$-x$	$F_8 = F_7 - 2x_7 + 1 = -2$	$x_8 = 3$ $y_8 = 5$	$E = 5 - 1 = 4$
9	$F_8 < 0$	$+y$	$F_9 = F_8 + 2y_8 + 1 = 9$	$x_9 = 3$ $y_9 = 6$	$E = 4 - 1 = 3$
10	$F_9 > 0$	$-x$	$F_{10} = F_9 - 2x_9 + 1 = 4$	$x_{10} = 2$ $y_{10} = 6$	$E = 3 - 1 = 2$
11	$F_{10} > 0$	$-x$	$F_{11} = F_{10} - 2x_{10} + 1 = 1$	$x_{11} = 1$ $y_{11} = 6$	$E = 2 - 1 = 1$
12	$F_{11} > 0$	$-x$	$F_{12} = F_{11} - 2x_{11} + 1 = 0$	$x_{12} = 0$ $y_{12} = 6$	$E = 1 - 1 = 0$

第 5 章

5.1   1

5.3 $G(z) = \dfrac{z(1 - \exp(-5T))}{(z - 1)(z - \exp(-5T))}$, $G(1) = \infty$, $G(-1) = -\dfrac{1 - \exp(5T)}{2(1 + \exp(5T))}$

5.5 $e(n) = -2n - 9u(n) + 20 \times 2^n$, $u(n) = 1$, 当 $n \geqslant 0$; $u(n) = 0$, 当 $n < 0$

5.6 $y^*(t) = 0.632\delta(t - T) + 1.10\delta(t - 2T) + 1.22\delta(t - 3T) + 1.44\delta(t - 4T) + 1.04\delta(t - 5T) + \cdots$

5.7 $\dfrac{U(z)}{E(z)} = \dfrac{K_P\{(1 + T_S/T_I + T_D/T_S) - (1 + 2T_D/T_S)z^{-1} + (T_D/T_S)z^{-2}\}}{1 - z^{-1}}$

5.9   第一个系统：一方面 T_K 较大，宜选小的控制度，但另一方面，K_K 也较大，宜选大的控制度，两者矛盾，而 K_P 取大一些，也可使系统动作加速。故折中选控制度为 1.20 的一组参数。第二个系统的 K_K 较大，T_K 较小，宜选控制度为 1.50 的一组参数。

5.10 $Y(z) = z^{-1} + z^{-2} + z^{-3} + \cdots$

5.11 $u(n) = u(n-1) + 1.089e(n) - 0.089e(n-1)$

5.13 $D(z) = \dfrac{1.286(1 - 0.287z^{-1})}{1 - 0.082z^{-1} - 0.918z^{-2}}$

5.15 $D(z) = \dfrac{0.272(1 - 0.368z^{-1})}{1 + 0.718z^{-1}}$, $E(z) = 1 \times z^0 + 0 \times z^{-1} + 0 \times z^{-2} + \cdots$

$U(z) = 0.272 - 0.295z^{-1} + 0.212z^{-2} - 0.152z^{-3} + \cdots$

$Y(z) = z^{-1} + z^{-2} + z^{-3} + \cdots$

第 9 章

9.3   （1）3 个元件同时工作 $P_a \cdot P_b \cdot P_c = 0.92 \times 0.95 \times 0.96 = 0.84$

（2）两个工作一个失效　　$P_a \cdot P_b \cdot U_c = 0.92 \times 0.95 \times 0.004 = 0.035$

$U_a \cdot P_b \cdot P_c = 0.08 \times 0.95 \times 0.96 = 0.073$

$P_a \cdot U_b \cdot P_c = 0.92 \times 0.05 \times 0.96 = 0.0442$

（3）一个工作两个失效　　$P_a \cdot U_b \cdot U_c = 0.92 \times 0.05 \times 0.04 = 0.00184$

$U_a \cdot P_b \cdot U_c = 0.08 \times 0.95 \times 0.04 = 0.00304$

$U_a \cdot U_b \cdot P_c = 0.08 \times 0.05 \times 0.96 = 0.00384$

（4）3个同时失效　　$U_a \cdot U_b \cdot U_c = 0.08 \times 0.05 \times 0.04 = 0.00016$

参 考 文 献

[1] Richard C Dorf. Modern Control Systems. Addison-Wesley，1980

[2] M Robert Skrokov. Mini-and Microcomputer Control in Industrial Processes. John Wiley & Sons, Inc.，1980

[3] 潘新民，王燕芳. 微型计算机控制技术. 北京：高等教育出版社，2001

[4] 黄一夫. 微型计算机控制技术. 北京：机械工业出版社，1998

[5] 江秀汉，周建辉，汤楠. 计算机控制原理及其应用. 西安：西安电子科技大学出版社，2000

[6] 余永权，汪明慧，黄英. 单片机在控制系统中的应用. 北京：电子工业出版社，2003

[7] 张宝芬，张毅，曹丽. 自动检测技术及仪表控制系统. 北京：化学工业出版社，2000

[8] 李军，李赋海. 检测技术及仪表（第二版）. 北京：中国轻工业出版社，2000

[9] 何立民. 单片机应用系统设计. 北京：北京航空航天大学出版社，1990

[10] 于海生等. 微型计算机控制技术. 北京：清华大学出版社，1999

[11] 曹承志. 微型计算机控制新技术. 北京：机械工业出版社，2001

[12] 崔如春，谭海燕. 电阻式触摸屏的坐标定位与笔画处理技术. 沈阳：仪表技术与传感器，2004(8)：49-50

[13] Altrock, C Arend, Krausse, B Steffens. Customer-adaptive fuzzy control of home heating system. Fuzzy Systems, 1994. IEEE World Congress on Computational Intelligence，2002

[14] Lee C C. Fuzzy Logic in Control Systems: Fuzzy Controllers. IEEE Transactions on Systems Man and Cybernetics，1990

[15] C P Pappis, E H Mamdani. A fuzzy logic controller for a traffic junction. Queen Mary College，1976

[16] T R Reid. The Future of Electronics Looks "Fuzzy", Japanese Firms Selling Computer Logic Products. The Washington Post，1990-12-23

[17] M Jamshidi, N Vadiee, T Ross. Fuzzy Logic and Control :Software and Hardware Applications. Prentice Hall，1993

[18] 钱同惠，沈其聪. 模糊逻辑及其工程应用，北京：电子工业出版社，2001

[19] 艾德才. 微型计算机原理与接口技术. 北京：高等教育出版社，2001

[20] 刘乐善. 微型机接口技术及应用. 武汉：华中科技大学出版社，2001

[21] 高金源. 计算机控制系统. 北京：北京航空航天大学出版社，2001

[22] 蒋嗣荣，洪振华. 计算机控制技术. 西安：西北电讯工程学院出版社，1985

[23] 张玉明. 计算机控制系统分析与设计. 北京：中国电力出版社，2000

[24] 张晋格. 计算机控制原理与应用. 北京：电子工业出版社，1995

[25] 刘明俊，杨壮志，张拥军. 计算机控制原理与技术. 长沙：国防科技大学出版社，1999

[26] Karl JÅström. 计算机控制系统——原理与设计（第三版）. 周兆英，林喜荣译. 北京：电子工业出版社，2001

[27] 熊静琪. 计算机控制技术. 北京：电子工业出版社，2003

[28] 王幸之，王雷，瞿成. 单片机应用系统抗干扰技术. 北京：北京航空航天大学出版社，2000

[29] 李海泉，李刚. 系统可靠性分析与设计. 北京：科学出版社，2003

[30] 邵裕森，巴筱云. 过程控制系统及仪表. 北京：机械工业出版社，2003

[31] 薛迎成，何坚强. 工控机及组态控制技术原理与应用. 北京：中国电力出版社，2007

[32] 桑楠等. 嵌入式系统原理及应用开发技术（第二版）. 北京：高等教育出版社，2008

[33] 王田苗，魏洪兴. 嵌入式系统设计与实例开发（第三版）. 北京：清华大学出版社，2008